高原寒区隧道建设技术

陈宏伟　任少强　朱永全　吴应明
王平安　冀胜利　谭忠盛　杨星智　著

中国铁道出版社

2017年·北京

内 容 简 介

本书为高原寒区隧道建设技术与实例。全书共十章，主要内容包括：青藏高原典型铁路隧道工程概况及特点，寒区隧道洞内环境温度场分析，风火山隧道冻土围岩保护技术，隧道洞内碎屑流、高地应力薄层板岩隧道大变形和软硬岩接触带隧道突水涌泥施工技术，严寒地区富水隧道冻害防治技术，高原隧道施工机械保障和高原隧道施工人员健康保障技术等。

本书可供隧道及地下工程建设管理、设计、施工的工程技术人员学习参考，同时可为相关院校师生的学习资料。

图书在版编目（CIP）数据

高原寒区隧道建设技术/陈宏伟等著．—北京：中国铁道出版社，2017.11

ISBN 978-7-113-23905-3

Ⅰ．①高… Ⅱ．①陈… Ⅲ．①高原-冻土区-隧道病害-防冻-研究 Ⅳ．①U457

中国版本图书馆 CIP 数据核字（2017）第 255190 号

书　　名：高原寒区隧道建设技术
作　　者：陈宏伟　任少强　朱永全　吴应明　王平安　冀胜利　谭忠盛　杨星智

责任编辑：张卫晓　　**编辑部电话：**010-51873193
封面设计：崔丽芳
责任校对：苗　丹
责任印制：高春晓

出版发行：中国铁道出版社（100054，北京市西城区右安门西街 8 号）
网　　址：http://www.tdpress.com
印　　刷：中煤（北京）印务有限公司
版　　次：2017 年 11 月第 1 版　2017 年 11 月第 1 次印刷
开　　本：787 mm×1 092 mm　1/16　印张：16.75　字数：404 千
书　　号：ISBN 978-7-113-23905-3
定　　价：150.00 元

序

近年来随着我国经济的快速发展，高速铁路网建设的不断推进，高铁工程建设由沿海及华中地区向高纬度、高海拔等气候条件恶劣的寒冷地区延伸，高海拔、高寒区隧道建设中的问题及很多规律的认识，有待加深认识与提高。

青藏高原普速铁路风火山隧道、高速铁路祁连山隧道和大梁隧道的成功建设，是高原寒区隧道的代表性作品，她凝聚了参建者多年艰辛、智慧与奉献，积累了丰富的高原寒区隧道建设经验，该书的及时出版，为高原、寒区隧道建设提供了重要参考资料。

书中介绍了高原、寒区隧道建设中关键技术，包括：高原寒区隧道工程的高海拔、严寒、多年冻土及特殊地质问题，寒区隧道洞内环境温度场理论，多年冻土围岩保护、隧道结构及防排水系统防寒保温、高原隧道施工机械保障和高原隧道施工人员健康保障技术，碎屑流、高地应力薄层板岩隧道大变形和软硬岩接触带涌水等特殊地质的隧道建设技术。目前，高速铁路大建设亟待一本高原寒区隧道建设技术专著，该书的及时出版，相信对高原寒区隧道建设中的高海拔、严寒及冻土等隧道建设问题的处理具有指导意义和参考价值。

高速铁路网建设的不断推进，“西部大开发”、“一带一路”战略的深入实施，高原、寒区隧道建设将越来越多。为此，我们需要大力提高高原隧道机械化作业程度、减低人员作业强度、改善人员的作业环境，真正体现以人为本的建设理念；高原区域生态环境脆弱，构造特殊，地层多变、地质复杂，需要大幅提高高原不良地质隧道的建设水平，真正实现保护高原环境的建设理念；严寒地区隧道冻害问题突出，需要攻克区隧道结构和防排水体系的防寒保温技术，确保高原寒区隧道的建设质量，为中国铁路隧道建设发展而奋斗，为世界隧道的建设作出新的贡献。

2017.10.24

2017 年 10 月于北京交通大学隧道中心

前　言

在青藏高原修建高速铁路长大隧道是一个世界性的技术难题，设计施工中会遇到一系列的风险和困难，高速铁路隧道修建标准更高，应对复杂地质的方法更难以把握。

海拔高度 4 905 m，地处多年冻土的青藏铁路风火山隧道；海拔为 4 345 m，多次穿越断层富水带、碎屑流等不良地质地层的兰新高速铁路祁连山隧道，全长 9 490 m；海拔高度 4 430 m，长段落的高地应力软岩大变形隧道——兰新高速铁路大梁隧道，这些地处高原寒区的隧道的先后成功建设，凝聚了参建者多年艰辛、智慧与奉献，积累了丰富经验，提高了高海拔、高寒区隧道建设困难的认识。中铁二十局集团有限公司联合北京交通大学、石家庄铁道大学等高校在建设中开展了“隧道通风技术及施工温度场研究”（2001G001-E-06）、“昆仑山和风火山隧道施工机械性能及配套技术”（2001G001-E-07）、“青藏铁路风火山隧道综合施工技术研究”（2001-KG-005）、“世界第一高隧—青藏铁路风火山冻土隧道施工技术研究”（2002-G-137）、“寒区高速铁路隧道温度场时空演化规律及防冻技术研究”（51778380）等系列研究工作，并对课题的研究成果总结汇总形成该专著。

本书系统总结了高海拔、高寒区、多年冻土保护技术，确定了隧道内施工环境气温控制方法和控制值，提出了高海拔、高寒区、冻土隧道洞内施工环境温度场的理论模型，介绍了隧道施工环境温度场分布规律；提出了冻土隧道围岩温度场理论模型，介绍了冻土围岩温度场分布规律；介绍了高海拔、高寒区、冻土隧道通风与供热一体化系统，施工中全面控制隧道洞内沿程环境气温，有效地保护了多年冻土。论证并提出高原隧道通风设计标准、通风系统和设备选型配套的设计原则及方法，介绍了高原专用隧道施工风机，有效保证了高原隧道施工洞内空气质量。分析了寒区铁路隧道洞内空气温度场和围岩温度场规律，给出了隧道寒区划分建议，介绍寒区隧道洞内空气和围岩温度场分布规律，寒区隧道洞内温度场不仅与洞外环境温度有关，还与隧道围岩原始地温及列车行成速度与频度有关，隧道建设中应结合实际气象和地层稳定等资料计算确定隧道结构及防排水系统的防寒、保温参数。介绍了祁连山高原隧道碎屑流形成机理及隧道稳定性控制技术和大梁隧道高地应力薄层板岩隧道大变形控制技术，详细介绍了祁连山隧道和大梁隧道以泄水洞为主，辅以保温防寒水沟、保温中心水沟和伴热电缆采暖式水沟的排水系统综合防寒、保温技术，保证了开通后隧道的排水畅通，消除了运营期间的冻害及安全隐患。隧道工地海拔近5 000 m，空气稀薄、缺氧严重，空气中的含氧量仅为内地（海平面）的50%，被称为“生命禁区”，隧道施工人员集中、工人劳动强度大。因此，洞口制氧、供氧是贯彻“以人为本”、保障施工人员身体健康的重要举措。针对内燃机工作条件恶化、发动机功率下降，绝缘密封件功能降低等高原恶劣环境，研究提出了高海拔地区的适应性和功率保持技术、合理的设备选型与配套方案，并介绍了设备管理和安全保证体系，保证了高海拔、高寒区施工机械的正常运转和安全使用。

本书由中铁二十局集团公司邓勇策划，任少强、吴应明组织编撰；陈宏伟、任少强、朱永全、吴应明、王平安、冀胜利、谭忠盛和杨星智同志共同撰写，高炎撰写了第二章寒区隧道洞内环境温度场分析；赖涤泉教授提供了高原风机和供暖一体化机组成果资料，贾晓云和李现者提供了第三章风火山隧道冻土围岩保护技术相关成果资料，全书由朱永全和杨星智负责编审，薛琪、曹万玲、仲维玲参与编审工作。感谢其他同志在提供资料和文字编写过程中所提供的帮助。

本书理论与实践并重，经典理论、方法与现代新技术、新方法相结合。为高原、高寒区隧道工程建设引提供参考，供工程技术人员和在校研究生阅读参考。

由于时间仓促，水平有限，书中难免有不足之处，恳请专家和读者批评指正。

作　者

二〇一七年九月

目　录

第一章　青藏高原典型铁路隧道工程概况与特点

第一节　隧道工程概况

一、风火山隧道

1. 青藏铁路格拉段概况

青藏铁路格拉段(格尔木—拉萨)修建是我国西部大开发的伟大之举。在世界屋脊上修建铁路,也是我国乃至世界铁路史上历史性的挑战,对人类极限生存、工作能力和现代铁路建设技术是一个极大的考验。格拉段全长 1 100 km,平均海拔 4 600 m 以上,其中,有 550 km 位于多年冻土区,海拔在 4 800 m 以上,跨越唐古拉、昆仑山两大山脉,铁路全线的两个高峰点也在这两大山脉之巅,即:最高点唐古拉山 5 072 m,第二高点风火山(属昆仑山脉)5 010 m。青藏铁路格拉段平纵断面示意如图 1-1所示。

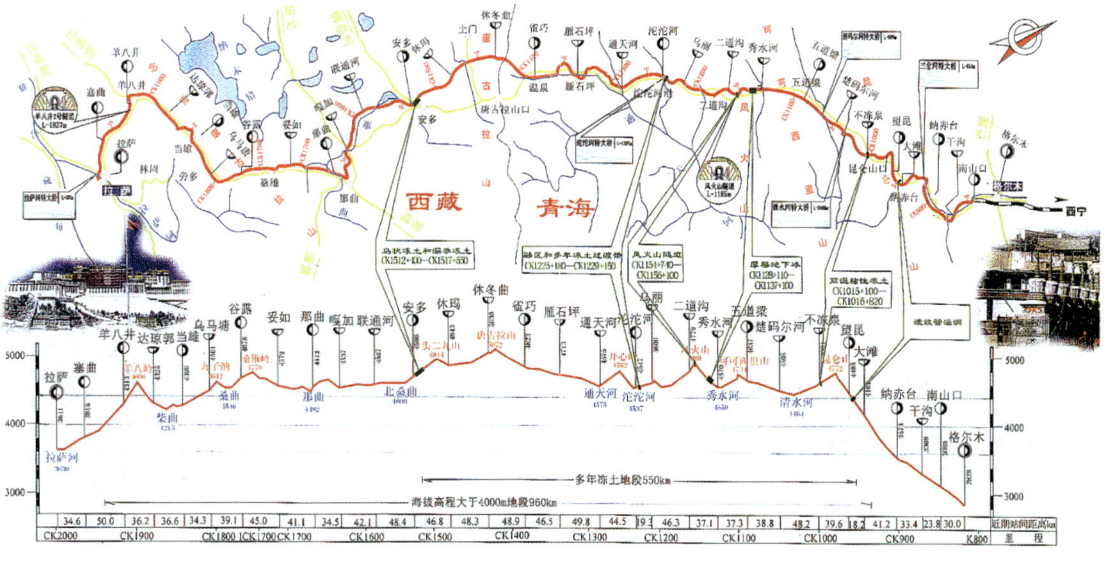

图 1-1　青藏铁路格拉段平纵断面示意

2. 风火山隧道概况

风火山隧道全长 1 338 m,施工起讫里程为 DK1159＋000～DK1160＋338,单线铁路隧道,线路最大纵坡－14‰。风火山隧道地处青藏高原腹地,位于昆仑山与唐古拉山之间,线路行走于风火山低山丘陵区,自然坡度平缓,一般为 10°～15°,山顶海拔高度 5 075 m,轨面海拔高度 4 905 m,属高原丘陵地貌、自然条件恶劣。隧道进口处为山梁地带、坡度较陡;出口位于山凹地带,坡度较缓。

隧道全部穿越青藏高原多年冻土区，出露地层主要为第四系全新统坡、残积地层(地表层3～4 m及洞口坡积处为松散砾石夹粉黏土)及第三系砂岩与泥岩互层，其中泥岩占60%～70%。洞口及浅埋段饱冰、富冰冻土，裂隙冰发育，局部含冰量高达50%以上，整个冻土、冻岩是由裂隙冰与岩土冻结形成的稳定体，如图1-2～图1-4所示。

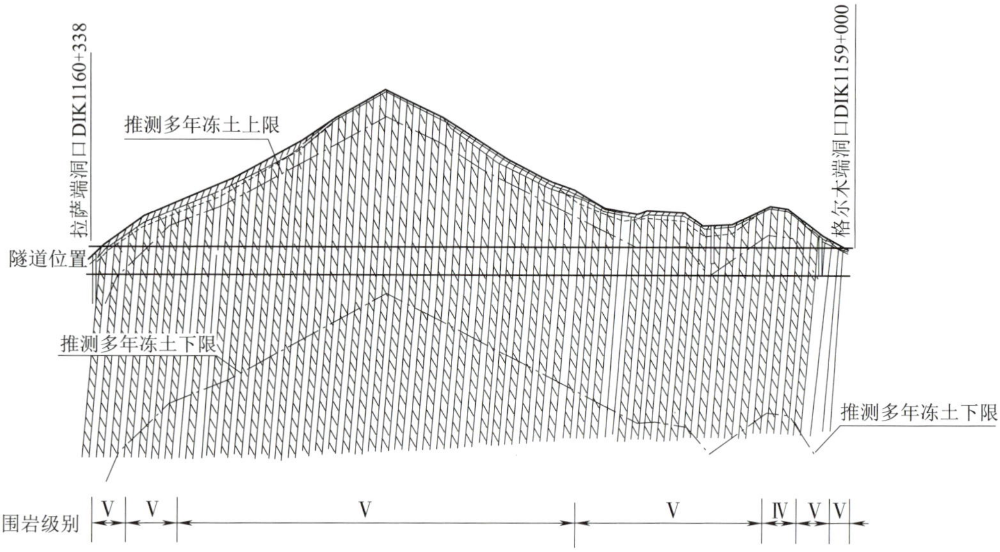

图1-2　风火山隧道纵断面示意图

图1-3　洞口段饱冰冻土地层

图1-4　厚层地下冰

二、祁连山隧道

1. 兰新高铁概况

兰新高铁素有“钢铁丝绸之路”的美誉，是国家“八纵八横”铁路网主骨架之一陆桥通道的主要部分，也是国家中长期铁路网规划的重点项目。目前，世界上海拔最高、一次性建成最长的高速铁路。线路全长1 776 km，自兰州西站，经乐都进入青海既有西宁站；然后折向北，经大通县进入门源盆地后，以隧道群穿越祁连山脉；进入甘肃省民乐县、张掖、酒泉，后至新疆哈密，终点至乌鲁木齐站。建成后，从兰州到新疆由原16 h缩短至9 h。线路以隧道群穿越高寒、高海拔的祁连山山脉，依次包括 6 座隧道：大梁隧道、祁连山隧道、小平羌隧道、大平羌隧道、金瑶岭隧道和元山隧道，隧道群总长 34.743 km，如图 1-5 所示。

图 1-5　大梁隧道、祁连山隧道位置

2. 祁连山隧道概况

祁连山隧道全长 9 490 mm，施工起讫里程为 DK335＋660～DK345＋150，为高速铁路双线铁路隧道，开挖断面达 160 m²，采用－20‰单面下坡。其中，进、出口端分别位于 R＝8 000 m、R＝7 000 m的平曲线上。祁连山隧道地处青藏高原东北缘，位于青海省门源回族自治县及甘肃省民乐县境内，工点区域为祁连山中高山区，平均海拔为 3 500～4 345 m，最高海拔为 4 345 m，最大埋深达 823 m。隧址区山高坡陡、洞身地表起伏较大，其中，隧道进口位于硫磺沟，隧道出口位于小平羌沟；线路经过地段为无人区，车辆无法到达，交通极其困难。隧道穿越地层主要为砂岩、板岩和灰岩，以及 F6、F7 断层，断层宽度达 100～150 m，主要物质为断层角砾、水，存在突水突泥危险，施工工点位于季节性冻土区，土壤最大冻结深度 230 cm，最大涌水量105 123 m³/d。隧道纵断面如图 1-6 所示，隧道各级围岩占比见表 1-1。

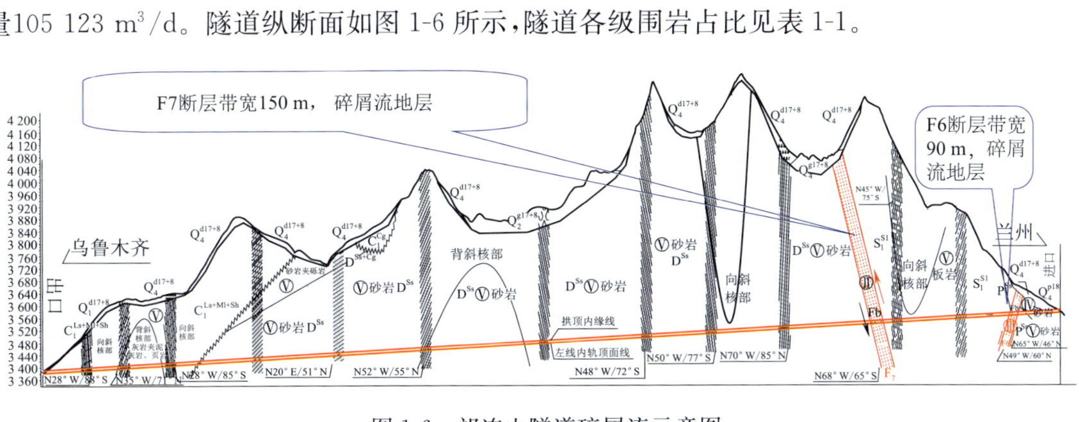

图 1-6　祁连山隧道碎屑流示意图

表 1-1 祁连山隧道分级统计表

隧道名称	围岩级别	长度(m)	所占比例
祁连山隧道	Ⅲ	5 860	61.75%
	Ⅳ	2 110	22.23%
	Ⅴ	1 520	16.02%
	小计	9 490	100%

祁连山隧道采用“进、出口正洞＋两座斜井＋长平导”的施工方案组织施工，每隔 600 m 设一处横通道进入正洞，共 8 处，如图 1-7 所示。

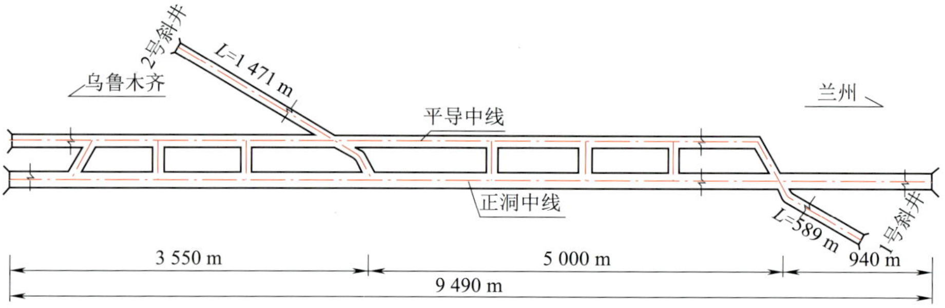

图 1-7 祁连山隧道施工方案示意图

三、大梁隧道

大梁隧道全长 6 550 m，施工起讫里程为 DK328＋820～DK335＋370，为高速铁路双线铁路隧道，开挖断面达 170 m^2，采用＋6‰、－9‰人字坡，进口端位于 R＝9 000 m 平曲线上。大梁隧道位于青海省门源回族自治县，地处祁连山中高山区，平均海拔 3 600～4 200 m，最高海拔为4 430 m，最大埋深达 780 m，轨面最高海拔 3 607.40 m，为全线最高点，也是目前世界上海拔最高的高速铁路隧道。隧址区山高坡陡，基岩部分裸露，沟壑纵横；隧道进、出口两端低而洞身部位高，进口段沟谷发育，基本呈东西向展布，沟内有季节性流水，堆积有大量块石；出口为硫磺沟侧陡坡。洞身穿越地层主要为砂岩、板岩及灰岩，岩性复杂多变；其中，板岩长大达 2 km，施工中出现极高地应力大变形问题。同时，该隧道穿越 F5 区域性断裂带，宽度约 100 m，洞身向斜核部裂隙发育。断层裂隙带及岩层接触面地下水丰富，存在突水、突泥风险。隧道纵断面如图 1-8所示，隧道各级围岩占比见表 1-2。

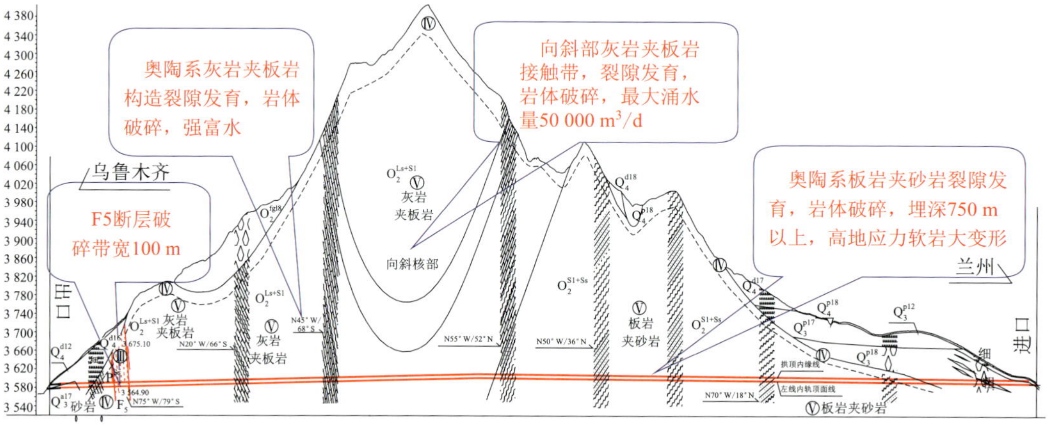

图 1-8 大梁隧道软岩大变形及富水带位置分布示意图

表 1-2　大梁隧道分级统计表

隧道名称	围岩级别	长度(m)	所占比例
大梁隧道	Ⅲ	1 130	17.25%
	Ⅳ	2 350	35.88%
	Ⅴ	3 070	46.87%
	小计	6 550	100%

大梁隧道采用"进、出口正洞＋单斜井＋局部平导"的施工方案组织施工，在突涌水段设高位泄水洞，斜井兼做防灾救援通道，如图 1-9 所示。

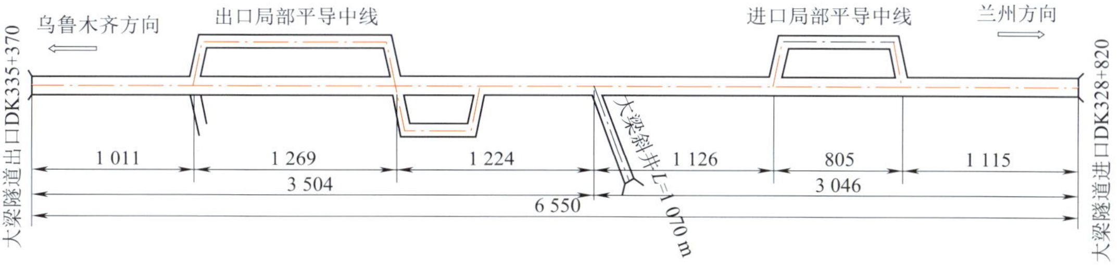

图 1-9　大梁隧道施工方案示意图(单位:m)

第二节　高原环境特征

一、风火山地区

1. 自然环境

风火山地区自然环境恶劣，被称为生命禁区。该区属昆仑山脉南部的一个分支，位于昆仑山与唐古拉山两大山脉之间，地处青藏高原腹地——可可西里无人区，平均海拔 4 800 m 以上，地势开阔、空旷，地形成丘陵状，局部起伏较大。隧道全部穿越青藏高原多年冻土、冻岩，冻土深度 100～150 m，地温－2～－4 ℃，属低温稳定多年冻土区，冻土上限 1.5～2 m(冻土上限:暖季地表冻融层融化的最大深度)，该地区暖季地表冻融层融化，呈饱和松软状;寒季冻融层冻结、坚硬，局部出现冻胀丘、冰锥等冻害。冰锥及热融滑塌分别如图 1-10 和图 1-11 所示。

图 1-10　冰锥

图 1-11　热融滑塌现象

2. 大气特征

风火山地区空气稀薄、气压低、含氧量少。其中，气压只有平原地区的55%，空气压力为53.9 kPa，最低氧压10.87 kPa(平原地区氧压20.7 kPa，而人类生命所需极限氧压11 kPa)，氧含量不足平原的50%。该区人的身体所需常规气压、人类生命极限需氧均不能保证，将导致体内器官扩张严重，严重伤害参建人员的身心健康，同时也严重影响机械的功率。

3. 气温情况

风火山地区具有寒季时间长、暖季时间短和昼夜温差大等显著特点。从头年10月至次年4月均为寒季，其中年平均气温－6.7 ℃，极低气温－41 ℃，极高气温＋20 ℃，昼夜温差最高达30 ℃，“早穿棉袄午穿纱”名副其实。在该区超低气温下施工，生活保暖、施工保温则是一项大难题。

4. 气候状况及降雨量

风火山地区为非常特殊的高原冰雪型气候，与高原其他地方有着明显的区别，其恶劣程度可谓高原之最，主要特点是气候变化频繁、变化幅度大，称“一天四季”一点不过，尤其是沙尘暴、冰雹、雪天气，频次极高，不分寒暖季。进入寒季后，气候更恶劣，几乎天天沙尘暴，风力在8级以上，对施工影响极大。沙尘暴天气如图1-12所示。

同时，该区气候干燥，年平均降雨量290.9 mm，雨季集中在暖季7、8、9三个月，地表水丰富，马鞍型浅埋冲沟内暖季有长流水。

5. 生态环境及保护要求

风火山隧道地处可可西里自然保护区，因自然条件恶劣，所以动、植物稀少，生命力脆弱。地表植物种类和数量少，附地生存，是上千年来与环境保持脆弱平衡的极少植物。动物有藏羚羊、野驴、狐狸、狼等几种保护品种和旱獭、老鼠等重点防疫动物。

针对该区疲弱的生态环境，在设计和施工中应充分考虑其环境保护要求。需要做到6个方面：

(1)需充分考虑施工临建占用场地等对环境造成破坏(包括对冻土热扰融化、地表植被破坏、空气污染等)的保护措施和恢复方案；

(2)严防隧道弃渣造成大的环境污染，必须妥善处理；

(3)合理处理生活及工程垃圾；

(4)降低施工机械的扬尘、排烟和噪声污染；

(5)严格注意洞口开挖对生态环境、地表植被、冻土扰动和水土保持的影响；

(6)加强野生动物保护。

现场草皮移植如图1-13所示。

图1-12　沙尘暴天气

图1-13　草皮移植

二、祁连山和大梁地区环境特征

1. 自然环境

祁连山和大梁地区均地处欧亚大陆腹地——青藏高原东北缘,位于甘肃和青海两省交界处,平均海拔 3 600 m 以上,最高海拔 5 808 m,环境较脆弱,主要为山地构造、沟壑纵横,坡麓终年积雪。该区高寒缺氧、气温气压低、环境恶劣、植被稀少,鲜有人居住。隧道所经区域为青藏高原季节性冻土区,冻土深度达 2.3 m,地温 −2～15 ℃,地表范围内易出现季节性冻融病害。地貌如图 1-14 所示,现场顶寒冒雪施工如图 1-15 所示。

图 1-14　祁连山地貌

图 1-15　顶寒冒雪施工

2. 大气特征

祁连山和大梁地区空气稀薄、气压低、含氧量少。其中,气压只有平原地区的 55%,空气压力为 60 kPa,最低氧压 12.02 kPa,洞外含氧量 13.2%,洞内 12.2%(人体生命需氧含量的极限为 12%),氧含量不足平原的 60%。该区人的身体所需常规气压、人类生命极限需氧均不能保证,将导致体内器官扩张较严重,较大程度地伤害参建人员的身心健康,同时也严重影响机械的功率。隧道内施工人员吸氧如图 1-16 所示。

3. 气温情况

祁连山和大梁地区寒冷时间较长,主要集中在当年 9 月至次年 4 月。随着高度的升高气温逐渐降低,递减率为 0.58 ℃/100 m。年平均气温 4.8 ℃,极端最高气温 35 ℃,极端最低气温 −31.5 ℃,昼夜温差最高达 20 ℃,生活取暖及施工保温困难较大。冬季隧道内流水冻害如图 1-17 所示。2013 年祁连山隧道进口端洞口气象资料实测统计见表 1-3。

图 1-16　隧道内施工人员吸氧

图 1-17　冬季隧道内流水结冰冻害

表 1-3 2013 年祁连山隧道进口气象资料汇总表(1—12 月)

月	平均风速(m/s)	最大风速(m/s)	月降水量(mm)	月平均气温(℃)	月最高气温(℃)	月最低气温(℃)	相对湿度
1	4.6	11.1	124.1	−23.0	−9.2	−37.9	74.3%
2	4.7	10.9	102.1	−18.2	−3.9	−31.0	70.7%
3	4.7	11.1	113.1	−12.1	1.2	−30.6	70.8%
4	4.4	11.1	119.4	−4.9	7.4	−21.9	71.1%
5	4.2	11.0	43.3	3.9	17.0	−12.2	49.9%
6	4.7	11.1	80.5	6.8	20.1	−10.8	57.3%
7	4.6	11.2	96.7	9.5	22.6	−1.8	70.8%
8	4.5	11.0	126.1	8.3	21.0	−6.3	64.4%
9	4.7	11.4	43.8	3.8	14.7	−9.1	56.9%
10	4.7	10.8	102.1	−6.1	6.7	−20.3	71.6%
11	4.1	11.2	124.7	−16.2	−0.2	−31.5	71.5%
12	4.7	11.2	101.4	−21.8	−7.7	−37.4	69.3%
年平均	4.6	11.1	98.1	−5.8	7.5	−20.9	66.5%

三、气候状况及降雨量

祁连山地区(含大梁地区)由于远离海洋,为典型的大陆性季风气候。冬季受来自西伯利亚干冷气候影响,气候比较寒冷干燥;夏季受孟加拉湾的西南暖湿气流影响。气候凉爽湿润,具有春季多雪多风,夏季凉爽多雨,秋季温和短暂,冬季寒冷漫长的特点,其中,本区每年降雪期达 10 个月。

该区气候较干燥,年平均降雨量 381.2 mm,年平均蒸发量为 1 623 mm。降雨量主要为 6～9 月,地表水主要为融雪水及降雨。

风火山地区、祁连山地区与平原地区空气压力、含氧量、气温、降雨及地温等情况对比见表 1-4。

表 1-4 不同地区空气压力、含氧量气温及降雨量等情况对比

参数地区	平原地区	风火山地区	祁连山地区	备注
空气压力(kPa)	101.33	53.9	60	
氧压(kPa)	20.7	10.87	12.02	人类生命极限氧压 11 kPa
含氧量(%)	21	11	12.2	人类生命极限含氧量 12%
平均气温(℃)	—	−6.7	4.8	
最低气温(℃)	—	−41	−31.5	
地温(℃)	—	−2～−4	−2～15	
降雨量(mm)	—	290.9	381.2	

四、生态环境及保护要求

祁连山隧道、大梁隧道地处祁连山自然保护区，因自然条件恶劣，所以动、植物相对稀少，生命力脆弱。地表植物种类少、数量少，主要为低矮灌木和草甸，是上千年来与环境保持脆弱平衡的极少植物。动物有野鹿、石羊、鹰、狼等几种保护品种和旱獭、老鼠、乌鸦等重点防疫动物。针对该区脆弱的生态环境，在设计和施工中也应细致考虑其环境保护要求并实施。

第三节　高原地质特征

一、风火山隧道工程地质及水文地质

1. 地层岩性

主要地层为第四系全新统洪积粉质黏土（$Q_4^{pl_2}$）、坡积粉质黏土（$Q_4^{dl_2}$），下伏为第三系砂岩（E^{SS}）、泥岩（E^{MS}）。岩性特征如下：

（1）洪积粉质黏土：主要分布于隧道进出口之山前缓坡地带，表层有植被覆盖，厚度 2.1～2.4 m，棕红色，局部夹有粉土薄层，融化后硬塑～软塑状，上限以上，Ⅱ级普通土，σ＝150 kPa；上限以下，Ⅳ级软石，σ＝350 kPa。上限以下多为高含冰量冻土，且融沉～融陷，进口端含有厚层地下冰，厚度 2.1～2.8 m。

（2）坡积粉质黏土：主要分布在山坡及山间缓坡上，表层植被稀薄，厚度 1～2.1 m，山间地段达 4.7 m，棕红色，夹有粉土薄层，融化后硬塑状，上限以上，Ⅱ级普通土，σ＝150 kPa；上限以下，Ⅳ级软石，σ＝350 kPa。出口端多为富冰冻土，且融沉。

（3）砂岩、泥岩：为隧道通过主要岩层，基本以砂岩为主，夹泥岩层，节理裂隙较发育。其中：砂岩，紫红色，以细砂岩为主，细粒结构，层状构造，泥岩、钙质胶结，全风化～轻微风化；泥岩，棕红色，泥质结构，层状构造，泥质胶结，成岩作用差，全风化～轻微风化。

风化层在进出口端较厚，一般大于 20 m；山体附近较薄，一般 10～15 m。上限以上，多为全风化层，Ⅲ级硬土，σ＝200 kPa；上限以下，Ⅳ级软石，风化层，σ＝400 kPa；完整基岩，σ＝800 kPa。

岩层产状：隧道进口 N88°W/52°S，N78°W/71°S，隧道出口 N82°W/80°S。

2. 工程地质特征

风火山隧道为高原多年冻土区隧道，冻土深度 100～150 m，根据定测测温资料，风火山隧道区 DIK1159＋000～DIK1159＋800 段 T_{cp}＜－2 ℃，DIK1159＋800～DIK1160＋334 段－2 ℃≤T_{cp}＜－1 ℃，洞身处于低温基本稳定区和低温稳定区。分述如下：

进口端：上部地层主要为坡积粉质土，厚度约 1～3 m；下伏为第三系砂岩、泥岩，泥岩成分较多，全风化层厚度大于 20 m，钻探岩芯多破碎，呈土状、碎石土状。多年冻土上限 1.2～1.5 m，在洞口处粉质黏土层以及土岩接触面发育富冰及饱冰冻土，局部有薄层地下冰分布，厚度 2.1～4.0 m；在洞口两侧约 100 m 处，泥岩顶部分布有 1.0～3.4 m 的含土冰层，以下基岩风化层中多分布有富冰冻土，厚度为 1～2.5 m。

出口端：上部地层主要为坡积粉质黏土，下伏为第三系砂岩、泥岩，全风化层厚度大于

20 m,钻探岩芯多块状,多年冻土上限 1.45～1.8 m,在基岩风化层发育富冰、饱冰冻土,厚度 1.75～4.0 m。

洞身:隧道通过基岩,多为冻岩,多冰冻土,基岩风化层厚度一般 8～10 m,局部基岩风化层中发育 1～2.5 m 厚的富冰、饱冰冻土。多年冻土上限一般为 1.5 m。

3. 水文地质特征

地表水主要为山体表层冲沟中的季节性流水,主要为大气降水补给,水质较好;地下水主要为暖季分布的冻结层上水,含水层主要为基岩风化层,基岩中地下水不发育。

本地区无大的储水构造,60 m 钻孔揭示下部地层为少冰冻土,冰多储存于基岩裂隙中,含冰量不大。在隧道施工中产生融化圈,但其范围较小,产生的水量较小。

二、祁连山隧道工程地质及水文地质

1. 祁连山隧道地层岩性

分布地层为沉积岩和变质岩,主要为砂岩、板岩、页岩、灰岩等,断层带内分布断层角砾岩,山坡坡面及冲沟内分布有第四系块石土、碎石类土、粉土等,地层岩性由新到老详述如下:

(1)第四系全新统坡积碎石土

分布于隧道出口段及各冲沟内,成因分为坡积、崩积、洪积、冲积,岩性主要为粉质黏土、碎石类土。Ⅲ级硬土,$\sigma_0=600$ kPa。

(2)第四系中更新统积碎石土

主要分布高程 4 000 m 附近山间洼地,成分为冰积碎石土和块石土,$\sigma_0=600$ kPa。

(3)二叠系砂岩

主要分布于隧道进口,灰白色及青色,风化岩层表面呈褐黄色的中细粒结构,层状结构,节理、裂隙发育。风化层,Ⅳ级软石,$\sigma_0=300$ kPa,弱风化,Ⅴ级次坚石,$\sigma_0=800$ kPa。

(4)石炭系

主要地层是灰岩、砂岩、泥灰岩、砾岩及页岩等,隧道出口主要穿行于石炭系中,岩层走向以 NW 为主,倾角 40°～85°,局部有小形揉邹及小断裂。

(5)泥盆系砂岩

主要岩性为砂岩和砾岩,隧道洞身段大部分穿行于泥盆系地层中,岩层走向以 NW 为主,倾角 40°～90°;Ⅴ级次坚石,$\sigma_0=800$ kPa。

(6)志留系板岩、砂岩

分布于隧道进口段,岩层走向 NW 及 NE,倾向 N 倾角 40°～88°,节理、裂隙发育。Ⅴ级次坚石,$\sigma_0=800$ kPa。

(7)断层角砾,Ⅲ级硬土,$\sigma_0=500$ kPa。

2. 工程地质特征

祁连山隧道穿越地层主要为砂岩、板岩及灰岩,以及 F6、F7 大断层。其中,F6 断层破碎带位于洞身 DK336＋050～DK336＋140 处,宽度约 90 m;F7 断层破碎带位于洞身 DK337＋320～DK337＋450 处,断带宽约为 130 m,物质主要为断层角砾、富水,存在突水、突泥、碎屑流等风险,施工工点存在季节性冻土,土壤最大冻结深度 230 cm。碎屑流喷涌如图 1-18 所示。

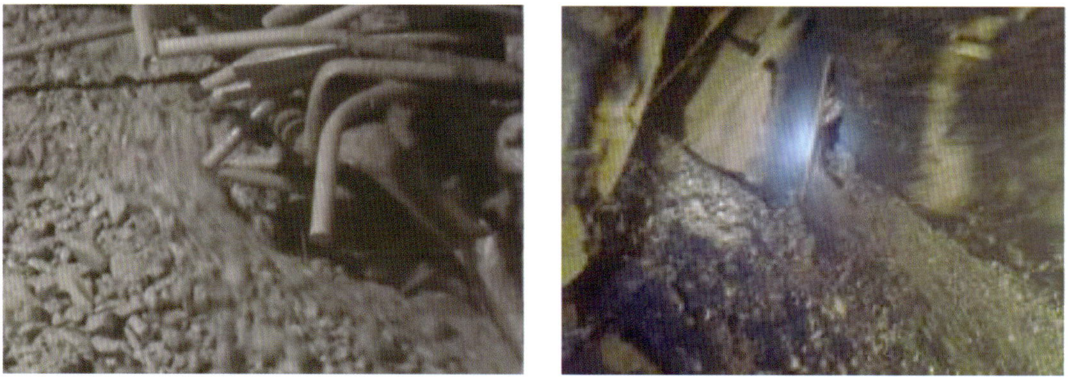

图 1-18　祁连山隧道碎屑流喷涌

3. 水文地质特征

(1)地表水

祁连山隧道进口端硫磺沟水量较大，大部分引入引硫济金工程，洞身以上支沟只有在雨季时有少量流水，地表水对隧道工程无直接影响。

(2)地下水

地下水主要有第四系潜水、基岩裂隙水和构造裂隙水，对隧道工程无直接影响。

基岩裂隙水分布于基岩的原生、风化节理裂隙中，主要接受大气降水和冰雪融水补给。多以下降泉形式排泄，水量大小受岩性、节理、裂隙发育程度及构造控制。

构造裂隙水分布于断裂带及影响带中。含水层岩性多以脆性硬质岩为主，岩体构造节理、裂隙发育，接受大气降水、地表水和基岩裂隙水补给，水量较丰富，祁连山隧道最大涌水量 105 123 m^3/d。祁连山隧道涌水情况如图 1-19 所示。

图 1-19　祁连山隧道碎屑流喷涌

三、大梁隧道工程地质及水文地质

1. 大梁隧道地层岩性

分布地层为奥陶系中统砂岩、板岩、灰岩，二叠系砂岩，断层带内分布有断层碎裂岩及断层泥砾，山坡坡面及冲沟内分布有第四系粉土、细角砾土、碎石土、块石土等。其中，板岩呈灰白色、灰色及灰黑色，板状构造，薄层状，主要矿物为石英、长石、绿泥石等，局部可见黑褐色颗粒，节理发育，表层多风化呈碎片状、砂砾状；砂岩青灰色、浅黄色，砂质结构，层状构造，成分以石英、长石等为主，岩质坚硬，节理较发育，岩层产状：N45°～80°W/18°～60°N，风化层层厚大于10 m。

2. 大梁隧道工程地质特征

大梁隧道位于祁连山地槽北祁连褶皱带内，该带为地壳厚度高度变异地带，地质构造复杂，新构造运动强烈，且经历了多期次构造活动，褶皱、断裂发育，岩层挤压明显，根据现场测量分析后发现该区存在高地应力和极高地应力。工程区发育一条断层，发育一个向斜，在断层裂隙带及岩层接触面地下水丰富，存在突水涌泥、塑性大变形等风险。

(1)褶皱构造——五牛河脑—托拉沟上游向斜

北西西向缓波状分布于冷龙岭南坡，五牛河脑—老虎沟脑—托拉沟上游一带，长约100 km。南北两侧受断裂切割，构造形态不完整。核部广泛出露奥陶系中统千枚岩、砂质板岩及结晶灰岩。两翼不对称，北陡倾角一般70°～75°，南缓倾角50°～65°。为一紧密线性褶皱，轴面略北东倾。枢纽呈波状起伏，总体有西端扬起之势。

(2)断裂构造——F5 逆断层

洞身通过位置(DK334＋840～DK334＋940)，断层总体走向N60°W～EW，断裂面产状N75°W/79°S，为一逆断层，断层上盘地层为奥陶系条带状板岩夹结晶灰岩，下盘为二叠系浅白色、灰白色砂岩，该断层形成于加里东期，燕山期复活，破碎带宽约100 m，破碎带内主要以断层角砾为主。

典型围岩及大变形照片如图1-20～图1-23所示。

图1-20 大梁隧道软岩褶曲

图1-21 大梁隧道围岩接触带

图1-22 大梁隧道初期支护大变形

图1-23 大梁隧道二次衬砌开裂加固

3. 水文地质特征

(1)地表水

大梁隧道洞身上方,有三条与隧道走向斜交的较大支沟,沟内冬季冰雪覆盖,春季中后期开始有冰雪融水,夏秋季有降雨汇聚暂时流水,地表水对隧道工程无直接影响。

(2)地下水

地下水主要有第四系潜水、基岩裂隙水和构造裂隙水,对隧道工程无直接影响。

基岩裂隙水分布于基岩的原生、风化节理、裂隙中,主要接受大气降水和冰雪融水补给。多以下降泉形式排泄,水量大小受岩性、节理、裂隙发育程度及构造控制。

构造裂隙水分布于断裂带、褶曲轴部及影响带中。含水层岩性多以脆性硬质岩为主,岩体构造节理、裂隙发育,接受大气降水、地表水和基岩裂隙水补给,水量较丰富。隧道最大涌水量取值 45 860 m^3/d。大梁隧道突水、涌石涌泥如图 1-24 和图 1-25 所示。

图 1-24　大梁隧道突水

图 1-25　大梁隧道涌石涌泥

4. 地应力测试

地应力测试结果见表 1-5。

表 1-5　铅直钻孔水压致裂成果表

测段深度(m)	破裂压力 P'_b(MPa)	重张压力 P'_r(MPa)	关闭压力 P'_s(MPa)	孔隙压力 P_0(MPa)	最大水平主应力 σ_H(MPa)	最小水平主应力 σ_h(MPa)	垂直应力 σ_v(MPa)	测压系数 $\lambda=\sigma_H/\sigma_v$	最大水平主应力方向
15	19.39	15	12.8	0.15	23.55	12.95	12.00	1.96	NE44°
18.5	16.7	12.5.83	13.26	0.19	25.14	13.45	12.09	2.08	
22	18.68	17.83	13.55	0.22	23.04	13.77	12.18	1.89	
27	16.42	14.76	13.1	0.27	24.81	13.37	12.30	2.02	NE42°

注:表中自重应力按岩石的上覆重量计算,其岩石容重取为 25 000 N/m^3。岩体上覆埋深 465 m。

从掌子面开挖断面上可以看到岩层在水平力的作用下发生弯曲,如图 1-26 所示,这表明本区域是以水平构造应力为主导,与实测结果吻合。

铅直孔的侧压系数范围值如下:$\lambda=1.89\sim2.08$;在试验深度范围内,各测试孔侧压系数均大于 1,表明工程场区地应力以构造应力为主,其中最大水平地应力 24.81 MPa,方向 NE42°,

最小水平地应力 24.81 MPa，这对隧道围岩的稳定是不利的。

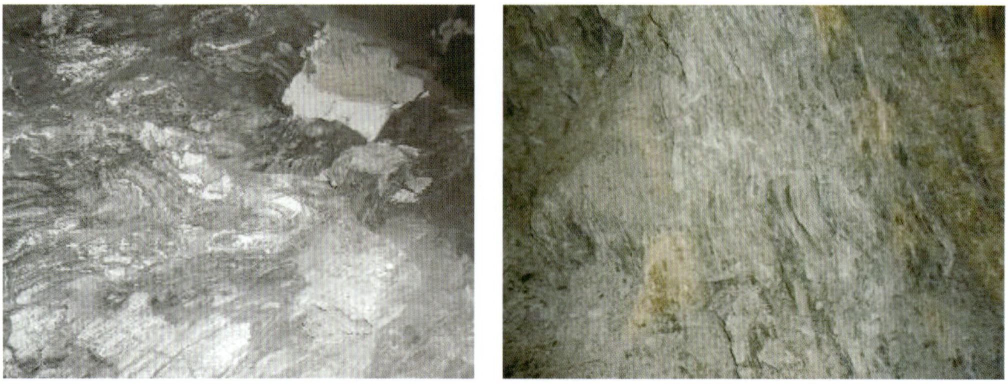

图 1-26　掌子面围岩的扭曲变形

第四节　隧道工程特点

一、自然条件恶劣

三座隧道所在地均为无人区，意味着人类自然条件下在此地无法生存，不具备生存条件。要在此处修建隧道，首先是解决生存问题，是人类与自然的抗争，一方面要牺牲人的身体健康；另一方面是人对自然条件的努力改善，使生命禁区变成非禁区，使无人区变成有人区。其次，人必须在这里工作，要打通这三座高原隧道，不仅要求人类生活、工作的条件，还必须对工程条件进行改善，如：改善洞内作业环境、提高机械效率、寒季工程保温等。

二、环境保护

环境保护工作已备受国人关注，青藏铁路风火山地区、兰新客运专线祁连山地区以其特殊的地理位置和自然环境，环保已受到全世界的关注。其中，风火山隧道地处可可西里自然保护区，祁连山隧道、大梁隧道地处祁连山自然保护区。两区均因自然条件恶劣，所以动、植物稀少，生命力脆弱。设计和施工中均应充分考虑环境保护，主要为：冻土保护、原状地表恢复、水土保持、大气和噪声治理、野生动植物保护等。

三、冻土隧道施工技术

青藏高原特殊的多年冻土地质是世界上独一无二的，冻土段长 550 km，位于青藏高原腹地，风火山地区属于低温稳定多年冻土地质。在冻土上修铁路面临着非常多的技术难题，可借鉴经验少。风火山隧道作为世界海拔最高的冻土隧道，隐藏着大量的技术问题，不仅在施工上，设计及以后的运营期也存在许多待研究的问题。主要表现为：冻土结构下的开挖工法、支护技术和保温、防水措施。

四、隧道长距离穿越碎屑流地层

祁连山进口掘进至 F6 断层带 DK336＋049 时，隧道上台阶拱顶发生突涌碎屑物质，灰色碎屑颗粒、如拳头般大小角砾石夹杂黏土、少许块石和水的混合物，然后自溃口处迅速扩展，瞬间涌出长度达 15 m，掌子面瞬间被碎屑流体淤塞，隧道支护被冲垮、机具被淹埋，如图 1-27 所示。因此，隧道穿越碎屑流地层时应制定超前地质预报、开挖工法、支护手段和事故规避、应急处理等控制技术。

图 1-27　DK336＋050 高黏度流动碎屑体

五、极高地应力软岩隧道大变形

大梁隧道长 2 km 的薄层板岩段落，节理裂隙、褶曲发育，如图 1-28 所示。埋深约 470～510 m，测试地应力最大为 25 MPa，根据应力、岩石强度比判断标准，属极高地应力软岩大变形。施工中曾多次发生初期支护侵限、开裂剥落，钢拱架扭曲，衬砌开裂和仰拱隆起的问题，为控制高地应力下软岩大变形，在设计和施工中如何选取开挖工法、支护参数、衬砌施作时机等是一大技术难题。

图 1-28　大梁隧道薄层板岩褶曲

六、穿越高压富水软硬结合段落长，施工过程突水涌泥

2011 年 3 月 20 日，祁连山隧道 2 号斜井施工时，突然发生大规模突水事故，突水量为 5.6 万 m^3/d，导致掘进了 818 m 的斜井全部被淹，水从斜井口涌出。突水掩埋了施工机械，同时 11 名施工人员被水冲出，其中 6 人受伤。

2013 年 3 月 31 日至 8 月 1 日，大梁隧道先后共发生四次大规模突水涌泥事故，突出的泥石渣最长达 181 m。瞬间冲毁了隧道支护，填埋施工机械，施工人员被冲击、淤埋而受重伤。

祁连山隧道和大梁隧道穿越高压富水区段长，其中大梁隧道穿越高压富水区为 2 km，实测最大涌水量 6.6 万 m^3/d；祁连山隧道穿越高压富水区为 5 km，实测最大涌水量 10.5 万 m^3/d。而两座隧道均采用斜井辅助施工，一旦发生突水就不能自排，有淹井等危险，施工时应加强水文地质预报，考虑适宜的堵水和排水方案。

七、高海拔隧道冻害问题严重，防止冻害发生难度极大

祁连山隧道群地处严寒气候条件，围岩水量丰富，隧道冻害问题突出，施工期间就发生了严重的病害。

祁连山隧道群属于季节性冻土隧道，寒季洞内冷空气进入，形成负温，隧道周围形成冻结圈，富水地段冻胀产生冻害。排水盲沟、水沟也易发生冻结或堵塞产生冻害。因此，如何确保隧道周边地下水排水畅通、确保水沟防寒保温效果是技术的关键。

第二章　寒区隧道洞内环境温度场分析

第一节　寒区隧道洞内空气流体力学和传热学理论基础

一、流体力学基本概念及性质

1. 连续介质模型

流体和固体都是由大量分子组成，但是分子间距离要比分子本身的尺寸大得多，从微观角度考虑，流体的物理量在空间分布上是不连续的，且随着时间不断变化。在隧道洞内空气流体力学中仅限于研究流体的宏观运动，其特征尺寸（如日常见到的是米、厘米、毫米的量级）比分子自由程大得多。描述宏观运动的物理参数，是大量分子的统计平均值，而不是个别分子的值。在这种情形下，空气流体可近似用连续介质模型处理。连续介质模型认为，物质连续地分布于其所占的整个空间，物质宏观运动的物理参数是时间和空间的可微连续函数，这种模型称为连续介质模型。

2. 定常流动与非定常流动

根据流体流动过程及流动过程中的各个物理量参数是否与时间相关，可将气体流动分为定常流动与非定常流动两种。在流动过程中，各物理量均与时间无关的流动称为定常流动；在流动过程中，某个或某些物理量与时间有关的流动称为非定常流动。

3. 层流流动与湍流流动

按照流体流动状态，流体的流动一般可分为层流流动与湍流流动。湍流是自然界和工程中最普遍存在的流体运动，无论江河海洋的流动还是大气的流动，无论管渠流动还是边界层流动，绝大部分是湍流运动。其中，层流可以形象的理解为流体层与层之间不存在相互扰动现象，每层之间没有质量的传递和动量的传递；而湍流流动中每层之间存在相互干扰现象，并且流动越快干扰力度越大，层与层之间既有质量的传递，也有动量的传递。从数学角度上，可以根据雷诺数判断流动是层流还是湍流。雷诺数的定义如下

$$Re = \frac{VL}{v} \tag{2-1}$$

式中　V——截面的平均速度；

L——特征长度；

v——流体的运动黏度。

对于圆形管，特征长度 L 取圆管的直径；对于异型管道，特征长度 L 取为水力直径。一般认为临界雷诺数为 2 000，$Re<2\ 000$时，管内流动为层流，否则为湍流。

4. 流体的基本性质

(1)流体的黏性

黏性是施加于流体的应力和由此产生的变形速率，以一定的关系联系起来的流体的一种

宏观属性，表现为流体的内摩擦力。黏性对物体表面附近的流体运动产生重要作用，使流速逐层减小并在物体表面上为零。牛顿黏性定律指出，在纯剪切流动中，相邻两流体层之间的切应力为

$$\tau = \mu \frac{\mathrm{d}u}{\mathrm{d}y} \tag{2-2}$$

式中 τ——切应力；

μ——动力黏性系数；

$\frac{\mathrm{d}u}{\mathrm{d}y}$——垂直流动方向的法向速度梯度。

(2)流体的压缩性

流体的压缩性是指在外界条件变化时，其密度和体积发生了变化。通常用压缩系数 β 来度量流体的压缩性，定义为在一定温度下，升高单位压强时流体体积的相对缩小量，即：

$$\beta = \frac{1}{\rho} \frac{\mathrm{d}\rho}{\mathrm{d}p} \tag{2-3}$$

对于气体，通常气流速度小于 50 m/s，当压强变化不大时，一般可以认为气体不可压缩。

(3)流体的导热性

当气体或液体沿某一方向存在温差时，热量就会从高温地方传向地温地方，这种性质称为流体的导热性。单位时间内所传递的热量与传热面积成正比，与沿流方向的温度梯度成正比，即傅里叶导热定律：

$$q = -\lambda \frac{\partial T}{\partial n} \tag{2-4}$$

式中 n——导热面的法线方向；

$\frac{\partial T}{\partial n}$——沿法线方向的温度梯度；

λ——导热系数；

q——单位时间通过单位面积的热量。

二、隧道空气动力学基本方程

在寒区高速铁路隧道中，自然风、列车风会导致隧道内空气频繁流动，从而会加快洞内空气与衬砌之间的对流换热。隧道内空气流动是比较复杂的，但其遵循空气动力学基本原理，遵循质量守恒定律、动量守恒定律和能量守恒定律，受三大物理守恒方程的支配。三大守恒定律组成的数学方程组是非线性的，对于隧道内复杂的空气流动问题，难以得到精确的解析解，而借助数值计算工具可以得到近似的数值解。三大守恒定律组成的数学方程组，为寒区隧道流、固耦合传热研究及温度场求解提供了理论基础。

1. 质量守恒方程

质量守恒方程又称为连续性方程。在流场中，流体通过控制面流入控制体，同时也会通过另一部分控制面流出控制体，流入的质量与流出的质量之差应等于控制体内部流体质量的增量。根据这个守恒定律可以得到质量守恒方程为：

$$\frac{\partial \rho}{\partial t} + \frac{\partial(\rho u)}{\partial x} + \frac{\partial(\rho v)}{\partial y} + \frac{\partial(\rho w)}{\partial z} = 0 \tag{2-5}$$

式中 ρ——密度；

t——时间；

u、v、w——速度矢量在 x、y、z 方向上的分量。

对于不可压缩气体，密度为常数，对式(2-5)进行简化得：

$$\frac{\partial(u)}{\partial x}+\frac{\partial(v)}{\partial y}+\frac{\partial(w)}{\partial z}=0 \tag{2-6}$$

2. 动量守恒方程

动量守恒方程也称为运动方程。对于给定的流体系统，其动量的时间变化率等于外界作用在其上的外力总和。具体数学表达式为：

$$\begin{cases}\dfrac{\partial(\rho u)}{\partial t}+\displaystyle\int v(\rho u\boldsymbol{u})\mathrm{d}v=-\dfrac{\partial p}{\partial x}+\dfrac{\partial\tau_{xx}}{\partial x}+\dfrac{\partial\tau_{yx}}{\partial y}+\dfrac{\partial\tau_{zx}}{\partial z}+F_x\\ \dfrac{\partial(\rho v)}{\partial t}+\displaystyle\int v(\rho v\boldsymbol{u})\mathrm{d}v=-\dfrac{\partial p}{\partial y}+\dfrac{\partial\tau_{xy}}{\partial x}+\dfrac{\partial\tau_{yy}}{\partial y}+\dfrac{\partial\tau_{zy}}{\partial z}+F_y\\ \dfrac{\partial(\rho w)}{\partial t}+\displaystyle\int v(\rho w\boldsymbol{u})\mathrm{d}v=-\dfrac{\partial p}{\partial z}+\dfrac{\partial\tau_{xz}}{\partial x}+\dfrac{\partial\tau_{yz}}{\partial y}+\dfrac{\partial\tau_{zz}}{\partial z}+F_z\end{cases} \tag{2-7}$$

式中 p——流体微粒体上的压力；

τ_{xx}、τ_{yx}、τ_{zx}——切应力分量；

F_x、F_y、F_z——微粒体上的体力。

3. 能量守恒方程

将热力学第一定律应用于流体运动，即是能量方程，能量守恒方程数学表达式为

$$\frac{\partial}{\partial t}(\rho E)+\frac{\partial}{\partial x_i}[u_i(\rho E+p)]=\frac{\partial}{\partial x_i}\left[k_{eff}\frac{\partial T}{\partial x_i}-\sum_{j'}h_{j'}J_{j'}+u_j(\tau_{ij})_{eff}\right]+S_h \tag{2-8}$$

式中 E——代表微粒体总能，$E=h-p/\rho+u_i^2/2$；

k_{eff}——有效热传导系数；

$J_{j'}$——组分 j 的扩散流量；

S_h——包括了化学反应热以及其他用户定义的体积热源项。

方程右边的前三项分别描述了热传导、组分扩散和黏性耗散带来的能量输运。

三、围岩传热学理论

在寒区隧道温度场计算过程中，热量传递按其不同机理可归纳为三种基本形式：热传导、热对流和热辐射。其中，围岩内部热量的传递主要以热传导的方式进行，寒区隧道内空气之间及空气与衬砌之间的热量传递主要以热对流方式进行，隧道内部围岩温度变化幅度较小，因此热辐射可以忽略不计。

1. 传热的三种基本方式

(1)热传导

热传导也称为导热。导热是指相互接触并且温度不同的物体之间或物体内部温度不同的各部分之间，由物体内部的微观粒子的热运动而引起的热量传递现象。法国物理学家傅里叶通过实验发现了导热量与温度变化率之间的关系，借助数学工具演绎得出傅里叶定律，即

$$Q=-\lambda A\frac{\mathrm{d}t}{\mathrm{d}x} \tag{2-9}$$

式中 Q——导热热流量；

A——垂直于热流方向的面积；

$\frac{\mathrm{d}t}{\mathrm{d}x}$——温度梯度；

λ——导热系数，该值反映了物体导热能力的强弱。“－”表征热量方向与温度梯度方向相反。

(2)热对流

对流包括热对流和对流换热。其中，热对流是指流体的宏观运动，流体各部分之间发生相对位移、冷热流体相互掺混遂引起的热量传递过程；对流换热是指流体和固体之间存在相对运动，并且流体和固体之间存在温差时所引起的热量传递现象。英国科学家牛顿在1701年提出了牛顿冷却定律，即对流换热基本定律：

1)流体被冷却时：

$$Q = hA(T_\mathrm{f} - T_\mathrm{w}) \tag{2-10}$$

2)流体被加热时：

$$Q = hA(T_\mathrm{w} - T_\mathrm{f}) \tag{2-11}$$

式中 Q——对流换热热流量；

T_w、T_f——壁面温度和流体温度；

A——固体壁面对流换热表面积；

h——对流换热系数。

(3)热辐射

物体通过电磁波来传递能量的方式称为辐射，具有温度的物体向外发射辐射能的现象称为热辐射。导热和对流均需要有媒介物质才能实现，而热辐射不需要中间介质，可以在无中间介质的真空中传递。

四、寒区隧道内空气与围岩对流换热耦合控制方程

寒区隧道温度场受洞外空气温度和空气流速的影响，列车经过隧道会加大空气流速，加大空气之间的热量交换，加剧空气与衬砌之间的对流换热和围岩之间的热传导。研究涉及空气速度场与温度场耦合，流体与固体对流换热及围岩固体之间的热传递。模拟研究中对空气做了以下假设：气体连续性、气体不可压缩、气体压力不随时间变化、气体密度为及热物理学参数为常数。

1. 气体区域控制方程

(1)连续性方程(密度为常数)

$$\frac{\partial u}{\partial x} + \frac{\partial v}{\partial y} + \frac{\partial w}{\partial z} = 0 \tag{2-12}$$

(2)动量控制方程

$$\frac{\partial u}{\partial t} + u\frac{\partial u}{\partial x} + v\frac{\partial u}{\partial y} + w\frac{\partial u}{\partial z} = -\frac{\partial p}{\partial x} + \nu\left(\frac{\partial^2 u}{\partial x^2} + \frac{\partial^2 u}{\partial y^2} + \frac{\partial^2 u}{\partial z^2}\right) \tag{2-13}$$

$$\frac{\partial v}{\partial t} + u\frac{\partial v}{\partial x} + v\frac{\partial v}{\partial y} + w\frac{\partial v}{\partial z} = -\frac{\partial p}{\partial y} + \nu\left(\frac{\partial^2 v}{\partial x^2} + \frac{\partial^2 v}{\partial y^2} + \frac{\partial^2 v}{\partial z^2}\right) \tag{2-14}$$

$$\frac{\partial w}{\partial t} + u\frac{\partial w}{\partial x} + v\frac{\partial w}{\partial y} + w\frac{\partial w}{\partial z} = -\frac{\partial p}{\partial z} + \nu\left(\frac{\partial^2 w}{\partial x^2} + \frac{\partial^2 w}{\partial y^2} + \frac{\partial^2 w}{\partial z^2}\right) \tag{2-15}$$

(3)能量控制方程

$$c_a\left(\frac{\partial T}{\partial t}+u\frac{\partial T}{\partial x}+v\frac{\partial T}{\partial y}+w\frac{\partial T}{\partial z}\right)=\lambda_a\left(\frac{\partial^2 T}{\partial x^2}+\frac{\partial^2 T}{\partial y^2}+\frac{\partial^2 T}{\partial z^2}\right) \tag{2-16}$$

式中　u、v、w——直角坐标系 x、y 和 z 三个方向上的空气流速；

T——空气温度；

c_a、λ_a——空气比热容和导热系数；

t——时间；

ν——空气的运动黏性系数。

2. 固体区域能量控制方程

$$\rho c\frac{\partial T}{\partial t}=\lambda\left(\frac{\partial^2 T}{\partial x^2}+\frac{\partial^2 T}{\partial y^2}+\frac{\partial^2 T}{\partial z^2}\right) \tag{2-17}$$

式中　ρ——围岩密度；

c——围岩比热容；

λ——围岩导热系数；

t——时间。

(1)流体和固体边界条件

流体为：

$$u|_{A_0}=u_0,\ v|_{A_0}=v_0,\ w|_{A_0}=w_0 \tag{2-18}$$

固体为：

$$u|_{A_0}=0,\ v|_{A_0}=0,\ w|_{A_0}=0 \tag{2-19}$$

(2)流体初始条件条件

$$u|_{t=0}=u_0,\ v|_{t=0}=v_0,\ w|_{t=0}=w_0 \tag{2-20}$$

式(2-12)～式(2-20)为寒区隧道流、固耦合传热的控制方程、边界条件及初始条件。

五、Fluent 求解寒区隧道内导热与对流换热耦合问题

Fluent 是国内外比较流行的商用 CFD 软件包，该软件采用 C/C＋＋语言编写，可以求解可压缩与不可压缩流动问题、稳态与瞬态问题、对流化热问题及流固耦合传热等问题。Fluent 软件采用的是有限体积法，提供了非耦合隐式算法、耦合显示算法及耦合隐式算法，对于研究者关心的参数和计算中的误差可以随时进行跟踪显示，提供强大的动画制作功能，供后续问题的分析演示。总体来说，该软件具有丰富的物理模型、先进的数值方法和强大的后处理功能，应用范围极其广泛。利用 C 语言编写 UDF 代码，将该代码嵌入到 Fluent 软件中，建立了“空气—衬砌—围岩”流、固耦合传热数值计算模型。其中，寒区隧道内空气和围岩导热与对流换热耦合问题在 Fluent 中的实现过程具体为：

(1)在 CAD 中建立几何模型，导入 Gambit 中进行网格划分及边界条件定义。

(2)将 Gambit 中的模型导入到 Fluent 中，并检查网格质量。

(3)在 Fluent 中设置各项物理参数，选择基本模型并设置初始条件；

(4)编写 C 语言代码，在 Fluent 中激活 UDF。

(5)在 Fluent 中求解计算。

(6)提取计算结果数据，对数据进行处理分析。

第二节 寒区运营隧道洞内温度场计算分析

一、计算模型及相关参数

采用热流固耦合技术，计算时考虑隧道内部空气与衬砌之间的对流换热及衬砌与围岩之间、围岩内部之间的热传导。其中，由于自然风和列车风的强迫作用，在隧道径向上和纵向上都会发生对流换热和热传导，为简化数值计算，在计算模拟时作如下假设：

(1)隧道内空气流动为湍流状态，气体为连续介质。

(2)隧道内气体不可压缩，并且气体的密度、黏度及热物理学参数不会发生改变。

(3)衬砌及围岩为均质、各向同性材料，并且各个热物理学参数不随温度的变化而变化。

本节在不铺设保温层情况下进行计算，建立包括空气、衬砌和围岩三种介质的三维立体模型，模型采用 300 km/h 单线隧道断面，如图 2-1 所示。隧道纵向计算长度为 1 000 m，横断面采用边长 40 m 的正方形，计算模型和网格化分如图 2-2 所示。为了使计算结果更加准确，在隧道内部空气区域、空气与衬砌接触区域及衬砌与围岩接触区域，将网格划分的密一些，在模型四周边界，将网格划分的疏些。结合相关文献资料，计算模型的具体热力学参数见表 2-1。

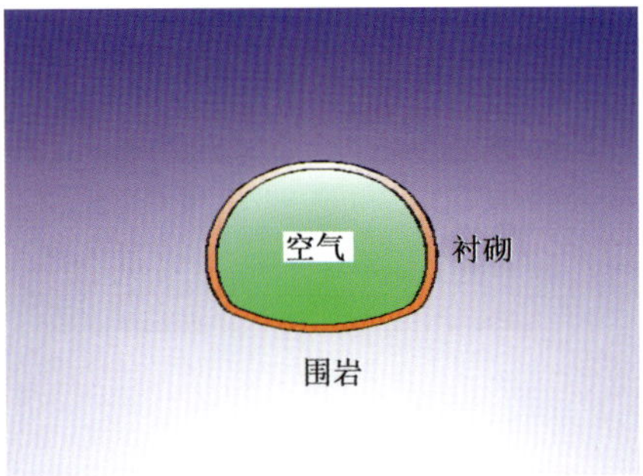

图 2-1 计算模型横断面

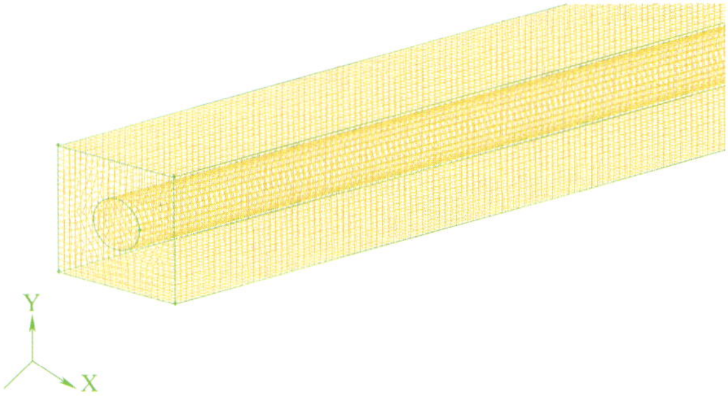

图 2-2 计算模型和网格划分

表 2-1 热力学计算参数

材料	导热系数 [W/(m·℃)]	比热 [J/(kg·℃]	密度 (kg/m³)	黏度系数 [kg/(m·s)]
衬砌	2.4	860	2 400	—
围岩	2.0	1 050	2 056	—
空气	0.024 2	1 006.43	1.225	1.789×10^{-5}

二、自然风速影响因素分析

为了掌握不同的自然风速对隧道洞内温度场的影响规律，在洞外环境温度和初始地温不变的条件下，本节将研究分析自然风速分别为 1 m/s、2 m/s、3 m/s、4 m/s 下的洞内空气及围岩温度场变化规律。

1. 边界条件设置

在隧道进口设置风速边界条件和温度边界条件。其中，风速大小设置为不同自然风速值，温度为洞外的空气温度。本节将洞外空气温度分别设置为－20 ℃和－10 ℃；隧道出口设置为自由流动出口(outflow)边界，出口温度与进口温度取值一样；空气与衬砌接触面及衬砌与围岩接触面都设置为耦合(couple)边界；计算模型上下左右面设置为恒温边界；空气和围岩的初始温度都设置为 7 ℃。本节计算时，主导自然风方向为从隧道进口吹向出口，不考虑高速列车通车运营，模拟计算时间为 30 d。

2. 计算结果分析

在距离隧道衬砌壁面 10 cm 处，沿隧道纵向设置空气温度的观察路径，得到不同自然风速下，隧道内空气温度沿隧道进深的分布曲线。其中，洞外环境气温为－20 ℃条件下的隧道内空气温度分布曲线如图 2-3 所示，洞外环境气温为－10 ℃条件下的隧道内空气温度分布曲线如图 2-4 所示。

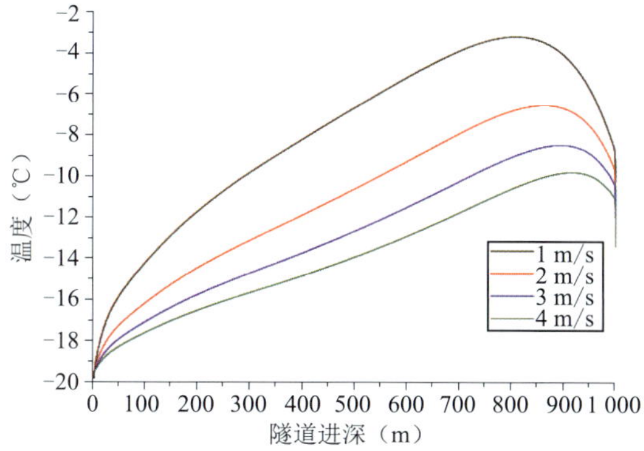

图 2-3　隧道内空气的温度分布(－20 ℃)

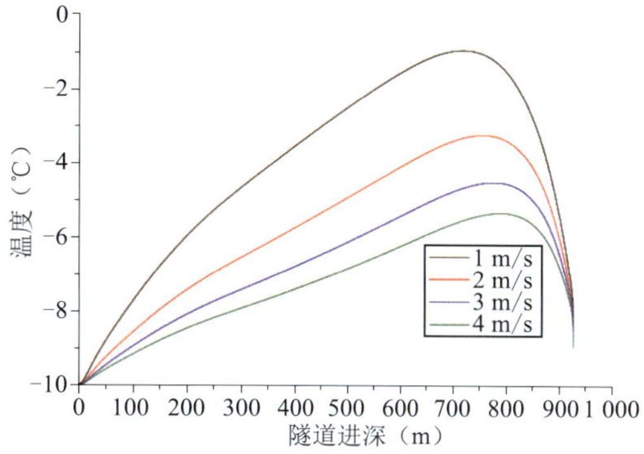

图 2-4　隧道内空气的温度分布(－10 ℃)

在衬砌后沿隧道纵向设置围岩温度的观察路径，得到围岩的温度分布曲线。其中，洞外环境气温为－20 ℃条件下的隧道内围岩的温度分布曲线如图 2-5 所示，洞外环境气温为－10 ℃条件下的隧道内围岩的温度分布曲线如图 2-6 所示。本节中围岩温度低于 0 ℃，表示围岩发生冻结。

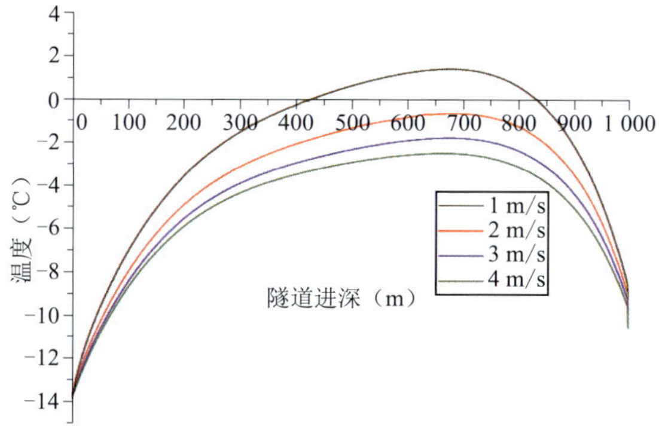

图 2-5　隧道内围岩的温度分布(－20 ℃)

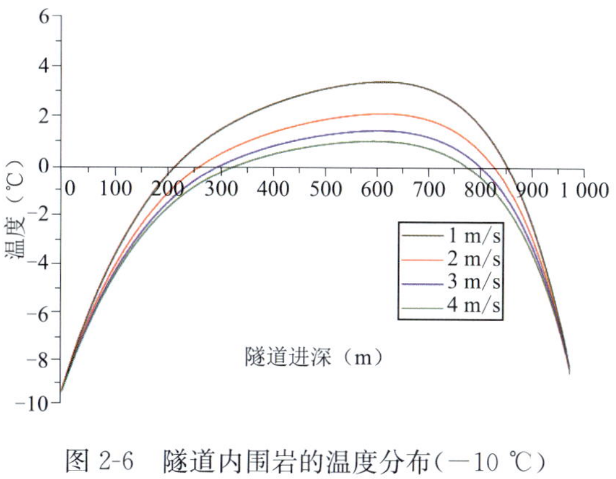

图 2-6　隧道内围岩的温度分布(－10 ℃)

从图 2-3 和图 2-4 可知，隧道内气温基本呈“开口向下的抛物线”形式分布，但温度最高点不在隧道中部，而是远离隧道进口，靠近隧道出口侧，主要原因是从隧道进口吹向出口的自然风将外界冷空气源源不断带入隧道中，使得隧道洞内温度最高点由隧道中间位置向隧道出口方向偏移。在外界温度一定的条件下，随着自然风速的提高，洞内温度最高点会逐渐向隧道出口方向移动。例如，在外界温度为－20 ℃条件下，风速由 1 m/s 提高到 4 m/s，洞内温度最高点由距隧道进口 750 m 处转移到 850 m 处。随着自然风速的提高，隧道内同一位置处的气温表现出逐渐降低的特点，洞内气温沿隧道纵向升高和降低的速率呈减小趋势。

从图 2-5 和图 2-6 可知，随着风速的提高，围岩的纵向冻结长度逐渐增大，并且隧道进口处的冻结长度要比出口处的冻结长度大，主要原因在于主导自然风的方向为从进口吹向出口，在进口处外界冷空气被带入的更长，因此会加大隧道进口处的冻结长度。例如，外界温度为－10 ℃，风速从 1 m/s 增加到 4 m/s，隧道进口冻结长度由 225 m 增加到 340 m，出口冻结长度由 125 m 增加到 206 m。衬砌背后围岩温度随着风速的增大而减小，例如，洞外环境温度为－20 ℃，风速为 1 m/s 增加到 4 m/s，衬砌背后围岩最高温度由 2 ℃降低到－3 ℃，说明自然风速的提高会加大隧道冻害的发生，因此，在寒区隧道防寒保温设计时，应考虑隧道所在区域处的自然风速对寒区隧道温度场的影响。

在外界空气温度为－20 ℃和－10 ℃，初始地温为 7 ℃的条件下，不同自然风速下隧道纵向铺设保温层长度，建议参考值见表 2-2 和表 2-3。

表 2-2 保温层铺设长度参考值（－20 ℃）

<table>
<tr><td rowspan="2">铺设位置</td><td colspan="4">自然风速(m/s)</td></tr>
<tr><td>1.0</td><td>2.0</td><td>3.0</td><td>4.0</td></tr>
<tr><td>进口铺设(m)</td><td>425</td><td rowspan="2">1 000(全长铺设)</td><td rowspan="2">1 000(全长铺设)</td><td rowspan="2">1 000(全长铺设)</td></tr>
<tr><td>出口铺设(m)</td><td>160</td></tr>
</table>

表 2-3 保温层铺设长度参考值（－10 ℃）

铺设位置	自然风速(m/s)			
	1.0	2.0	3.0	4.0
进口铺设(m)	225	275	308	340
出口铺设(m)	125	150	179	206

三、洞外环境气温影响因素分析

为了掌握不同的洞外环境气温对隧道洞内温度场的影响规律，在自然风速和初始地温不变的条件下，研究分析洞外环境气温分别为－10 ℃、－15 ℃和－20 ℃下的洞内空气及围岩温度场变化规律。

1. 边界条件设置

在隧道进口设置风速边界条件和温度边界条件。其中，温度大小设置为洞外环境气温，风速为洞口外自然风速，本节设置为 1 m/s；隧道出口设置为自由流动出口（outflow）边界，出口处环境气温与进口环境气温设置一样。空气和衬砌接触面设置为耦合（couple）边界，衬砌与围岩接触面也设置为耦合边界；计算模型上下左右面设置为恒温边界；空气和围岩的初始温度都设置为 7 ℃。计算时，自然风速恒定不变，主导自然风方向为从隧道进口吹向出口，不考虑高速列车通车运营，模拟计算时间为 30 d。

2. 计算结果分析

在距离隧道衬砌壁面 10 cm 处，沿隧道纵向设置空气温度的观察路径，得到不同洞外环境气温条件下，隧道内空气温度沿隧道进深的分布曲线，如图 2-7 所示。在衬砌后沿隧道纵向设置围岩温度的观察路径，得到围岩的温度分布曲线，如图 2-8 所示。

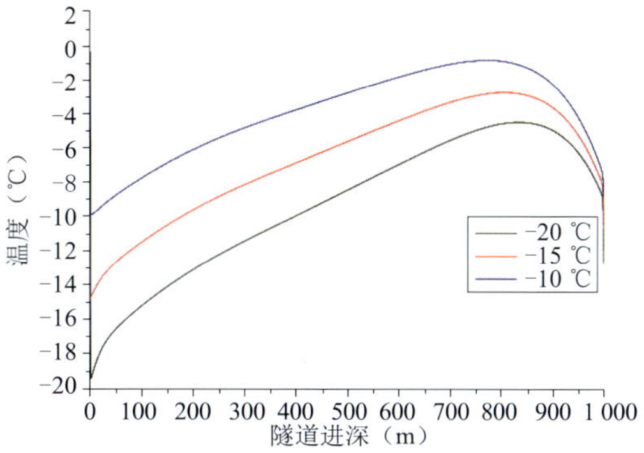

图 2-7　隧道内空气的温度分布

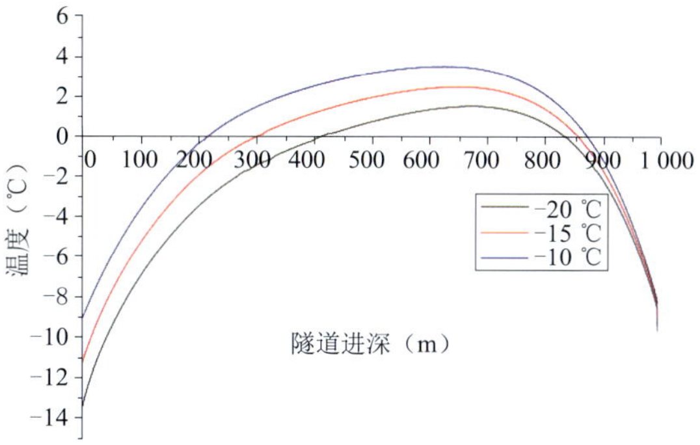

图 2-8　隧道内围岩的温度分布

从图 2-7 可知，随着洞外环境气温的降低，隧道内同一位置处的气温表现出逐渐降低的特点，而隧道洞内外气体温差呈现出增大趋势。例如，当外界环境气温由−10 ℃降低到−20 ℃时，隧道内 200 m 处的气温由−6 ℃降低到了−13 ℃，隧道洞内外气体温差由 9.9 ℃增大到了 16.7 ℃。

从图 2-8 可知，随着洞外气温的降低，隧道围岩纵向冻结长度逐渐增大，衬砌背后围岩温度逐渐降低。例如，外界环境气温由−10 ℃降低到−20 ℃时，隧道进口处的围岩纵向冻结长度由 225 m 增加到 425 m，衬砌背后围岩最高温度由 3.4 ℃降低到 1.4 ℃，说明较低的洞外环境气温会加剧隧道冻害的发生，对隧道的防寒抗冻是不利的。因此，在寒区隧道防寒保温设计时，应考虑隧道所在区域处的洞外环境气温对寒区隧道温度场的影响。

在自然风速为 1 m/s，初始地温为 7 ℃的条件下，不同洞外环境气温下的隧道纵向铺设保温层长度，建议参考值见表 2-4。

表 2-4　保温层铺设长度参考值

铺设位置	洞外环境气温		
	−10 ℃	−15 ℃	−20 ℃
进口铺设(m)	225	300	425
出口铺设(m)	125	148	160

四、洞外环境气温与自然风速综合影响因素分析

以上利用控制变量法分析了不同自然风速和不同环境气温对隧道洞内空气温度及隧道内围岩温度的影响，通过对不同工况数据归纳整理，可得到表 2-5 所示的隧道洞内空气最高温度值列表和表 2-6 所示的隧道进口纵向冻结长度列表。

洞外环境气温与自然风速对寒区隧道内空气温度场的影响有相互促进、相互加强的作用，当洞外环境气温相对较高时，自然风速增加引起的隧道洞内最高气温降低幅度较小；当洞外环境气温相对较低时，自然风速增加引起的隧道洞内最高气温降低幅度较大。以计算 10 d 为

例，当洞外环境气温为－10 ℃，自然风速从 3 m/s 增加到 4 m/s 时，洞内最高气温降低了 0.9 ℃；但当洞外环境气温为－20 ℃，自然风速从 3 m/s 增加到 4 m/s 时，洞内最高气温降低了 1.3 ℃。同样，当自然风速相对较低时，温度降低导致的隧道洞内最高气温降低幅度较小；当自然风速较大时，温度降低导致的隧道洞内最高气温降低幅度较大。以计算 10 d 为例，当自然风速为 1 m/s，洞外环境气温从－10 ℃降低到－20 ℃，洞内最高气温降低了 3.2 ℃；但当自然风速为 4 m/s，洞外环境气温从－10 ℃降低到－20 ℃，洞内最高气温降低了 5.4 ℃。而且，随着冷空气持续时间的延长，洞内最高气温也会逐渐降低。

表 2-5 洞内最高气温计算结果表

自然风速(m/s)	计算时间(d)	洞外环境气温(℃)		
		－10	－15	－20
1	10	－0.1	－1.7	－3.3
	20	－0.6	－2.4	－4.1
	30	－0.9	－2.8	－4.5
2	10	－2.3	－4.6	－6.6
	20	－2.9	－5.2	－7.4
	30	－3.2	－5.7	－7.9
3	10	－3.6	－6.2	－8.6
	20	－4.2	－6.9	－9.4
	30	－4.5	－7.3	－9.8
4	10	－4.5	－7.3	－9.9
	20	－5.1	－8.0	－10.6
	30	－5.3	－8.3	－11.0

表 2-6 纵向冻结长度计算结果表(m)

自然风速(m/s)	计算时间(d)	洞外环境气温		
		－10 ℃	－15 ℃	－20 ℃
1	10	168	198	233
	20	198	254	327
	30	223	306	426
2	10	185	230	290
	20	230	330	508
	30	273	458	1 000
3	10	193	250	333
	20	250	398	1 000
	30	308	1 000	1 000
4	10	200	265	373
	20	265	472	1 000
	30	339	1 000	1 000

从表 2-6 可知，洞外环境气温与自然风速对寒区隧道内围岩温度场的影响也有相互促进、相互加强的作用，当洞外环境气温相对较高时，自然风速增加引起的隧道纵向冻结长度增加幅度较小；当洞外环境气温相对较低时，自然风速增加引起的隧道纵向冻结长度增加幅度较大。以计算 10 d 为例，当洞外环境气温为－10 ℃，自然风速从 3 m/s 增加到 4 m/s 时，隧道纵向冻结长度增加了 7 m；但当洞外环境气温为－20 ℃，自然风速从 3 m/s 增加到 4 m/s 时，隧道纵向冻结长度增加了 40 m。同样，当自然风速相对较低时，温度降低导致的隧道纵向冻结长度增加幅度较小；当自然风速较大时，温度降低导致的隧道纵向冻结长度增加幅度较大。以计算 10 d 为例，当自然风速为 1 m/s，洞外环境气温从－10 ℃降低到－20 ℃，隧道纵向冻结长度增加了 65 m；但当自然风速为 4 m/s，洞外环境气温从－10 ℃降低到－20 ℃，隧道纵向冻结长度增加了 173 m。而且，随着冷空气持续时间的延长，隧道纵向冻结长度也会逐渐增加。

从环境气温、自然风速与洞内最高气温关系三维效果图及环境气温、自然风速与纵向冻结长度关系三维效果图可得出，当最高自然风速与最低洞外环境气温组合时，它们对隧道洞内气温和隧道纵向冻结长度影响最大，隧道纵向全部出现了冻结。因此，建议在今后隧道防寒保温设计时，应重视隧道所在位置处的洞口外环境气温和自然风速对隧道温度场的影响，纵向保温层铺设长度应根据具体的自然风速、洞外环境最冷月平均气温进行设计。

五、围岩温度（地温）影响因素分析

为了掌握不同的围岩温度（地温）对隧道洞内温度场的影响规律，采用控制变量法，在自然风速和洞外环境温度不变的条件下，研究分析围岩初始温度分别为 3 ℃、7 ℃和 10 ℃下的洞内空气及围岩温度场变化规律。

1. 边界条件设置

在隧道进口设置风速边界条件和温度边界条件。其中，温度为洞外环境气温，设置为－15 ℃，风速为洞口外自然风速，设置为 1 m/s；隧道出口设置为自由流动出口（outflow）边界，出口处环境气温与进口环境气温设置一样；空气和衬砌接触面设置为耦合（couple）边界，衬砌与围岩接触面也设置为耦合边界；计算模型上下左右面设置为恒温边界；围岩的初始温度设置为 3 ℃、7 ℃和 10 ℃。计算时，自然风速恒定不变，主导自然风方向从隧道进口吹向出口，不考虑高速列车通车运营，模拟计算时间 30 d。

2. 计算结果分析

在距离隧道衬砌壁面 10 cm 处，沿隧道纵向设置空气温度的观察路径，得到不同地温条件下，隧道内空气温度沿隧道进深的分布曲线，如图 2-9 所示。在衬砌后沿隧道纵向设置围岩温度的观察路径，得到围岩的温度分布曲线，如图 2-10 所示。

由图 2-9 可知，随着初始地温的降低，隧道内同一位置处的气温表现出逐渐降低的特点，洞内气温沿隧道纵向升高和降低的速率呈减小趋势。

由图 2-10 可知，随着初始地温的降低，隧道围岩纵向冻结长度逐渐增大，衬砌背后围岩温度逐渐降低。例如，地温由 10 ℃降低到 7 ℃，隧道进口冻结长度由 200 m 增加到 300 m，地温为 3 ℃时，隧道沿纵向温度全部低于 0 ℃，隧道纵向全部冻结，说明较低的围岩温度（地温）对隧道的抗防冻是不利的。

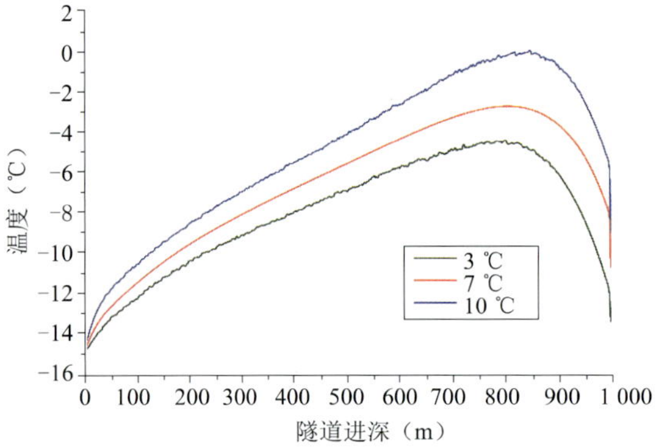

图 2-9 隧道内空气的温度分布

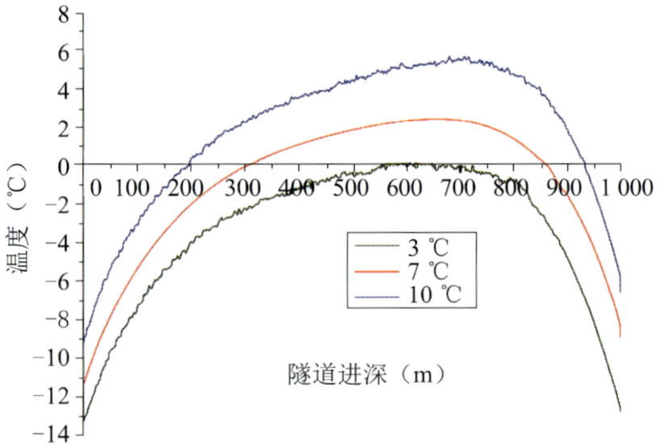

图 2-10 隧道内围岩的温度分布

在自然风速为 1 m/s，洞外环境温度为－15 ℃的条件下，不同围岩温度（地温）下的隧道纵向铺设保温层长度，建议参考值见表 2-7。

表 2-7 保温层铺设长度参考值

铺设位置	地温		
	10 ℃	7 ℃	3 ℃
进口铺设(m)	200	300	
出口铺设(m)	60	145	全长铺设 1 000
出口铺设(m)	160.0	190.0	

第三节 寒区隧道围岩温度场分析

一、计算模型的建立

本节将重点研究隧道围岩径向冻结深度，忽略纵向围岩之间的影响，因此建立隧道二维模型。根据 Zenicli 教授（日本早稻田大学）的研究成果可知，在温度场计算中，模型外边界的选取范围会对计算结果产生明显影响，随着时间的变化，温度渗入围岩的深度可参考式(2-21)：

$$x = \sqrt{12at} \tag{2-21}$$

式中 t——作用时间，s；

x——经过时间 t，温度在围岩径向的传递深度；

a——围岩的导温系数，m^2/s，取 $a=1.2\times10^{-6}\,m^2/s$。

分析可知，计算 60 d 内，温度在围岩径向的传递深度为 8.64 m。因此，在计算中模型边界距隧道衬砌边界距离取 10 m，衬砌厚度取 0.5 m，隧道内轮廓参照时速 300 km/h 单线隧道断面图。按照上述原则建立的计算模型如图 2-11 所示，划分网格时，在空气与衬砌接触面附近及衬砌与围岩接触面附近网格划分密一些，在模型边界处网格疏一些，一共划分了 32 912 个单元，为获得围岩温度影响范围和冻结深度，在隧道拱腰至模型边界上设置了温度的观察路径，观察路径设置位置如图 2-12 所示。

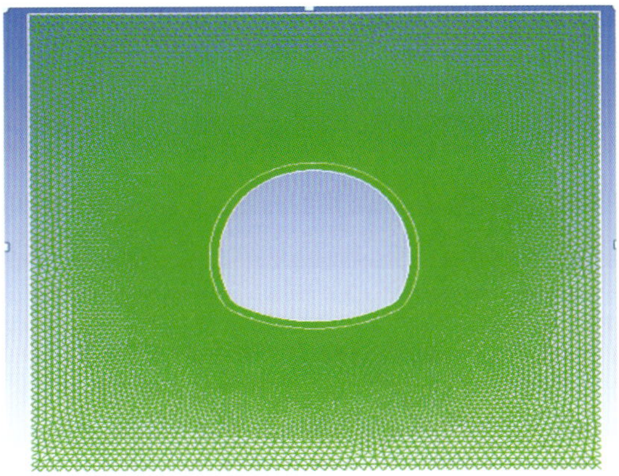

图 2-11　计算模型

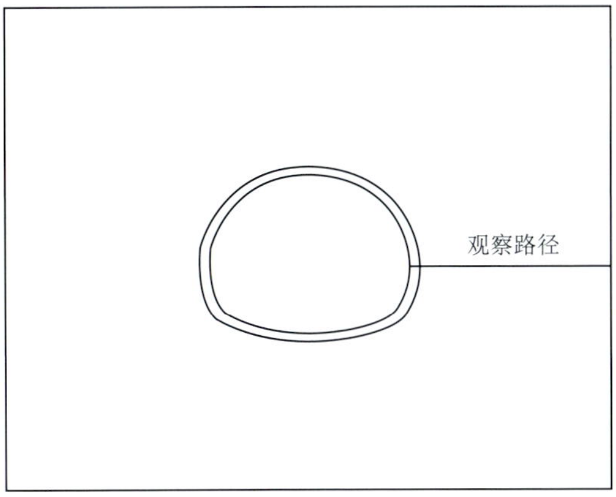

图 2-12　观察路径示意图

二、边界条件及计算参数的设置

本次计算中在不铺设保温层情况下进行，考虑列车运行频率及自然风对隧道围岩径向冻结深度的影响程度。围岩初始温度设置为 10 ℃，模型上下左右边界设置为恒温边界（温度设置为 10 ℃），隧道衬砌壁面温度设置为洞外空气温度，本次计算中空气温度取为－10 ℃，模拟不同风速时，本文将风速等效为相对风速下的对流换热系数，其中混凝土表面受迫对流化热系数为公式（2-21），不同风速下的对流换热系数参照表 2-8 选取（假设围岩为均质、各向同性材料，并且各个热物理学参数恒定不变）。

表 2-8　不同风速下的对流换热系数

工况	风速					
	0.5	1.0	2.0	3.0	4.0	5.0
无列车经过[W/(m^2·℃)]	5.64	7.17	10.23	13.29	16.35	19.41
有列车经过[W/(m^2·℃)]	51.54	53.07	56.13	59.19	62.25	65.31

为保守计算，假设列车行驶方向和自然风方向（从隧道进口吹向出口）一致。当有列车经过时，风速为列车活塞风和自然风速的叠加值，否则为自然风速。在列车运行速度为 200 km/h、自然风速为 1.0 m/s、列车运行频率为趟/30 min 和趟/10 min 的条件下进行计算分析，其中列车通过隧道时，衬砌表面上的对流换热系数见表 2-7。在 fluent 中利用 C 语言编写的 UDF 进行不同列车运行频率的模拟。

混凝土表面受迫对流换热系数为：

$$h_c = 3.06v + 4.11 \tag{2-22}$$

三、自然风速计算结果及分析

1. 自然风速为 0.5 m/s

计算时间为两个月，以 10 d 为一个观察期进行分析，得到观察路径上的温度变化曲线如图 2-13所示。

由图 2-13 可以看出，随着时间的延长，外界冷空气不断渗入围岩，围岩的冻结深度逐渐加大，围岩径向温度影响范围逐渐增大，60 d 后温度影响范围基本为 5 m，计算 10 d、20 d、30 d、40 d、50 d、60 d 后，围岩的径向冻结深度分别为 0.52 m、0.75 m、0.94 m、1.08 m、1.20 m 和 1.25 m。

2. 自然风速为 1.0 m/s

计算时间为两个月，以 10 d 为一个观察期进行分析，得到观察路径上的温度变化曲线如图 2-14 所示。

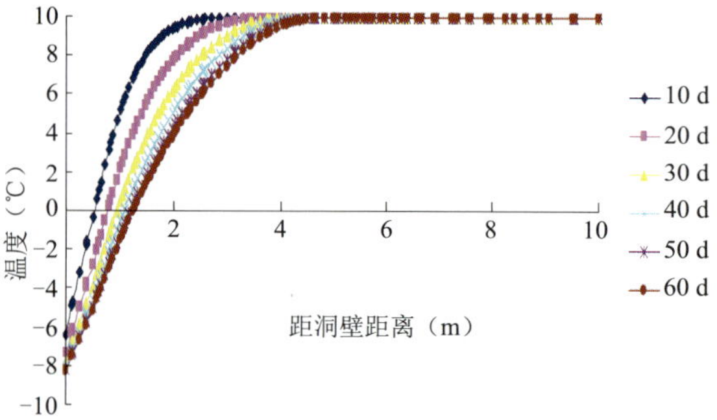

图 2-13 风速 0.5 m/s 下的观察路径上的温度变化曲线

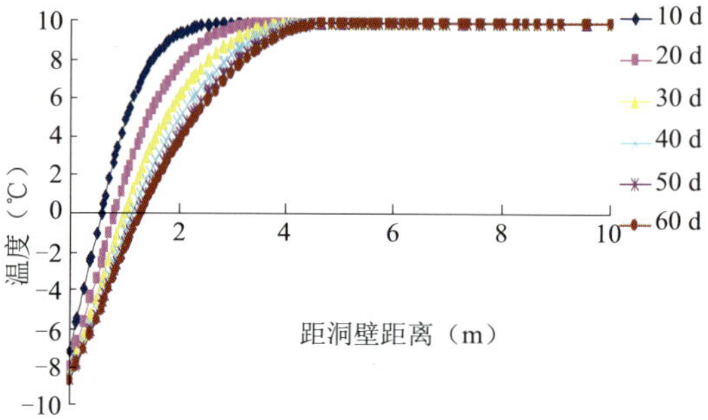

图 2-14 风速 1.0 m/s 下的观察路径上的温度变化曲线

由图 2-14 可以看出，随着时间的延长，外界冷空气不断渗入围岩，围岩的冻结深度逐渐加大，围岩径向温度影响范围逐渐增大，60 d 后温度影响范围基本为 5 m，计算 10 d、20 d、30 d、40 d、50 d、60 d 后，围岩的径向冻结深度分别为 0.54 m、0.81 m、0.99 m、1.12 m、1.21 m和 1.29 m。

3. 自然风速为 2.0 m/s

计算时间为两个月，以 10 d 为一个观察期进行分析，得到观察路径上的温度变化曲线，如图 2-15 所示。

由图 2-15 可以看出，随着时间的延长，外界冷空气不断渗入围岩，围岩的冻结深度逐渐加大，围岩径向温度影响范围逐渐增大，60 d 后温度影响范围基本为 5 m，计算 10 d、20 d、30 d、40 d、50 d、60 d 后，围岩的径向冻结深度分别为 0.61 m、0.84 m、1.03 m、1.17 m、1.28 m和 1.34 m。

4. 自然风速为 3.0 m/s

计算时间为两个月，以 10 d 为一个观察期进行分析，得到观察路径上的温度变化曲线，如图 2-16 所示。

由图 2-16 可以看出，随着时间的延长，外界冷空气不断渗入围岩，围岩的冻结深度逐渐加大，围岩径向温度影响范围逐渐增大，60 d 后温度影响范围基本为 5 m，计算 10 d、20 d、30 d、40 d、50 d、60 d 后，围岩的径向冻结深度分别为 0.63 m、0.90 m、1.06 m、1.21 m、1.31 m和 1.37 m。

5. 自然风速为 4.0 m/s

计算时间为两个月，以 10 d 为一个观察期进行分析，得到观察路径上的温度变化曲线，如图 2-17 所示。

由图 2-17 可以看出，随着时间的延长，外界冷空气不断渗入围岩，围岩的冻结深度逐渐加大，围岩径向温度影响范围逐渐增大，60 d 后温度影响范围基本为 5 m，计算 10 d、20 d、30 d、40 d、50 d、60 d 后，围岩的径向冻结深度分别为 0.67 m、0.91 m、1.08 m、1.22 m、1.32 m和 1.39 m。

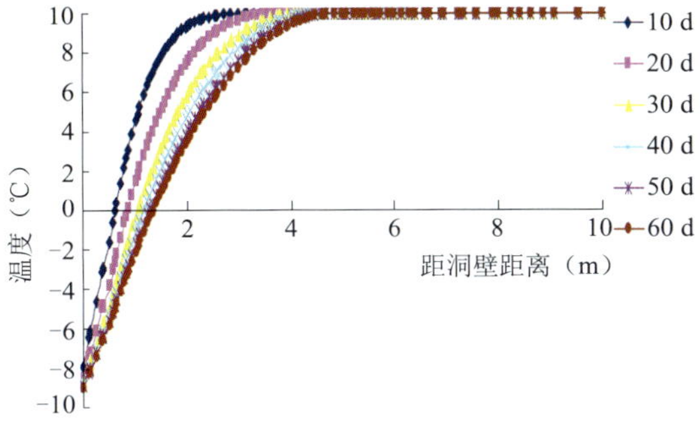

图 2-15　风速 2.0 m/s 下的观察路径上的温度变化曲线

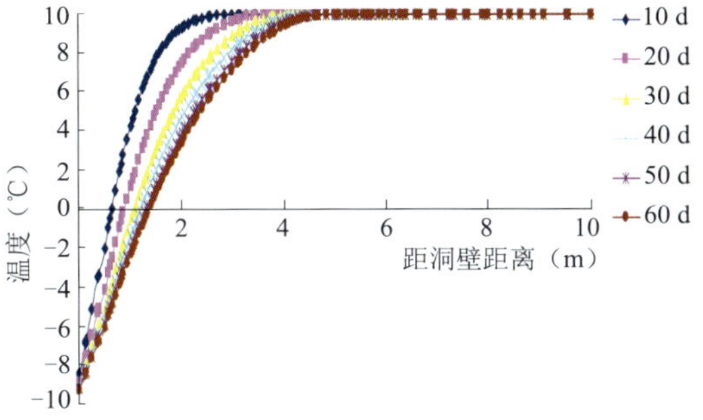

图 2-16　风速 3.0 m/s 下的观察路径上的温度变化曲线

6. 自然风速为 5.0 m/s

计算时间为两个月，以 10 d 为一个观察期进行分析，得到观察路径上的温度变化曲线，如图 2-18 所示。

由图 2-18 可以看出，随着时间的延长，外界冷空气不断渗入围岩，围岩的冻结深度逐渐加大，围岩径向温度影响范围逐渐增大，60 d 后温度影响范围基本为 5 m，计算 10 d、20 d、30 d、40 d、50 d、60 d 后，围岩的径向冻结深度分别为 0.68 m、0.92 m、1.10 m、1.23 m、1.34 m 和 1.40 m。

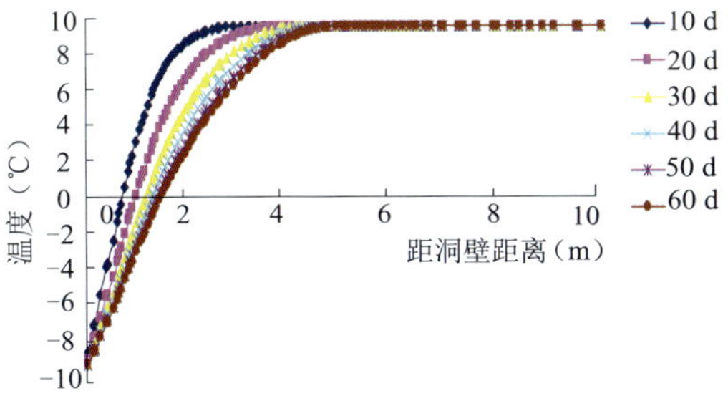

图 2-17　风速 4.0 m/s 下的观察路径上的温度变化曲线

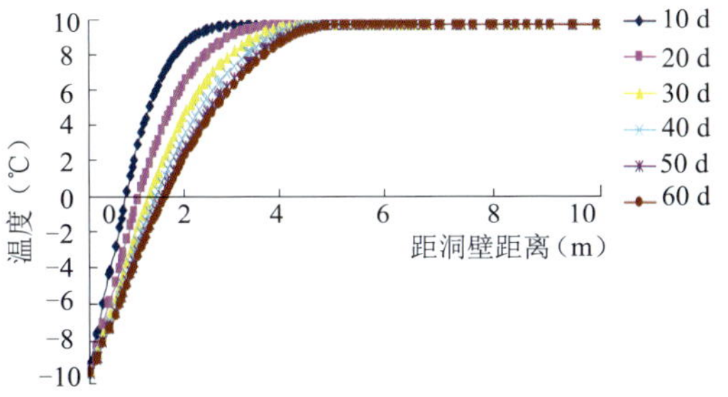

图 2-18　风速 5.0 m/s 下的观察路径上的温度变化曲线

7. 自然风速影响因素汇总

以上计算并分析了隧道围岩径向冻结深度和围岩径向温度影响范围随时间的变化规律，通过对不同自然风速影响下的隧道径向冻结深度进行总结，不同自然风速下的围岩径向冻结深度见表 2-9，在计算 60 d 时，距洞壁不同距离处温度降幅曲线如图 2-19 所示。

表 2-9　不同自然风速下围岩径向冻结深度(单位:m)

模拟时间	自然风速(m/s)					
	0.5	1.0	2.0	3.0	4.0	5.0
30 d	0.94	0.99	1.03	1.06	1.08	1.10
60 d	1.25	1.29	1.34	1.37	1.39	1.40

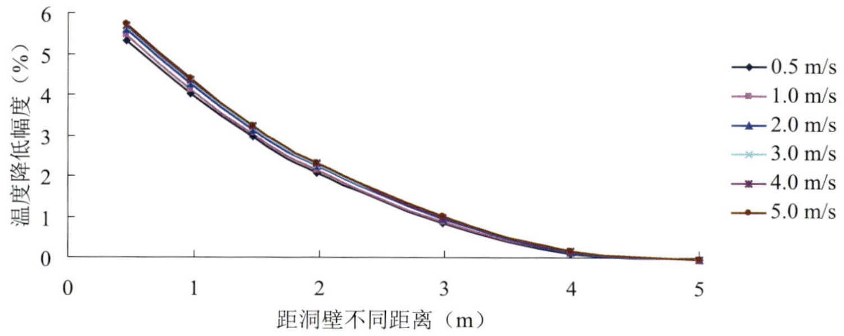

图 2-19 距洞壁不同距离处围岩温度降幅曲线

由表 2-8 可知，随着自然风速的增大，围岩的径向冻结深度逐渐加大，并且随着计算时间的延长，围岩的径向冻结深度也会加大。

从图 2-19 可以明显看出，在距离洞壁越近的围岩温度降幅程度越大，随着距洞壁距离的加大，围岩的温度降低幅度逐渐减小。例如：在风速为 5 m/s 的情况下，距洞壁 0.5 m 处的围岩温度降低幅度为 5.74%，距洞壁 4.0 m 处的围岩温度降低幅度为 0.2%，距洞壁 5.0 m 处的围岩温度降低幅度为 0.0%。随着风速的加大，围岩的温度降低程度逐渐增大，并且风速的变化对洞壁附近处的围岩温度扰动较大，对远离洞壁处的围岩温度扰动较小。例如，风速由 0.5 m/s变化到 5 m/s，距洞壁 0.5 m 处的围岩温度降低幅度由 5.33%增加到 5.74%，距洞壁 4.0 m 处的围岩温度降低幅度由 0.15%增加到 0.21%，距洞壁 5.0 m 处的围岩温度降低幅度为 0.0%(没有变化)。在相同计算时间内，不同自然风速对围岩径向温度变化趋于稳定的位置基本没有影响。例如：在计算 60 d 时，温度趋于稳定的位置在 5 m 处。在相同自然风速，不同计算时间下，围岩径向温度变化趋于稳定的位置随着计算时间的延长而增大。例如：在风速 5 m/s 时，计算 10 d、20 d、30 d、40 d、50 d、60 d，围岩径向温度变化趋于稳定的位置为 3.0 m、3.7 m、4.3 m、4.6 m、4.8 m、5.0 m。表明隧道径向温度影响范围与冷空气持续时间有关，与自然风速关系不大。

四、洞外环境平均气温计算结果及分析

在自然风速为 1.0 m/s，围岩初始温度为 10 ℃，洞外空气平均温度分别为−20 ℃、−15 ℃、−10 ℃的条件下，对寒区隧道围岩径向温度场进行模拟计算，计算时间一个月，以 10 d 为一个观察期进行分析，得到观察路径上的温度变化曲线，分别如图 2-20～图 2-22 所示。

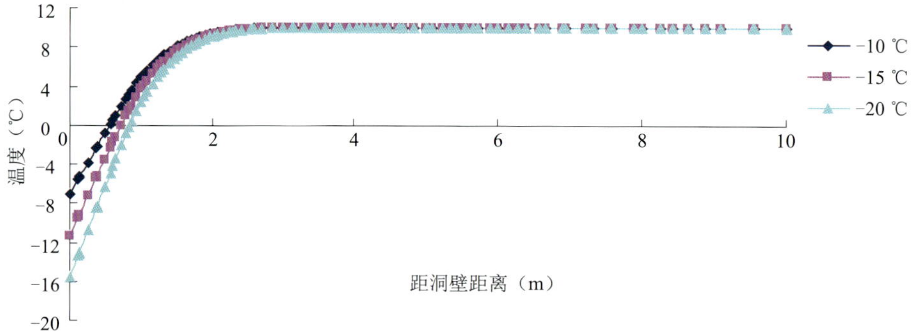

图 2-20 观察路径上的温度变化曲线(10 d)

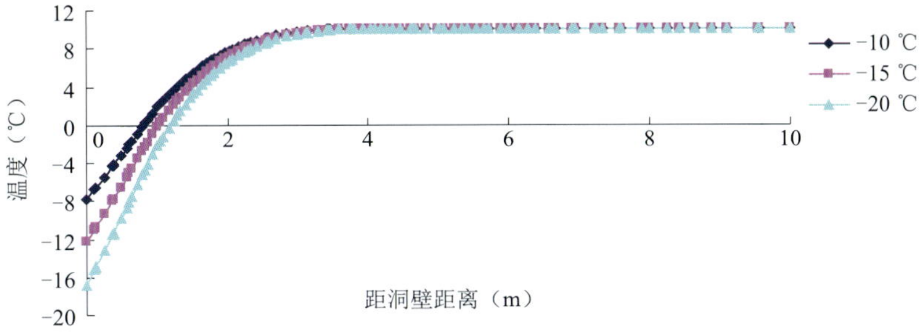

图 2-21 观察路径上的温度变化曲线(20 d)

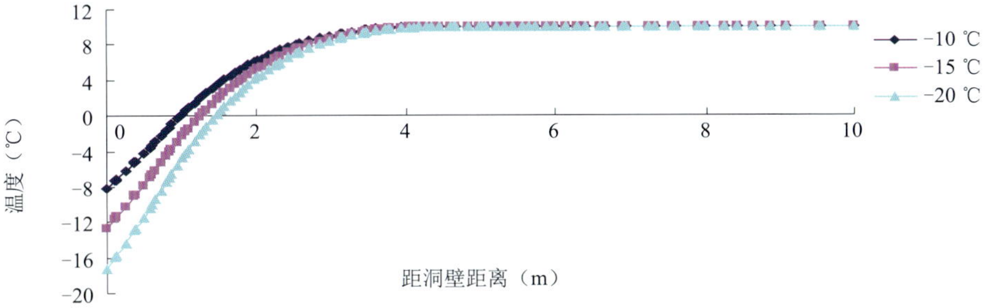

图 2-22 观察路径上的温度变化曲线(30 d)

从图 2-20～图 2-22 可以看出，随着洞外环境平均气温的降低，围岩的径向冻结深度逐渐增大。例如：在计算 30d 时，洞外环境平均气温分别为－10 ℃、－15 ℃、－20 ℃，相对应的围岩径向冻结深度分别为 1.0 m、1.3 m、1.5 m，说明较低的洞外环境平均气温加大了隧道冻害的发生。在相同计算时间内，不同的洞外环境平均气温对围岩径向温度变化趋于稳定的位置基本没有影响，随着洞外环境平均气温持续时间的延长，围岩径向温度变化趋于稳定的位置逐渐增大，例如：在模拟计算 10 d、20 d、30 d，围岩径向温度变化趋于稳定的位置分别距洞壁 3.0 m、3.7 m、4.3 m。因此，在寒区隧道防寒保温设计时，应考虑洞外环境冷空气温度及冷空气持续时间对寒区隧道围岩温度场的影响。

五、围岩初始温度计算结果及分析

在自然风速为 1.0 m/s，洞外空气平均温度为－10 ℃，围岩初始温度分别为 3 ℃、7 ℃、10 ℃的条件下，对寒区隧道围岩径向温度场进行模拟计算，计算时间一个月，以 10 d 为一个观察期进行分析，得到观察路径上的温度变化曲线，分别如图 2-23～图 2-25 所示。

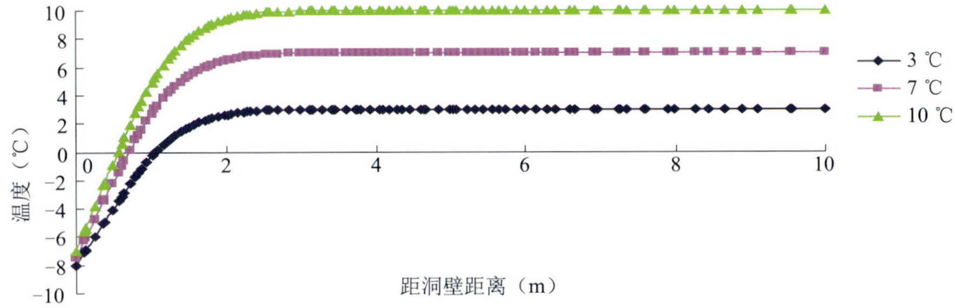

图 2-23 观察路径上的温度变化曲线(10 d)

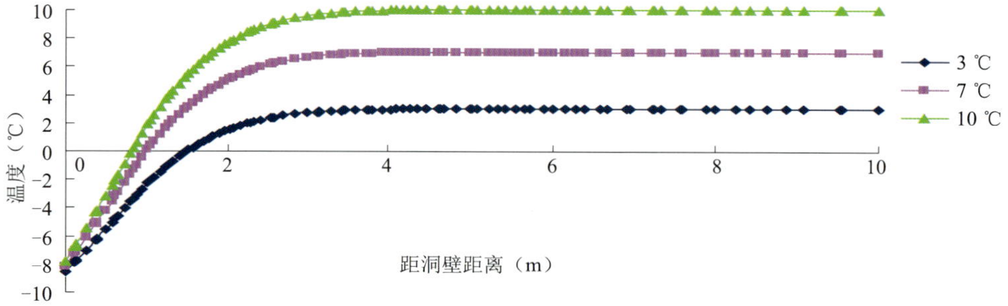

图 2-24 观察路径上的温度变化曲线(20 d)

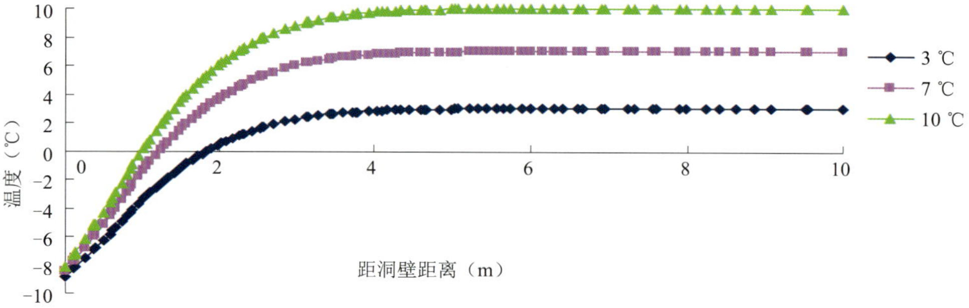

图 2-25 观察路径上的温度变化曲线(30 d)

从图 2-23～图 2-25 可知，随着围岩初始温度的降低，围岩的径向冻结深度逐渐增大，例如在计算 30 d 时，围岩初始温度分别为 10 ℃、7 ℃、3 ℃，相对应的围岩径向冻结深度分别为 1.0 m、1.2 m、1.9 m，说明较低的围岩温度加大了隧道冻害的发生。在相同计算时间内，不同的围岩初始温度对围岩径向温度变化趋于稳定的位置基本没有影响，随着计算时间的增大，围岩径向温度变化趋于稳定的位置逐渐增大。例如：在模拟计算 10 d、20 d、30 d，围岩径向温度变化趋于稳定的位置分别距洞壁 3.0 m、3.7 m、4.3 m。因此，在寒区隧道防寒保温设计时，应考虑围岩初始温度及冷空气持续时间对寒区隧道围岩温度场的影响。

第四节 祁连山隧道洞内空气及围岩温度场计算分析

一、祁连山隧道现场温度实测

1. 隧道测温断面布置

祁连山隧道全长 9.49 km，平均海拔 3 600 ～4 300 m。最冷月平均气温－16.8 ℃，年平均气温 1.8 ℃、最低气温－31.5 ℃。

断面布设里程分别在祁连山隧道进出口处明洞终止起 10 m、20 m、30 m、50 m、80 m、120 m、170 m、230 m、300 m、380 m、470 m、570 m、770 m、970 m、1 170 m、1 370 m、1 570 m、1 770 m、1 970 m、2 170 m 和 2 370 m 位置布设。钻孔深度为 4 m，钻孔结束后，分别在每个孔内埋设 ϕ45 mm 的防锈钢管，钢管的长度为测温孔深度(4 m)，防锈钢管在隧道壁内的一侧利用焊接等方式密封，钢管另一侧攻丝并安装管箍。钢管与围岩的孔隙利用喷射混凝土等方式填充密实。测温断面布设示意如图 2-26 所示。

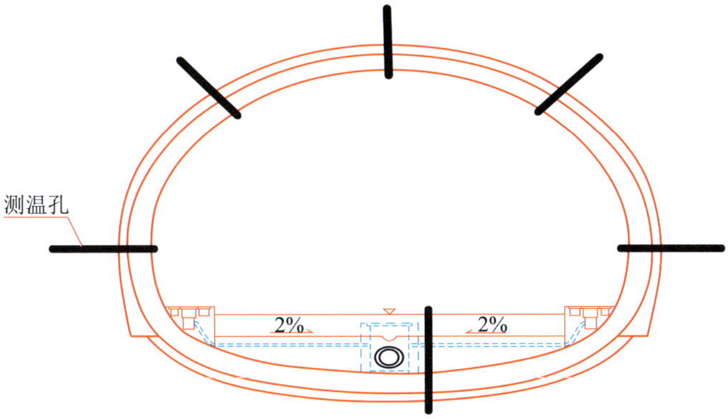

图 2-26　测温断面布设示意

2. 洞外温度实测

2014 年 12 月 13 日对祁连山隧道进出口处的气温进行实测，祁连山隧道进口 10 m 处的洞内气温如图 2-27 所示。

由图 2-27 可知，全天最低温度分布在 0 点左右，最低气温为－16.77 ℃，最高气温分布在 16 点左右，最高气温为－0.69 ℃。

祁连山隧道进口 10 m 处的洞内气温随着隧道进深的关系如图 2-28 所示。

由图 2-28 知，隧道洞口气温低，洞内气温高，总体呈现抛物线形分布。

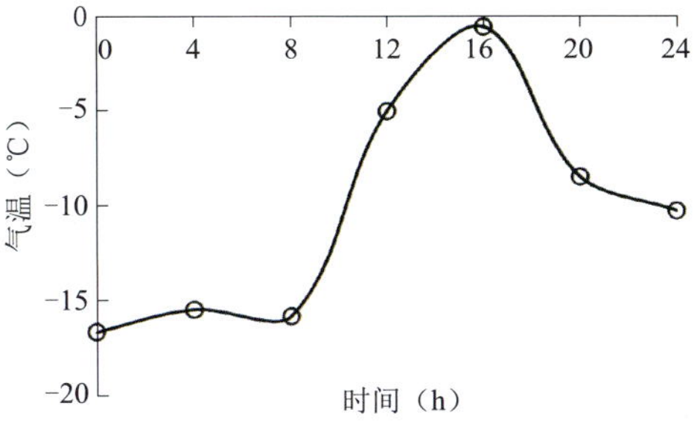

图 2-27　祁连山隧道进口 10 m 处的洞内气温

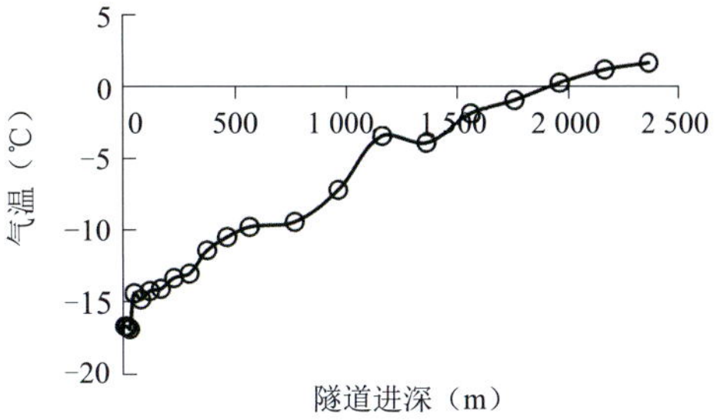

图 2-28　祁连山隧道进口 10 m 处洞内气温随隧道进深的关系

二、祁连山隧道洞内空气及围岩温度场分析

1. 计算模型

祁连山隧道建成运营以后，围岩本身原有的温度场遭到破坏，围岩和衬砌的温度场主要受洞内季节性变化的气温影响，隧道与洞内气体之间的对流换热成为影响隧道冻害程度的关键因素，围岩的温度场同时也是隧道保温设计的关键参数。利用 Ansys 软件中的温度场分析模块，建立隧道的非稳态温度场，计算模型长宽为 100 m，z 方向为隧道进深方向，祁连山隧道进深为 3 000 m，共划分了 196 640 个单元和 207 441 个节点，无保温层结构，模型网格划分如图 2-29和图 2-30 所示。

2. 计算参数

利用 Ansys 进行原始地温场计算过程中作如下假定：

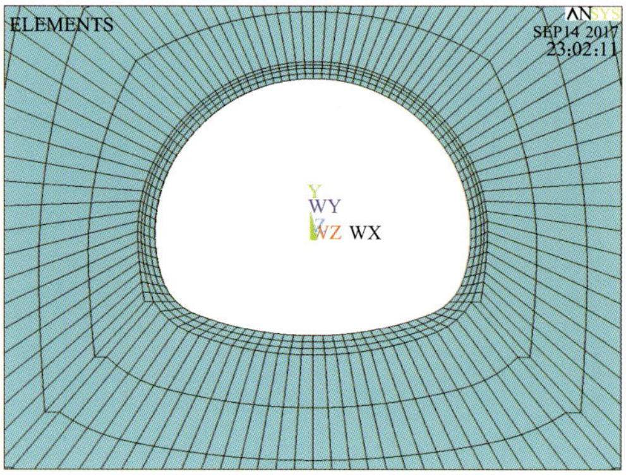

图 2-29 平面网格

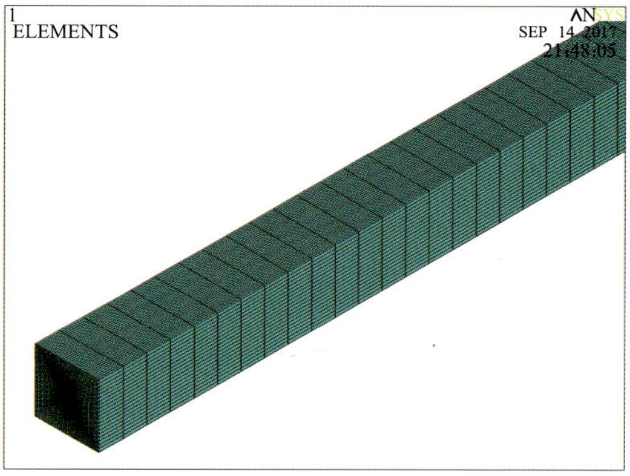

图 2-30 纵向局部网格

(1)假定在计算过程中材料的热力学性质，如热传导系数、对流换热系数、比热、密度等为常数。

(2)为简化计算模型，计算中假定达到一定埋深后，地层原始地温沿深度方向保持不变。

(3)假定隧道周围土层为均质、各向同性材料。计算参数见表 2-10。

表 2-10 计算参数

材料	密度 (kg/m³)	热传导系数 [W/(m·℃)]	比热 [kJ/(kg·℃)]	对流换热系数 [W/(m²·℃)]
钢筋混凝土	2 400	1.57	0.853 6	10
围岩	2 056	1.18	1.05	10

3. 不同计算时间下洞内空气温度

利用 Ansys 计算寒季较冷月份中隧道围岩的温度场，本节主要分析祁连山隧道的温度场。计算中，根据隧道所处的地层条件，围岩的原始地温取 5 ℃，模型前、后、左、右、上边界采取绝热边界条件，下边界定义热流密度 0.06 W/m²，取 2014 年 12 月 13 日现场实测洞内气温(洞口气温为−16.77 ℃)作为隧道内壁面的边界条件。利用 Ansys 计算无保温措施工况下，计算时间为 10 d、30 d、60 d 和 90 d 条件下，隧道进口 10 m 处断面的气温分别为−13.319 ℃、−14.518 ℃、−14.923 ℃和−15.092 ℃，也就是说随着计算时间的增长，隧道进口 10 m 处断面的气温越低。

4. 无保温层下洞内空气和围岩温度场变化规律

利用 Ansys 计算无保温措施工况下，计算时间为 90 d，提取洞内 10 m、20 m、30 m、50 m、80 m、120 m、170 m、230 m、300 m、380 m、470 m、570 m、970 m、1 170 m、1 370 m、1 570 m、1 770 m、1 970 m、2 170 m 和 2 370 m 处的隧道洞内空气和围岩温度场。

隧道初期支护和二次衬砌厚度之和一般在 1 m 左右，若想隧道不出现冻害，须保证隧道初期支护和二次衬砌范围内不能出现负温分布，也就是需要确保隧道壁面向里 1 m 左右的范围里不能出现负温分布。

由计算可知，当洞外气温为−16.77 ℃，围岩地温为 5 ℃条件下，距离进口 1 770 m 处隧道初期支护和二次衬砌范围内不再出现负温，也就是说祁连山隧道单侧防寒保温长度应该大于 1 770 m;由于隧道开挖引起隧道周围约 5 m 范围内围岩温度变化较大。

5. 保温层保温效果分析

利用 Ansys 计算有保温措施工况下,计算时间为 10 d、30 d、60 d 和 90 d,有保温层洞内 10 m 处隧道洞内空气和围岩温度场:当洞外气温为—16.77 ℃,围岩地温为 5 ℃,当计算时间超过 30 d,有保温层时距离进口 10 m 处隧道初期支护和二次衬砌范围内出现负温,这说明在此种条件下保温层的保温效果开始失效,换句话说,5.0 cm 保温层具有一定的适用范围,并不能完全解决寒区隧道的冻害问题。

三、小　结

(1)当洞外气温为—16.77 ℃,围岩地温为 5 ℃条件下,距离进口 1 770 m 处隧道初期支护和二次衬砌范围内不再出现负温,即祁连山隧道单侧防寒保温长度应该大于 1 770 m。

(2)当洞外气温为—16.77 ℃,围岩地温为 5 ℃,计算时间为 10 d 条件下,无保温层时距离进口 10 m 处隧道初期支护和二次衬砌范围内出现负温,而有保温层时距离进口 10 m 处隧道初期支护和二次衬砌范围内不再出现负温,这说明 5 cm 厚的聚酚醛保温板保温效果很好,可以保证在此种条件下不出现冻害。

(3)当洞外气温为—16.77 ℃,围岩地温为 5 ℃,当计算时间超过 30 d,有保温层时距离进口 10 m 处隧道初期支护和二次衬砌范围内出现负温,这说明在此种条件下保温层的保温效果开始失效,换句话说,保温层具有一定的适用范围,并不能完全消除寒区隧道的冻害问题。

第三章　风火山隧道冻土围岩保护技术

第一节　隧道供热保温与控制系统

高原特殊的自然条件以及多年冻土保护的特殊要求，给施工生产和施工质量带来极大困难。施工中针对不同季节和阶段，采取不同的供热、保温措施。寒季中，采用洞口保温设施、混凝土拌和预热、生产设施保温和结合施工通风的加热、供热系统等综合防寒保温体系。暖季中，因青藏高原腹地暖季时间较短，供冷系统造价高而难以实施，结合高原暖季昼夜温差大的特点，合理调整隧道施工工序，早晚和夜间多通风、中午高温段不通风或少通风，从而调整和控制洞内环境温度。

一、寒季洞内供热风温估算和供热系统加热量计算

为使隧道内环境温度控制在－5～5 ℃之间，在冬季必须对隧道进风流进行加热处理。为有效地达到控制目的，又要节省能耗，在最严寒时期通风量取 600 m^3/min，即通风机在低速挡运行作为换热系统设计的依据。

经换热后的温升为 40 ℃计算，所需加热量为 325.9 kW(合 280 274 kcal/h)。所需蒸汽量(120 ℃)434.9 kg/h。配用 0.5～1.0 t/h 蒸汽锅炉即可满足供热要求。

根据隧道施工方法、洞内作业人员数、设备使用数及冻土围岩原始地温，经前述工作面风温预测计算，实现洞内工作面环境气温 0 ℃时，横洞或导坑施工时需风筒出口(末端)风温为 1 ℃，隧道全断面施工时需风筒出口(末端)风温为 0 ℃。依据隧道洞内环境温度研究成果，实现风筒出口(末端)风温 2 ℃时，送风距离 200 m、400 m 和 600 m 时，风筒进口(始端)所需风温分别为 6 ℃、13 ℃和 25 ℃。

两掌子面单一掘进任务均约为 600 m，2001～2002 年寒季最大掘进长度约 400 m。洞外环境历史极端低温为－37.7 ℃，按可能常遇的低温为－20～－32 ℃，则送风距离 400 m 时洞外冷空气需升温 30～40 ℃，即可满足寒季、冻土隧道施工洞内环境气温的要求。

二、高海拔高寒区隧道专用通风/空调一体化机组的研制

以风火山隧道为依托，在高海拔高寒区隧道的通风和通风系统研究的基础上，研制了 STDK-100 型高原隧道专用通风/空调一体化机组，这是实施整体方案的关键环节。

1. 机组的总体结构

机组的总体结构如图 3-1 所示。隧道专用空调机组是一种将电能通过旋转的轴流叶轮转换成气体压力能，同时对气体进行加热的流体机械。

机组为水平出气的卧式结构，共有三段组成。机组的主要性能指标见表 3-1 所示。

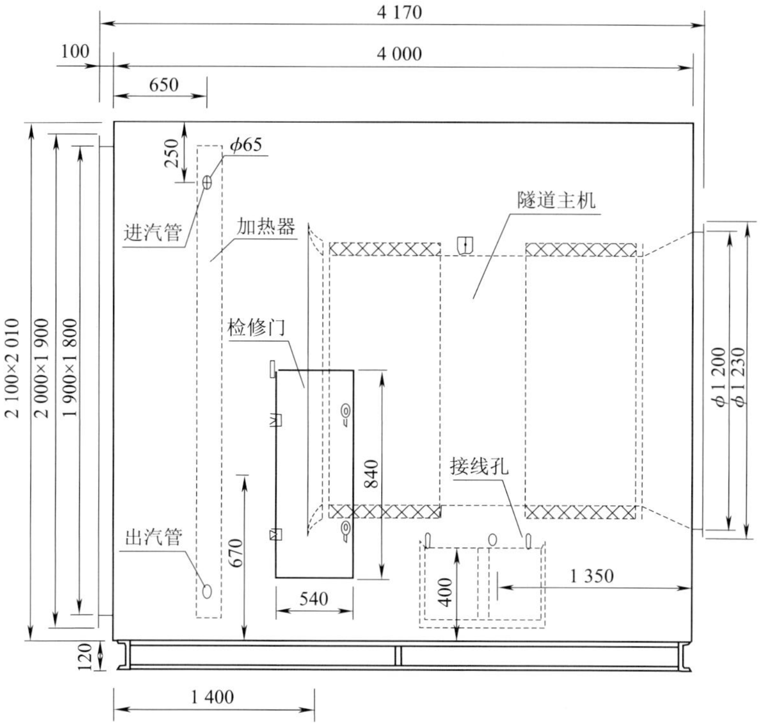

图 3-1　机组的总体结构(单位:mm)

表 3-1　SDTK-100 高原隧道专用空调机组性能参数

型号		SDTK-100
风机段	风量(m^3/min)	900/600
	风压(Pa)	1 100/480(空气密度 ρ=1.2 kg/m^3条件下)
	风机转速(r/min)	1 480/970
	风机功率(kW)	24/8.5
加热段	加热量(kW)	485
	换热面积(m^2)	89.2
	加热器台数	2
	蒸汽压力(温度)	0.1 MPa(120 ℃)
进风段		配进口过滤网
外型尺寸(长×宽×高)		4 150 mm×2 160 mm×2 200 mm
重量		2 442 kg

第一段为进风段。为防止杂物进入机组内,进风段设有过滤网。第二段为风机段。采用优化设计的 STDK-100 高原用隧道风机对进入机组的空气进行加压、增速。第三段为加热段。通过锅炉房送来的蒸汽,加热机组的加热器。加热器采用钢管绕片式散热器,具有热效率高,耐压强度好等特点。

该机组风机采用一台双速电机,在使用过程中通过控制电机的不同速度,使机组中风机有两个不同的高效运行工况点，以适应施工的不同工序，从而达到节能降耗的目的。风机高速挡主要用于隧道炮烟排放，低速挡主要用于隧道辅助作业工序及隧道保温。

环境温度－15～0 ℃时，可使用风机高速挡向隧道送风、保温；在环境温度在－38～－15 ℃时，可使用风机低速挡向隧道送风、保温。

经上述计算分析，初步确定隧道通风及热环境控制系统方案为：研制通风/空调一体化机组，架设在隧道口，洞外空气经机组加热处理后由通风软管送入洞内。

为使洞内温度保持在允许范围内，分别在掘进、衬砌工作面、机组的进风口及出风口处安装温度传感器，将温度信号传入洞口操作室，以便于操作人员观察；同时在机组蒸汽管入口处安装蒸汽电动调节阀，根据送风温度信号自动控制送风风温。系统布置如图 3-2 所示。

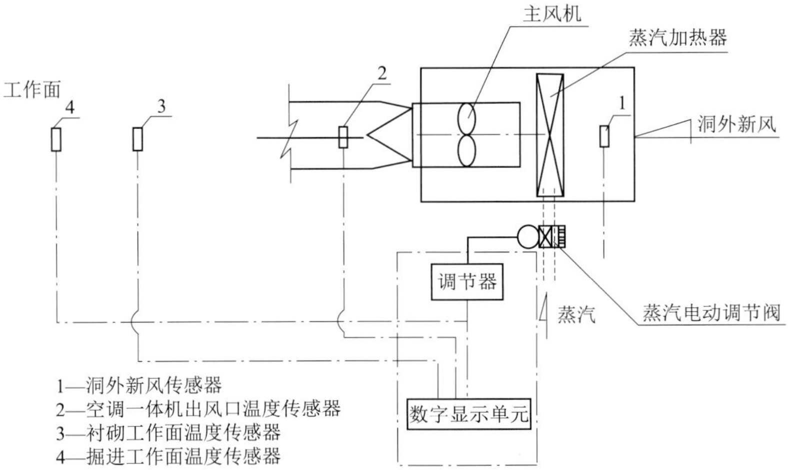

图 3-2 通风/空调系统布置示意图

2. 机组外形尺寸与管道连接图

机组外形示意图如图 3-3 所示，机组管件及仪表接法示意图如图 3-4 所示。

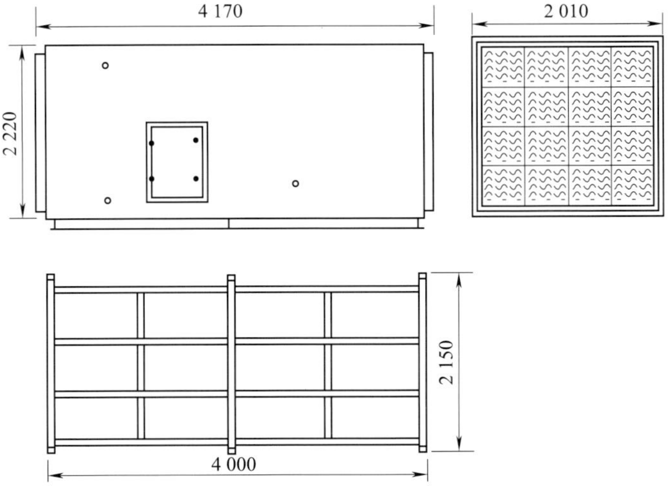

图 3-3 机组外形示意图(单位：mm)

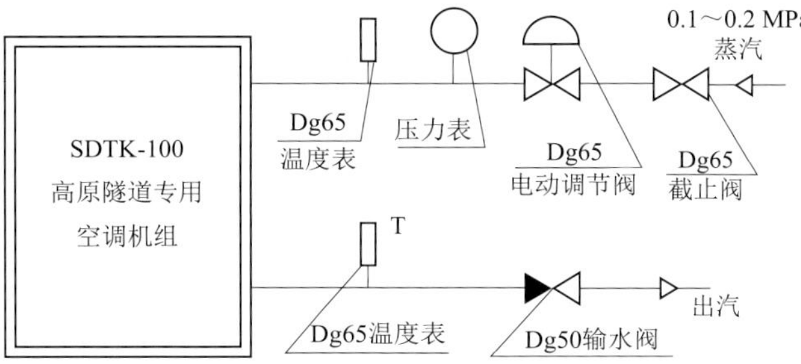

图 3-4 机组管件及仪表接法示意

三、供热通风系统的控制

为适应高海拔、高寒冷地区气候条件，对机组内设备如风机、加热器、电控柜等进行了优化设计，使机组不仅能够承受高海拔、高寒冷地区严酷的气候条件，而且使机组达到最高效率点。同时将空调技术应用到隧道通风中，机组上配备的工作面温度传感器可根据工作面设定的温度自动地通过电控柜控制加热器进汽电动调节阀的开启度，在高严寒的气候条件下，使工作面温度既能保证工作人员的正常工作又不破坏高原冻土层。在机组电器控制方面充分考虑高海拔、高寒冷地区对电器元器件的影响，电控柜设有加热与温度控制元件，保证电控柜正常工作。所用温度控制仪采用从日本进口的富士公司元部件，确保机组在高海拔、高寒冷地区气候条件下的正常运转。

两个变量可以控制机组出口（风筒进口）的风温，一是改变通风机的转速（即电动机的变极调速），从而改变供风量。在冬季，当加热器供热量一定时，风量增加即使风流温升下降，风量减少会使风流温升增加；在夏季加热器不工作，由于洞外环境温度的影响与冬季相反，即风量增加意味着使洞内温度上升，冻土易融化。另一个影响风温的因素是加热器的供热量，它是通过进汽管道上的电动调节阀的开启大小来实现的，也与锅炉的蒸汽温度有关。电动调节阀的动作由控制电路执行，当工作面温度传感器感应的温度值变化时，会指令控制电路自动调节电动调节阀的开启程度，即自动调节蒸汽流量改变供热量，将工作面温度稳定在希望的范围内。工作面温度调节值可以人为地改变，方法见显示与操作说明。如图 3-5 所示。

机组及各传感器的布置简图如图 3-6 所示，控制柜的电气系统图如图 3-7 所示。

四、洞内施工防寒保温技术

1. 洞口保温大棚及保温门

根据多年冻土区隧道施工特点，洞门、明洞及洞口段施工必须安排在寒季进行以保护洞口段富冰冻土，主要利用冻土自身的稳定性进行路堑、边仰坡开挖，以及暗洞洞口进洞开挖。而在严寒环境气温条件下，确无法保证隧道支护结构混凝土的质量。因此，各隧道洞口，包括明洞及洞门段，利用型钢和毯布搭设保温大棚，四周密闭，留门挂棉门帘，以减少内、外热流交换。

在施工的不同时期，棚内及洞内采取了不同的加温措施。暗洞开挖在初始阶段直接采用棚内煤炉取暖；当隧道径深增加且天气日渐寒冷后，采用了内燃暖风机供暖；随着蒸汽锅炉、高原专用通风及空调系统安装完成后，采用了将寒冷空气经蒸气加热、空调升温后随隧道通风一并送入洞内。它的投入使用不仅保证了在自动控制下连续通风和供暖，还可大大节省能源，降低工程成本。

PXW9型

显示和操作各部分名称

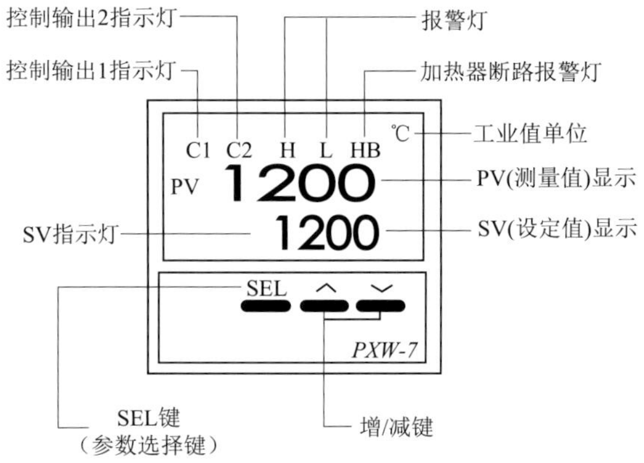

名 称	功 能
控制输出1指示灯	当控制输出1为ON时，此灯亮
控制输出2指示灯	当控制输出2为ON时，此灯亮
报警灯	检测出报警时，此灯亮。同时报警输出为ON
加热器断路报警灯	检测出加热器断路时，此灯亮。同时，加热器断路报警输出为ON
PV（测量值）显示	指示测量值
SV（设定值）显示	指示设定值，另外在设定参数时，指示参数数据
SEL键（参数选择键）	用于选择SV/PV显示，选择参数组。选择参数和参数值显示等
增/减键	用于改变SV值，顺序选择参数，在参数设定时，增/减参数数据
SV指示灯	显示设定值（SV）时，此灯亮

基本操作方法

PXV/PXW的基本操作方法如下图所示。PXV4只有一个显示器，在该情况下，可按SEL键选择显示PV/SV。当无操作状态持续30 s时，PV/SV的显示将返回接通电源时的状态。

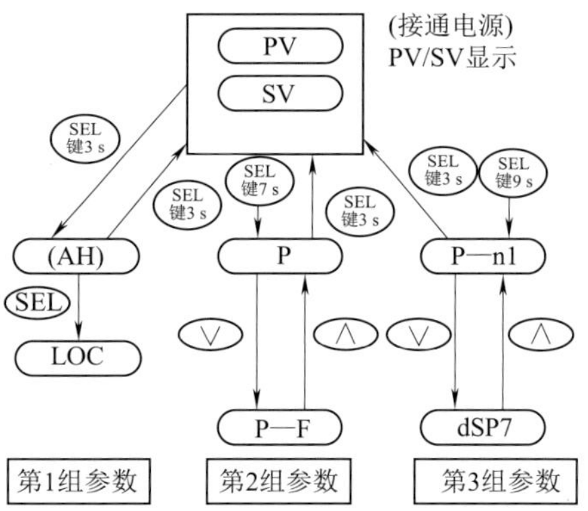

第2组参数和第3组参数设定操作

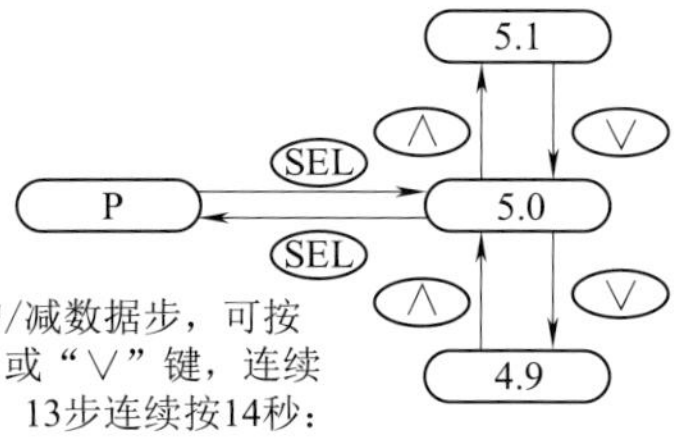

为增/减数据步，可按“∧”或“∨”键，连续按7秒：13步连续按14秒：123步。

（PXV/PXW的操作说明图）

图 3-5 控制柜显示和操作说明

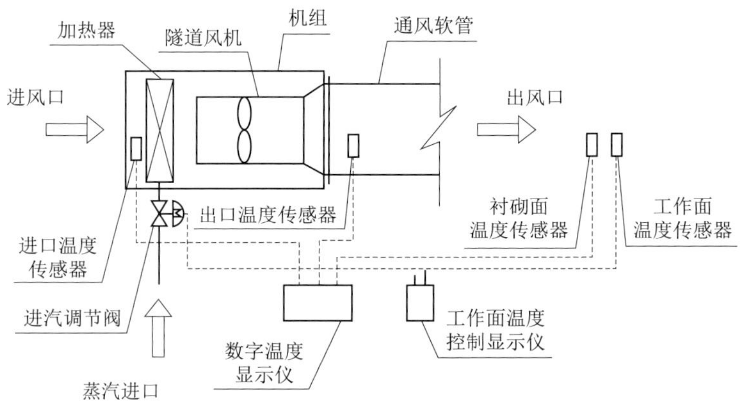

图 3-6 机组及各传感器的布置

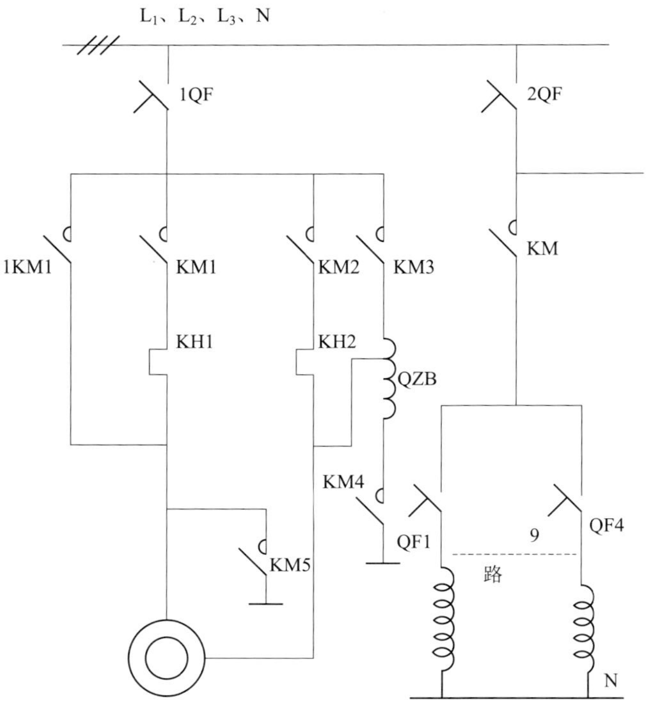

用电设备	名称	加热风机		$1^{\#}$加热	……	$9^{\#}$加热
	容量 kW	8.5/24 8.5	24		……	1

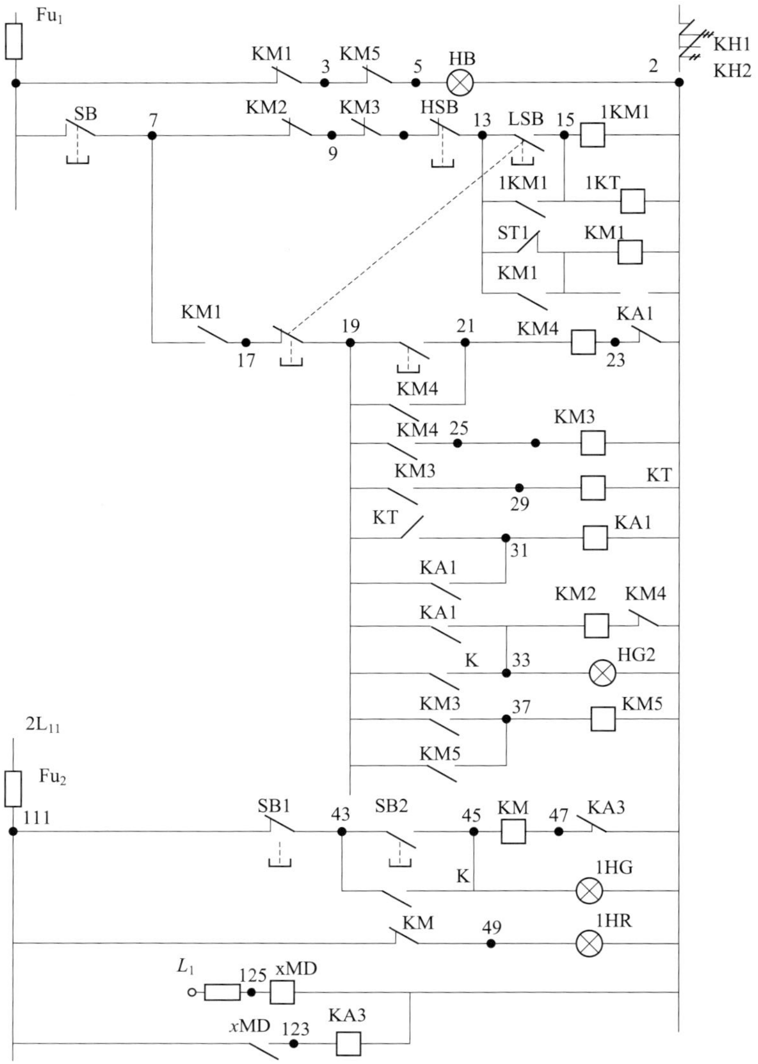

图 3-7 控制柜的电气系统

隧道全部位于永久冻土层中，冻土开挖宜在低温下进行，以防热融坍陷影响洞室的稳定性，过大热融圈将可能导致结构冻胀的不利影响，将严重影响施工作业效率与健康、降低支护和衬砌混凝土施工质量。

因此，向洞内施工供暖必须严格控制，控制洞内环境温度，同时兼顾冻土保护和混凝土施工质量保证。为防止开挖后围岩暴露时间过长，施工热量对冻土层的影响，开挖后应及时支护、封闭围岩面，减少冻土围岩热扰动的时间。

2. 混凝土生产系统加热保温

混凝土拌和站设保温棚，墙体采用砖砌结构，屋顶设石棉保温层。棚内设蒸汽锅炉，蒸汽的主、支加热管加热棚内气温和一次拌和的水、砂和石料。保温棚出入口处设保温帘幕，车辆出入时打开，平时关闭。

利用蒸汽地槽，对一批混凝土拌和料的砂、石料进行预热加温，拌和用水依靠锅炉水，水温不超过 60 ℃。若水温过高，添加冷水调节温度。混凝土搅拌时，先将加热的骨料和水泥搅拌均匀，后加水搅拌，以减少热量损失，混凝土出炉温度一般为 12 ℃。

利用泵车输送混凝土，减少混凝土等待时间，同时保证混凝土入模温度不低于 5 ℃。

3. 高压风管保温

将高压风站靠近洞口设置，以缩短风管的洞外长度，便于保温。洞外风管及进洞 100 m 左右包裹保温材料保温。洞外风管架空，离开地面，减少低温环境的影响。施工中及时做好管内积水的排放工作，每隔 100 m 左右设置一积水罐并安装排水阀门，供风前、后分别打开阀门以排出冷凝水，避免冻结堵塞。

4. 供水系统保温

风火山隧道附近无地表和地下水源。在距隧道较远处的河、沟建立蓄水池蓄水，保温水车运水至洞口，洞口设加热保温水罐储水，以高压水泵供水，通过安全限压阀的调节，使水压保持恒定。

洞内外输水管路均包裹保温材料保温，并设置回水管路至洞口储水罐，安装回水抽水泵。不用水施工时，开动回水抽水泵排干供水管路中水，防止冻结堵塞，避免管路放水对宝贵水源的浪费。

5. 排水管路保温

排水管路保温同供水管路保温，出水口部分施作干砌片石保温出水口，保证管路不冻结。

第二节　冻土围岩融化圈深度对隧道稳定性影响分析

在冻土隧道施工中，随着开挖、施作初次衬砌和二次衬砌等作业的进行，施工通风的风流、施工热源和冻土围岩之间的热交换扰动了冻土围岩原始地温场。这种地温场的变化破坏了冻土地层的热力学平衡，使冻土的热物理力学性能发生改变。在多冰、富冰冻土地层中，随地温的改变其力学性能将产生显著变化，严重影响开挖后隧道的稳定性。

一、隧道稳定性分析方法

隧道围岩的稳定性可以通过隧道开挖后围岩的位移场、应力场及塑性区的发展情况综合判定。为了分析围岩的稳定性，本节采用 ANSYS 5.7 有限元程序对不加任何支护的毛洞进行围岩稳定性分析。

1. 计算模型

(1)模型单元划分

根据青藏铁路风火山隧道的实际情况,同时考虑到冻土层的计算范围既要保证计算结果的精确性,又要考虑计算机内存或硬盘空间,计算中,冻土计算范围选为左、右、下距隧道中心 45 m,上部埋深 80 m 的区域。在模型中离隧道较远的区域单元划分较为稀疏,在离隧道较近的区域单元划分较密,如图 3-8 所示。计算模型采用四节点四边形固体单元,共计 4 168 个单元,4 241 个节点。

图 3-8 计算模型

(2)原始地应力

仅考虑自重应力场,即通过材料的密度和重力加速度来实现。

(3)边界条件

左、右和下边界为约束,上边界为自由。

(4)屈服准则

假定冻土围岩冻融前后均为理想弹塑性体,并服从 D-P(Drucker-Plager)屈服准则。

2. 围岩塑性区力学处理方法

围岩的塑性区发展状态以围岩塑性应变大小来体现。

3. 计算参数及范围

(1)冻、融前后围岩的物理力学计算指标

围岩物性参数根据中铁第一勘察设计院在现场采集岩石进行实验所测数据确定,具体数据见表 3-2。

表 3-2 围岩物性指标

土的形式	弹性模量 E(GPa)	泊松比 μ	摩擦角 φ(°)	黏聚力 c(kPa)	容重 γ(kN/m^3)
冻土	2.0	0.28	35	600	23
融土	1.1	0.3	32	350	23

(2)计算范围

分别对洞室周边围岩在融化圈为 0 m、0.12 m(毛洞暴露 1 d)、0.35 m(毛洞暴露 3 d)、0.59 m(毛洞暴露 7 d)、1.42 m(毛洞暴露 30 d)等几种情况下围岩的位移场、应力场及塑性区进行对比分析。

二、计算结果与分析

冻土围岩融化圈深度为 0 m、0.12 m、0.35 m、0.59 m 和 1.42 m 时,隧道周边位移和围岩塑性区深度见表 3-3。

表 3-3 不同融化圈深度时隧道周边位移和塑性区

融化圈范围(m)	仰拱隆起(mm)	边墙水平位移(mm)	拱顶下沉(mm)	塑性区最大深度(m)
0	8.27	1.17	−7.69	2.45

续上表

融化圈范围(m)	仰拱隆起(mm)	边墙水平位移(mm)	拱顶下沉(mm)	塑性区最大深度(m)
0.12	8.36	1.28	−7.85	2.45
0.35	8.59	1.30	−8.14	2.61
0.59	8.78	1.26	−8.43	2.94
1.42	9.38	1.46	−9.33	3.41

不同融化圈深度时，开挖后隧道的位移场、应力场规律基本相同，为方便对比，将融化圈深度为 0 和 1.42 m 时的围岩竖向位移场和围岩屈服区分别用图 3-2～图 3-3 描述。通过计算可以看出，围岩融化圈的深度(即施作初次衬砌的时间)不同，严重影响到围岩的稳定性，融化圈深度越大，隧道开挖后洞室变形越大。围岩在完全冻结的情况下，隧底隆起为 8.27 mm，拱顶下沉为 7.69 mm；融化圈深度为 1.42 m 时，隧底隆起为 9.38 mm，拱顶下沉为 9.33 mm。

从不同情况下塑性区的发展可以看出，围岩不管是在完全冻结情况下，还是在不同的融化圈范围下，由于隧道开挖均引起了拱脚、墙腰附近区域进入塑性区。随着围岩融化圈深度的增加，围岩的塑性区范围不断增大，在围岩融化圈深度从 0 变化至 1.42 m 过程中，隧道开挖引起的塑性区由拱脚、墙腰局部屈服，发展为拱腰以下整个边墙一定范围内及墙脚岩体均进入屈服状态。同时，在围岩融化圈增长过程中，塑性区深度也表现出快速增长的趋势。融化圈深度为 0 和 1.42 m 时，围岩屈服最大深度分别为 2.45 m 和 3.41 m。

因此，在施工过程中应尽量减小融化圈的范围，从而减小围岩的位移和塑性区的范围，保证隧道施工的安全。尽可能早的施作初次衬砌，缩短毛洞暴露时间，是减小融化圈的有效措施。

三、洞内外环境与岩面温度测试分析

1. 洞外环境温度

风火山隧道处于青藏高原腹地，线路高程为 4 905 m。隧道历史年平均气温−6.11 ℃，极端气温分别为−37.7 ℃和 23.2 ℃。

自 2001 年 9 月～10 月份隧道开工以来至 2003 年 2 月底，在隧道进、出口长期坚持了系统洞外气温观测和记录。

(1)风火山隧道进口

测试期间(2002 年 2 月 8 日～2003 年 2 月 28 日)极端最高气温 23 ℃(2002 年 8 月 5 日)，极端最低气温−33 ℃(2003 年 2 月 10 日)。

日平均气温最高 13.83 ℃(2002 年 8 月 5 日)，日平均最低气温−24 ℃(2003 年 2 月 10 日)。

每天最低气温段在 4:00～8:00 时，最高气温一般在 16:00 时，最大温差 27 ℃(2002 年 3 月 17 日)，最小温差 6 ℃(2002 年 9 月 1 日)。

月平均昼夜最高气温 17.23 ℃(2002 年 8 月份)，月平均昼夜最低气温−28.29 ℃(2003 年 2 月份)；月平均最大温差 22.74 ℃(2002 年 2 月份)，月平均最小温差 12.23 ℃(2002 年 7 月份)。

风火山隧道进口洞外昼夜最高、昼夜最低及日平均气温时间曲线如图 3-9 所示。风火山隧道进口洞外昼夜温差时间曲线如图 3-10 所示。

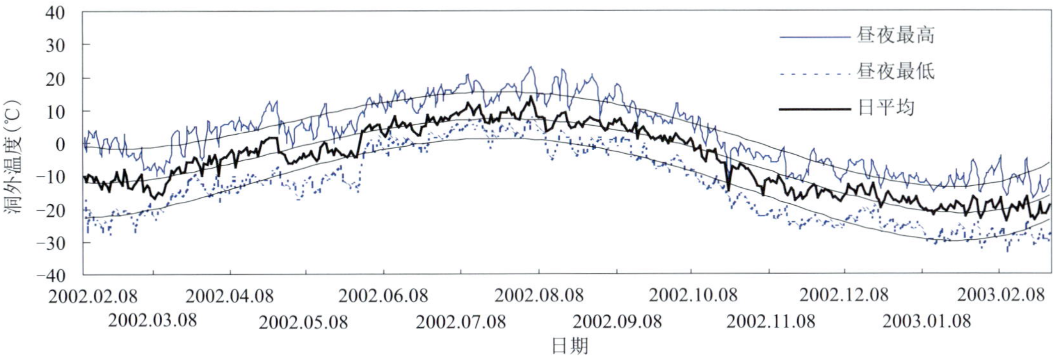

图 3-9 风火山隧道进口洞外昼夜最高、最低及日均气温时间曲线

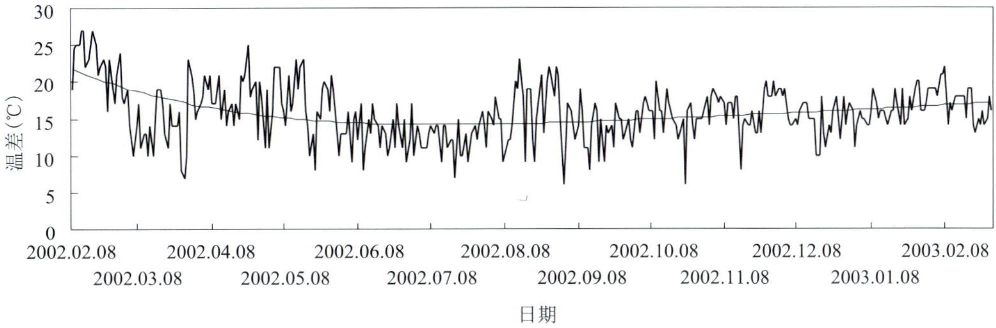

图 3-10 风火山隧道进口洞外温差时间曲线

风火山隧道进口洞外月平均温度见表 3-4 及图 3-11。

表 3-4 风火山隧道进口洞外月平均温度

月份	测试时间						昼夜最高(℃)	昼夜最低(℃)	温差(℃)	平均(℃)
	0:00	4:00	8:00	12:00	16:00	20:00				
2002.2		−22.5	−15.55	−2.6	−1.31	−15.4	−0.24	−22.98	22.74	−11.62
2002.3		−16.7	−12.45	−7.16	−3.65	−9.6	−2.06	−16.55	22.74	−9.91
2002.4		−11.1	−7.2	1.6	5.53	−2.27	6.13	−11.63	17.77	−2.93
2002.5	−5.2	−11.6	−5.81	1.65	4.13	−2.06	5.45	−11.61	17.06	−3.15
2002.6	3	−0.3	2.13	8	10.23	7.27	13.13	−0.1	13.23	4.79
2002.7	6.1	3.9	5.74	11.29	13.68	10.23	16.16	3.94	12.23	8.49
2002.8	4.9	0.9	3.32	10.81	14.23	9.9	17.23	0.84	16.32	7.35
2002.9	3	0.1	−1.13	5.43	8.27	4.73	10.13	−2.77	13.23	3.48
2002.10			−10.19	−2.23	0.68	−5.16	2.45	−12.74	15.19	−4.23
2002.11			−20	−11.2	−9.03	−15.3	−6.47	−22.73	16.27	−13.88
2002.12			−21.39	−14.55	−10.35	−17.71	−8.45	−23.65	15.19	−16.00
2003.1			−26.32	−18.55	−12.48	−20.84	−11.42	−27.52	16.10	−19.55
2003.2			−26.89	−19.71	−11.86	−21.68	−11.04	−28.29	17.25	−20.04

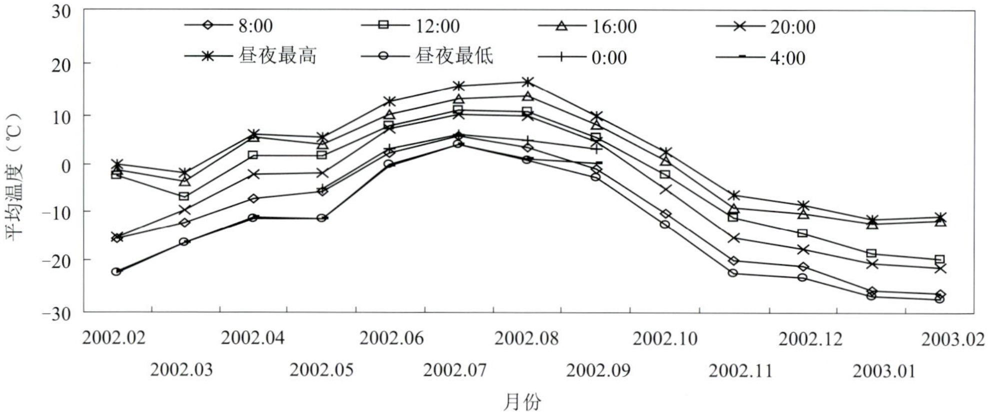

图 3-11 风火山隧道进口洞外月平均气温时间曲线

(2)风火山隧道出口

测试期间(2001 年 10 月 12 日～2002 年 10 月 29 日)极端最高气温 21 ℃(2002 年 8 月 18 日),极端最低气温－30 ℃(2002 年 1 月 7 日)。

日平均气温最高 11.17 ℃(2002 年 8 月 4 日),日平均最低气温－24.5 ℃(2001 年 12 月 28 日)。

每天最低气温段在 4:00～8:00 时,最高气温一般在 16:00 时,最大温差 28 ℃(2002 年 10 月 7 日),最小温差 4 ℃(2002 年 4 月 27 日)。

月平均昼夜最高气温 17.23 ℃(2002 年 8 月份),月平均昼夜最低气温－28.29 ℃(2003 年 2 月份);月平均最大温差 14.90 ℃(2002 年 8 月份),月平均最小温差 9.81 ℃(2001 年 12 月份)。

风火山隧道出口洞外昼夜最高、昼夜最低及日平均气温时间曲线如图 3-12 所示。风火山隧道出口洞外昼夜温差时间曲线如图 3-13 所示。

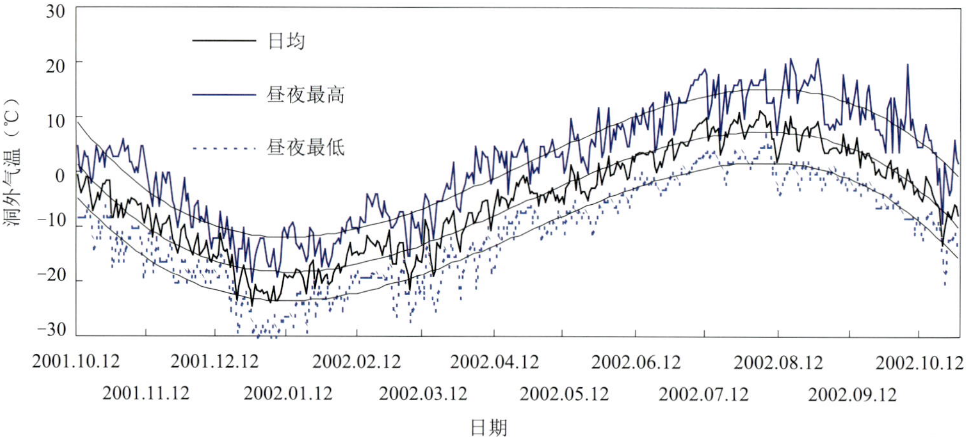

图 3-12 风火山隧道出口洞外昼夜最高、最低及日均气温时间曲线

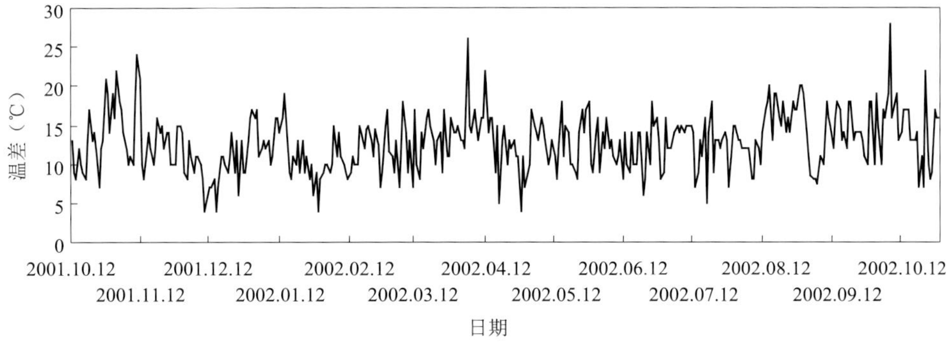

图 3-13　风火山隧道出口洞外温差时间曲线

风火山隧道出口洞外月平均温度如表 3-5 及图 3-14 所示。

表 3-5　风火山隧道出口洞外月平均温度(℃)

月份	测试时间						昼夜最高	昼夜最低	温差	平均
	0：00	4：00	8：00	12：00	16：00	20：00				
2001.10		-9.25	-7.20		3.80	-2.65	2.80	-10.20	13.00	-4.08
2001.11		-12.40	-14.50		-0.27	-7.87	-1.20	-15.00	13.80	-9.01
2001.12		-19.30	-21.40		-10.70	-15.40	-12.00	-21.50	9.81	-16.94
2002.01		-24.10	-24.50		-12.80	-18.10	-14.00	-25.40	11.60	-20.14
2002.02		-19.60	-18.60		-7.64	-12.50	-8.60	-20.30	11.70	-14.83
2002.03		-17.40	-18.90		-5.48	-10.50	-6.50	-19.10	12.60	-13.33
2002.04		-9.83	-10.90		2.97	-1.73	2.03	-11.20	13.20	-5.12
2002.05	-4.60	-7.60	-7.29	0.18	4.93	-1.77	4.77	-8.19	13.00	-2.84
2002.06	-0.10	-2.60	-0.27	4.73	9.10	3.17	9.10	-2.80	11.90	2.34
2002.07	5.03	2.26	4.87	9.77	14.52	9.32	14.90	2.13	12.80	7.63
2002.08	6.10	1.03	3.52	9.32	15.97	9.48	16.00	1.03	14.90	7.57
2002.09	0.03	-2.60	0.23	5.47	10.53	3.37	10.60	-2.62	13.20	2.85
2002.10	-6.30	-9.20	-9.21	-1.93	5.10	-3.45	5.10	-9.76	14.90	-4.17

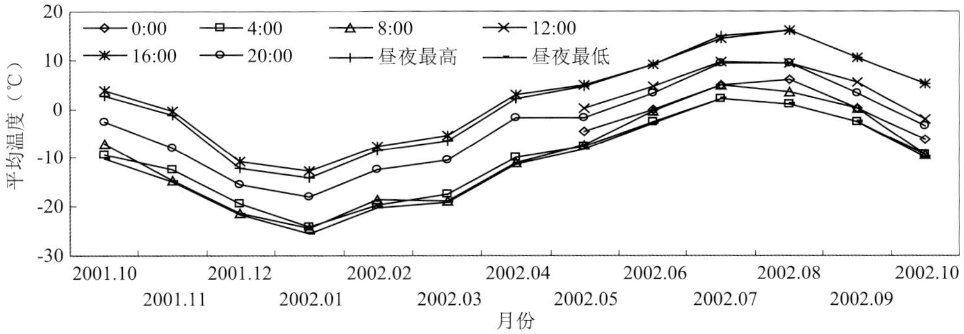

图 3-14　风火山隧道出口洞外月平均气温时间曲线

2. 洞内环境与岩面温度

风火山隧道位于高原多年冻土带中，含冰量高，其中部分地段为含冰冻土，围岩温度在−2～−3 ℃之间。根据原铁道部颁发青藏铁路施工技术细则的要求，隧道洞内环境温度应控制在−5～5 ℃之间。为了保护冻土，又能在冬季进行混凝土工程作业，隧道施工温度环境是工程成败的关键因素之一。

(1)隧道洞内环境温度

风火山隧道进口里程 DK1159+000，出口里程 DK1160+338，全长 1 338 m。2001 年 10 月份开工以来，至 2001 年底掘进里程进口至 DK1159+085，出口至 1160+255。2002 年第一季度主要进行了进、出口洞口段二次衬砌及无轨变有轨运输模式的工序转换。2002 年 10 月 19 日顺利开挖贯通。初次衬砌混凝土紧跟开挖面，二次衬砌混凝土与开挖面相隔不到100 m，开挖、初次衬砌和二次衬砌平行作业模式，有轨运输。

1)风火山隧道进口

2002 年 1 月～5 月份分别对 DK1159+037、1159+060、1159+085、1159+110 及 1159+160 五个断面进行了洞内环境温度监测，监测时刻选取在当天 0:00、4:00、8:00、12:00、16:00、20:00。

各量测断面测试期间洞内环境温度见表 3-6。

表 3-6 风火山隧道进口洞内环境温度结果汇总

里程	距洞口距离(m)	起始日期	终止日期	量测天数(d)	极端最高(℃)	极端最低(℃)	日均最高(℃)	日均最低(℃)	平均(℃)
DK1159+037	37	2002.01.10	2002.04.25	105	7	−12	3.2	−8.6	−2.91
DK1159+060	60	2002.01.10	2002.05.06	116	8	−11	4.2	−8.4	−2.08
DK1159+085	85	2002.01.10	2002.04.25	105	10	−13	5.8	−9.1	−2.13
DK1159+110	110	2002.04.26	2002.05.09	13					2.87
DK1159+160	160	2002.04.26	2002.05.09	13					3.21

各断面测试期间每天的不同时段洞内气温差别不大，洞内温差规律与洞外相同，基本上 4:00～8:00 时温度最低，16:00 温度最高。图 3-15 为 DK1159+037 断面不同时刻洞内环境温度时间曲线。

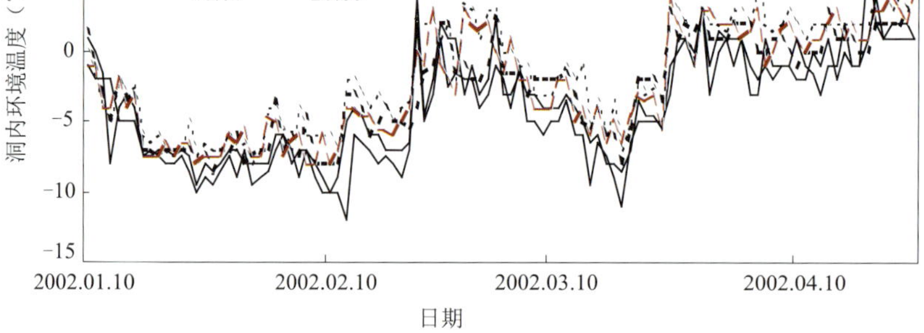

图 3-15 风火山隧道进口 DK1159+037 断面不同时刻洞内环境温度时间曲线

图 3-16 为五个量测断面日平均洞内环境温度时间曲线；图 3-17 为 DK1159＋037、DK1159＋060 及 DK1159＋085 三个量测断面洞内环境月平均温度时间曲线。

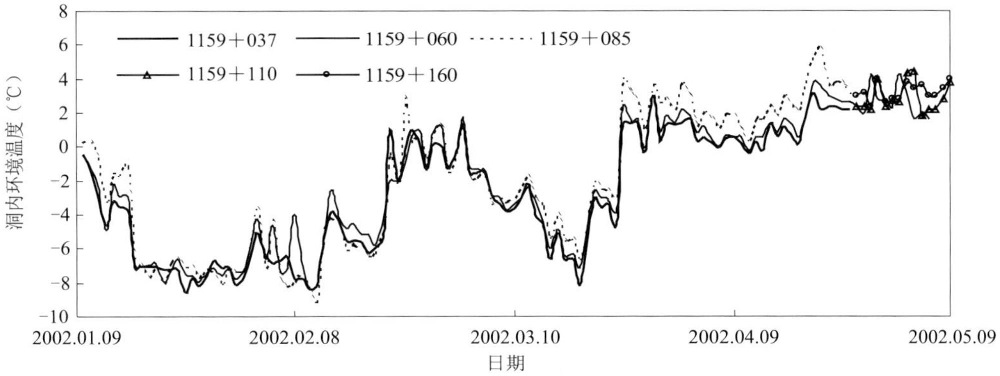

图 3-16　风火山隧道进口五个量测断面日平均洞内环境温度时间曲线

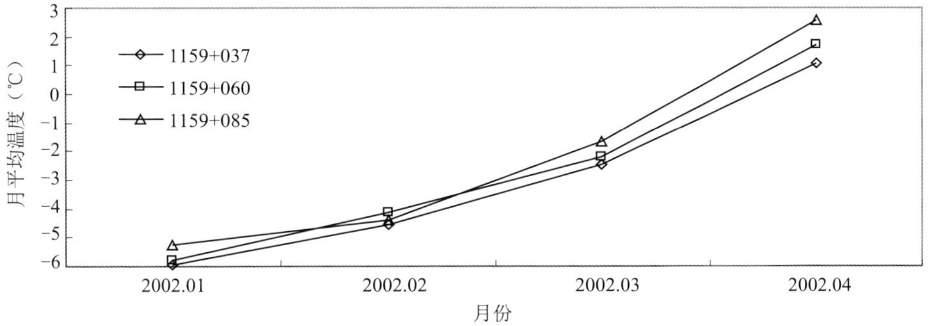

图 3-17　风火山隧道进口三个量测断面月平均洞内环境温度时间曲线

由图 3-16 和图 3-17 可知，几个量测断面的洞内环境温度差别不大，基本规律为距洞口较近的量测断面洞内温度稍低，距洞口较远的量测断面洞内温度稍高。其中距洞口最近的量测断面为 DK1159＋037 断面(距洞口 37 m)受洞外气温影响不大。

2)风火山隧道出口

对 DK1160＋315～DK1159＋655 段每隔 30 m 布设 1 个量测断面，共计 23 个。洞内环境温度测试时间为 2001 年 11 月～2002 年 10 月(各量测断面时间段不等)，监测时刻为当天 0：00、4：00、8：00、12：00、16：00、20：00。

各量测断面测试期间洞内环境温度见表 3-7。图 3-18 为各量测断面测试期间平均洞内环境温度与距洞口距离的关系。

表 3-7　风火山隧道出口洞内环境温度结果汇总(℃)

里程	距洞口距离(m)	起始日期	终止日期	量测天数(d)	极端最高	极端最低	日均最高	日均最低	平均
DK1160＋315	23	2001. 11. 04	2002. 05. 01	178	5	－13	3. 00	－11. 67	－4. 11
DK1160＋285	53	2001. 12. 29	2002. 05. 10	132	－13	6	4. 33	－11. 67	－1. 51
DK1160＋255	83	2002. 01. 01	2002. 05. 10	129	－13	6	5. 33	－11. 00	－0. 54

续上表

里程	距洞口距离(m)	起始日期	终止日期	量测天数(d)	极端最高	极端最低	日均最高	日均最低	平均
DK1160+225	113	2001.12.29	2002.07.24	207	13	−14	11.67	−13.33	1.95
DK1160+195	143	2002.04.18	2002.07.29	102	12	1	11.67	1.67	6.54
DK1160+165	173	2002.05.03	2002.07.31	89	12	2	11.83	3.50	7.80
DK1160+135	203	2002.05.17	2002.07.31	75	13	3	12.67	3.67	8.77
DK1160+105	233	2002.05.29	2002.07.31	63	12	6	12.00	7.50	9.53
DK1160+075	263	2002.06.30	2002.07.31	31	14	7	12.83	7.67	10.27
DK1160+045	293	2002.06.30	2002.07.31	31	15	7	13.50	7.83	10.53
DK1160+015	323	2002.07.25	2002.08.12	18	12	8	10.50	9.50	9.91
DK1159+985	353	2002.07.28	2002.08.16	19	12	8	10.50	9.50	10.27
DK1159+955	383	2002.08.01	2002.08.26	25	12	8	10.83	8.83	10.21
DK1159+925	413	2002.08.13	2002.09.09	27	12	8	10.50	9.00	10.14
DK1159+895	443	2002.08.17	2002.09.12	26	12	8	10.50	8.67	9.71
DK1159+865	473	2002.08.27	2002.09.23	27	12	6	10.50	6.67	8.45
DK1159+835	503	2002.09.10	2002.10.05	25	10	4	8.50	5.33	6.88
DK1159+805	533	2002.09.13	2002.10.27	44	9	1	7.50	1.33	5.23
DK1159+775	563	2002.09.24	2002.10.31	37	8	1	6.67	1.17	4.20
DK1159+745	593	2002.10.01	2002.10.31	30	8	0	6.67	1.00	3.54
DK1159+715	623	2002.10.06	2002.10.31	25	7	0	5.67	1.00	2.93
DK1159+685	653	2002.10.10	2002.10.31	21	7	−1	5.67	0.33	2.34
DK1159+655	683	2002.10.13	2002.10.31	18	6	−2	5.17	0.33	1.58

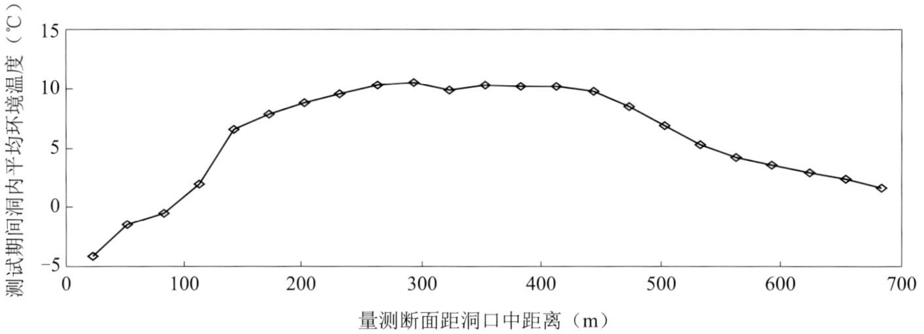

图 3-18 风火山隧道出口各量测断面测试期间平均洞内环境温度与距洞口距离的关系

图 3-18 中各量测断面测试期间的平均洞内环境温度不但与各量测断面的测试时间段相关，而且与各量测断面距洞口的距离亦相关。

根据各断面测试期间每天不同时刻的洞内环境温度测试分析发现，风火山隧道出口和进口规律相同，不同时刻洞内环境温度差别不大，洞内温差规律与洞外相同，基本上 4:00～8:00 时温度最低，16:00 温度最高。如图 3-19 为 DK1160+195 断面不同时刻洞内环境温度时间曲线。

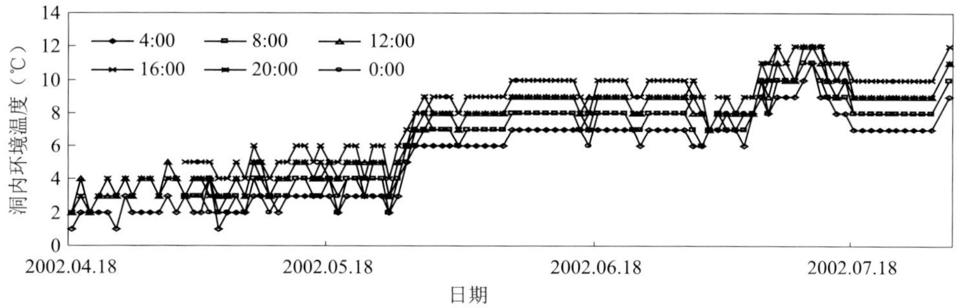

图 3-19　风火山隧道出口 DK1160＋195 断面不同时刻洞内环境温度时间曲线

由表 3-7 可知，同一时段各量测断面的洞内环境温度差别不大，基本规律为距洞口较近的量测断面洞内温度稍低，距洞口较远的量测断面洞内温度稍高。距洞口最近的量测断面为 DK1160＋315 断面，距洞口 23 m，又是在 2001 年底寒季施工，所以洞内环境温度较低，洞外气温对此断面洞内环境温度有一定影响。

（2）掌子面岩面温度

掌子面温度是严寒地区隧道施工温度控制的主要环节，施工期间对开挖掌子面的岩石温度及掌子面环境温度进行长期监测。图 3-20 和图 3-21 分别为风火山隧道进口、出口掌子面岩面温度时间曲线。

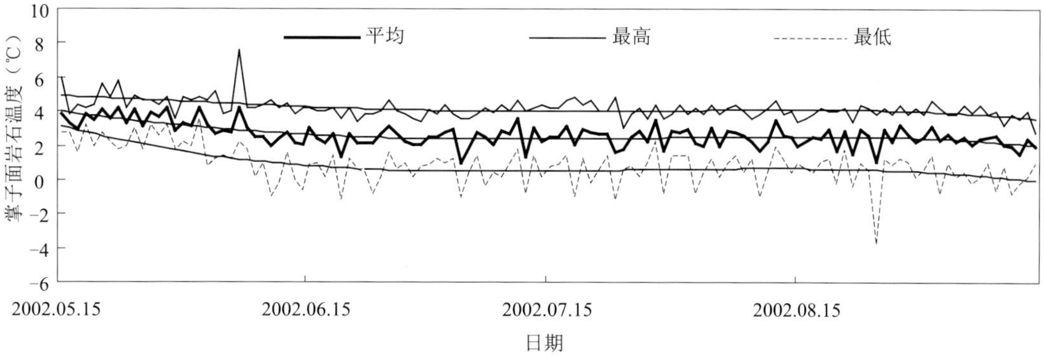

图 3-20　风火山隧道进口掌子面岩面温度时间曲线

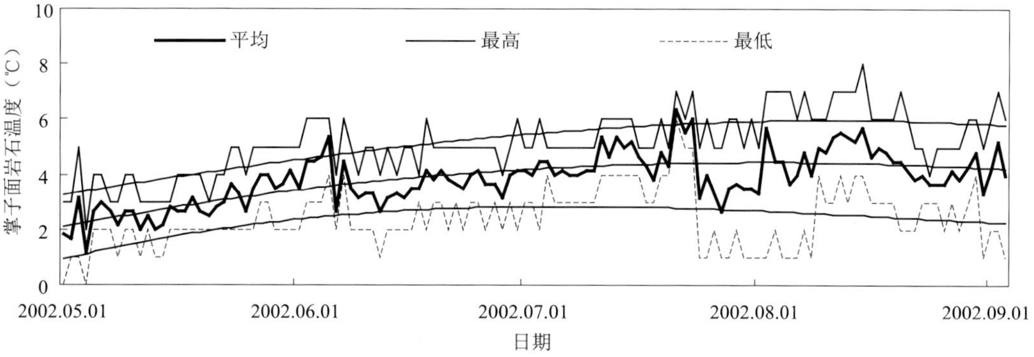

图 3-21　风火山隧道出口掌子面岩面温度时间曲线

(3)工作面岩面温度分布

对风火山隧道洞内断面不同测点的岩面温度也进行了观测，对同一断面的拱顶、左拱腰、左拱脚、左墙中、右拱腰、右拱脚及右墙中的 7 个测点进行了测试。观测结果表明拱顶部位岩面温度最高，依次向下岩面温度不断降低。

(4)施工扰动后的围岩地温场

为了解冻土隧道围岩温度场的变化，在施工过程中对围岩地温场进行了长期监测。二次衬砌前在量测断面的不同位置布置测温孔，孔深 5 m，初次衬砌与二次衬砌之间设置隔热保温层。图 3-22 为 2002 年 6 月份断面不同测点岩面温度月平均值，图 3-23 为 2002 年 9 月份不同深度处的围岩地温月平均值。

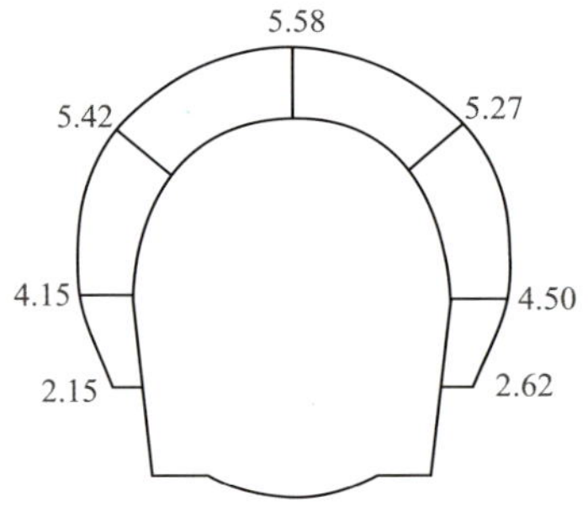

图 3-22　断面不同测点岩面温度月平均值(2002 年 6 月)(℃)

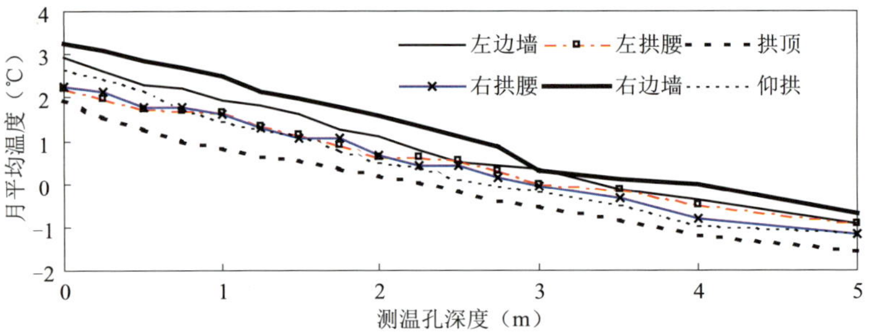

图 3-23　2002 年 9 月份月平均围岩温度随深度的变化规律

第四章　祁连山隧道碎屑流形成机理及稳定性控制技术

第一节　碎屑流工程特征与形成机理

一、碎屑流定义

碎屑体是指在地质构造运动中形成以碎屑状颗粒石、角砾土和黏土、水组成的高密度混合物，被封闭于岩腔之中，常常呈有压状态碎屑物质。隧道碎屑流是一种“地下泥石流”，是指当隧道掘进过程中，穿越断层破碎带富水软弱围岩、充填洞穴岩溶、侵入岩接触带时突然引发碎屑体瞬间大规模突涌、流坍，淤塞掌子面，甚至引发围岩大变形、大塌方等工程地质灾害。其破坏力极强，给施工带来巨大安全风险。

二、碎屑流工程特征

碎屑流一般蕴藏于地层深处、构造断层带之间，呈带压力的封闭腔体内的碎屑物质。其工程性质与周围其他岩体有显著差异，具有断层交叉面宽、断层泥较厚、富水节理发育、岩体极破碎、局部有拖拉和牵引现象等特征。碎屑流降低了围岩的自稳能力，隧道开挖后应力重分布，导致隧道周边碎屑物质失去支撑，再加上地下水突涌，破碎岩体夹杂大量砂石、黏土等碎屑物质被水流冲出，引起掌子面淤塞、淹埋等安全事故。祁连山隧道碎屑流具有其独特的工程特性：

1. 角砾石、砂土的混合物

碎屑体蕴藏于地层深处，一般在板岩与砂岩、板岩与灰岩断层之间，受断层构造影响，主要以碎屑状的颗粒石、角砾土和黏土、水组成的高密度混合物，如图 4-1 所示。

2. 颗粒基本均匀

现场勘察并取样，隧道碎屑体突涌的大量物质颗粒以碎屑角砾石为主，颗粒多数如拳头大小，少量如核桃粒状，期间夹杂少许块石，颗粒基本均匀，呈既嵌紧又密实的骨架结构。

3. 重度大

对获取的现场突涌碎屑体样品在试验室检测，采取平行检测法，其物理重度最小 18.2 kN/m^3、最大 19.6 kN/m^3，平均重度 19.3 kN/m^3。比对常见的碎石、砂的堆积重度 14～16 kN/m^3，淤泥质黏土重度约 18 kN/m^3，粉质黏土约 19 kN/m^3，水泥稳定碎石重度 22～25 kN/m^3，可见碎屑体物质重度仅次于水泥稳定碎石，与粉质黏土相同。

4. 黏稠度高

碎屑体结构中较多数量的级配均匀颗粒较粗，形成空间骨架，发挥嵌挤锁结作用，同时砂、黏土等足量细颗粒填充骨架间空隙形成既嵌紧又密实的结构，其内摩擦角 φ 较高、黏聚力 c 也较高，具有黏稠度高的物理特性。

5. 流动性强

大量松散碎屑颗粒、水等组成的混合物大规模突涌，其中黏土和水的混合物密度大，对碎屑颗粒有较大的浮力，携带夹杂块石能力较强，呈强流动性。现场碎屑流如图 4-2 所示。

图 4-1 碎屑体组成

图 4-2 碎屑体突涌特点

6. 变形时间长、范围广

碎屑流地层围岩刚开始并没有显著变形破坏，只有少量涌水，随后有少量碎屑颗粒流出，随着施工掘进的继续，碎屑物流出量增大，变形破坏明显，拱顶边墙出现大变形。随着水流的增大，碎屑状岩屑和小粒径砂石岩块不断流出，掌子面拱顶沉降变形持续不断增大，裂隙进一步发展，持续时长约一周。当隧道施工支护措施逐步实施后，岩体周边应力重分布时间长，变形破坏的持续期变长，有关研究表明时长 2 年。其变形主要表现在拱顶下沉、坍塌，掌子面失稳，破坏区范围可达 2～3 倍洞径。

7. 超前支护困难

在高压碎屑流腔体里进行超前支护，主要困难有：

①难以封闭，流体物见缝就出，且带有压力，难以完全封闭；

②加固浆液会随碎屑流动态流动或从缝隙流出，无法固化；

③注浆压力必须远大于碎屑流压力后才能正常注入，造成注浆难度极大；

④需立体加固，除需要强大的径向超前支护外，掌子面还需要超前加固以防流体纵向涌出。

8. 突发性强

碎屑流呈流塑状，范围大，带有较大压力，突涌性极强。当腔体周边岩性软弱、破碎涌出时，将不断垮塌，如一旦失控则形成难以处理的大塌方。

9. 预判难

由于深埋地下，分布极不规律，碎屑流腔体与周边岩层介质密度相差度较小，物探误差大。钻探操作难度更大。因此，腔体的位置、形状、大小等在设计阶段几乎无法判断，只有开工后，施工至碎屑流段落附近时，进行详细预判。

三、碎屑流形成机理分析

1. 碎屑流形成条件

经调查研究位于隧址区、与祁连山隧道走向基本平行的冷龙岭引水隧洞穿越碎屑流地层施工情况，并结合国内隧道泥石流事故资料，发现隧道碎屑流与隧道洞内泥石流、地表泥石流的形成条件十分相似，均是由大量的碎屑状颗粒岩石、砂土与水组成的混合物质组成的流塑体，在封闭压力、自重等作用下突然被击穿后引发的大规模突涌、流坍。其形成需要同时具备 3 个条件：

①足够量级的物质组成，即破碎碎屑岩石、黏土等破碎松散体；

②充分的水源补给和诱发因素；

③存在满足自身泄压排放的突涌通道。

(1)碎屑流组成物质来源

隧址区冷龙岭位于祁连山褶皱系构造单元及其边缘部位，祁连褶皱系为北西向展布，沿线涉及次级构造单元为：中祁连中间隆起带、北祁连优地槽带，各构造单元多以深大断裂为界，隧道进口以大角度穿越 F6、F7 断层。

以 F6 断层为例分析，该断层属逆断层，上盘为志留系下统板岩，下盘为二叠系砂岩，断层产状 N35°～45°W/50°～60°N，断层破碎带宽为 50～150 m。隧道洞身通过地段为 DK336＋050～DK336＋140，长约 90 m。以断层角砾为主，碎裂结构或散体结构的断层带岩体，结构面相互交叉，构造、风化裂隙密集、黏土填充，整体性极差，碎屑颗粒破碎、松散，组成了碎屑流主要物质的足量储备，如图 4-3 所示。

(a) 隧道碎屑流物质

(b) 隧道碎屑流涌出

图 4-3　祁连山隧道突涌碎屑流

(2)碎屑流形成的地下水来源

硫磺沟山间四季积雪，地表起伏，汇水区域明显，祁连山隧道接受山间地表终年积雪融水，大气降水和基岩裂隙水的补给，水量丰富。根据地质超前预报及现场钻孔揭示，隧道开挖面前方 20 m 范围均是断层破碎强富水带。隧道正常涌水量：35 041 m^3/d，最大涌水量：105 123 m^3/d。受地下水影响，原断层破碎带岩体结构的抗剪切、抗压强度、风化程度等参数进一步劣化，在长期反复作用下，破碎带岩体颗粒、充填物软化、泥化，初步具备了流坍特征要素。

(3)碎屑流泄压排放通道

隧道施工开挖，改变了原有的地下水径流、排泄系统，成为其影响区域的有效排水通道，导致地下水从隧道排泄；同时隧道开挖致使临空面卸荷，导致掌子面附近应力重新分布，松散破碎岩体原有力学稳定性丧失，从而使松散破碎岩体以碎屑流的形式沿开挖通道突然涌出。

2. 碎屑流发生机理

隧道碎屑流是大范围内碎屑体的突发性失稳流塑体。隧道在断层富水地层中开挖时，围岩被断层破碎带以及节理和裂隙互相切割，形成破碎松散体，以角砾石、碎屑和黏土、砂土为主。隧道开挖前，这些结构体处于自然平衡状态，隧道开挖后，围岩由于内部积聚的压力释放和水压的作用，使得结构体失去稳定，从而导致隧道其他块体变形和坍塌，从而与含水构造连通，引发隧道碎屑流突涌，淤塞隧道。与滑坡相比，碎屑流无明显整体的滑动面，是一种碎屑、颗粒及水介质的流动、流坍；不同于泥石流的是，碎屑流以颗粒运动为主体，液体在整个运动中相对影响较小。

根据现场勘察碎屑流突涌情况，结合碎屑流形成必须同时具备的三大条件，分析隧道碎屑流发生的机理：当隧道开挖遇到断层带压的封闭碎屑体后，若岩盘厚度难以满足抗剪要求时，岩盘会发生剪切破坏，导致整体失稳，从而发生碎屑流突涌。安全岩盘厚度受围岩完整性、碎屑流物质组成、碎屑流重度、水压以及水力联系、隧道施工方法等因素影响。根据材料力学第一强度理论，认为材料在复杂的应力状态下，当最大主应力超过材料破坏的允许应力值时，材料就发生破坏。由此，岩体弹性失效准则的强度条件为：

$$\sigma_1 \leqslant [\sigma];K=\frac{[\sigma]}{\sigma_1} \tag{4-1}$$

$$S=k\,\frac{(\lambda\sum\gamma_i H_i+p)A}{C(\sum\gamma_i H_i\tan\varphi+c)} \tag{4-2}$$

式中 S——安全岩盘厚度，m；

k——安全系数，一般取 1.3～1.5；

λ——侧压力系数；

γ_i——上覆第 i 层岩层的容重，kN/m^3；

H_i——上覆第 i 层岩层的厚度，m；

p——水压，kPa；

A——安全岩盘的断面面积，m^2；

C——岩盘周长，m；

φ——岩盘岩体的饱和内摩擦角；

c——岩盘岩体的饱和黏聚力，kPa。

祁连山志留系板岩计算得 S 安全岩盘厚度＝3.2 m。

碎屑体突涌的过程是能量的耗散过程，其积聚的能量通过碎屑内部相互的运动摩擦力、碎屑与接触床面间的摩擦阻力完成耗散。碎屑流产生主要影响因素是断层构造、动压力水、岩层条件和施工方法。断层范围越大，构造越复杂，更容易引发隧道大规模的碎屑流；地下水水压越大，水量越发育，补给越充分，其促发碎屑流的机率就越大，时间更早；隧道周边松动区岩体强度越低，即岩盘厚度克服剪切破坏的能力越低，越容易发生碎屑流突涌；大断面隧道的开挖施工方法易促进碎屑流的形成，亦能降低或防范碎屑流的形成、突涌。

隧道碎屑流失稳破坏从孕育至发生，是一个渐变发展过程，时间较长，具有明显的阶段特征，结合现场记录及设计资料，经分析研究，可划分为以下三个阶段：

(1)先兆阶段

此阶段以隧道最初水压、围岩出现变化为起点。开挖面发育 1～2 组张口节理，节理裂隙面出现泥土、沙土等明显的充填物，围岩整体性相对变差，开始出现裂隙水，多以点滴状分布，围岩呈潮湿、湿润状态。经数值计算分析，该段以岩盘厚度介于 10～13 m 之间为判别标准。到本阶段末，围岩整体性已经变差，水量持续增大。

(2)影响阶段

从上一阶段开始,裂隙水出水量持续增大,至本阶段已由点、滴状变化为线状流出,部分出现股状水。围岩节理增多,结构面破碎,裂隙密集,相互交叉,张开裂隙泥质、黏土质的充填物遇水加剧风化,受水冲刷脱落。随着掌子面的不断开挖,岩盘厚度不断变小,至本阶段末,地下水由清变浊,即为上方积聚的自身压力寻求薄弱环节首先释放的集中表现,虽然表面上是稳定的,但实际上是一触即发的,这些现象预示着碎屑流即将发生,该段以岩盘厚度介于3～10 m之间为判别标准。

(3)发生阶段

随着开挖距离的临近,岩盘厚度接近其发生的临界安全厚度,隧道顶部围岩所承受的应力越来越大,但其强度有限。当松动区范围缓慢增大、松动区下移时,作用在岩盘上的剪切应力不断增大,最终因岩盘厚度小于安全厚度3 m时,岩盘将难以满足抗剪要求,围岩则会突然被完全破坏,松动区岩体立即失去原有的应力平衡。瞬间存储的大量的碎屑松散颗粒、泥沙充填物和水的混合物能量被完全释放,从破坏口涌出、淤塞隧道,这时就发生了隧道碎屑流事故。

上述是祁连山隧道碎屑流形成的过程,具有一般性,如图4-4所示。具体各个隧道碎屑流形成的过程,由于影响因素的差别,将会各具差异性。

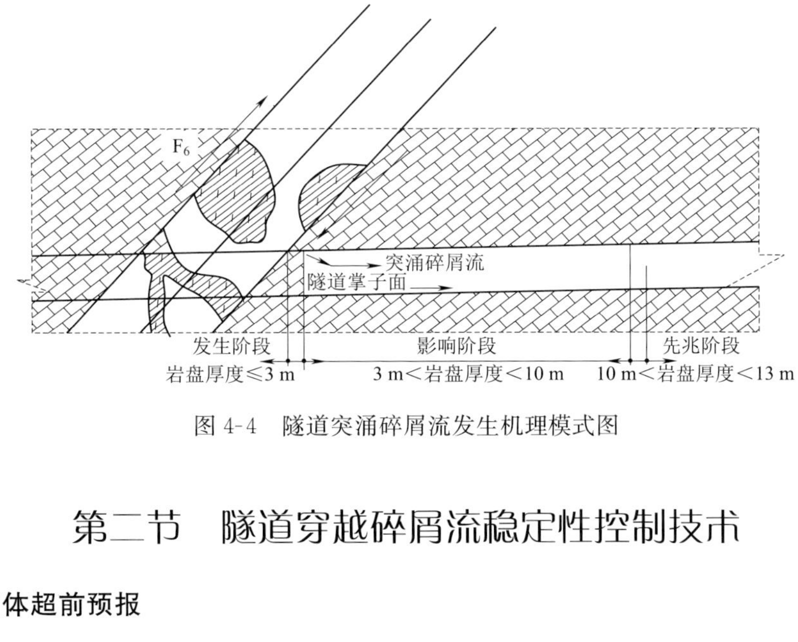

图4-4　隧道突涌碎屑流发生机理模式图

第二节　隧道穿越碎屑流稳定性控制技术

一、碎屑体超前预报

断层碎屑体发育无可循规律,发育规模、蕴藏位置、对工程危害等都不可预见,只有采取有针对性的、确保施工及后期运营安全的预报措施,进行连续超前地质预报预测,以规避施工风险、保证施工安全。

以"重点对待,准确定位"的碎屑体地质预报思路,结合国内外相关工程施工经验,综合分析隧道地质、水文资料,采取物探和钻探相结合,长-中长-短预报相互补充,宏观预报与精确预报相关印证,如图4-5所示。通过现场测试、数据分析、研判处理、实际验证、动态修正等手段,对祁连山隧道碎屑流所处位置、断层进行系统的研究判断,建立了一套适合大断面隧道穿越碎屑体的综合超前地质预报体系。

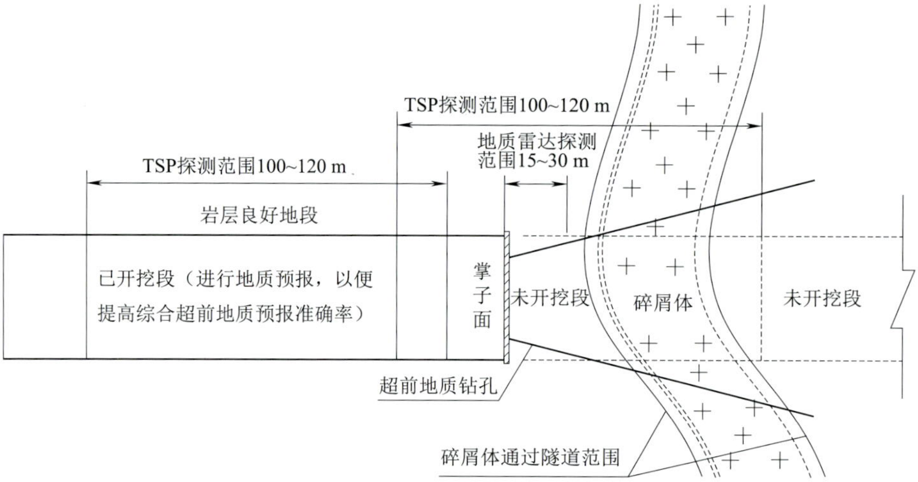

图 4-5 隧道穿越碎屑流段超前地质预报示意

1. 长距离预报

达到对隧道水文、地质及断层碎屑体总体了解。宏观掌握碎屑体的位置、岩体完整状况等；采用 TSP 进行地质预报，每次预报前方 100 m 范围内地质异常情况，主要是碎屑体的蕴藏位置及发育情况、物质组成、水压、水量等。

2. 中长距离预报

主要采用超前水平钻探进行预报，每次预报前方 30 m 范围的碎屑体分布情况。在长距离和中长距离预报基础上，加强重点部位预报频度和洞内地质素描。

3. 短距离预报

主要采取地质素描、加深炮孔探测、地质雷达和瞬变电磁，查清隧道前方存在的碎屑体具体物质组成、水量、水压等准确情况，为方案决策实施提供依据。

祁连山隧道碎屑流综合超前地质预测预报流程如图 4-6 所示。

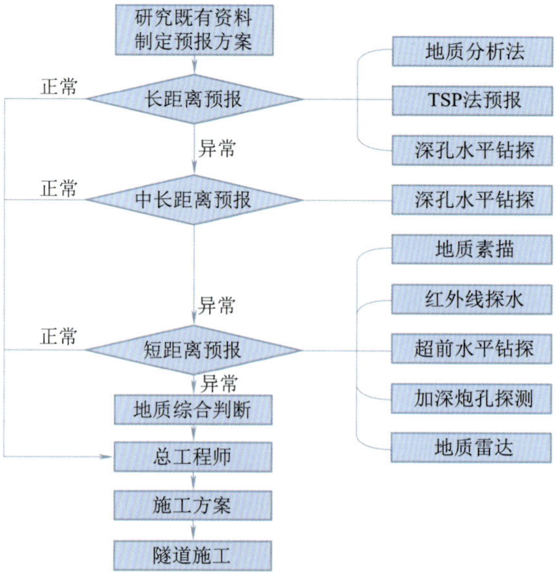

图 4-6 综合超前地质预测预报流程

4. 主要预测预报项目、范围

祁连山隧道碎屑体预测预报项目见表 4-1。

表 4-1　祁连山隧道碎屑体预测预报项目

类　别	预测预报项目	范　围	备　注
长距离	TSP203	前方 100 m	
	超前钻探	前方 30～60 m	1～3 个孔
中长距离	瞬变电磁	前方 50 m	
	超前钻探	前方 30 m	6 孔
短距离	地质雷达	15～30 m	
	加深炮眼孔	5 m	5 个孔
	地质素描		

5. 仪器设备

主要仪器设备见表 4-2。

表 4-2　主要仪器设备

项目名称	仪器名称	型　号	性　能	数　量
TSP203	TSP203 预报仪	目前仅一个型号	探测距离 100 m	1 台
超前钻探	多功能钻机	PRD-150C	钻孔深度 150 m 以内	1 台
		GL-6000	钻孔深度 50 m 以内	1 台
地质雷达探测	地质雷达	CR-20B	探测距离 15～30 m	1 台
地质素描	地质罗盘	普通型	测定岩层、构造面产状	

6. 预报方法

目前，TSP203、地质雷达等物探预测预报方法在相关隧道工程中广泛成功应用，预报方法趋于成熟。超前钻探和超前炮孔虽然只是“一孔之见”，但针对隧道碎屑体，能对其物质组成、水量、水压、空间位置进行精确取样、定位和分析，具有“直观、可靠、准确”的特点，是其他预报方法所不具备的。关键影响因素即多功能钻机的设备选型及钻机速度进行分析，以提高钻探功效，解决钻机占用掌子面时间过长问题。

(1)设备选型

影响钻机作业的主要有两个重要指标：一是钻机自身的钻进能力，二是钻机的可移动性，其中钻机的钻进能力最为重要。在祁连山隧道碎屑体的超前预测预报中，成功选用了钻进能力强，连续工作故障率低的 PRD-150C 自行式全液压多功能钻机，如图 4-7 所示。

图 4-7　PRD-150C 钻机

该钻机采用高性能旋转冲击动力头，并配有独特的冲击传递系统，功效较传统旋转钻机提高 5 倍。同时功能在包括普通超前地质钻探外，更叠加 MWD 系统的超前地质钻进。利用 MWD 传感器系统，对涌水压力、涌水量、推进力、破坏能、旋转速度、旋转压力、扭矩、推进速度等钻进过程中主要参数的数据传输到自带的数据处理中心，形成一系列反映地质变化的曲线图，同时具备存储功能，可即时分析，也可将数据转入电脑，便于资料的积累、研究，便于技术人员根据曲线的变化和计算，得出隧道前方地质情况的预报，如图 4-8 所示。

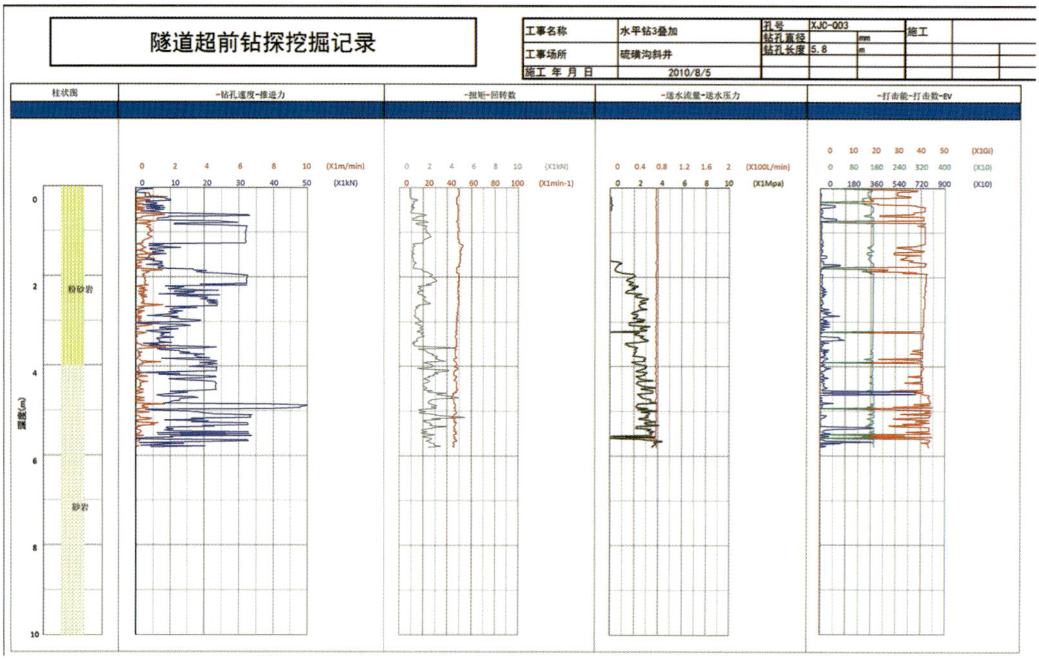

图 4-8　隧道钻孔地质预报记录曲线

（2）高效的钻进速度是钻机对施工影响的重要因素，经现场比对，钻进能力低于 5 m/h 的慢速钻机不适宜用于隧道碎屑体超前地质钻孔预报，应选用不低于 10 m/h 的高速钻机，目前，PRD-150C 钻机平均钻进速度达 10～20 m/h。同时还具备岩芯取样功能，可取样距离不宜过短，以达到快速、直观、准确前方碎屑体的物质性质、级配、重度、黏稠度等重要特性指标，如图 4-9所示。

图 4-9　隧道钻孔预报取芯样品

7. 水压、水量测试

为了更进一步探明前方碎屑体物质及水量、水压情况，为下步施工及安全提供直接保障，利用超前钻探孔进行水压测试。选择水量较大的钻孔作为水压测试孔，将水压表安装在预先安装好的带闸阀的孔口管上，如图 4-10 所示。关闭其他钻孔孔口管闸阀，开始进行水压测试，测试频率为 20 min 记录一次，待水压基本稳定后每 1 h 测一次。直到水压稳定 5 h 后，继续观察水压变化，观察 48 h 后水压基本不变，即测得最终静水压，现场实测祁连山隧道碎屑体静水压 0.35 MPa。

8. 隧道周边隐伏碎屑体探测

祁连山隧道穿越 F6、F7 大断层，洞身周边的隐伏碎屑体影响隧道的施工安全和运营安全。因此，针对祁连山隧道断层破碎带的特点，在隧道完成 300 m 长度以后，实施洞身周边一定范围（不小于 10 m）的碎屑体发育形态、分布规模探测。

图 4-10　祁连山隧道碎屑体水压测试

（1）根据隧道围岩（砂岩）岩体与碎屑体的物性差异，结合隧道工程场地条件，选择地质雷达对隧道洞身周边隐伏碎屑体进行综合探测。共布置 8 条测线，其中隧底 3 条、在隧道左、右边墙和拱腰各布置 1 条，拱顶布置 1 条，地质雷达实施连贯测量，雷达天线采用 100 MHz 的屏蔽天线。

（2）隧道与周边隐伏碎屑体的安全距离

结合目前国内宜万铁路等相关岩溶断层的工程理论分析及实际，以岩层厚跨比 $H/L\geqslant 1$ 作为控制标准，即 $D/H\geqslant 1$，知隧道与周边隐伏碎屑体间安全距离最小值应为隧道跨度，即安全厚度 H，祁连山隧道取值 13.5 m。

经过对隧道两大断层破碎带区域隧道周边的隐伏碎屑体探测，均能符合安全厚度条件，结构面厚度是安全的。进一步验证了设计，为隧道安全决策提供了依据。

二、掌子面封堵

探明碎屑流位置和范围后，理想的作法是开挖至安全岩盘的边沿，进行超前支护加固，但由于碎屑流往往呈不规则形状，多数情况会被局部打开并涌出，当涌出面逐步垮塌扩大时，安全风险增大且处理难度也极大增加。例如：祁连山隧道为高速铁路双线单洞断面，开挖断面 160 m^2，上断面约 40 m^3 一次全部涌出，速度越来越快，极易酿成安全事故，用了 15 d 时间才封堵加固完成。

掌子面封堵是超前加固的必须工序，一方面及时封闭掌子面，防止掌子面出现碎屑流突涌情况的发生，同时亦兼做注浆改良施工止浆墙。

现场采用结构相对简单、施工方便的平面混凝土墙，按照经验公式计算，选择合理的止浆墙厚度，既保证后续注浆作业的施工进度，又避免止浆墙过厚造成的资源过度浪费。

封堵止浆墙计算经验公式：

$$B=K\sqrt{\frac{\omega\times b}{2h\times[\sigma]}} \tag{4-3}$$

取 $K=1.5$、$\omega=30$、$b=13.7$、$h=4.2$、$[\sigma]=30$，计算得 $B=1.92$，取 2 m。

故掌子面正面封堵墙采用 C30 混凝土，墙厚 2 m，基础深 50 cm，面向掌子面倾角 3°～5°，如图 4-11 所示。为保证封堵墙与隧道周边可靠连接，在掌子面开挖轮廓线周边施作两排接茬锚杆，锚杆采用 ϕ22 药卷锚杆，$L=3.5$ m，纵向和环向间距均为 0.8 m，锚杆锚入封堵墙 1 m。为确保长管棚施工精度，在封堵墙顶部周边设置直径 100 mm，壁厚 5 mm 的导向管，现场施作如图 4-12 所示。

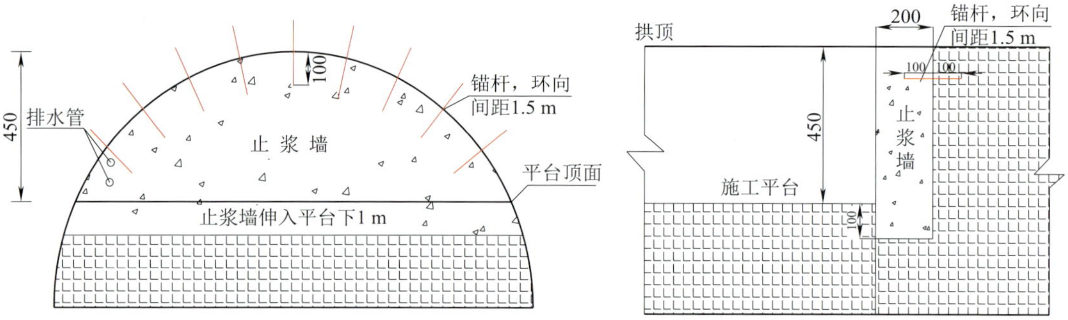

图 4-11　掌子面正面封堵墙(单位:cm)

图 4-12　紧急设置封堵墙堵塞碎屑流

三、超前高位泄水

1. 通过超前排水管渗透降低掌子面前方碎屑流水头

借用延边拱部超前支护体系进行排水降压，故名超前高位泄水。为分析降压效果，利用 MidasGTS 有限元软件进行三维模拟分析，在隧道掌子面前方施加高位排水管来降低碎屑流掌子面开挖部分水头压力。

(1)计算模型

根据隧道现场实际勘测情况，掌子面前方为软弱且流动性强的碎屑流，稠稀度范围大，突涌性极强。通过在碎屑流层中施作高位排水管，利用其将水流引出，从而达到降低掌子面开挖处水压的目的，如图 4-13 和图 4-14 所示。

根据隧道断面尺寸并结合现场实际情况，模型计算范围选为：横向取 80 m，竖向取 60 m，为简化计算过程，隧道轴线纵向取 6 m。该选定的边界范围大于 5 倍的洞径。模型中黄色部分为碎屑流土体，中间排水管部分为蓝色部分，网格模型如图 4-15 所示。

(2)计算过程及材料参数选取

结合相关设计资料，对碎屑土物理参数进行取值见表 4-3，由于碎屑流部分主要是以断层角砾为主，因此渗透系数参照角砾渗透系数取 5×10^{-3} cm/s。

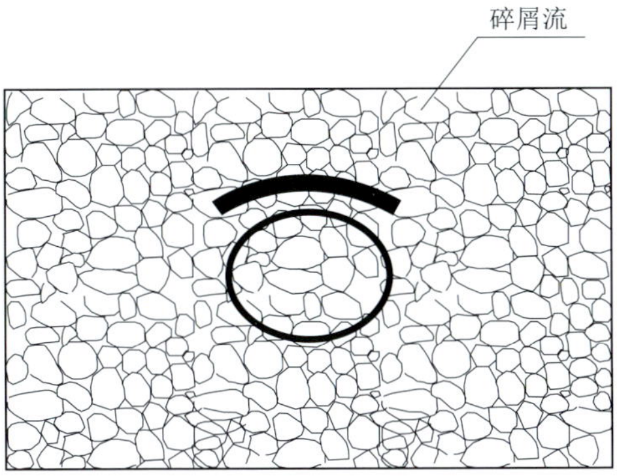

图 4-13　隧道横断面示意

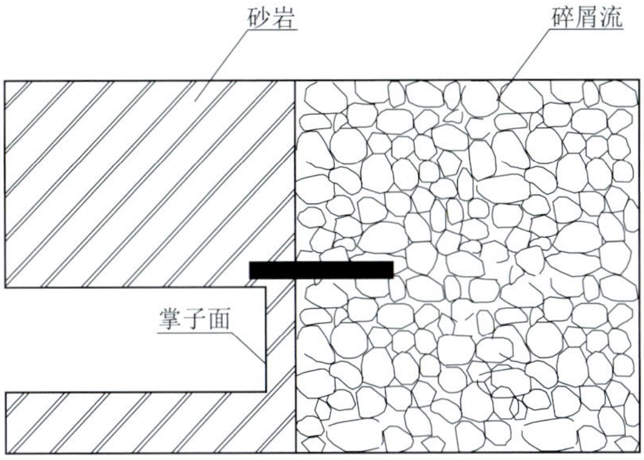

图 4-14　隧道纵断面示意

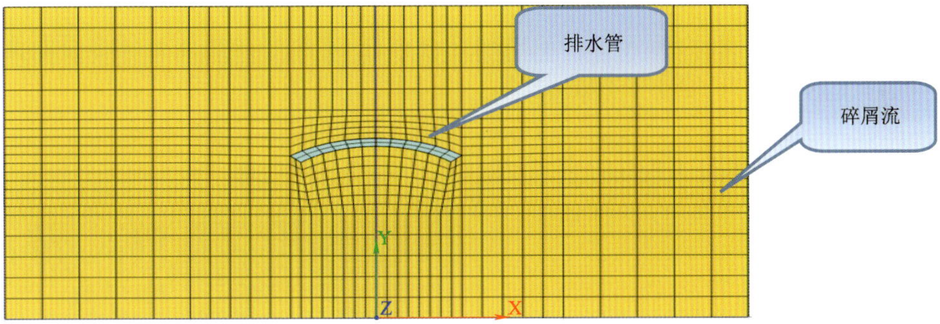

图 4-15　计算模型及网格划分

表 4-3　材料物理力学参数

材料类别	弹性模量 E(GPa)	泊松比 μ	黏聚力 c(MPa)	摩擦角 φ	重度(kN/m³)
碎屑流	0.51	0.30	0.05	16	15

(3)模拟原理说明

管幕层施加后，掌子面前方的地下水通过高位排水管被引流释放，从而降低掌子面开挖时的水压力。为模拟该引流过程，将排水管渗透系数设置为很大值，从而可以认为地下水是通过排水管直接排出的，与实际情况一致。

(4)碎屑流水头分析

硫磺沟山间四季积雪，地表起伏，汇水区域明显，祁连山隧道接受山间地表终年积雪融水，大气降水和基岩裂隙水的补给，水量丰富。根据地质超前预报及现场钻孔揭示，隧道开挖面前方20 m范围均是断层破碎强富水带。隧道正常涌水量：35 041 m^3/d，最大涌水量：105 123 m^3/d。受地下水影响，原断层破碎带岩体结构的抗剪切、抗压强度、风化程度等参数进一步劣化，因此降低隧道掌子面前方水头尤为关键。施加高位排水管后，由于其渗透系数较小，排水管周围水头明显降低，从而达到引流释压的目的，减小了掌子面前方开挖时的水压。

2. 现场实施

在高压碎屑流腔体里进行超前支护比较困难，解决这些困难的关键方法是高位排水、释能降压，通过高于超前加固圈位置以上的排水系统，把压力从源头上截断，是底下形成低压区域，便于超前加固的实施。碎屑流的流塑性、富水性及其腔体的立体高度，造成了较大压力，高位泄水的思路是将压力水从高位充分排除，在排水管下方形成低压静水区，以便注浆固结。高位排水采取 ϕ42 小导管，长度 6 m，前段 3～4 m 做成花管，外插角 30°以上，如图 4-16 所示。数量根据水量及水压确定，畅排泄压到位为宜。

图 4-16　超前高位泄水

四、超前支护

根据碎屑流的空间分布大小确定，分三种不同的方案应对。如下：

(1)帷幕注浆，适用于碎屑流腔体较大，纵向 5 m以上，断面大于隧道开挖断面 1 m(直径)以上。

(2)中管棚加超前注浆小导管、掌子面玻璃纤维锚杆，适用于碎屑流腔体非全断面但分布面积占 50%以上的，纵向长度小于 5 m，如图 4-17 和图 4-18 所示。

(3)双层注浆小导管、掌子面玻璃纤维锚杆，适用于局部横断面分布有碎屑流，纵向长度小于 5 m 的段落。以上分类仅为现场经验总结，实际应用应灵活处理。

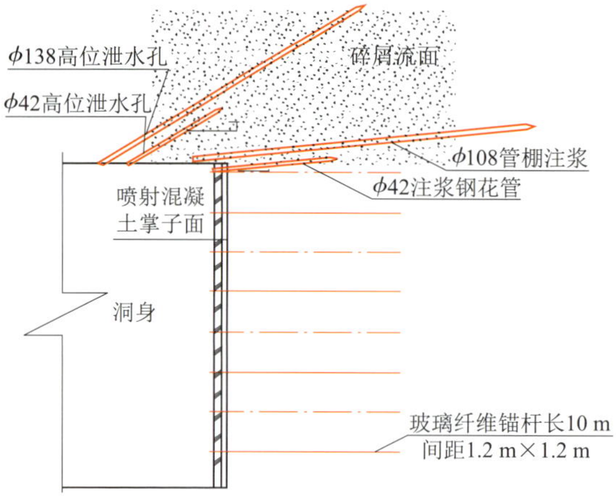

图 4-17　超前支护示意

图 4-18　超前小导管注浆

五、初期支护

1. 支护形式的选择

由于碎屑体自身具有重度大、黏稠度高、流动性强等物理特性，在隧道工程施工开挖过程中，不能形成自然拱，故碎屑体隧道开挖中初期支护措施必须足够强大。拱墙采用 H175 型钢支撑，0.6 m/榀，喷 C30 早强混凝土，厚 30 cm。ϕ8 钢筋网片，网格间距 20 cm，钢架纵向连接采用 ϕ22 钢筋，环向间距 0.5 m。为提高初期支护总体稳定性，防止纵向变形，钢架节点处、拱顶及两侧拱腰下方共增设 7 道[18 型钢代替 ϕ22 钢筋进行纵向连接。为防止钢架落底失稳，拱顶钢架两侧接头处各打设 4 根 $\phi42$ 锁脚锚管注浆锚固，长 6 m，锁脚锚管与钢架进行采用“L”形加固筋，满焊连接牢固。两侧锚管打设角度控制在斜下 30°～45°，形成联合强支护。

2. 隧道结构安全系数计算

隧道初期支护结构计算采用荷载结构法。其基本原理为：隧道开挖后地层的作用主要是对支护结构产生荷载，支护结构应能安全可靠地承受地层压力，然后按照弹性地基上结构物的计算方法计算支护结构的内力。

(1)隧道结构计算模型

隧道初期支护结构验算采用荷载—结构法进行验算，计算软件为 MidasGTS。取单位长度 1 m 的隧道结构进行分析，建模时进行了三方面的简化处理或假定：支护结构简化为二维弹性梁单元，梁的轴线为初期支护厚度中线位置；围岩的约束采用弹簧单元，弹簧单元以铰接的方式支撑在支护梁单元之间的节点上，该单元不能承受弯矩，只有在受压时承受轴力，受拉时失效；支护结构上的荷载参照《铁路隧道设计规范》(TB 10003—2005)深埋隧道荷载计算公式，以竖直和水平荷载的模式直接施加到梁单元节点上，如图 4-19 所示。初期支护结构单元划分长度为 0.5 m，隧道结构计算模型如图 4-20 所示。

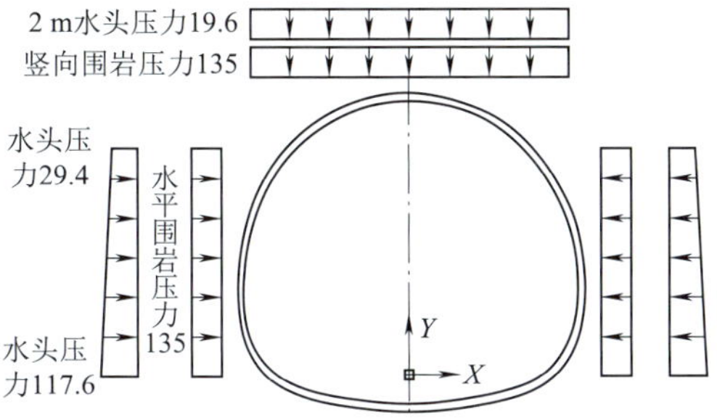

图 4-19　隧道结构荷载

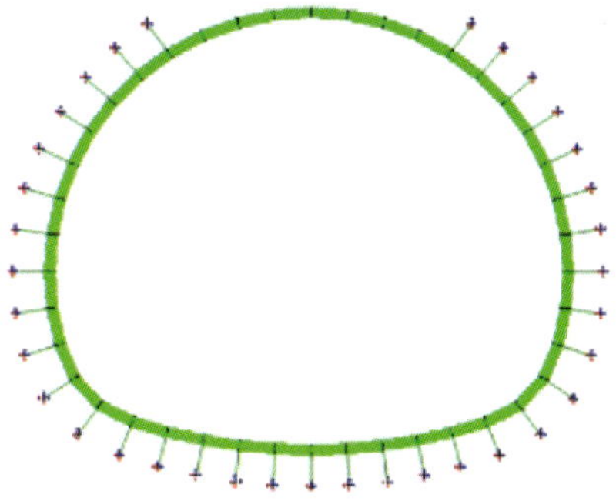
图 4-20　隧道结构计算模型

(2)材料参数

喷射混凝土具有 30 cm 的厚度，初期支护钢架具有一定的刚度，在模拟该支护结构时按抗弯刚度等效原理 $E_S I_S = E'I'$ 进行等效处理。

参照《铁路隧道设计规范》(TB 10003—2005)，结合设计院提供的相关资料，等效处理后的初次衬砌弹性模量为 23 GPa，重度 30 kN/m^3，泊松比取 0.3。

(3)隧道结构内力计算结果

根据隧道结构施加荷载后的轴力和弯矩，计算关键截面的安全系数。隧道初期支护结构偏心受压构件，按照偏心距大小等因素的不同，可以分为大偏心受压破坏和小偏心受压破坏。首先按照隧道规范和混凝土规范区别大小偏心，然后代入各自的极限状态方程，经过整合将大小偏心的极限状态表达式合为一个。因此依据支护结构截面破坏形态建立其相应的极限状态表达式。

按照《铁路隧道设计规范》(TB 10003—2005)中钢筋混凝土安全系数的计算公式计算隧道各特征点的安全系数，统计于表 4-4。

表 4-4　隧道结构各特征点安全系数表

位置	拱顶	拱腰	拱脚	边墙	墙脚	仰拱
弯矩(kN·m)	50.92	30.87	8.32	7.22	23.01	0.39
轴力(kN)	681.61	763.44	733.25	648.92	758.43	874.08
安全系数	2.2	1.9	2.1	2.3	2.0	1.7

3. 围岩变形及支护应力监控量测

为验证措施的有效性，对该碎屑流地层及附近的监控量测断面进行分析。测试项目包括围岩位移监测、围岩-初期支护接触压力及型钢钢架应力等。

现场位移监测通过在测点处埋设反光膜片，采用全站仪进行监控量测。围岩-初期支护接触压力现场使用 XYJ-4 型压力盒；钢架应力现场使用 XJM 振弦式表面应变计等仪器进行测量，数据采集均采用 ZX-16T 型振弦频率仪。

(1)围岩拱顶沉降及收敛

测点布置如图 4-21 所示，拱顶沉降时程曲线和边墙水平位移时程曲线分别如图 4-22 和图 4-23所示。

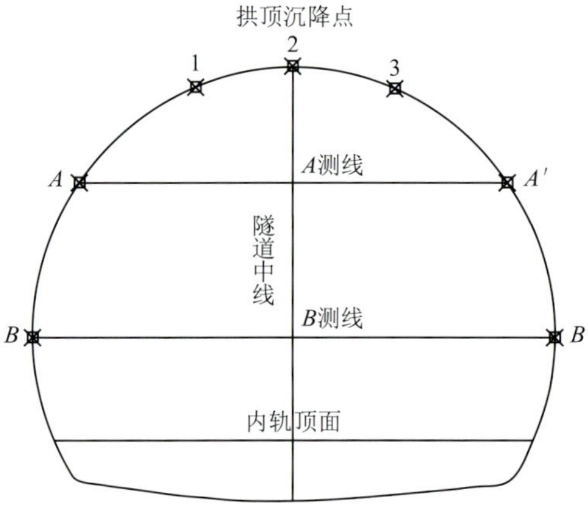

图 4-21　围岩位移测点布置

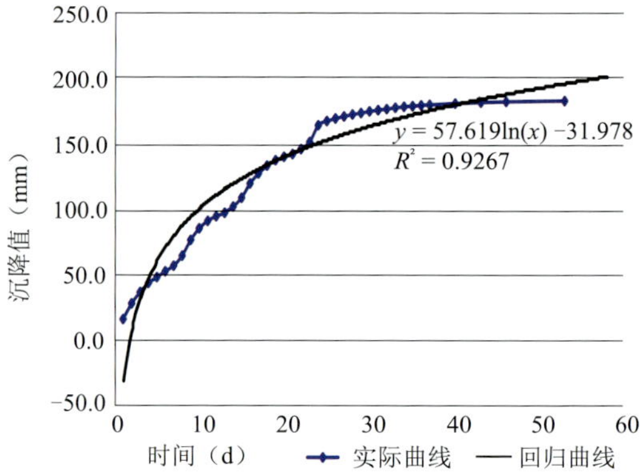

图 4-22　拱顶沉降时程曲线

由图 4-22 和图 4-23 可知：拱顶沉降最大值 180 mm，边墙收敛值最大 242 mm，伴随着支护的施作拱顶沉降及边墙水平位移都有收敛趋势，围岩位移可控。

(2)围岩压力

由图 4-24 可知：拱顶、拱腰处围岩压力相对较大；中、下导洞的围岩接触压力值相对较小，除左墙角处数据很大外，其余部位波动区间也比较小。由以上结果分析，拱顶、右拱肩曲线明显大于左拱肩曲线的取值，推测上导洞存在一定偏压，施工中应加强控制。

(3)支护钢架应力

由图 4-25 和图 4-26 可知：型钢外侧应力值以压应力为主，取值区间波动在 105 MPa 至 153 MPa 之间，最大压应力出现在左侧拱腰周围。WE2、WE4 三处的应力值明显高于其他各处的应力值，说明了上导洞是施工支护的重点。内侧应力曲线型钢内侧应力取值区间波动在 104 MPa 至 165 MPa 之间，最大压应力出现在上台阶线路左侧拱腰处，NE1、NE2 和 NE3 三处的应力值明显高于其他各处的应力值，这进一步证明了上导洞(拱腰)的不稳定性，是施工支护的重点。

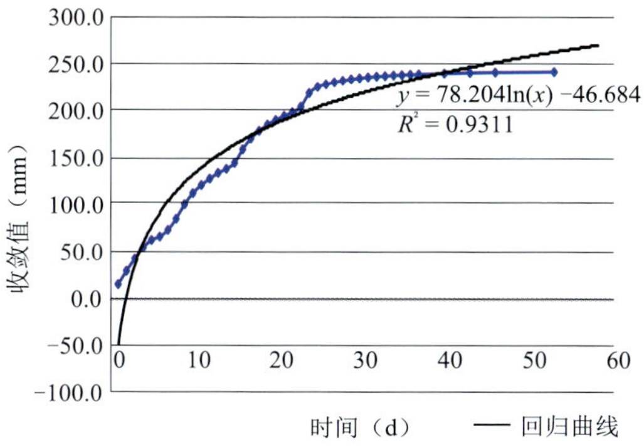

图 4-23　边墙水平位移时程曲线

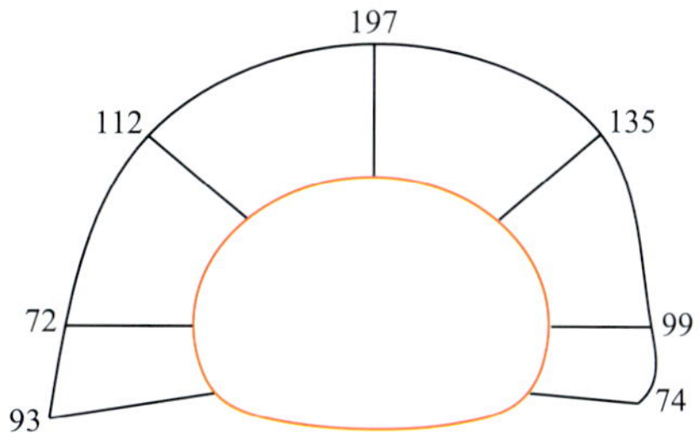

图 4-24　围岩压力分布图(单位:kPa)

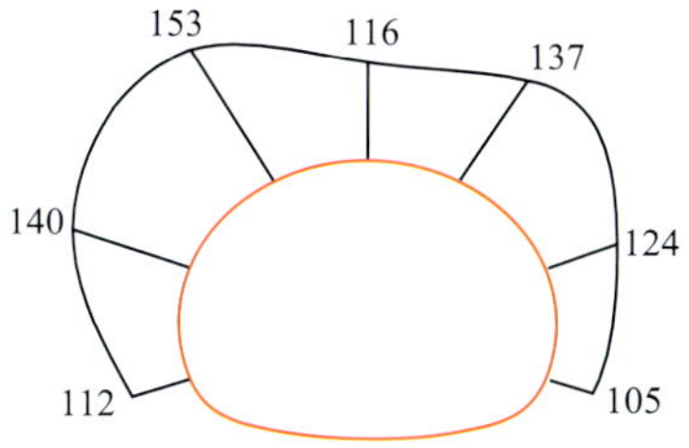

图 4-25　钢架外侧应力分布(单位:MPa)

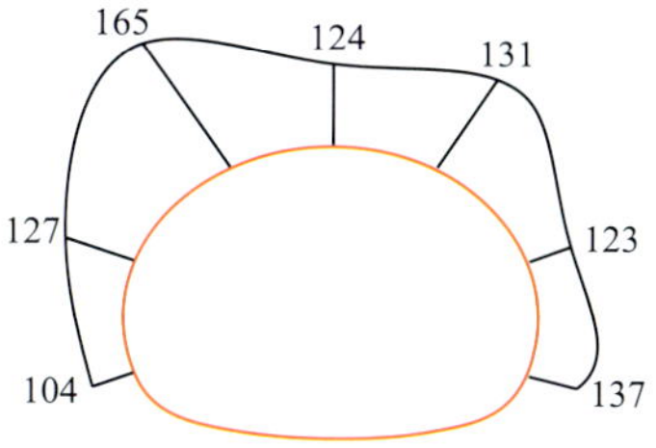

图 4-26　钢架内侧应力分布(单位:MPa)

六、小　　结

本节依据祁连山隧道实际开挖揭示的碎屑体突涌事件为例，应用工程地质和岩体力学理论和原理，通过现场勘察、监控量测和理论数值分析，初步给出了隧道碎屑流的定义，较全面的归纳其工程特性，分析碎屑体在断层破碎带中形成的必要条件，系统研究阐述了隧道施工过程中碎屑流发生机理，总结并建立了一套适合大断面隧道穿越碎屑体的稳定性综合控制手段、方法。

(1)碎屑体是一种蕴藏于断层破碎带间封闭腔体中的角砾碎屑和水的混合物，具有颗粒基本均匀、重度大、黏稠度高、流动性强、变形持续时间长范围广等工程特性，隧道穿越该碎屑体时，若施工方法不当，极易造成碎屑体突涌，引发工程灾害，施工安全风险巨大。

(2)隧道形成碎屑流突涌、流坍需要同时具备 3 个条件：足够量级的物质组成，即破碎碎屑岩石、黏土等破碎松散体；充分的水源补给和诱发因素；存在满足自身泄压排放的突涌通道。当隧道开挖方法不当，引发岩盘厚度发生剪切破坏，将引发碎屑体突涌。其发生机理具有明显的阶段性特征，可分为 3 个阶段，即从最初的先兆阶段发展到影响阶段，直至最后突破安全岩盘厚度，进入发生阶段。

(3)在归纳碎屑流发生机理基础之上，分析研究了大断面隧道穿越碎屑流稳定性控制的关键工程措施，总结并首次提出了大断面隧道穿越碎屑流稳定性成套控制方法，即：超前预报、掌子面封堵、超前高位泄水、超前支护、强支护。

(4)针对断层碎屑体发育无可循规律，大规模突涌后对工程危害极大的特点，建立隧道碎屑体综合超前地质预报预测体系，连续预报。而超前钻探和超前炮孔虽然只是“一孔之见”，但针对隧道碎屑体，能对其物质组成、水量、水压、空间位置进行精确取样、定位和分析，具有“直观、可靠、准确”的特点，是其他预报方法所不具备的。

（5）超前水平钻探在实际应用中，常常因为设备功效低等因素过多占用掌子面时间，就如何提高多功能钻机的预报能力、钻探功效，分别从多功能钻机的设备选型、钻机速度两大关键影响因素展开比对分析和总结。

第五章　大梁隧道高地应力薄层板岩隧道大变形控制技术

第一节　薄层板岩工程特性

一、地质概况

大梁隧道位于祁连山地槽北祁连褶皱带内，该带为地壳厚度高度变异地带，地质构造复杂，新构造运动强烈，且经历了多期次构造活动，褶皱、断裂发育。工程区发育 1 条断层，发育 1 个向斜。地层岩性主要为板岩夹砂岩，其中板岩段落长度达 2 km。板岩呈灰白色、灰色及灰黑色，板状构造，薄层状，主要矿物为石英、长石、绿泥石等，局部可见黑褐色颗粒，节理发育，表层多风化呈碎片状、砂砾状。

二、围岩物理力学性质

对现场围岩进行取样，采用 RMT-150C 岩石力学试验机（图 5-1）对岩样进行压缩试验单轴和三轴压缩试验，三轴试验围压分别取 1 MPa、2 MPa、4 MPa、8 MPa、16 MPa，单轴试验试样最后破坏形态如图 5-2 所示，所得岩样压缩的应力应变曲线如图 5-3 所示。

图 5-1　RMT 岩石力学试验机

图 5-2　单轴试验破坏形态

通过压缩试验可知板岩的压缩破坏分为五个阶段：压密阶段、弹性阶段、塑性阶段、应变软化阶段和摩擦阶段，并且随着围压的增大，强度峰值应力也逐渐增大。

在不同围压下得到的岩体（块）强度相差较大，通常岩体（块）强度可按熟知的 Mohr-Coulomb 准则估算：

$$\sigma_{cm(i)}=\frac{2c\cos\varphi}{1-\sin\varphi} \tag{5-1}$$

式中　c——岩体（块）黏聚力；

φ——岩体（块）内摩擦角。

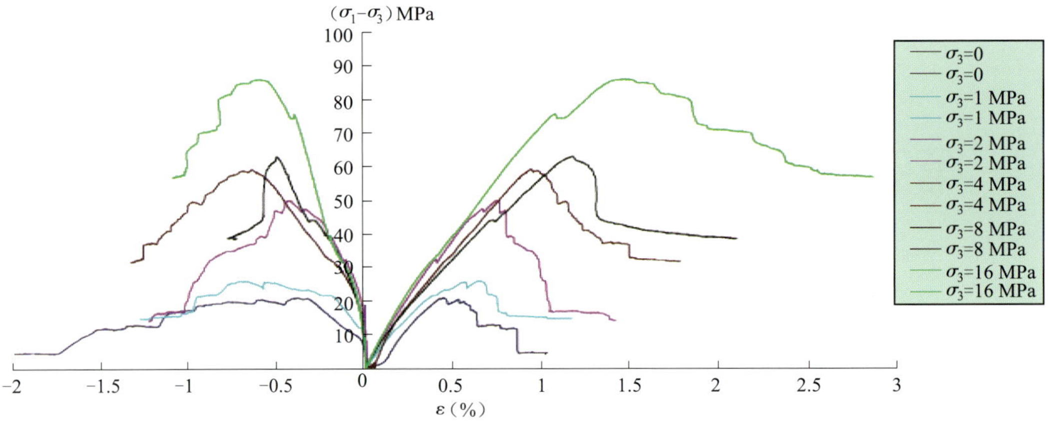

图 5-3　板岩压缩试验结果

注：c 是正应力等于 0 时的剪切强度，代表材料单位面积上的阻抗；φ 取决于剪切面的粗糙程度，主要与颗粒组成有关；式(5-1)中 c、φ 取岩体的力学参数，则 σ_{ci} 为 $\sigma_3=0$ 时岩石的单轴抗压强度。同时，工程上经常使用岩体的莫尔-库伦强度准则，所以经常用岩体的 c、φ 表示岩体的强度，霍克-布朗准则是近二十年发展起来的一个较新的强度准则，还没有被工程界普遍接受，在实际工程应用中，通常将霍克-布朗准则转换为莫尔-库仑抗剪强度参数。

通过对单轴、三轴试验数据的分析计算，得到大梁隧道板岩的岩石力学参数。按照回归分析的抗剪强度参数，大梁山隧道板岩的单轴抗压强度在 20 MPa 左右，参考表 5-1，大梁山隧道围岩属于软岩的范畴。

表 5-1　板岩压缩试验结果

围压(MPa)	强度(MPa)	泊松比 μ	抗剪强度	
			黏聚力 c(MPa)	摩擦角 φ(°)
0	15	0.32	6.0 MPa	40
1	22	0.35		
2	45	0.34		
4	55	0.28		
8	61	0.31		
16	83	0.30		

三、地应力

1. 地应力测量方法

国际上现有的地应力测量方法如图 5-4 所示。

这些测量方法从实现的难易程度、测量的精度等差别较大，通过国内外大量学者的研究，只有应力解除法与水压致裂法在原位实测时体现出了较高的可行性，但通过地应力测试方法的发展及工程经验，水压致裂法表现出了比应力解除法更高的优越性，与应力解除法相比，水压致裂法有如下优点：

(1)能测量较深处的绝对应力状态。

(2)它是最直接的测量方法,无须了解和测定岩石的弹性模量。

(3)水压致裂测量应力的空间范围较大,受局部因素的影响较小。

(4)不需要套芯工序。

(5)原位测量速度快,成功率较高。

经过比选,最终确定水压致裂法作为地应力测试方法。

- 地应力测量方法
  - 应力恢复法
  - 应力解除法
    - 钻孔变形法
      - 钻孔位移法
      - 钻孔应力法
    - 钻孔应变法
      - 孔底应变法
      - 孔壁应变法
  - 水压致裂法
  - 地球物理法
    - 波速法
    - X 射线法
    - 声发射法
  - 地质测绘法
    - 地质构造信息
    - 钻孔破坏信息
    - 井下应力测绘

图 5-4　地应力测量方法

2. 水压致裂法的测试方法

水压致裂法测量地应力是利用一对可膨胀的橡胶封隔器,在预定的测试深度封隔一段测孔,然后泵入液体对该段测孔施压,根据压裂过程曲线(图 5-5)的特征值计算地应力。

水压致裂法测量地应力的具体流程如图 5-6 所示。

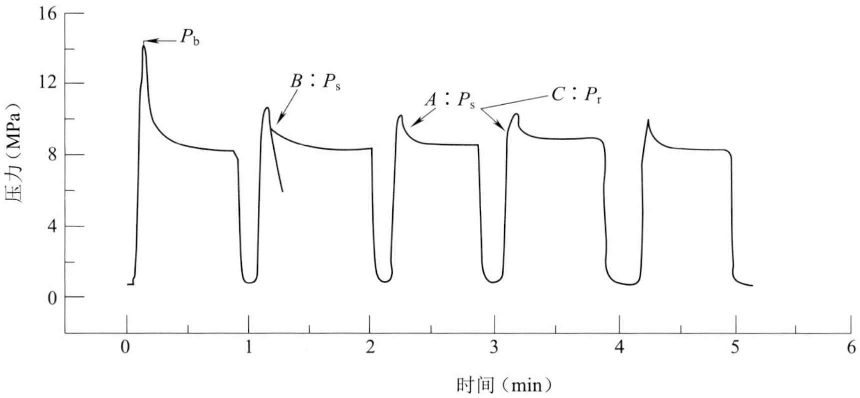

图 5-5　水压致裂过程曲线

(1)座封:通过钻杆将两个可膨胀的橡胶封隔器放置到选定的压裂段,加压使其膨胀、座封于孔壁上,形成承压段空间(一般试验中座封压力为 4 MPa)。

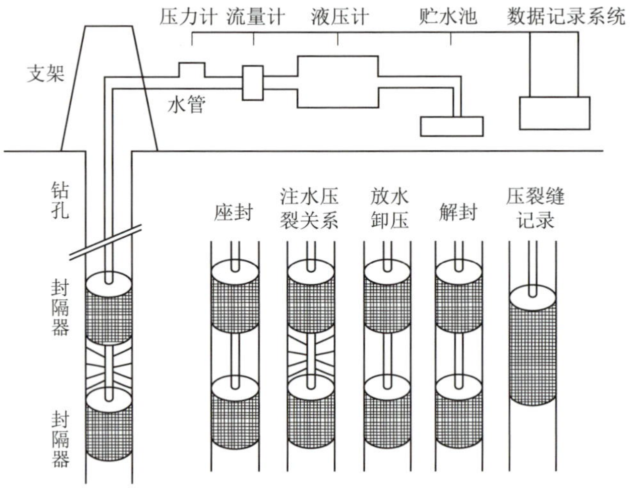

图 5-6　水压致裂法地应力测量工序

(2)注水加压：通过钻杆推动转换阀后，液压泵对压裂段注水加压(此时封隔器压力保持不变)，钻孔孔壁承受逐渐增强的液压作用。

(3)岩壁致裂：在足够大的液压作用下，孔壁沿阻力最小的方向出现破裂，该破裂将在垂直于横截面上最小主应力的平面内延伸。与之相应，当泵压上升到临界破裂压力 P_b 后，由于岩石破裂导致压力值急剧下降。

(4)关泵：关闭压力泵后，泵压迅速下降，然后随着压裂液渗入到岩层泵压下降缓慢。当压力降到使裂缝处于临界闭合状态时的压力，即垂直于裂缝面的最小主应力与液压回路达到平衡时的压力，称为瞬时关闭压力 P_s。

(5)卸压：打开压力阀卸压，使裂缝完全闭合，泵压记录降为零。

(6)重张：按第(2)～(5)步骤连续进行多次加压循环，以便取得合理的压裂参数，以判断岩石破裂和裂缝延伸的过程。

(7)解封：压裂完毕后，通过钻杆拉动转换阀，使封隔器内液体通过钻杆排出，此时封隔器收缩恢复原状，即封隔器解封。

(8)破裂缝方向记录：采用定向印模器，通过扩张印模胶筒外层的生橡胶和能自动定向的定向器记录破裂缝的长度和方向。

3. 地应力现场测试及成果分析

对大梁隧道选取埋深 465 m 的 DK331＋816 和埋深 230 m 的 DK334＋467 两个点进行现场地应力测试，如图 5-7 所示，所得相关测试成果如下。

图 5-7　原地应力测试现场

(1)DK331＋816 点测试成果

DK331＋816 点成功获得了钻孔孔深分别为 15.0 m、18.5 m、22.0 m 和 27.0 m 的 4 段试验曲线如图 5-8～图 5-11 所示，其测量结果见表 5-2。

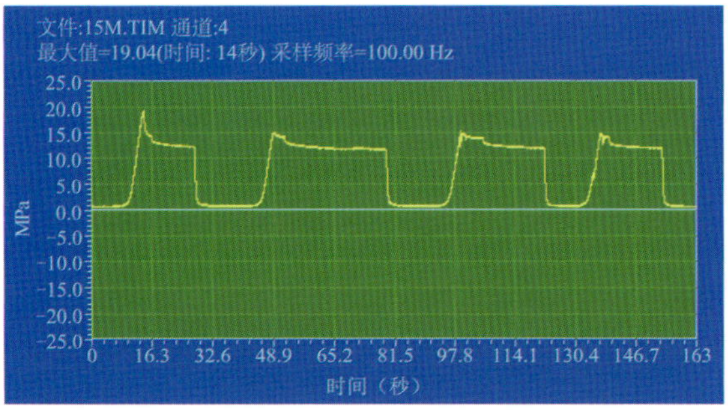

图 5-8　15 m 测段压力—时间现场实测曲线

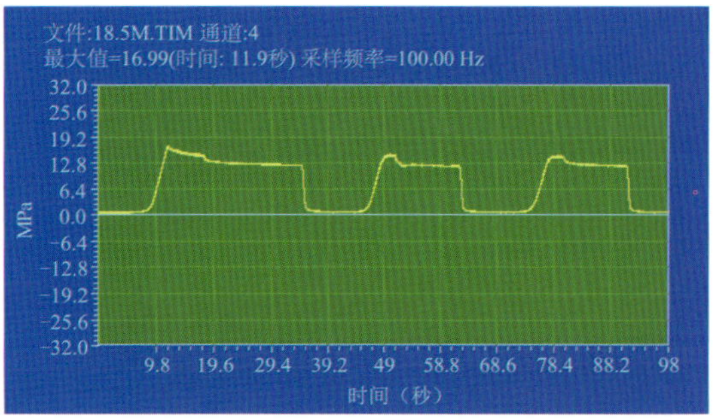

图 5-9　18.5 m 测段压力—时间现场实测曲线

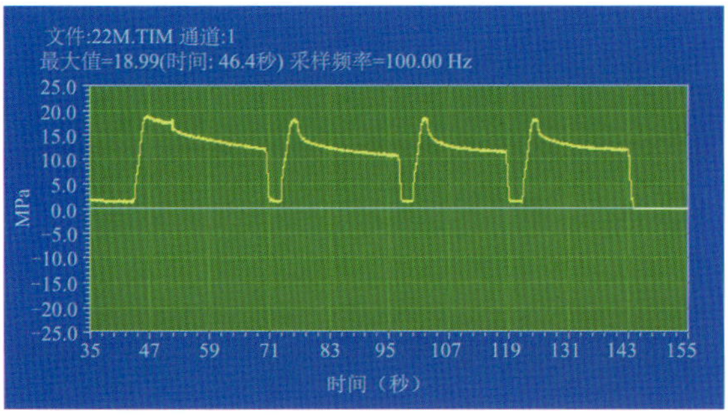

图 5-10　22 m 测段压力—时间现场实测曲线

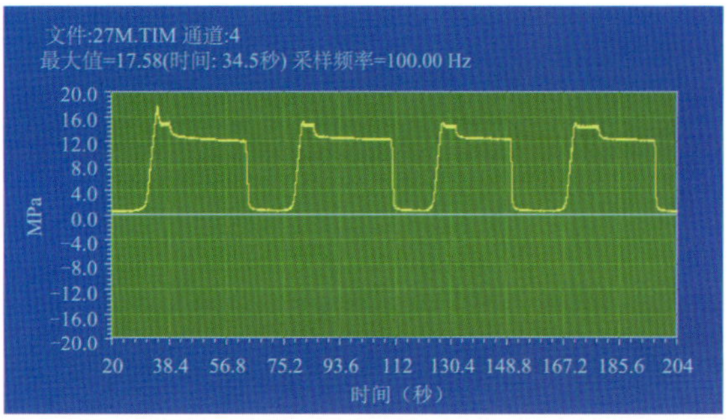

图 5-11　27 m 测段压力—时间现场实测曲线

表 5-2　铅直钻孔水压致裂成果表

测段深度(m)	破裂压力 P'_b(MPa)	重张压力 P'_r(MPa)	关闭压力 P'_s(MPa)	孔隙压力 P'_0(MPa)	最大水平主应力 σ_H(MPa)	最小水平主应力 σ_h(MPa)	垂直应力 σ_v(MPa)	测压系数 $\lambda=\sigma_H/\sigma_v$	最大水平主应力方向
15	19.39	15	12.8	0.15	23.55	12.95	12.00	1.96	NE44°
18.5	16.7	12.5.83	13.26	0.19	25.14	13.45	12.09	2.08	
22	18.68	17.83	13.55	0.22	23.04	13.77	12.18	1.89	
27	16.42	14.76	13.1	0.27	24.81	13.37	12.30	2.02	NE42°

注：表中自重应力按岩石的上覆重量计算，其岩石容重取为 25 000 N/m^3，岩体上覆埋深 465 m。

铅直孔测试孔侧压系数 λ(实测最大水平主应力与铅垂向应力比值 $\lambda=\sigma_H/\sigma_V$)随深度的关系曲线如图 5-12 所示。侧压系数随深度分布规律性符合测试钻孔区域内地应力的分布规律。

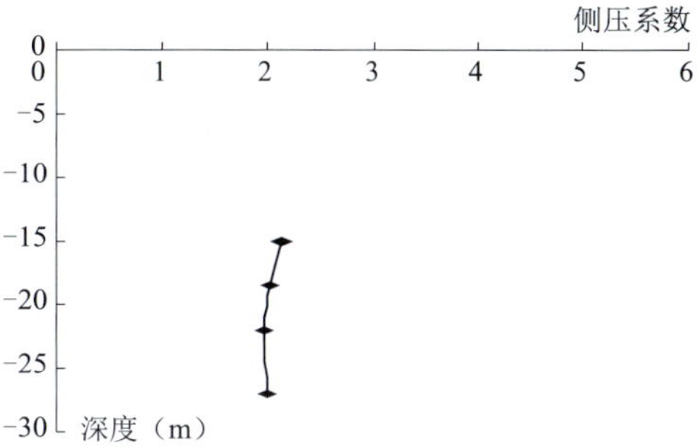

图 5-12　铅直孔侧压系数随深度变化曲线

铅直孔的侧压系数随深度的关系曲线图 5-12 表明：侧压系数受测试部位岩体的完整性，以及测试孔浅部受地形地貌的影响较大。

铅直孔的侧压系数范围值如下：λ = 1.89～2.08；在试验深度范围内，各测试孔侧压系数均大于 1，表明工程场区地应力以构造应力为主。

综上所述，据《工程岩体分级标准》对地应力等级的划分，该试验段处于极高地应力岩层；围岩的侧压系数大于 1，隧道区的水平地应力以构造应力为主，同时表明地应力场以水平应力为主导。

（2）DK334＋467 点测试成果

DK334＋467 点成功获得了钻孔孔深分别为 17.8 m、24.0 m、27.0 m 和 30.0 m 的 4 段试验曲线如图 5-13～图 5-16 所示，其测量结果如见表 5-3。

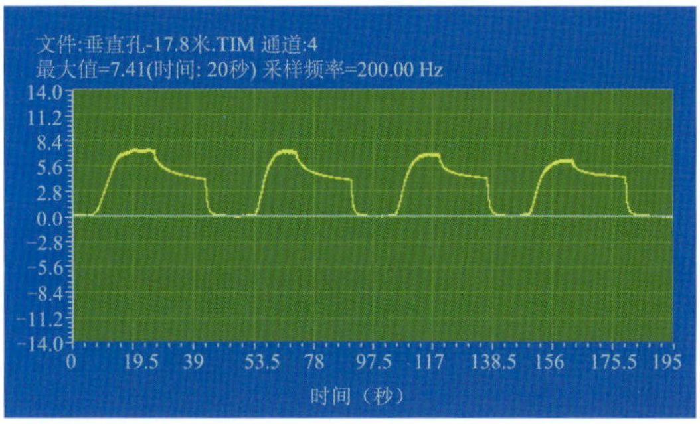

图 5-13 垂直钻孔 17.8 m 压力—时间现场实测曲线

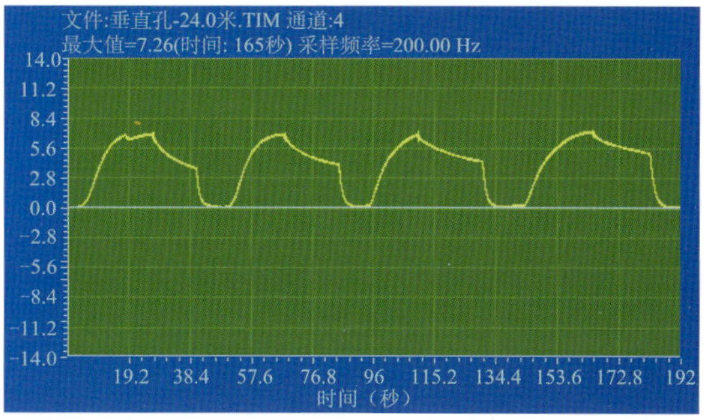

图 5-14 垂直钻孔 24 m 压力—时间现场实测曲线

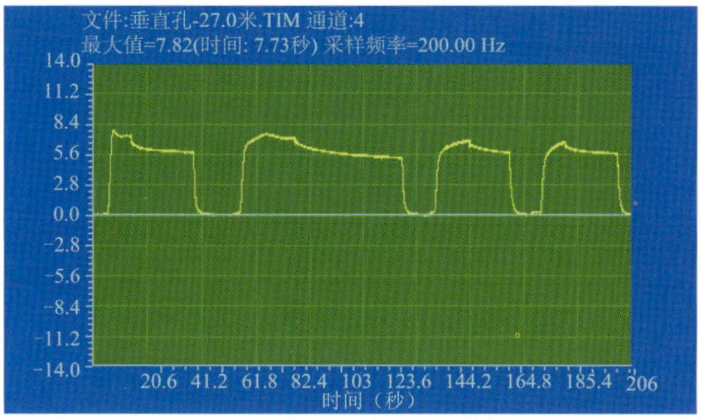

图 5-15 垂直钻孔 27 m 压力—时间现场实测曲线

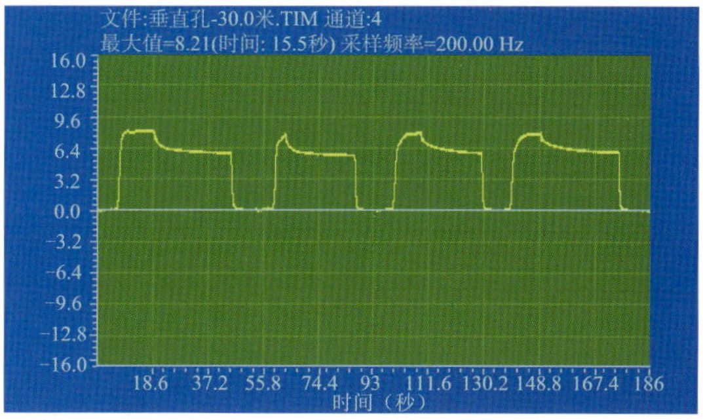

图 5-16 垂直钻孔 30 m 压力—时间现场实测曲线

表 5-3 铅直钻孔水压致裂成果表

测段深度(m)	破裂压力 P'_b(MPa)	重张压力 P'_r(MPa)	关闭压力 P'_s(MPa)	孔隙压力 P'_0(MPa)	最大水平主应力 σ_H(MPa)	最小水平主应力 σ_h(MPa)	垂直应力 σ_v(MPa)	测压系数 $\lambda=\sigma_H/\sigma_v$	最大水平主应力方向
17.8	7.41	7.20	5.89	0.18	0.18	10.65	6.07	6.57	
24.0	7.26	6.89	5.64	0.24	0.24	10.27	5.88	7.03	
27.0	7.82	7.41	6.33	0.27	0.27	11.85	6.60	7.10	NE15°
30.0	8.21	7.75	6.84	0.30	0.30	13.06	7.14	7.18	

注：表中自重应力按岩石的上覆重量计算，其岩石容重取为 25 000 N/m^3。岩体上覆埋深 230 m。

铅直孔测试孔侧压系数 λ（实测最大水平主应力与铅垂向应力比值 $\lambda=\sigma_H/\sigma_V$）随深度的关系曲线如图 5-17 所示。侧压系数随深度分布符合测试钻孔区域内地应力的分布规律。

铅直孔的侧压系数随深度的关系曲线图 5-17 表明：侧压系数受测试部位岩体的完整性，以及测试孔浅部受地形地貌的影响较大。

铅直孔的侧压系数范围值如下：λ＝1.46～1.82；在试验深度范围内，各测试孔侧压系数均大于1，表明工程场区地应力以构造应力为主。

通过现场实测，参照《工程岩体分级标准》对地应力等级划分说明，该段隧道处于高地应力岩层；侧压系数大于1；隧区地应力场以水平应力为主导，并且水平地应力以构造应力为主。

现场实测地应力的主应力方向与隧道走向的位置关系如图5-18所示，从图中可以看出两个地应力测点的最大水平主应力与隧道轴线大角度相交，这对隧道围岩的稳定是不利的。

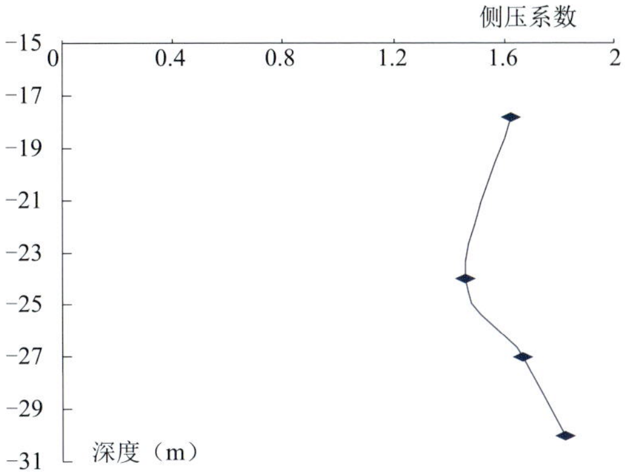

图5-17　铅直孔侧压系数随深度变化曲线

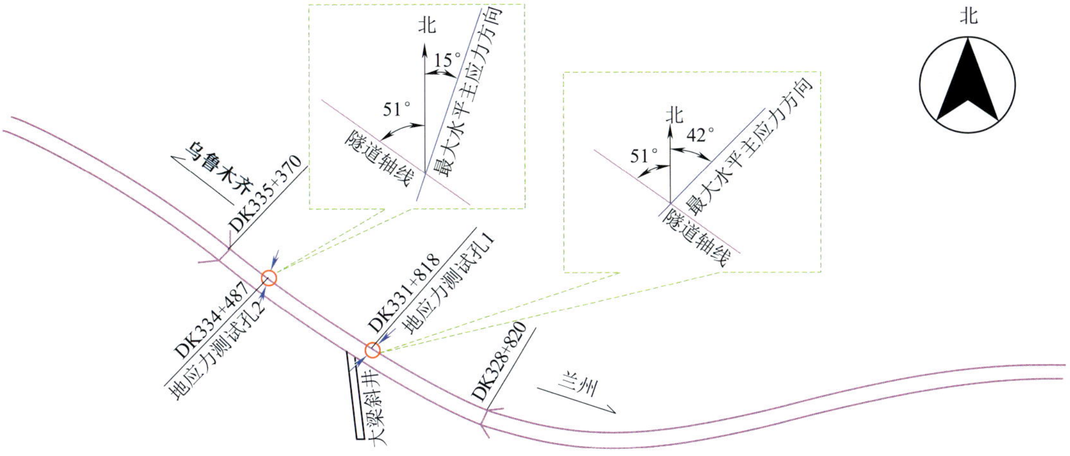

图5-18　主应力方向与隧道走向的位置关系

四、软岩变形特性

软岩发生塑性变形的概率非常高，常引起隧道的净空变小，影响正常的隧道施工和使用。由于软弱围岩本身的地质性质结构松散，并且稳定性极差，这就决定了它在隧道建设中必然会产生一定程度的变形。由于软弱围岩稳定性较差的原因，在隧道开挖后，使原有的地应力平衡遭到了破坏，从而导致围岩发生变形。在施工的过程中，如果选用的方法不当，不但会引起工程建设支护结构的变形，甚至会引起隧道的塌方等安全事故。

控制围岩变形是隧道设计的基本准则之一，也是评价隧道围岩稳定性的重要指标。在较高地应力（＞25 MPa）水平下软岩变形（highstressed soft rock），简称H型。隧道开挖后的高地应力软岩隧道大变形大致经历三个阶段：弹性变形阶段；弹性变形和塑行变形共存阶段；以蠕变为主，蠕变、塑性变形共存，同时伴随围岩损伤、断裂、挤出及膨胀耦合作用阶段。大量研究表明软弱围岩以塑性变形和蠕变变形为主。

总结大梁隧道的高应力软弱围岩（薄层板岩）变形破坏具有如下特点：

1. 变形量大，沉降大于收敛

在各工区每 5 m 设置一个围岩量测断面，每个断面设水平测线二条、拱顶观测点一个。图 5-19 和图 5-20 分别是隧道各工区实测累计沉降和累计收敛变化曲线，最大累计沉降量 653.8 mm，最大累计收敛 609.4 mm，累计变形量大，沉降大于收敛。

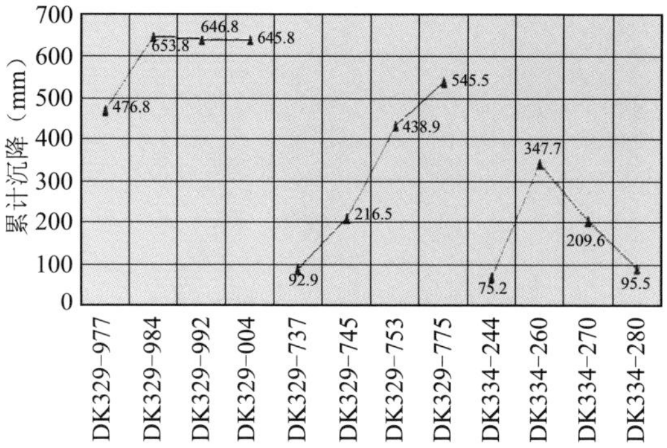

图 5-19　各工区纵向累计沉降曲线

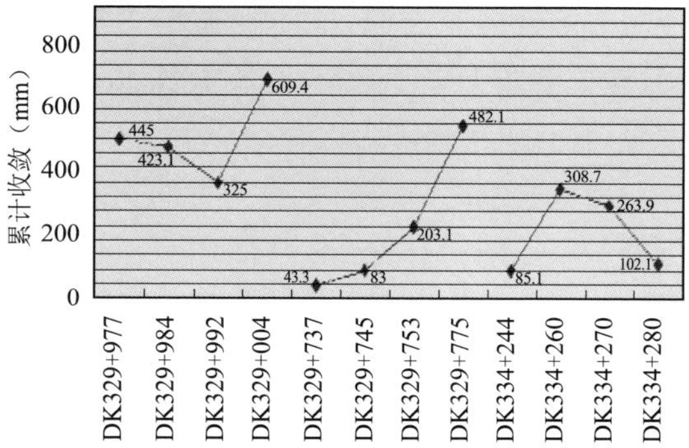

图 5-20　各工区纵向累计收敛曲线

2. 自稳时间短，变形速率高

大变形段的洞室开挖后，最大每天变形量 81.5 mm，最大收敛量 77.3 m，见表 5-4。薄层板岩在高应力作用下，出现应变软化现象，围岩自稳时间短。

表 5-4　大梁隧道各工区量测结果

里程	初测日期	截止日期	最大沉降速率（mm/d）	累计沉降（mm）	最大收敛速率（mm/d）	累计收敛（mm）
大梁隧道进口工区						
DK329+977	2012.07.27	2012.10.25	39.1	476.8	30.5	445.0
DK329+984	2012.08.03	2012.10.25	47.5	653.8	37.5	423.1
DK329+992	2012.08.09	2012.10.25	35.5	646.8	47.2	325.0
DK329+004	2012.08.22	2012.10.25	45.5	645.8	45.8	609.4
大梁隧道斜井工区						
DK329+737	2012.10.21	2012.10.25	34.1	92.9	11.3	43.3
DK329+745	2012.10.18	2012.10.25	39.5	216.5	25.7	83.0
DK329+753	2012.10.02	2010.10.25	81.5	438.9	19.2	203.1
DK329+775	2012.08.12	2010.10.25	31.5	545.5	16.1	482.1
大梁隧道出口工区						
DK334+244	2012.10.04	2010.10.25	5.6	75.2	10.1	85.1
DK334+260	2012.09.23	2010.10.25	74.2	347.7	77.3	308.7
DK334+270	2012.09.13	2010.10.25	36.4	209.6	57.6	263.9
DK334+280	2012.09.13	2010.10.25	5.9	95.5	7.1	102.1

3. 变形持续时间长

在高应力的作用下，软岩流变现象明显，在变形有稳定趋势后仍有一定的变形增长，且持续时间很长，时间效应显著。主要表现为在支护作用下，围岩变形趋于稳定，但在二次衬砌施作后，残余的形变压力可导致二次衬砌开裂。

4. 围岩的扰动范围大

软弱围岩的松动区域会随着隧道围岩变形的影响而不断地扩大，尤其是在支护结构不及时或者支护结构的刚度不够时，会使岩石的扰动范围变得越来越广泛。

第二节　高地应力板岩隧道大变形机理及分级

一、隧道大变形机理

通过现场地应力实测，判定大梁隧道处于（极）高构造应力地层，据该隧道大变形的表现特征界定其为挤压型大变形。

1. 高地应力——挤压型变形的内因

大梁隧道地质构造复杂，除竖直方向有较大的自重应力外，该处岩体在地质构造发育过程中蕴含了较高的封闭构造应力于岩体中，实测初始地应力以水平应力为主导，最大水平主应力为 25.14 MPa，其方向为 NE42°。隧道开挖扰动引起岩体中原有的较高应变能快速释放，同时大梁隧道以软弱的薄层板岩为主，最薄处层厚小于 5 cm。岩体的弹性模量和抗压强度较低，实测岩石单轴饱和抗压强度仅 20 MPa，层理、裂隙比较发育高地应力与软弱薄层板岩共存使得大梁隧道围岩处于挤压状态，使得变形持续发展。经实测及分析计算，大梁隧道的围岩强度与围岩最大地应力比值在 0.025～0.126 之间。

2. 工程扰动——挤压性变形的外因

隧道开挖前的原岩应力场是平稳的，岩体处于三向受力的平衡状态。隧道开挖以后，岩体出现了新的临空面，打破原岩初始应力平衡状态，岩体势必发生剪切滑动向新的平衡状态进行调整，此时的原岩应力一部分向围岩深部转移，发生局部区域应力集中并逐步向平衡状态进行过渡，一部分则转化为形变能得以释放，由此产生的形变不断累加导致大变形的发生。

从弹塑性理论和弹性理论的角度分析，隧道开挖后的释放荷载使洞壁围岩应力急速调整，径向应力减小，切向应力增大，应力集中现象明显，在压应力场的作用下，岩石骨架中的基质发生滑移和扩容，随即发生缺陷或裂纹的扩容和剪切塑性变形，岩体内的剪应力超过原岩的变形承载力后发生剪切蠕动，最终导致显著大变形。

3. 高地应力作用下的软岩应力扩容膨胀

大梁隧道穿越（极）高地应力作用下的软弱薄层板岩地层，隧道开挖后的形变能在宏观上表现为围岩的应力扩容。由于薄层板岩强度低，其裂隙、节理等结构面在原岩应力处于压密状态，隧洞开挖卸荷后，部分节理裂隙张开，在剪应力作用下结构面出现扩容现象（爬坡错动、剪切、滑移、张开等）；围岩应力释放后，岩石内部晶粒发生重组，晶粒间发生位置的相对变化，宏观上表现为体积随时间的应力扩容膨胀，应力扩容进一步劣化了围岩强度，引发深层次的应力扩容膨胀，促进了大变形的发展。大梁隧道应力扩容大变形的主要表现为初期支护钢架扭曲变形、喷射混凝土发生纵斜向变形开裂掉块和衬砌开裂掉块等破坏特征，隧道开挖后变形迅速，隧道最大累计变形数值达 68.5 cm。

4. 水的弱化作用不可忽视

大梁隧道揭示围岩潮湿，局部渗水严重，含水率较高，对岩体的软化作用不容忽视，隧道开挖后，原岩渗流路径发生改变，使得洞周汇水效应加强，加之施工作业用水，使岩体含水量增加，岩石抗压强度和弹性模量呈指数形式下降，泊松比增长，岩体被软化，承载力降低，导致围岩挤压型变形进一步增大。

二、隧道大变形的分级方法

高地应力是一个相对的概念，是相对围岩强度(R_b)而言的。也就是说，当围岩内部的最大地应力(σ_{max})与围岩强度的比值(R_b/σ_{max})达到某一水平时才可能发生软岩大变形。应该认识到埋深大不一定就存在高地应力问题。埋深小，但是围岩强度很低的时候也可能出现软岩大变形。研究表明，当强度应力比小于0.3时，即能产生比正常隧道大一倍以上的变形。因此以围岩的岩体强度与地应力的比值(强度应力比)作为大变形分级的一个评价依据是合理可行的。

Hoek-Brown将“强度应力比”命名为“挤压因子”N_C对围岩的挤压程度(即变形量级、速率以及滑移区范围)进行判识，通过岩体单轴抗压强度和地应力对围岩的挤压程度进行分级。

$$N_c=\frac{\sigma_{cm}}{P_0} \tag{5-2}$$

式中 σ_{cm}——岩体单轴抗压强度；

P_0——地应力。

Hoek根据工点资料统计，提出围岩挤压性分级见表5-5。

表5-5 挤压性分级

N_c	<0.11	0.11～0.16	0.16～0.22	0.22～0.36	>0.36
挤压性等级	极度	非常严重	严重	轻度	不明显
相对变形值(%)	>10	5～10	2.5～5	1～2.5	<1

注：“相对变形值”定义为径向位移与隧道半径值之比的百分数。

σ_{cm}实际上是一个综合、概化地反映岩体强度的参数，由于岩体结构的复杂性，为综合评价岩体强度，Hoek-Brown给出了岩块单轴抗压强度与岩体强度的换算拟合公式：

$$\sigma_{cm}=0.0034m_i^{0.8}\sigma_{ci}[1.029+0.025e^{(-0.1m_i)}]^{GSI} \tag{5-3}$$

式中 σ_{ci}——岩块强度；

m_i——取决于岩石性质的材料常数，反映岩石各组分之间摩擦特性；

GSI——地质强度指数，反映各种地质条件对岩体强度削弱程度的参数。

注：σ_{ci}可用点荷载仪测定；在实际工程应用中，大量的强度试验尚没有开展或者还没有完成，为了确定岩石的强度参数m_i，可由Hoek给出的表5-6按《岩组确定完整岩石强度参数m_i》中查找近似值，取值越高，对应的结晶颗粒咬合越紧密且摩擦越大；GSI取值范围从0到100(即：极差岩体到完整岩体)，从表5-7对应选取。

表5-6 不同岩石类型m_i近似值

岩石类型	m_i近似值
具有充分发育的结晶解理的碳酸盐类岩石(白云岩、石灰岩、大理岩)	7
岩化的泥质岩石(泥岩、页岩和板岩)	10
强烈结晶、结晶解理不发育的砂质岩石(砂岩和石英岩)	15

续上表

岩石类型	m_i近似值
细砂、多矿物火成结晶(安山岩、辉绿岩、玄武岩和流纹岩)	17
粗粒、多矿物火成岩和变质岩(角闪石、辉长岩、片麻岩、花岗岩)	25

表 5-7 H-B 准则的 GSI 取值表(Roclab,2002)

岩体结构		结构面特征				
		很好,十分粗糙,新鲜未风化	好,粗糙微风化,表面有锈	一般,中风化,有铁锈发育	差,强风化,有镜面	很差,镜面擦痕,软黏土充填
	完整结构,完整的或者野外大体积内很少有节理	90 80			N/A	N/A
	块状结构,镶嵌良好,节理较少		70 60			
	镶嵌结构,结构体相互咬合,部分扰动			50	40	
	碎裂结构,多组节理切割				30	
	散体结构,岩体破碎,块体结合度差					20
	剪碎结构,剪节理发育,没有块体结构	N/A	N/A			10

三、大梁隧道大变形等级的划分

按照强度应力比,并结合现场地质素描及围岩变形破坏的统计,对大梁隧道大变形地段进行等级划分见表 5-8。

表 5-8 大梁隧道大变形等级的划分

应力级别	强度应力比(R_b/σ_{max})	岩性特征及地下水情况	地质构造影响程度	岩体完整性	施工过程的稳定状态	结构面特征	里程范围
无变形	>0.50	板岩夹灰岩,薄层状,掌子面渗水	受构造作用强烈,挤压明显	板理发育,岩体较破碎	拱部易坍塌	结构面发育,结合一般	其余段落
轻微变形	0.30~0.50	板岩夹灰岩,薄层状,掌子面局部渗水	受构造作用严重,挤压明显	板理很发育,岩体破碎	拱部易坍塌,侧壁不稳定	结构面发育,结合一般	DK334+300~DK334+380
中等大变形	0.10~0.30	板岩,薄层状,厚度不均匀,掌子面潮湿	受构造作用强烈,挤压明显	板理很发育,岩体极破碎	拱部极易坍塌,侧壁不稳定	结构面很发育,结合一般	DK334+380~DK334+460

续上表

应力级别	强度应力比（R_b/σ_{max}）	岩性特征及地下水情况	地质构造影响程度	岩体完整性	施工过程的稳定状态	结构面特征	里程范围
严重大变形	＜0.10	炭质板岩，均匀薄层状（层厚小于 10cm），岩质软弱，无水	受构造作用强烈，挠曲发育，挤压明显	板理极发育，岩体极破碎	拱部和边墙极易坍塌	结构面极发育，结合差	DK330＋950～DK332＋270

第三节 支护参数及预留变形量

一、现场试验

大梁隧道穿越高地应力薄层板岩地层时发生了挤压性的软岩大变形，初期支护受到严重破坏，个别严重地段的二次衬砌发生开裂，现场支护结构破坏照片如图 5-21 和图 5-22 所示。

图 5-21 支护破坏

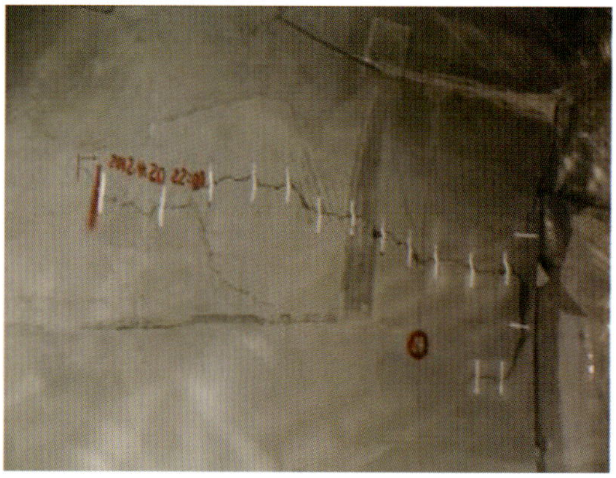

图 5-22 衬砌开裂

为充分研究支护措施对现场变形的控制作用，在大梁隧道存在严重大变形的 DK331＋835～DK331＋730 段布设试验段，对不同支护体系的支护能力进行研究，试验参数的设计按照由弱到强，并结合现场测试的反馈分析对支护参数进行选定，对该试验段四个支护体系的参数设计见表 5-9。

表 5-9 试验段支护参数设计

试验编号	起始里程	结束里程	长度（m）	C30喷混凝土厚度（cm）	钢筋网		锚杆		钢架		超前小导管支护				预留变形（cm）
					钢筋规格	间距（cm）	长度（m）	间距（m）	类型	间距（m）	类型	长度（m）	间距（m）		
													环	纵	
A	DK331＋835	DK331＋815	20	28	ϕ8	20×20	拱墙 4	1.2×1.0	I 20a	0.6	ϕ42	3.5	0.4	2	20

续上表

试验编号	起始里程	结束里程	长度(m)	C30喷混凝土厚度(cm)	钢筋网		锚杆		钢架		超前小导管支护				预留变形(cm)
					钢筋规格	间距(cm)	长度(m)	间距(m)	类型	间距(m)	类型	长度(m)	间距(m) 环	间距(m) 纵	
B	DK331+815	DK331+795	20	30	ϕ8 双层	20×20	拱部 4 拱腰 9 边墙 4	1.0×1.0	H175	0.8	ϕ42	3.5	0.4	2	30
C	DK331+795	DK331+760	35	30	ϕ8 双层	20×20	拱部 6 边墙 9	1.2×1.2	H175	3 榀/2m	ϕ42 注浆	6	0.4	4	40
D	DK331+760	DK331+730	30	30	ϕ8 双层	20×20	拱墙 6	1.2×1.2	H175	0.6	ϕ42 注浆	6	0.4	4	50

对各试验段的支护效果进行了现场变形实测，对各试验段支护体系的支护能力进行分析与评价如下：

1. A 试验段

选取 5 个典型变形观测断面，里程桩号分别为 DK331+835、DK331+830、DK331+825、DK331+820 和 DK331+815，对其拱顶沉降和水平收敛数据绘制变形时态曲线并进行回归分析如图 5-23、图 5-24 所示。

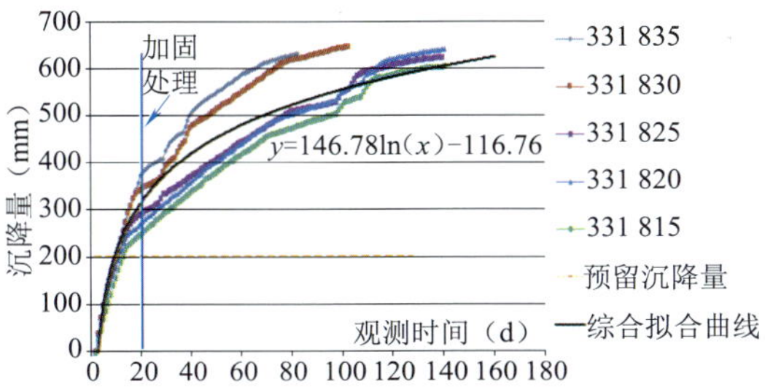

图 5-23　A 试验段拱顶沉降分析曲线

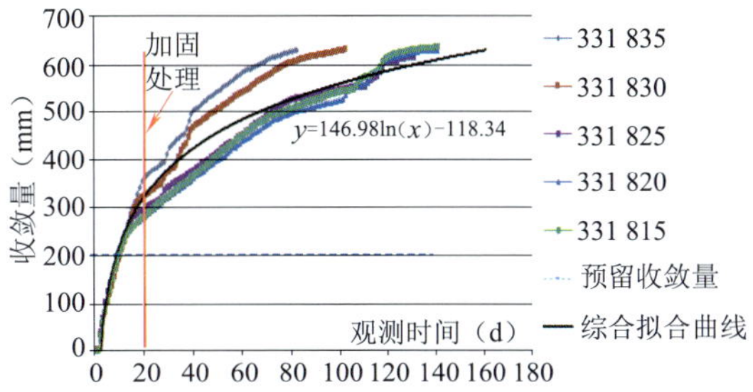

图 5-24　A 试验段边墙收敛分析曲线

图 5-23 累计最大沉降量为 DK331+830 断面 647.1 mm，最大沉降速率为 DK331+835 断面 41.2 mm/d。对数据进行线性回归拟合分析，得到拟合 200 d 沉降值为 660.6 mm。

图 5-24 中累计最大收敛量为 DK331+815 断面 634.5 mm，最大收敛速率为 DK331+825 断面 39.4 mm/d。对数据进行线性回归拟合分析，得到拟合 200 d 沉降值为 660.0 mm。

从图 5-23 和图 5-24 可知，施工中过程中，因变形速率大，初期支护钢架均发生严重扭曲，喷射混凝土出现纵斜向开裂等现象，为了防止坍塌，现场采用临时衬砌、长锚杆和 H175 型钢套拱等进行了加固处理，造成该类型支护措施后期刚度增加显著。变形监测及数据拟合分析表明，后期变形增长速率及时间均较长，远远超过了 20 cm 的预留变形量，支护破坏、净空侵限严重。

2. B 试验段

选取 5 个典型变形观测断面，里程桩号分别为 DK331+796、DK331+799、DK331+802、

DK331＋805 和 DK331＋811，对其拱顶沉降和水平收敛数据绘制变形时态曲线并进行回归分析如图 5-25 和图 5-26 所示。

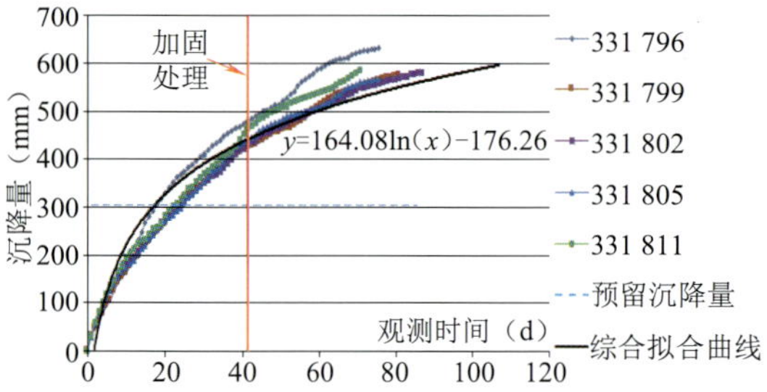

图 5-25 B 试验段拱顶沉降分析曲线

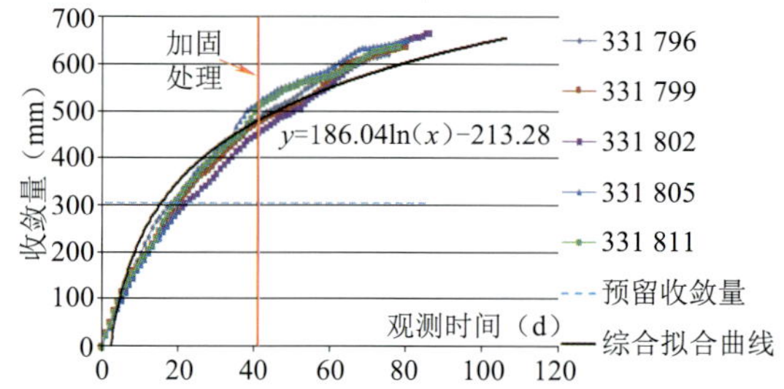

图 5-26 B 试验段边墙收敛分析曲线

图 5-25 累计最大沉降量为 DK331＋796 断面 625 mm，最大沉降速率为 DK331＋811 断面 30.5 mm/d。对数据进行线性回归拟合分析，得到拟合 150 d 沉降值为 645.5 mm。

图 5-26 累计最大收敛量为 DK331＋802 断面 665.7 mm，最大收敛速率为 DK331＋811 断面 28 mm/d。对数据进行线性回归拟合分析，得到拟合 150 d 沉降值为 718.7 mm。

施工中过程中，因变形速率大，支护钢架多处发生严重扭曲，喷射混凝土多处出现纵斜向开裂等现象，为了防止坍塌，现场采用长锚杆配合 H175 型钢套拱进行了加固处理，对原设计支护进行补强加固后，隧道净空变形仍然大于 30 cm 的预留变形量，造成侵限。

3. C 试验段

选取 6 个典型变形观测断面，里程桩号分别为 DK331＋793、DK331＋787、DK331＋778、DK331＋772、DK331＋766 和 DK331＋760，对其拱顶沉降和水平收敛数据绘制变形时态曲线并进行回归分析如图 5-27 和图 5-28 所示。

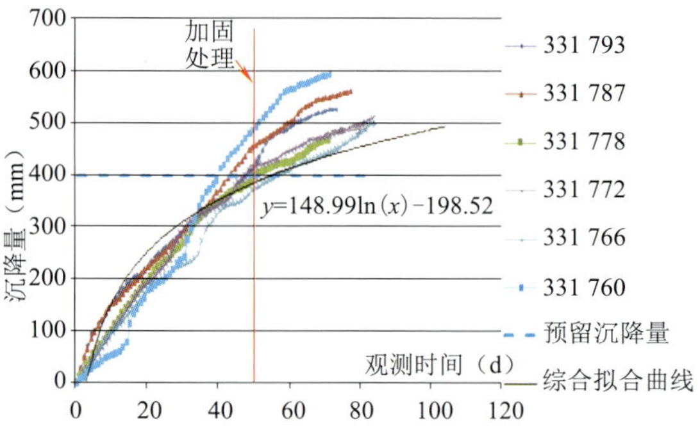

图 5-27 C 试验段拱顶沉降分析曲线

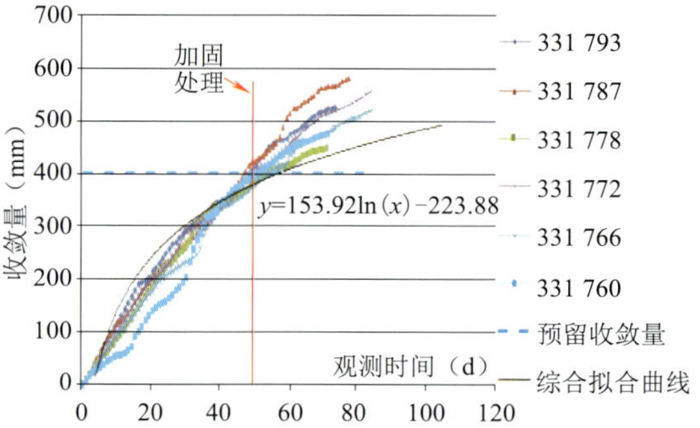

图 5-28 C 试验段边墙收敛分析曲线

图 5-27 累计最大沉降量为 DK331＋760 断面 592.7 mm，最大沉降速率为 DK331＋760 断面 36.5 mm/d。对数据进行线性回归拟合分析，得到拟合 120 d 沉降值为 514.4 mm。

图 5-28 中累计最大收敛量为 DK331＋787 断面 582.4 mm，最大收敛速率为 DK331＋760 断面 33.2 mm/d。对数据进行线性回归拟合分析，得到拟合 120 d 沉降值为 398.5 mm。

施工中过程中，因局部变形速率较大，在部分断面支护钢架仍出现局部扭曲，部分断面线右侧拱腰处喷射混凝土出现纵斜向开裂现象，为了防止坍塌，现场采用设置局部斜撑并进行径向注浆加固等进行了处理措施，补强措施较 A、B 试验段弱，但变形与之前最大变形量相当，C 试验段 40 cm 的预留变形量较之前的净空侵限比例下降明显，但支护体系仍显不足。

4. D 试验段

选取 6 个典型变形观测断面，里程桩号分别为 DK331＋757、DK331＋753、DK331＋749、DK331＋745、DK331＋737 和 DK331＋733，对其拱顶沉降和水平收敛数据绘制变形时态曲线并进行回归分析如图 5-29 和图 5-30 所示。

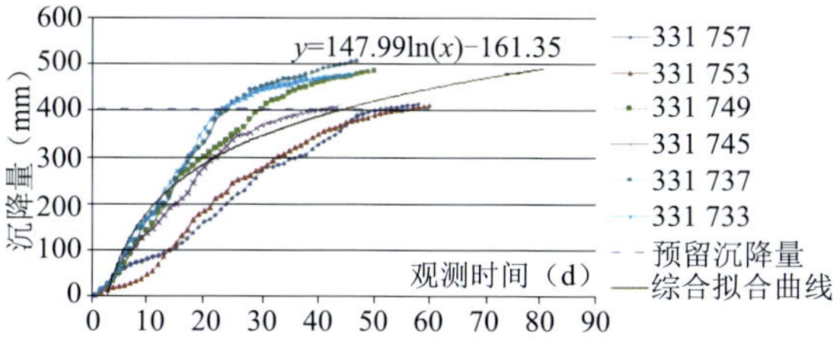

图 5-29　D 试验段拱顶沉降分析曲线

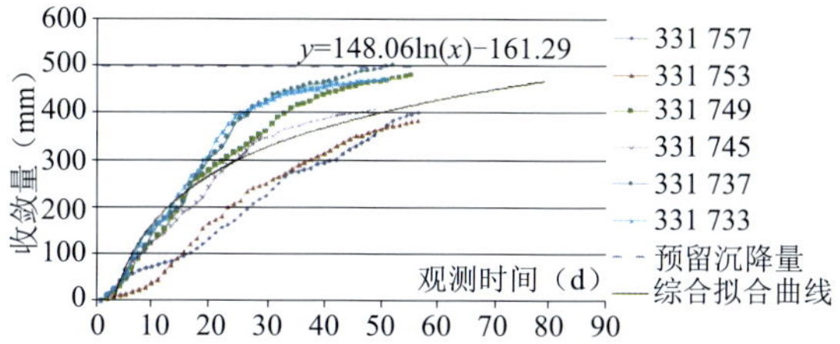

图 5-30　D 试验段边墙收敛分析曲线

图 5-29 累计最大沉降量为 DK331＋737 断面 503.7 mm，最大沉降速率为 DK331＋737 断面 37.5 mm/d。对数据进行线性回归拟合分析，得到拟合 80 d 沉降值为 486.8 mm。

图 5-30 累计最大收敛量为 DK331＋757 断面 408.4 mm，最大收敛速率为 DK331＋745 断面 36.4 mm/d。对数据进行线性回归拟合分析，得到拟合 80 d 沉降值为 487.3 mm。

施工过程中，未发现初期支护钢架出现明显扭曲破坏，初期支护混凝土除出现局部环向细小裂纹外，未产生纵环向裂纹，初期支护体系总体趋于稳定但变形值仍大于设计预留变形量，应对预留变形量作进一步研究。

5. 对比分析

对各试验段的拱顶沉降和水平收敛的综合拟合曲线进行对比分析如图 5-31 所示。

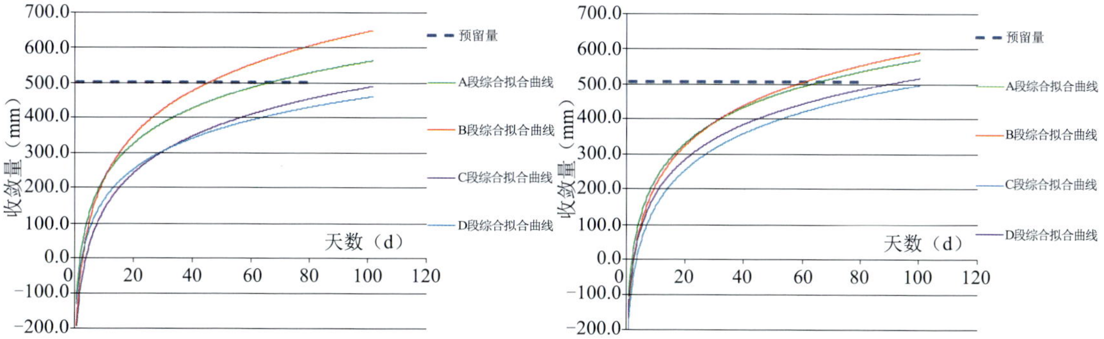

图 5-31　拱顶沉降和水平收敛的综合拟合曲线进行对比分析

四种支护体系对比分析见表 5-10。针对薄层板岩极高地应力的地质特点，A 和 B 两种初期支护类型刚度均整体偏弱，但后期 A 类型支护采用了临时衬砌、H175 型钢套拱及长锚杆等综合加固措施，使其后期刚度显著增大。B 类型在初期支护方面虽比 A 类型支护刚度稍强，但后期仅采用了 H175 型钢套拱加固措施，造成其后期整体刚度比 A 类型弱，累计变形情况比 A 类型数值大。

表 5-10　四种支护体系对比分析表

支护体系编号	支护钢架参数	预留变形量设计值(cm)	实测最大变形量(沉降/收敛)(mm)	效果评价
A	Ⅰ20a,间距 60 cm	20	647.1/634.5	侵限,不适用
B	H175,间距 80 cm	30	625/665.7	侵限,不适用
C	H175,间距 67 cm	40	592.7/582.4	侵限,不适用
D	H175,间距 60 cm	50	503.7/408.4	基本适用

由表 5-10 可知,四种试验方案,只有 D 有效地控制了围岩变形,总体围岩变形优于其余三种方案,其后期的变形速率和增长程度均较小,总体满足 50 cm 预留变形量的要求,但对确切的预留变形量由于试验段长度原因,样本不足,后续对 D 支护体系的使用和变形进行统计分析确定。

二、极高地应力变形的统计分析

1. 变形数据统计

为了根据量测数据对设计预留变形量进行修正,得出高地应力软岩大变形隧道合理的预留变形量,在隧道施工期间,对应不同的施工方法在隧道初期支护上布点,进行隧道围岩变形观测,如图 4-21 所示。拱顶下沉共布设 3 个观测点,分布于隧道上台阶拱部左(1 号点)、中(2 号点)、右(3 号点);净空变化收敛布设一条测线(A-A'),分布于隧道中台阶左、右两侧(A-A')。共计布设 5 个监控量测断观测点。采用 ZT80-2MR 全站仪进行无接触测量,测量精度为 0.1 mm。

极高地应力软岩大变形段变形监测断面共 121 个,变形数据统计见表 5-11。其中拱顶沉降值选取一个观测点观测结果的最大值。

表 5-11　变形数据统计

断面里程	拱顶沉降(mm)	周边收敛(mm)	断面里程	拱顶沉降(mm)	周边收敛(mm)
DK331+223	522.1	546.5	DK331+228	443.5	466.1
DK331+233	408.2	439.7	DK331+238	356.5	416.7
DK331+243	333.1	366.6	DK331+248	377.4	419.3
DK331+253	405.1	365.8	DK331+258	384.2	390.3
DK331+263	442	383.6	DK331+268	430.2	394.2
DK331+273	433.7	461.3	DK331+278	416.8	392.6
DK331+283	402	382.1	DK331+288	434.6	404.2
DK331+293	439.1	395.3	DK331+298	442.8	417.3
DK331+303	424.9	469	DK331+308	425.8	441.3
DK331+313	426.3	445.5	DK331+318	428.3	438.8
DK331+323	432.1	458.9	DK331+328	423.1	443.9
DK331+333	412.8	442.1	DK331+338	425.5	458.9

续上表

断面里程	拱顶沉降(mm)	周边收敛(mm)	断面里程	拱顶沉降(mm)	周边收敛(mm)
DK331＋343	365.5	485.3	DK331＋348	409.3	519.4
DK331＋353	416.2	524.2	DK331＋358	390	505
DK331＋363	356.5	384.9	DK331＋368	374.5	387.9
DK331＋373	411.2	425.2	DK331＋378	397	421.1
DK331＋383	409.9	453.5	DK331＋388	390.1	432.3
DK331＋393	409	443.2	DK331＋398	387.8	424.7
DK331＋403	426.7	461.8	DK331＋408	442.5	479.4
DK331＋413	528.2	512	DK331＋418	471.1	443.8
DK331＋423	458.1	411.5	DK331＋428	442.1	423.3
DK331＋433	481.7	518.5	DK331＋438	451.2	431.3
DK331＋443	440.8	485.9	DK331＋448	473.1	505.6
DK331＋453	459.9	482.1	DK331＋458	447	474
DK331＋463	441.1	469.1	DK331＋468	409	436.2
DK331＋473	450	482.8	DK331＋477	401.7	439.9
DK331＋480	363.5	414.1	DK331＋484	334.3	404.3
DK331＋488	341.8	401.7	DK331＋493	351.6	390.7
DK331＋515	407.9	446	DK331＋518	427.9	503.1
DK331＋523	462.1	528.4	DK331＋527	477.8	541.5
DK331＋531	428.4	530.7	DK331＋535	412.8	474.8
DK331＋539	415.4	452.4	DK331＋543	421.7	448.9
DK331＋547	403.8	471.8	DK331＋551	410.9	483.8
DK331＋555	356.1	410.6	DK331＋559	392.1	422.2
DK331＋563	381	423.8	DK331＋567	432	433.7
DK331＋571	422.2	474.4	DK331＋575	380	395.9
DK331＋579	377.7	344.5	DK331＋583	342.1	342.9
DK331＋587	415.2	345.5	DK331＋591	388.9	349
DK331＋595	361	312	DK331＋599	398.3	352.5
DK331＋602	401.2	339.1	DK331＋606	369.8	356.2
DK331＋610	406.3	359.8	DK331＋614	421.8	341.7
DK331＋618	437.4	415.1	DK331＋622	435.6	355.4
DK331＋626	451.5	344.6	DK331＋630	428.3	313.3
DK331＋634	412.4	332.1	DK331＋637	424.4	403.1
DK331＋641	388.9	389.4	DK331＋644	393.2	423
DK331＋648	433.6	467	DK331＋652	462.9	468.7

续上表

断面里程	拱顶沉降(mm)	周边收敛(mm)	断面里程	拱顶沉降(mm)	周边收敛(mm)
DK331+656	422.3	444.6	DK331+659	433.6	441.6
DK331+662	440.7	428.3	DK331+666	471.6	438.7
DK331+669	500.7	446.6	DK331+673	439.9	491.8
DK331+676	426	505.9	DK331+680	463.4	497.9
DK331+684	420.9	464.8	DK331+686	514.1	514
DK331+689	450.3	515.6	DK331+693	437	475.2
DK331+697	525.8	518.7	DK331+701	502.5	525.1
DK331+705	497.7	535.7	DK331+709	495.7	502.8
DK331+713	417	454.6	DK331+717	452.2	487.6
DK331+721	410.5	499.3	DK331+726	477.8	462
DK334+380	228.8	192.4	DK334+390	121.4	96.6
DK334+400	46.2	40.2	DK334+410	52.7	48.3
DK334+420	64.1	58.4	DK334+430	73.3	76.9
DK334+440	119.5	87.3	DK334+450	166.7	137.6
DK334+460	66.2	71	0	0	0

2. 拱顶沉降变形分析

为了对隧道拱顶沉降进行分析,对表 5-11 变形数据中的拱顶沉降值进行区段划分,具体见图 5-32 和表 5-12。

由表 5-12 及图 5-32 可以看出,隧道拱顶沉降最大值为 528.2 mm,最小值为 46.2 mm,平均值为 399.4 mm。300 mm 以下占总断面个数的 7.4%,300～400 mm 占总断面个数的 22.3%,400～500 mm 占总断面个数的 65.3%,500 mm 以上占总断面个数的 5.0%。

拱顶沉降值主要集中在 300～500 mm 之间,占总断面个数的 87.6%,最大值与最小值差异较大,最大值是最小值的 11 倍。

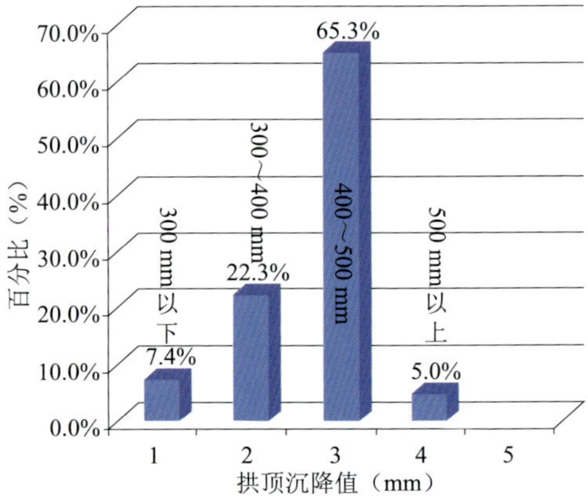

图 5-32 拱顶沉降分段所占比例

表 5-12 拱顶沉降值分析

拱顶沉降(mm)	<300	300～400	400～500	>500	最小值	最大值	平均值
断面个数	9	27	79	6	46.2	528.2	399.4
所占比例(%)	7.4	22.3	65.3	5	—	—	—

3. 周边收敛变形分析

为了对隧道周边收敛进行分析,对表 5-13 变形数据中的周边收敛值进行区段划分,具体见图 5-33 和表 5-13。

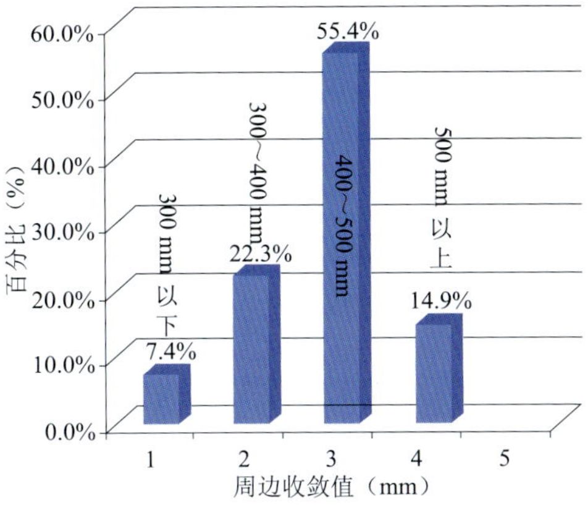

图 5-33　周边收敛分段所占比例

表 5-13　周边收敛值分析

周边收敛（mm）	<300	300～400	>500	最小值	最大值	平均值
断面个数	9	27	16	40.2	546.5	412.9
所占比例	7.4%	22.3%	14.9%	—	—	—

由表 5-13 及图 5-33 和图 5-34 可以看出，隧道周边收敛最大值为 546.5 mm，最小值为 40.2 mm，平均值为 412.9 mm。300 mm 以下占总断面个数的 7.4%，300～400 mm 占总断面个数的 22.3%，400～500 mm 占总断面个数的 55.4%，500 mm 以上占总断面个数的 14.9%。

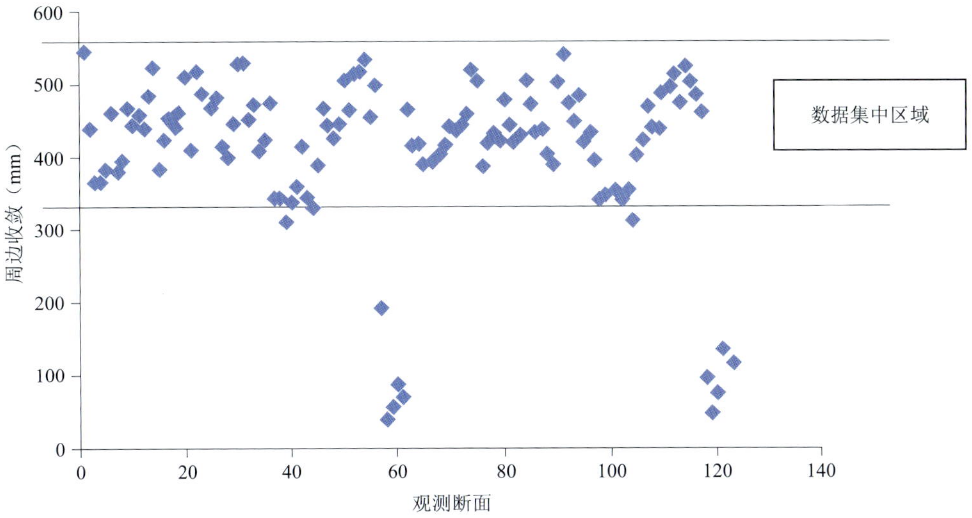

图 5-34　周边收敛沿断面分布情况

周边收敛值主要集中在 300～500 mm 之间，占总断面个数的 77.7%，最大值与最小值差异较大，最大值是最小值的 14 倍。

三、预留变形量

1. 预留变形量的确定方法

预留变形量是指从隧道初期支护施工开始，到隧道周边位移基本稳定时，周边位移的累计值。

由于软岩具有显著流变性、围岩强度低的特点，在高地应力作用下，上述特点更加明显，进而隧道变形量极大、变形发展快。一旦施工控制不当或预留变形量不够，极易发生支护开裂、侵限问题。因此，确定高地应力软岩隧道的预留变形量尤其重要，也极其困难。

对铁路而言，隧道施工主要考虑预留变形量、施工误差和允许超挖。施工误差和允许超挖一般基于施工单位经验确定取值范围；隧道预留变形量的确定则相对复杂。目前，对于极高地应力条件下的软岩大变形隧道，没有成熟的理论成果来确定隧道预留变形量，而采用工程类比法时，该类隧道地质条件极其复杂，围岩性质千差万别，地应力条件不同，导致难以取得理想效果。

《铁路隧道设计规范》(TB 10003—2005)规定，不同围岩级别的隧道在确定开挖断面时，除应满足隧道建筑限界要求外，还必须考虑围岩的变形量，该量值与支护情况、施工方法、隧道宽度、埋置深度以及围岩等级密切相关，需采用工程类比法确定；规范中明确说明，对于具有显著流变、原岩地应力较大的特殊围岩，应根据施工中量测数据反馈分析确定。

以大梁隧道现场量测数据为依据，通过大梁隧道施工中出现的软岩大变形情况，对高地应力软岩预留变形量进行研究，确定炭质板岩隧道的预留变形量。由上述定义可知，隧道的预留变形量受多种因素的影响。就大梁隧道而言，尽管隧道的开挖跨度、支护形式以及施工方法均已确定，但由于软岩的特殊性以及施工水平的区别，现场所测数据存在一定程度的不确定性。

综合考虑上述因素并结合实用性，在确定预留变形量范围时会根据围岩级别不同，采用一定保证率(支护变形量小于给定值的断面个数占统计断面总数比例)条件下的范围值，从而使确定的预留变形量更符合工程实际。

2. 预留变形量确定

综合考虑上述因素，在一定保证率范围内确定预留变形量。以保证率大于90%作为预留变形合适的评判标准。同时，通过分析拱顶沉降值较周边收敛值偏大，为了减少隧道开挖量，可分别制定拱部、边墙预留变形量。以拱顶下沉量测数据为依据，则当给定不同的预留变形量时，其对应的保证率关系如图5-35所示。以周边收敛量测数据为依据，则当给定不同的预留变形量时，其对应的保证率关系如图5-36所示，其中边墙预留量为周边收敛值的一半。

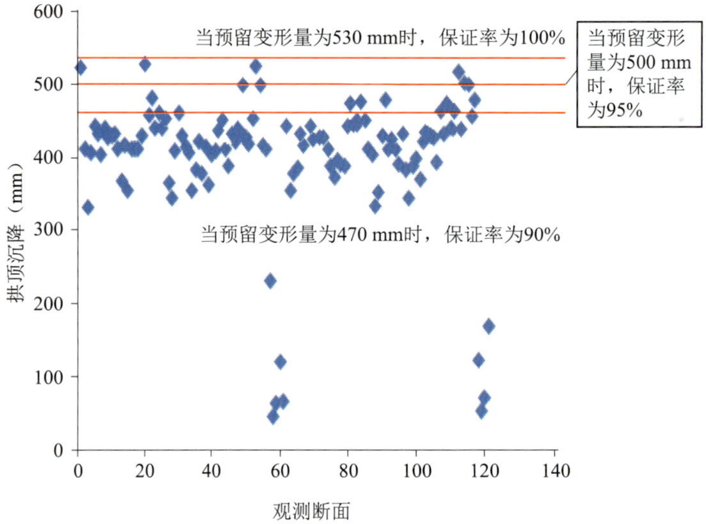

图5-35　依据拱顶下沉确定预留变形量时对应保证率

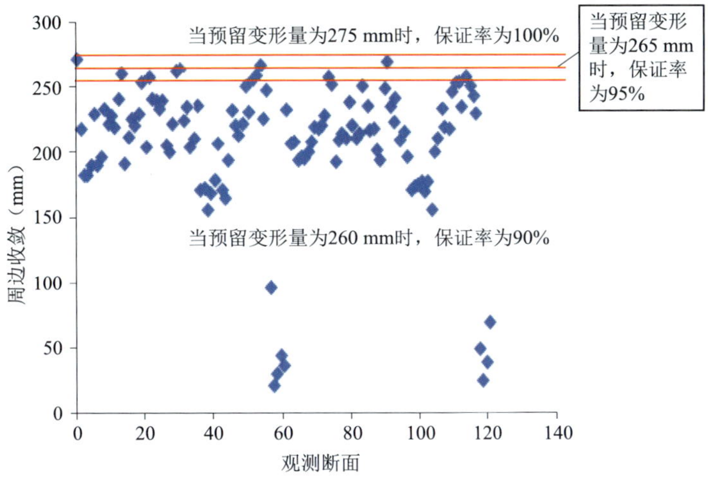

图 5-36　依据周边收敛确定预留变形量时对应保证率

由图 5-35 可以看出，拱部预留变形量与保证率存在一定的相关关系，当设计预留变形量为 470 mm、500 mm 和 530 mm 时，其对应的保证率分别为 90%、95%和 100%。在兼顾较高保证率的同时，结合现场所测数据的离散结果，确定拱部预留变形量为 500 mm。

由图 5-36 可以看出，边墙预留变形量与保证率存在一定的相关关系，当设计预留变形量为 260 mm、265 mm 和 275 mm 时，其对应的保证率分别为 90%、95%和 100%。在兼顾较高保证率的同时，结合现场所测数据的离散结果，确定对于极高地应力条件下的炭质板岩Ⅴ级围岩隧道，隧道边墙设计预留变形量取 270 mm。

第四节　薄层板岩隧道施工锚杆作用效果

一、现场测试

选取试验条件基本相同的两个断面作为试验断面，以便使试验结果具有可比性，在两个断面一个设置锚杆，另一个不设置锚杆。测试内容包括拱顶沉降、拱腰收敛值、锚杆轴力。

1. 锚杆试验方案设计

本试验选择大梁隧道斜井辅助正洞两个断面 DK331＋896 和 DK331＋795，埋深约 465 m。在这两个断面都进行了围岩位移监测，测点布置如图 4-21 所示。拱顶沉降测点如图 5-37所示，拱腰沉降测点为 1、3，AA'为拱脚相对收敛测线，边墙相对收敛测线为 BB'。现场位移监测通过在测点处埋设反光膜片，采用全站仪进行监控测量。

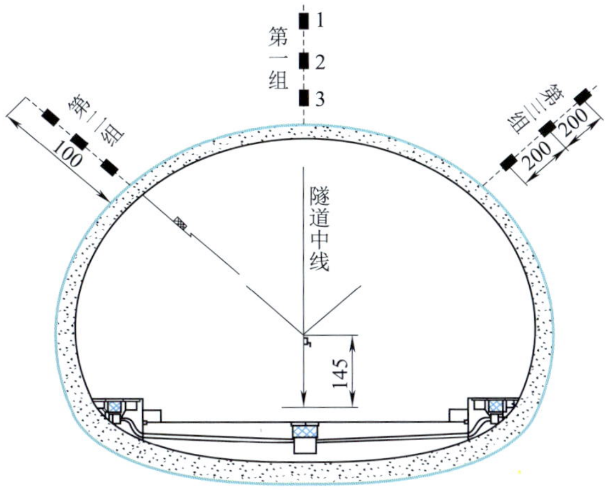

图 5-37　锚杆轴力量测断面仪器布置示意

其中，DK331＋896 断面设置了锚杆，锚杆采用 ϕ22 mm 的砂浆锚杆，因现场条件限制，未对锚杆施加预加应力。锚杆轴力采用电磁感应式钢筋计进行量测，在量测断面内选取拱顶、两侧拱腰 3 个位置的锚杆进行试验，每处布置“外(1)、中(2)、内(3)”三个测点，如图 5-37 所示，以了解锚杆轴力的分布规律。

2. 试验结果及分析

选取试验断面 DK331＋795 和 DK331＋896 的拱顶沉降和拱脚收敛时态对比曲线如图 5-38和图 5-39 所示。

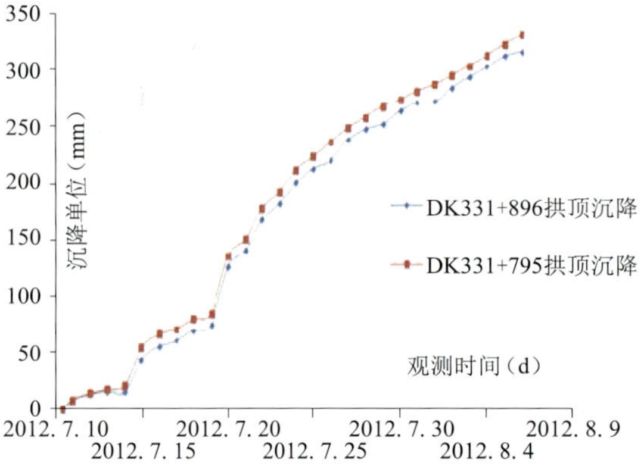

图 5-38 拱顶沉降时态对比曲线

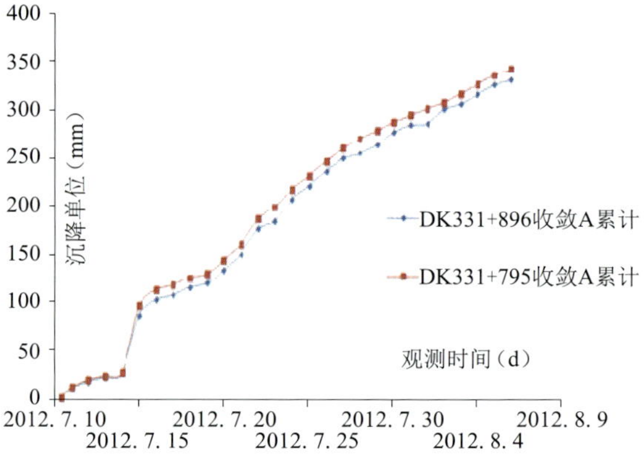

图 5-39 拱脚收敛时态对比曲线

由图 5-40 和图 5-41 可知，初期支护布设 10 d 以内，围岩变形速率增长较缓，无锚杆的 DK331＋795 断面和有锚杆的 DK331＋896 断面变形情况基本一致；10 d 以后，锚杆作用有所体现，但作用效果不明显；受工况的空间效应影响，变形增长规律呈现台阶式，有无锚杆断面的变形规律完全一致，监测一个月，有锚杆的变形比无锚杆变形少 11 mm，占总变形量的 4％。

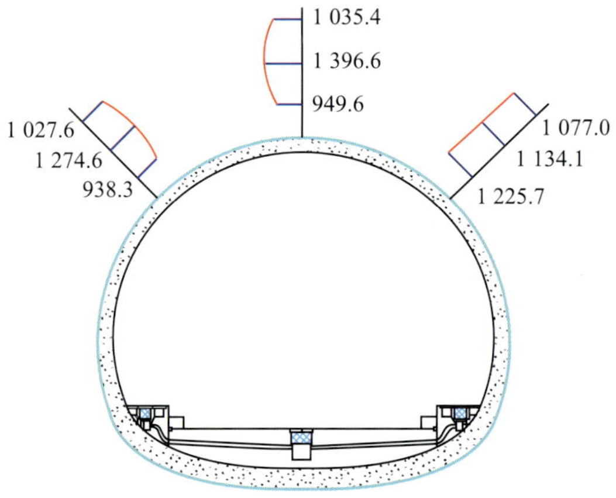

图 5-40 DK331＋896 量测断面锚杆轴应力(单位：kPa)

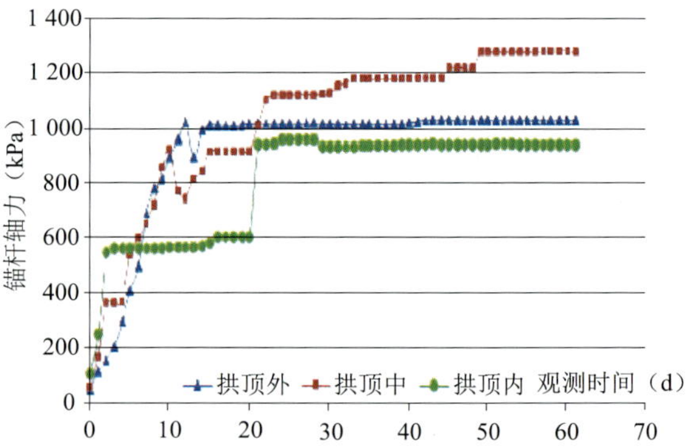

图 5-41 DK331＋896 拱顶锚杆受力时态曲线

图 5-42～图 5-43 为 DK331＋896 断面锚杆轴力随时间的变化趋势图，由图可知，所测锚杆大部分受拉，部分锚杆开始有局部受压区，但压应力较小，发展时间较短，很快转变为受拉，锚杆轴力和隧道变形的前期发展规律一致，但锚杆轴力后期趋于稳定，结果显示锚杆最大轴力为 1 396 kPa，最小轴力 950 kPa，最大轴应力仅占锚杆极限强度 2％左右。

从锚杆对隧道变形量的控制和锚杆受力两方面分析锚杆的作用不明显。

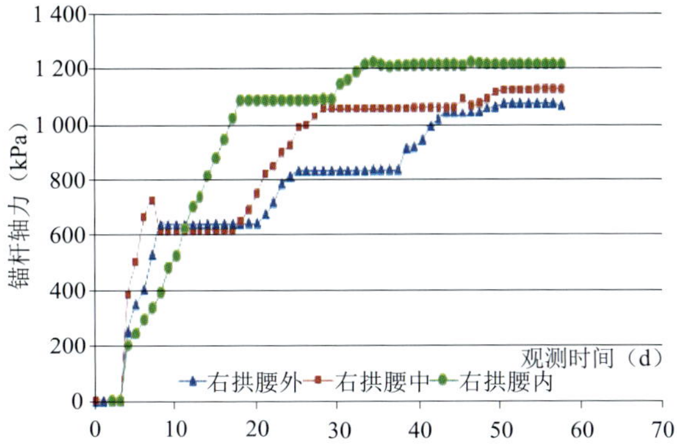

图 5-42　DK331＋896 右拱腰锚杆受力时态曲线

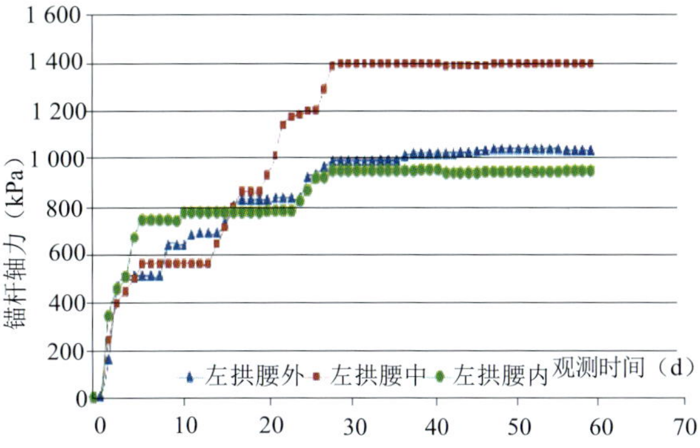

图 5-43　DK331＋896 左拱腰锚杆受力时态曲线

二、锚杆控制变形数值模拟分析

1. 模型建立

模型的建立采用 Midas/GTS 软件，计算范围选为：在 X 轴方向取 130 m，竖直 Y 轴方向取 132 m，所选的边界已经超出洞室开挖的影响范围(大于 5 倍洞径)。模型顶部施加 400 m 土重应力，两侧边界水平方向约束，底部铅直方向约束；顶部自由；土侧压力系数取 2(实测为 1.89～2.08)。本构模型为弹塑性有限元分析，采用 Mohr-Coulomb 屈服准则。网格模型如图 5-44所示。

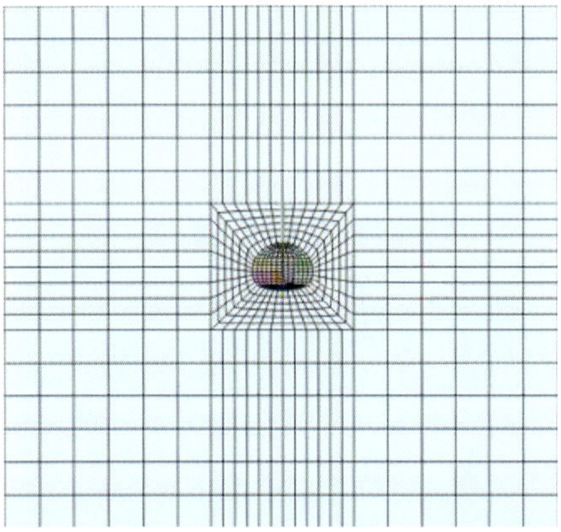

图 5-44　模型图

采用梁单元进行支护结构的模拟。支护体系由钢拱架与喷射混凝土共同构成，通过等效弹性模量换算公式 $E_\delta = A_S E_S / A_C + E_C$（其中，$E_\delta$ 为弹性模量等效量；E_C 为混凝土弹性模量；E_S为钢架弹性模量；A_S为钢架横截面面积；A_C为混凝土横截面面积）进行模拟计算，等效喷射混凝土层是通过将钢架弹性模量等效到喷射混凝土中来实现的。模型中锚杆采用植入式桁架，直径22 mm，共 23 根，对称分布。根据大梁隧道围岩力学参数反演数据和《铁路隧道设计规范》(TB 10003—2005)，综合分析该研究区岩体力学参数。表 5-14中给出了围岩、初级支护以及锚杆相关参数取值。

表 5-14　围岩物理力学参数

名称	弹性模量 E(GPa)	泊松比 μ	黏聚力 c(MPa)	摩擦角 φ(°)	密度 ρ(kg/m^3)
围岩	2.00	0.35	0.10	25	2 600
支护	20	0.25	—	—	2 551
锚杆	19.6	0.3	—	—	7 855

2. 模拟工况

通过模拟使用三台阶七步开挖法开挖隧道，来研究在开挖过程中锚杆对于防止拱顶沉降、隧道收敛过大的作用。图 5-45 为各工况模拟过程，表 5-15 为各工况具体内容。在开挖过程又分为设置锚杆和不设置锚杆两种情况。

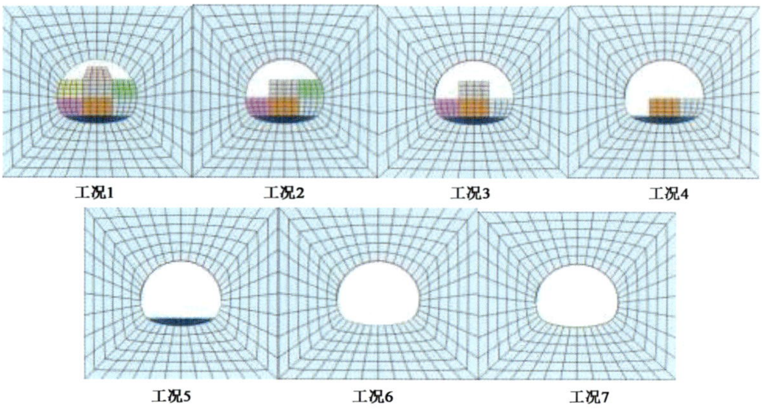

图 5-45 工况模拟图

表 5-15 模拟工况

工况 1	上台阶通过研究断面	工况 2	左中台阶通过研究断面
工况 3	右中台阶通过研究断面	工况 4	左下台阶通过研究断面
工况 5	右下台阶研究断面	工况 6	核心土通过研究断面
工况 7	仰拱通过研究断面		

3. 计算结果分析

(1)位移对比

设置锚杆和不设置锚杆两种不同情况下拱顶、拱腰和拱脚部位的变形变化趋势进行对比，如图 5-46～图 5-48 所示。

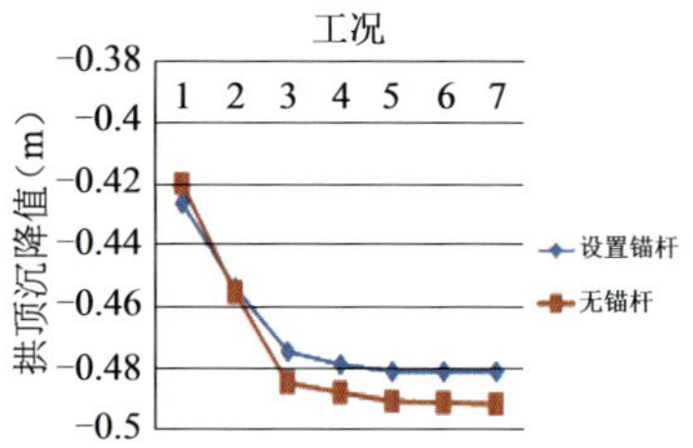

图 5-46 拱顶沉降曲线

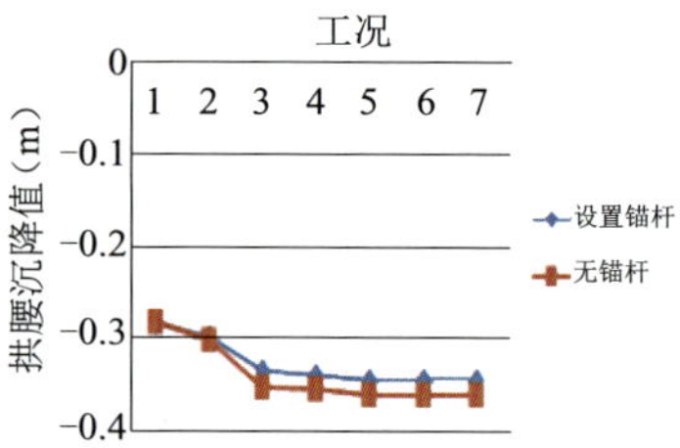

图 5-47 拱腰沉降曲线

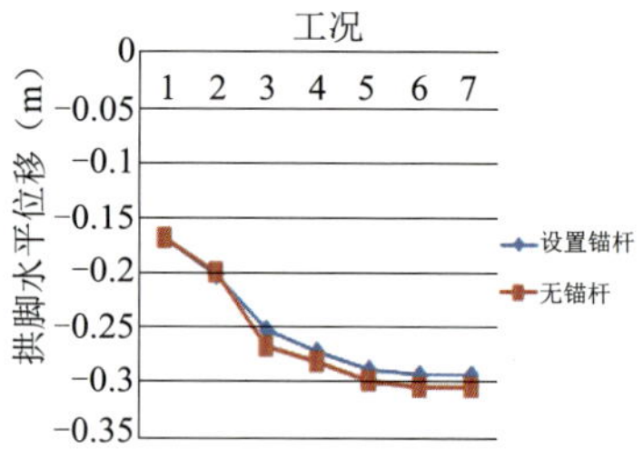

图 5-48 拱脚水平位移曲线

由图 5-46～图 5-48 可以看出：

①刚开挖时，拱顶沉降值迅速增加，当顶部支护完成后沉降开始趋于稳定，两种情况下沉降趋势基本一致。设置锚杆拱顶的最终沉降值约 48 cm，不设置锚杆拱顶的最终沉降约 49 cm，两者相差仅 1 cm 左右。

②拱腰部分与拱顶相比，沉降值减少，沉降趋势变缓。两种情况下沉降趋势基本一致。设置锚杆拱腰的最终沉降值约 35 cm，不设置锚杆最终沉降值约 36 cm。两者相差约 1 cm。

③设置锚杆与不设置锚杆两种情况下拱脚部分的水平位移趋势基本一致，设置锚杆最终沉降值约 28 cm，不设置锚杆最终沉降值约 30 cm，两者相差约 2 cm。

(2)支护单元应力对比及锚杆轴力分析

在隧道施工阶段,隧道安全受到隧道支护受力特征的严重影响,为确保施工安全,需要对隧道支护受力情况进行密切关注。支护轴力图如图 5-49 和图 5-50 所示,锚杆轴力图如图 5-51 所示。

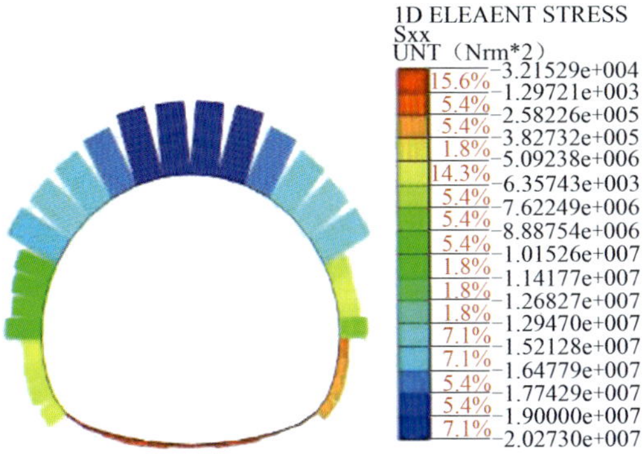

图 5-49　无锚杆支护轴应力图

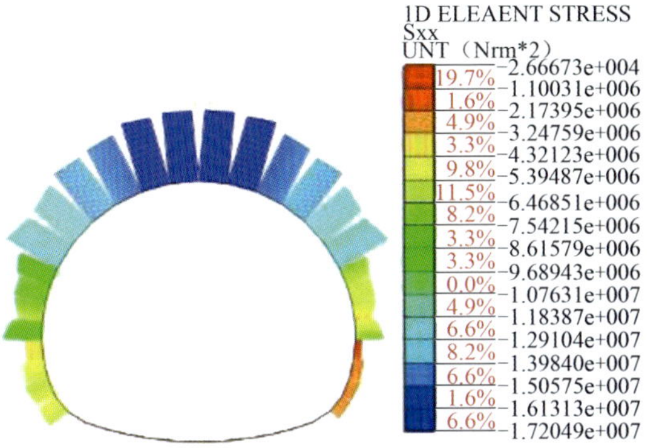

图 5-50　设置锚杆支护轴应力图

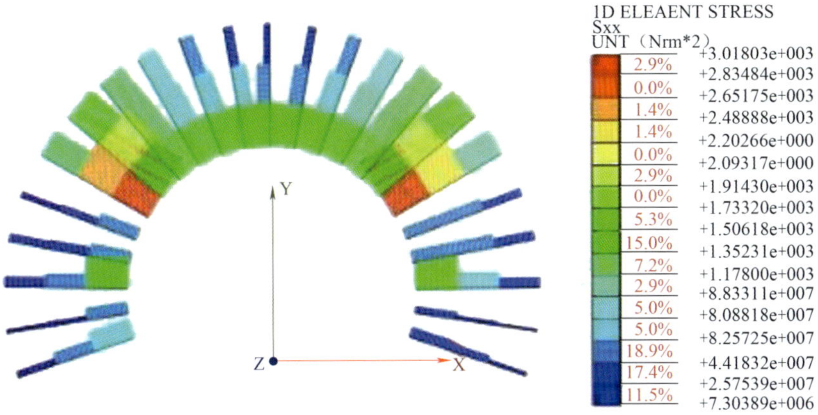

图 5-51　锚杆轴力图

由图 5-49 和图 5-50 可知,支护结构轴力呈对称分布,顶部轴应力最大。设置锚杆的情况下支护的最大轴应力约 17 MPa,最小轴应力约 0.027 MPa;不设置锚杆的情况下支护的最大轴应力约 20 MPa,最小轴应力约 0.032 MPa。两者相差不大。施加锚杆可以减小初级支护的轴应力,但作用不大。

从图 5-51 可以看出,锚杆轴应力大致呈对称分布,最大轴应力约 30 MPa,最小轴应力约 7 MPa,最大轴应力占锚杆极限强度约 10%,表明锚杆的作用并不明显。

三、锚杆作用效果分析

(1)从现场测试及试验结果可以看出,大梁隧道在薄层板岩大变形条件下,锚杆对于控制软弱围岩变形作用不是很明显,并且锚杆的轴力很小,仅占钢材极限强度的 2%作用。

(2)通过对有无系统锚杆的两种情况数值模拟结果进行对比,得出无论从变形、受力任意一方面上来讲,所有的同类数据均位于同一量级水平,同时通过对多个隧道的锚杆施工情况统计了解,可初步认为系统锚杆在薄层板岩大变形隧道中对其结构稳定性作用不明显。

(3)通过对大梁隧道施工各工序所需时间的统计,系统锚杆每循环施作至少需要 2 h,初期支护每循环完成总时间需约 16 h。

(4)在软岩隧道分部开挖法施工时,由于施工空间狭小,往往锚杆在拱部施作时难度较大,无法径向施作,通常接近水平状态,无法满足设计要求。

(5)系统锚杆价格占隧道施工造价的 10.6%左右。

第五节　薄层板岩隧道格栅与型钢作用效果

为了开展大梁隧道段薄层板岩大变形段支护体系的研究,判别格栅、型钢及格栅+套拱体系支护效果的优劣,在正洞选择两段其余条件均相同的段落,通过现场一系列钢架变形受力情况的数据采集,利用对比分析的方法,提出薄层板岩大变形段最优的钢架类型。

一、现场试验方案设计

基本思想是在现场选取试验段进行 1∶1 的原型试验,型钢和格栅钢架支护试验段在隧道埋深和地质条件都相同的相邻或附近地段分别进行,同时进行量测断面布置测试围岩与支护接触压力、钢架应力和围岩位移情况,进而全面地了解不同钢架的支护作用效果,对比分析其优劣。为便于比较及分析研究,试验段除采用支护钢架类型不同外,施工方法及其余的支护参数均保持一致。

1. 隧道及测试断面选择

为了分析格栅和型钢钢架在高地应力软岩隧道中的作用效果,选择大梁隧道斜井辅助正洞作为试验对象,隧道埋深约 465 m。其中,DK331+801～DK331+781 为型钢钢架试验段,DK331+698～DK331+678 为格栅钢架试验段,试验段分别布置 2 个监测断面,共计 4 个断面。其断面布置、钢架规格及施工方法等如图 5-52 和表 5-16 所示。

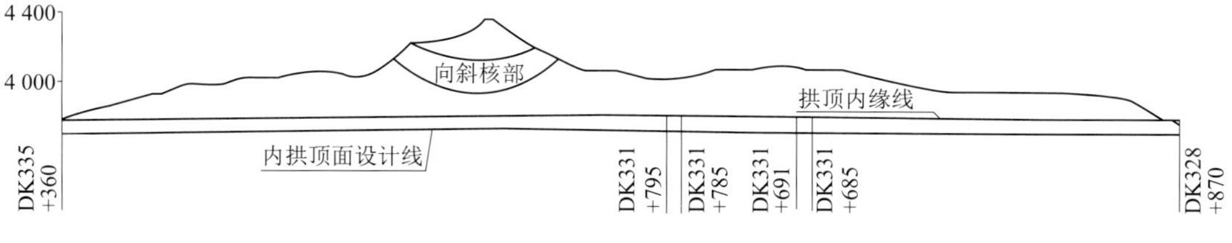

图 5-52　试验段断面里程示意

表 5-16　试验段监测断面布置及施工参数

地质\埋深	奥陶系中统砂岩、灰岩、板岩等,Ⅴ级围岩,埋深 465 m			
段落长度	20 m(型钢钢架试验段)		20 m(格栅钢架试验段)	
断面里程	DK331+795	DK331+785	DK331+691	DK331+685
钢架设置	全环 H175 型钢钢架,1 榀/0.6 m		全环 4 肢 ϕ25 格栅钢架,1 榀/0.5 m	
施工方法	三台阶临时仰拱法		三台阶临时仰拱法	
开挖进尺	2 m(3 榀钢架)/循环;2 循环/d		2 m(4 榀钢架)/循环;2 循环/d	
测试频率	前期:2 次/d 后期:1 次/d		前期:2 次/d 后期:1 次/d	

图 5-53　现场型钢钢架和格栅钢架的立架情况

以上两个试验段内地质条件及埋深相同，除钢架形式分别为格栅与型钢不同外，其余支护参数及施工方法均相同，因此试验结果具有可比性。

2. 测试项目

试验测试项目包括 3 部分，分别为初期支护钢架应力、围岩压力和位移监测。两个试验段除监测围岩位移外，均按照前述测试项目进行了支护钢架应力、围岩压力测试试验，量测断面分别为 DK331＋785、DK331＋795 和 DK331＋685、DK331＋691 断面。试验量测断面测点布置如图 5-54 所示。

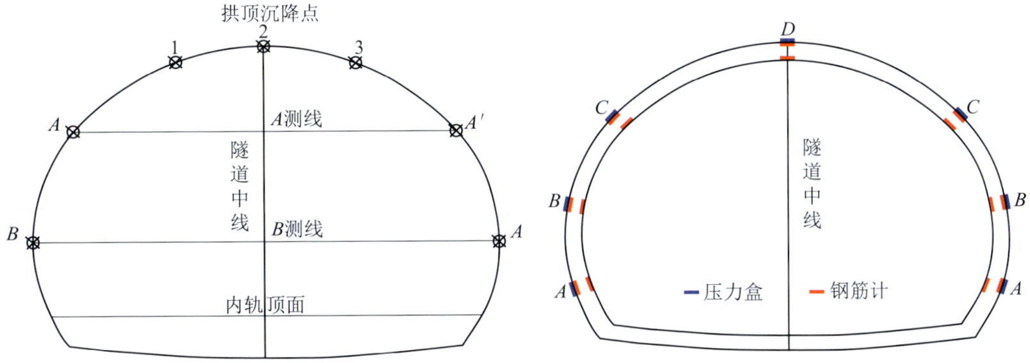

图 5-54　围岩位移和应力量测断面布置示意

注：A—墙脚、B—边墙、C—拱脚、D—拱顶、2—拱顶、1—左拱腰、3—右拱腰、A 测线—拱脚收敛、B 测线—边墙收敛。

沉降及水平收敛测点布置如图 5-54 所示，图中 1～3 为隧道拱部沉降测点，A－A′、B－B′分别为拱脚、边墙相对收敛测线。围岩压力和钢架内、外侧应力测点均沿隧道中线对称布置；围岩-初期支护间接触压力和初期支护钢架应力测点布置均为型钢钢架和格栅钢架同一位置，钢架应力测点在钢架内、外侧对应位置分别进行布设。

测试方法：

(1)围岩位移监测是在围岩测点处埋设钢筋头及反光膜片，然后利用全站仪进行量测监控。

(2)根据现场试验的可行性，现场利用 ZX-510BT 型振弦式双膜压力盒对围岩压力测试，通过焊接在钢架的上翼缘板或外肢上顶住压力盒；钢架应力测试现场使用 CL-XZ-B 型钢筋测力计等仪器进行测量，分别焊接在型钢钢架上、下翼缘板内侧或格栅钢架内外两肢体位置；利用 ZXY-2 型频率读数仪对围岩压力和钢筋计的数据进行采集。

现场试验测试如图 5-55～图 5-58 所示。

图 5-55 型钢断面应力量测仪器布置

图 5-56 格栅断面应力量测仪器布置

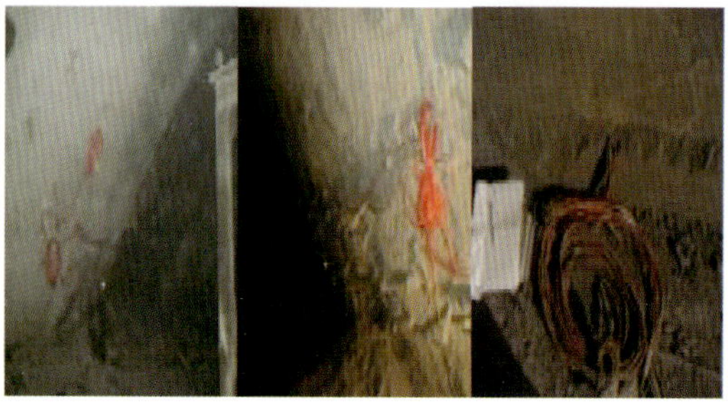

图 5-57 现场引线

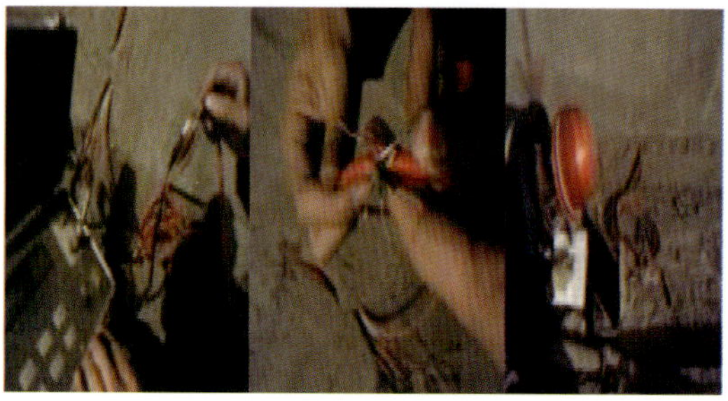

图 5-58 现场接线及测试

二、试验结果

通过对以上两个试验段总共布置的四个测试断面进行持续的监控量测和钢架内部应力测试，相关试验成果汇总见表 5-17 和表 5-18。

由表 5-17 和表 5-18 可以看出：型钢钢架试验断面所测试的围岩压力为336 kPa(最大值)，钢架应力较大；拱顶累计沉降值 345 mm(最大值)。格栅钢架试验段(7 d 后架设套拱)断面实测的围岩压力为 190 kPa(最大值)，拱顶累计沉降值461 mm(最大值)。

表 5-17 试验段拱顶、拱腰沉降及水平位移测试成果汇总

项目	拱顶沉降				拱腰沉降			水平位移(A 测线)	
	累计值(mm)	最大速率(mm/d)	最终速率(mm/d)	历时(d)	累计值(mm)(左侧)	累计值(mm)(右侧)	历时(d)	累计值(mm)	历时(d)
DK331＋785	345	40	2	51	295	301	51	328	51
DK331＋795	330	45	3	55	280	294	55	341	55
断面均值	338	43	3	53	288	294	53	335	53
DK331＋685	461	55	2	53	380	434	53	330	53
DK331＋691	446	47	1	58	388	401	58	344	58
断面均值	454	51	2	55	384	418	55	337	55

表 5-18　试验段钢架应力与土压力测试成果汇总

项　　目		DK331＋785	DK331＋685
钢架应力	内侧最大压应力(MPa)	91(左边墙)	70(拱顶)
	内侧最小压应力(MPa)	－15(右边墙)	23(右边墙)
	外侧最大压应力(MPa)	106(拱顶)	103(拱顶)
	外侧最小压应力(MPa)	－7(右墙脚)	23(右墙脚)
	历时(d)	55	65
土压力	最大值(kPa)	336(右墙脚)	190(拱顶)
	最小值(kPa)	190(左拱脚)	93(左边墙)
	历时(d)	40	50

三、型钢与格栅支护效果对比分析

1. 试验断面围岩位移对比分析

围岩位移量测从围岩开挖后立即开始，直到二次衬砌施作前结束，前后持续时间约 2 个多月。型钢钢架试验段断面、前后格栅钢架试验段(7 d 后架设套拱)断面的沉降变形时态曲线分别如图 5-59～图 5-61 所示；其中格栅钢架支护设立一周后拱顶沉降值较大。

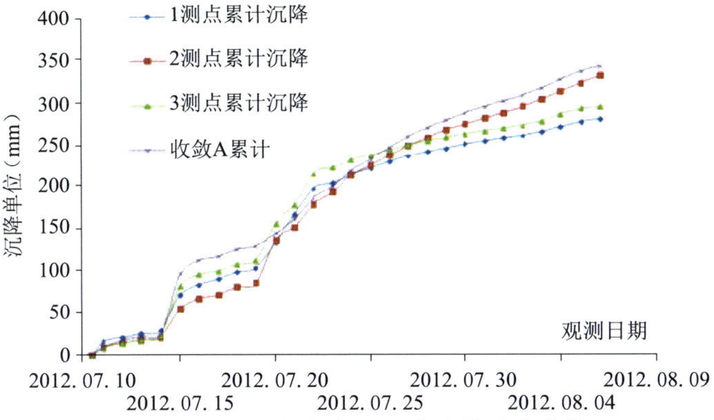

图 5-59　型钢钢架断面沉降收敛时态曲线

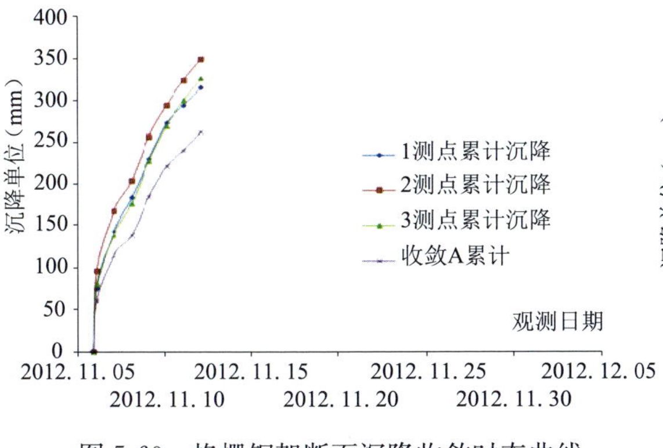

图 5-60　格栅钢架断面沉降收敛时态曲线

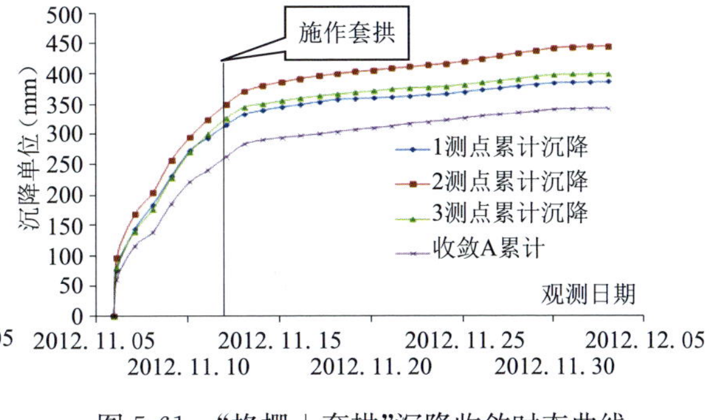

图 5-61　“格栅＋套拱”沉降收敛时态曲线

注：施工中，现场预留变形量是 50 cm，格栅钢架立架 7 d 后于 2012 年 11 月 12 日架设套拱。试验段格栅钢架支护参数为：全环设置 4 肢 ϕ25 格栅钢架，主筋间距为 15 cm，间距 1 榀/0.5 m；混凝土喷射厚度 30 cm。格栅钢架支护后期增设刚性型钢钢架支护参数为：拱墙采用 I20a 工字钢(套拱)，每榀间距 1 榀/1.0 m。其余支护参数同型钢钢架。

由图 5-59 可知，型钢钢架支护因刚度较大，初期支护设立 1 周内拱顶累计沉降值仅为 32 mm，变形速度缓慢；随着时间增加，沉降数据开始呈台阶式缓慢升涨，最终拱顶累计最大沉降值为 345 mm，左、右拱腰的累计最大沉降值分别为 295 mm 和 301 mm，最终变形均无明显收敛趋势。

由图 5-60 可知，格栅钢架支护为柔性支护，围岩变形可充分释放，支护完成后 10 d 拱顶累计最大沉降值达 350 mm，变形并呈迅速发展态势。此时，立即施作刚性套拱支护，套拱 I20a 架设后变形很快得以控制，拱顶、拱腰变形沉降曲线收敛趋势明显，变形稳定后最大沉降值为 446 mm。如图 5-61 所示。不同刚度支护情况下隧道拱顶沉降变形速率对比见表 5-19。

表 5-19 试验段拱顶沉降速率对比

支护形式	型钢支护试验段	格栅支护试验段	格栅＋套拱
最大沉降速率(mm/d)	50.9	97.2	9.4

综合时态曲线图 5-59～图 5-61 及表 5-19 可以看出：

(1)型钢钢架支护初期位移控制明显，但至二次衬砌施作时位移仍呈现上升趋势不收敛，因此施作的二次衬砌也会受到围岩形变压力作用；而格栅钢架支护初期围岩应力释放较好。

(2)对比图 5-60 和图 5-61 可以看出，套拱架设后，沉降速率及位移变小明显，变形可控，且其最终沉降值趋于稳定满足变形量预留要求。

(3)对比图 5-59 和图 5-61 可以看出“格栅＋套拱”联合支护体系在控制变形方面，优于型钢钢架支护，其位移呈现收敛态势，而型钢钢架支护位移无明显收敛，仍呈缓慢升涨趋势。

(4)设立“格栅＋套拱”支护与型钢支护后，均未超出隧道预留变形量，位移可控，但格栅＋套拱支护形式位移收敛时间短，收敛趋势明显。

2. 围岩压力对比分析

型钢钢架支护断面、格栅支护体系断面及“格栅＋套拱”联合支护体系断面围岩压力监测累计值分别见表 5-20～表 5-22，相应断面各测点的围岩压力时程曲线分别如图 5-62～图 5-64 所示，相应监测断面稳定后围岩压力分布图如图 5-65 所示。对比分析图如图 5-66～图 5-68 所示。

表 5-20 型钢断面围岩压力量测值(单位：kPa)

量测部位	拱顶	左拱脚	右拱脚	左边墙	右边墙	左墙脚	右墙脚
累计值	224	190	220	193	260	208	336
说明	拱顶、右拱脚观测 36 d(2012.04.25～2012.05.31)，左拱脚观测 33 d(2012.04.25～2012.05.28)，左边墙、观测 28 d(2012.05.01～2012.05.28)，右边墙观测 31 d(2012.05.01～2012.06.01)，左墙脚观测 28 d(2012.05.04～2012.06.01)，右墙脚观测 30 d(2012.05.05～2012.06.04)						

表 5-21 格栅断面围岩压力量测值(单位:kPa)

量测部位	左拱脚	拱顶	右拱脚	左边墙	右边墙	左墙脚	右墙脚
累计值	124	190	132	—	—	—	—
说明	拱顶、右拱脚、左拱脚观测 7 d(2012.11.07～2012.11.15),仅观测拱顶和左右侧拱脚						

表 5-22 格栅+套拱围岩压力量测值(单位:kPa)

量测部位	左拱脚	拱顶	右拱脚	左边墙	右边墙	左墙脚	右墙脚
累计值	157	207	151	141	193	164	195
说明	拱顶、右拱脚、左拱脚观测 51 d(2012.11.07～2012.12.27),左边墙、右边墙观测 40 d(2012.11.17～2012.12.27),左墙脚、右墙脚观测 39 d(2012.11.18～2012.12.27)						

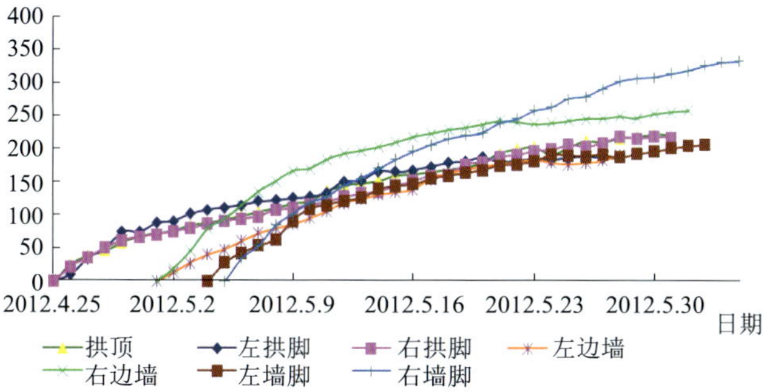

图 5-62 型钢断面围岩压力时程曲线

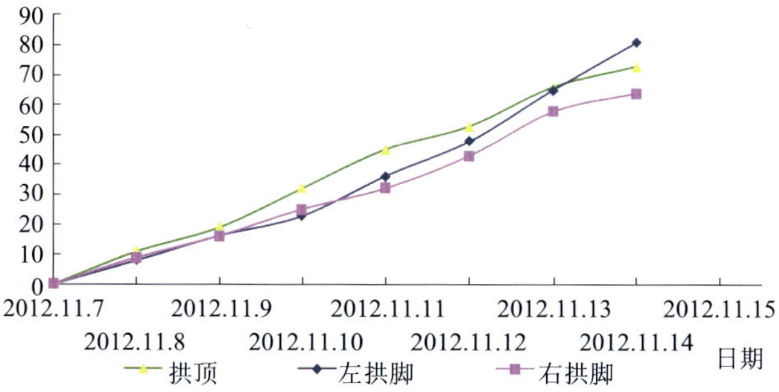

图 5-63 格栅断面围岩压力时程曲线

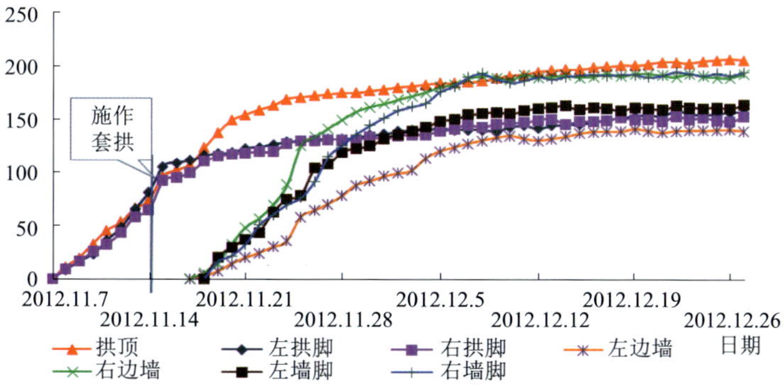

图 5-64 “格栅+套拱”断面围岩-初期支护接触压力时程曲线(单位:kPa)

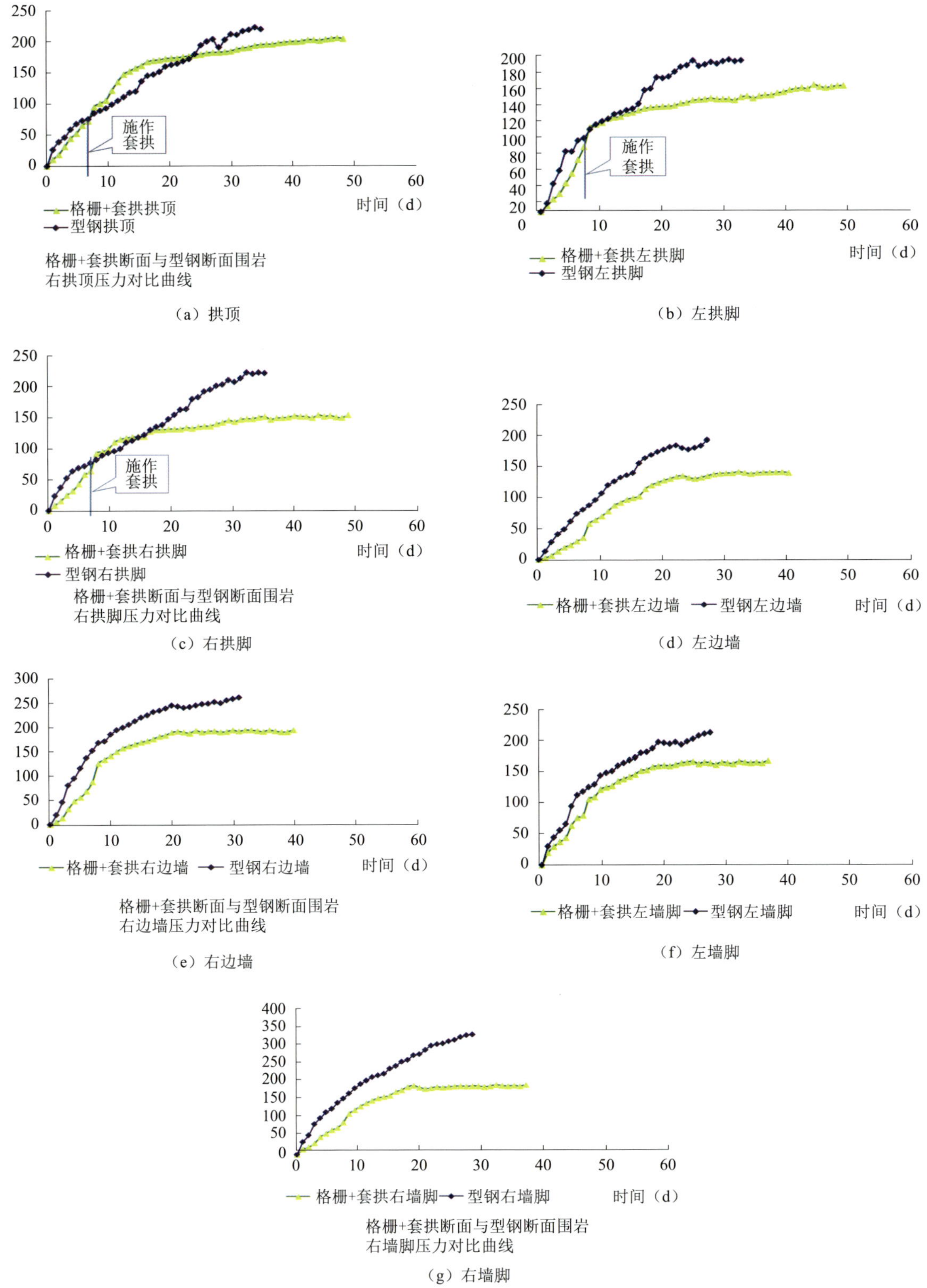

（a）拱顶 （b）左拱脚

（c）右拱脚 （d）左边墙

（e）右边墙 （f）左墙脚

（g）右墙脚

图 5-65　型钢与“格栅＋套拱”支护围岩压力时程对比分析曲线（单位：kPa）

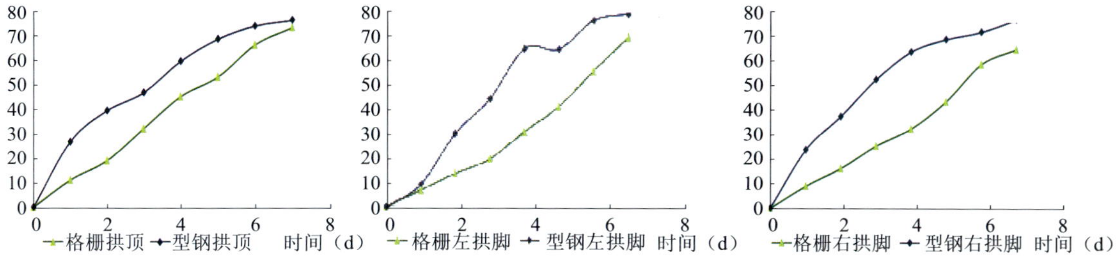

（a）拱顶 （b）左拱脚 （c）右拱脚

图 5-66 型钢与格栅支护围岩压力时程曲线对比分析（单位：kPa）

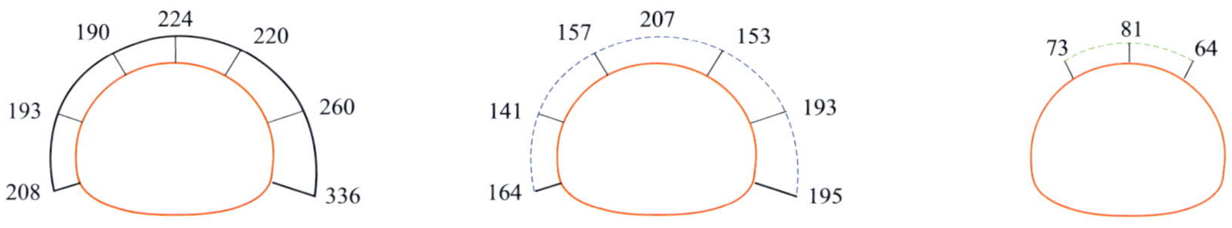

（a）型钢 （b）“格栅+套拱” （c）格栅

图 5-67 断面围岩压力分布（单位：kPa）

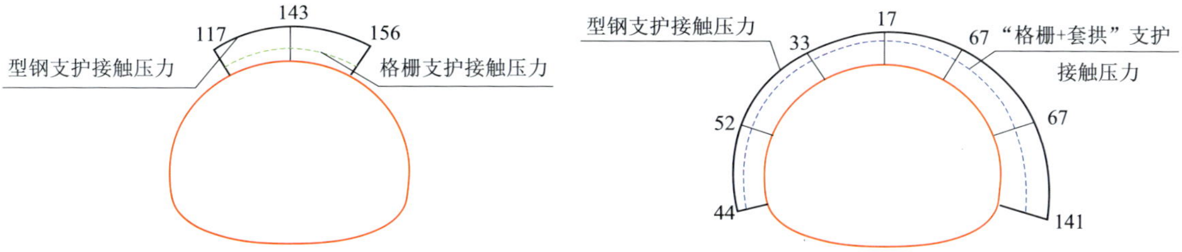

注：图中数据为型钢支护减去格栅支护的围岩压力的差值。

（a）型钢与格栅支护对比图

注：图中数据为型钢支护减去“格栅+套拱”支护的围岩压力的差值。

（b）型钢与“格栅+套拱”支护对比图

图 5-68 围岩压力分布对比分析（单位：kPa）

从围岩压力时态曲线图及分布图可以看出：

①型钢支护断面，围岩压力最大值位于右墙角处，为 336 kPa；而”格栅＋套拱”断面压力最大值位于拱顶处，为 207 kPa；格栅支护断面围岩压力最大值位于拱顶，为 81 kPa。型钢支护断面围岩压力大于“格栅＋套拱”断面和格栅支护断面。

②相对于型钢支护而言，格栅支护在套拱施作前受到的围岩压力较小，且缓慢增长；套拱架设后，围岩压力明显增大。

③“格栅＋套拱”支护断面在二次衬砌施作前全断面围岩压力基本处于稳定状态，而型钢支护断面局部围岩压力仍呈上升趋势，则二次衬砌结构会承担部分围岩压力。

3. 钢架应力对比分析

型钢钢架支护应力时态曲线如图 5-69 和图 5-70 所示，格栅钢架支护应力时态曲线如图 5-71和图 5-72 所示，格栅钢架支护应力时态曲线如图 5-73 和图 5-74 所示。通过对钢架应力时态曲线的统计分析给出了型钢钢架、格栅钢架与”格栅＋套拱”钢架支护的最终应力分布图，如图 5-75～图 5-78 所示。量测从初期支护钢架架设立即开始直到二次衬砌施作前结束，前后持续时间约 2 个多月。

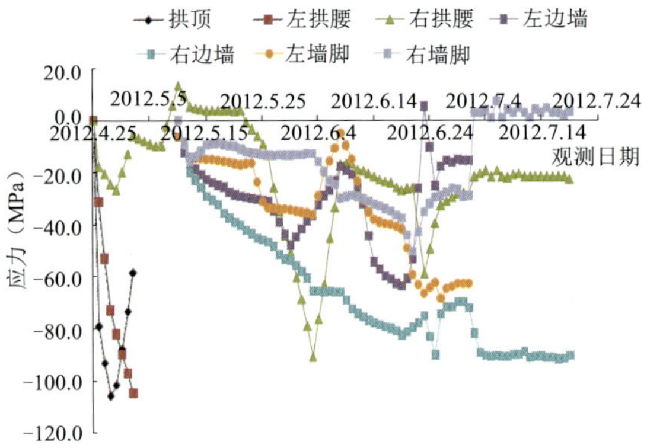

图 5-69　型钢断面钢架外侧应力时态曲线

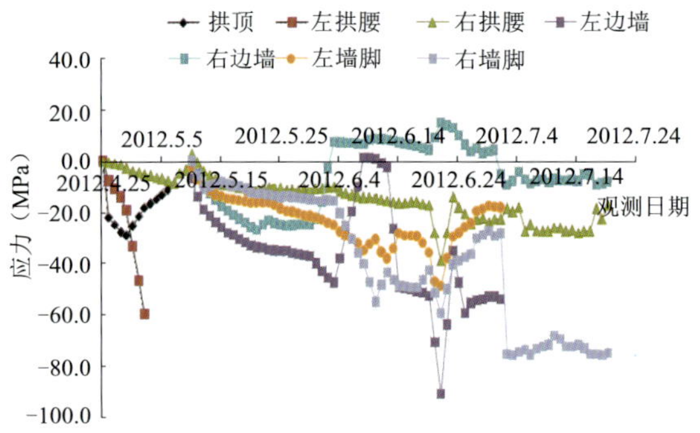

图 5-70　型钢断面钢架内侧应力时态曲线

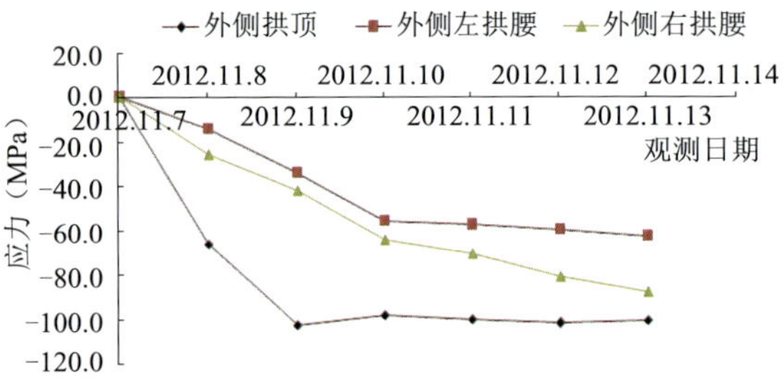

图 5-71　格栅断面钢架外侧应力时态曲线

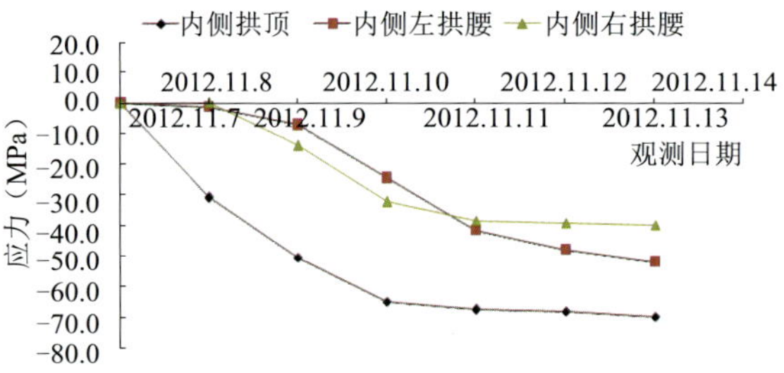

图 5-72　格栅断面钢架内侧应力时态曲线

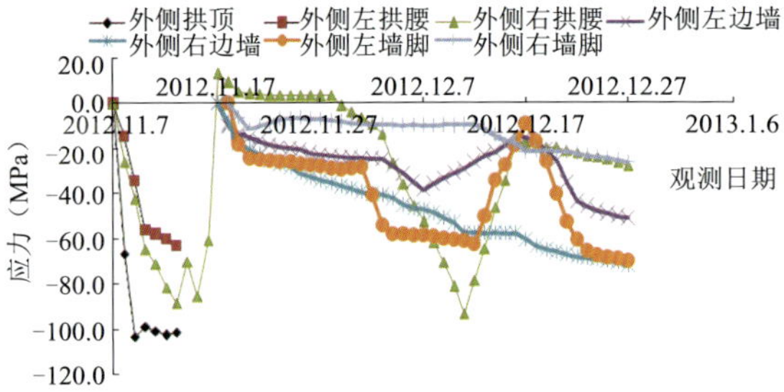

图 5-73　“格栅＋套拱”断面钢架外侧应力时态曲线

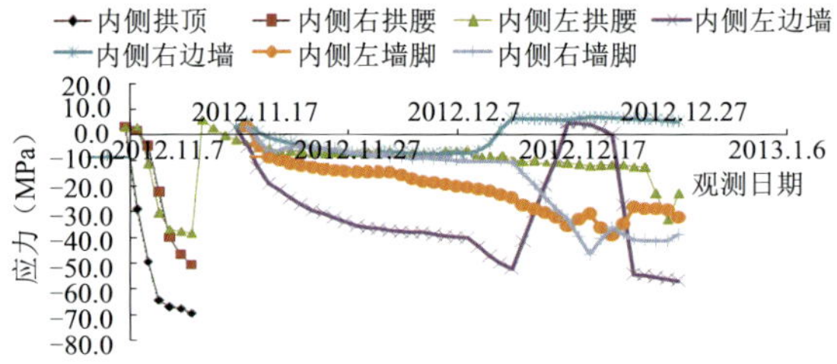

图 5-74　“格栅＋套拱”断面钢架内侧应力时态曲线

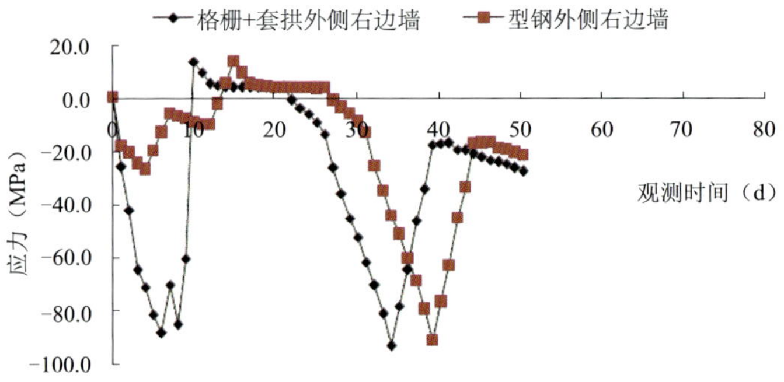

（a）右拱拱脚

图 5-75　型钢与格栅＋套拱支护外侧应力时态曲线对比分析

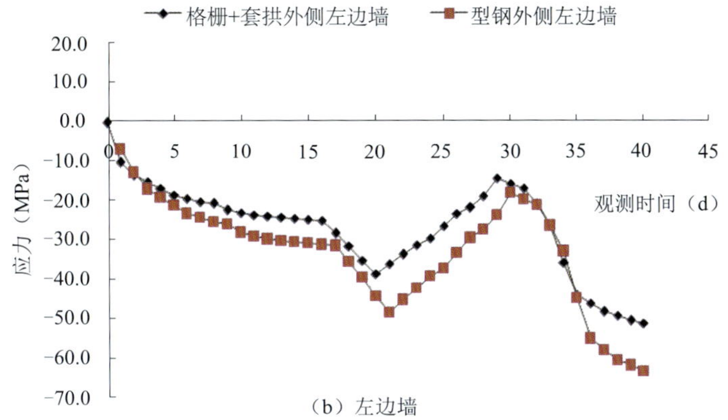

（b）左边墙

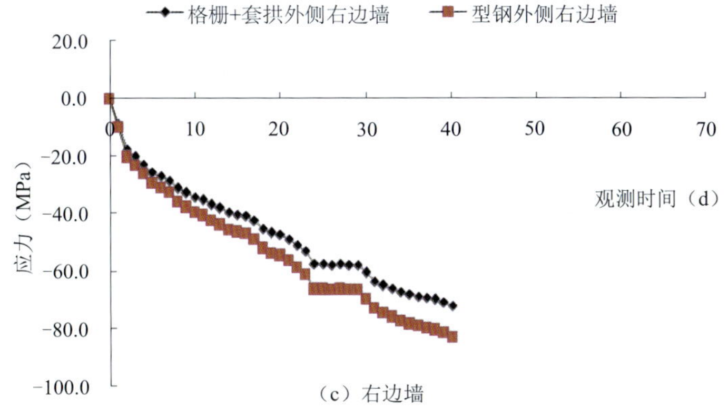

（c）右边墙

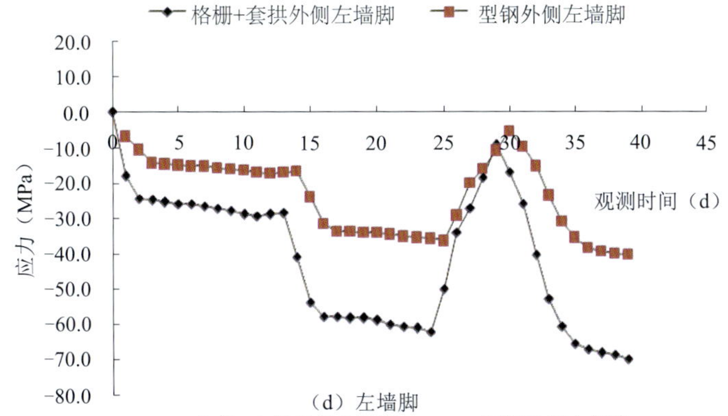

（d）左墙脚

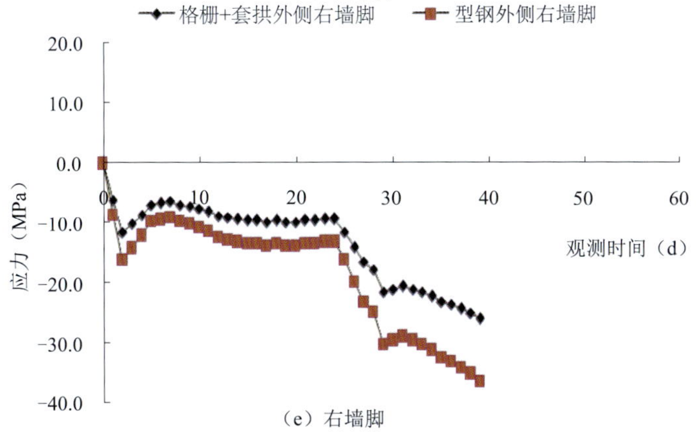

（e）右墙脚

图 5-75　型钢与格栅＋套拱支护外侧应力时态曲线对比分析(续)

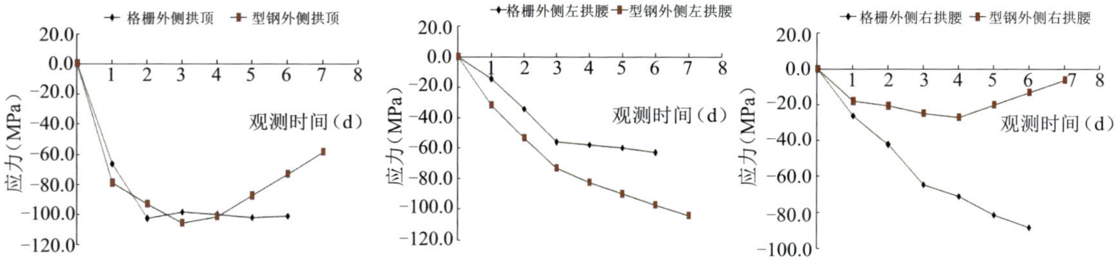

（a）拱顶 （b）左拱脚 （c）右拱脚

图 5-76 型钢与格栅支护外侧应力时态曲线对比分析

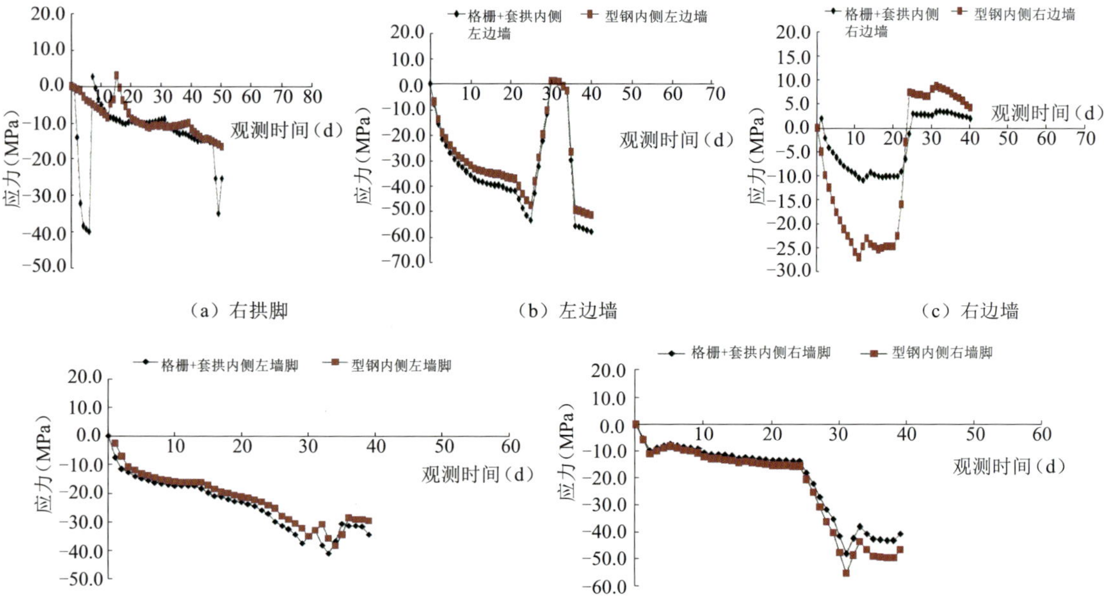

（a）右拱脚 （b）左边墙 （c）右边墙

（d）左墙脚 （e）右墙脚

图 5-77 型钢与格栅＋套拱支护内侧应力时态曲线对比分析

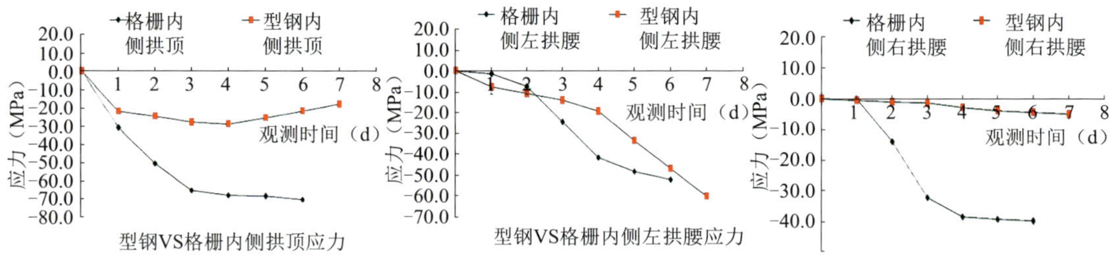

（a）拱顶 （b）左拱脚 （c）右拱脚

图 5-78 型钢与格栅支护内侧应力时态曲线对比分析

由图 5-79～图 5-82 应力时态曲线、分布云图及相关对比分析图的综合分析后可以得出：

(1)型钢钢架应力分布极不均匀，拱部应力显著大于边墙及墙角应力，拱脚部位次之，边墙及墙角部位最小。

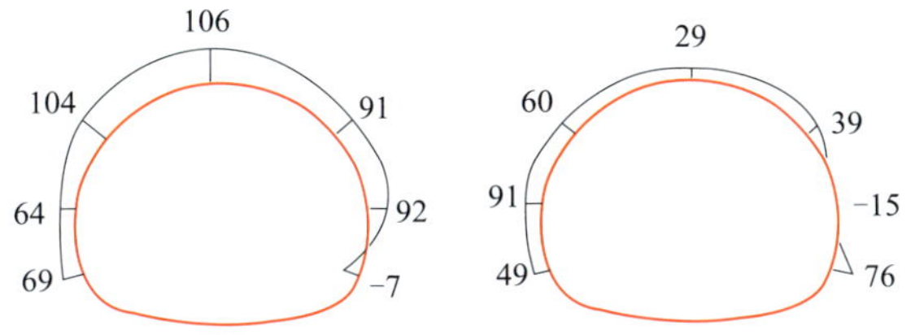

（a）外侧　（b）内侧

图 5-79　型钢断面钢架应力分布（单位：MPa）

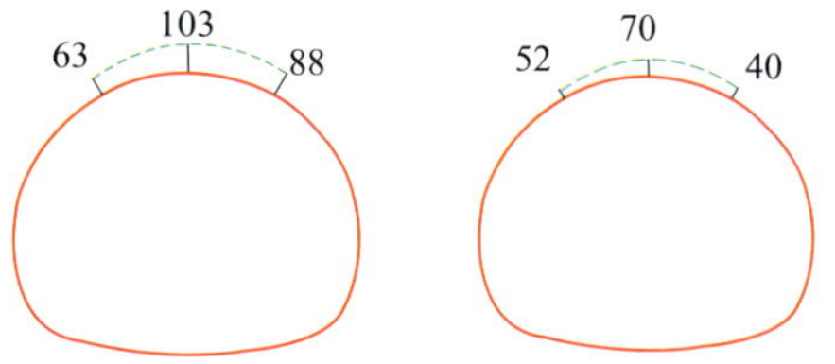

（a）外侧　（b）内侧

图 5-80　格栅断面钢架应力分布（单位：MPa）

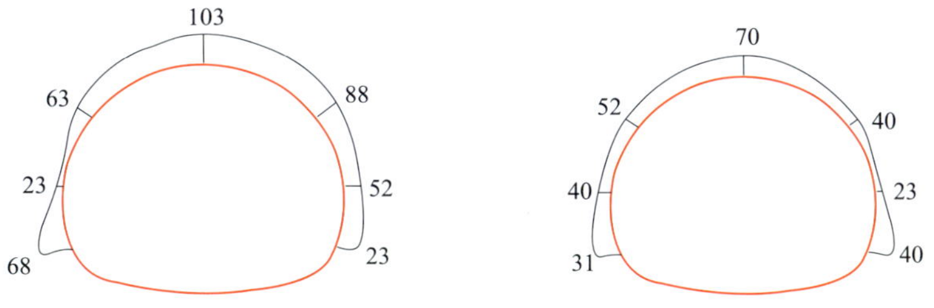

（a）外侧　（b）内侧

图 5-81　“格栅＋套拱”钢架外侧应力分布布（单位：MPa）

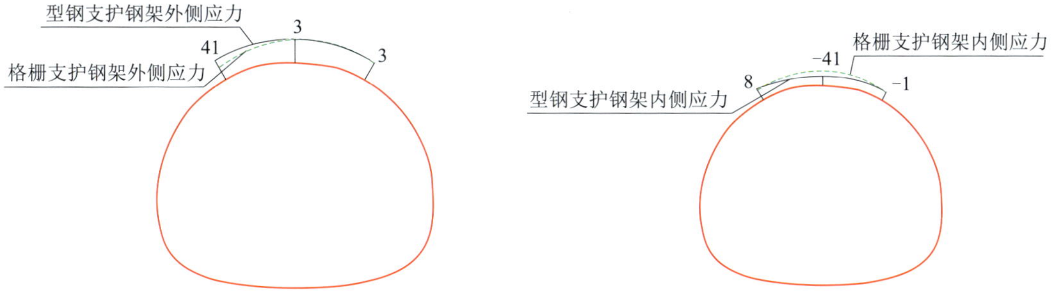

注：图中数据为型钢支护减去格栅支护的钢架外侧应力的差值。
（a）外侧

注：图中数据为型钢支护减去格栅支护的钢架内侧应力的差值。
（b）内侧

图 5-82　型钢钢架与“格栅＋套拱”钢架应力分布对比分析（单位：MPa）

（2）型钢钢架外侧、内侧压应力最大值分别为 106 MPa、91 MPa，内侧拉力最大值为 15 MPa；格栅钢架在施作套拱之前，钢架外侧、内侧压应力最大值分别为 103 MPa、70 MPa；“格栅＋套拱”支护形式下格栅钢架外侧、内侧压应力最大值分别为 103 MPa、70 MPa，即其在增加套拱之后，内外侧最大应力值未增加；以上应力值均未达到 Q235 钢材的抗拉、抗压的极限强度 375 MPa，符合要求。

（3）施工过程中型钢钢架在墙脚、边墙部位出现拉应力，全程未受压，符合隧道支护横截面轴线设计要求。

（4）对比型钢与“格栅＋套拱”和型钢与格栅的钢架应力分析，可知格栅钢架所受应力均整体小于型钢钢架所受应力。

第六节　薄层板岩隧道施工变形辅助控制技术措施

一、大拱脚

上台阶、中台阶、下台阶各个部位开挖后，架设钢架时，基脚部位虚渣清理干净，并在基脚处铺设 40 cm×50 cm×2 cm（长×宽×厚）的钢板，增加基底承载力，减小钢架的沉降，如图 5-83所示。

二、长锁脚锚管

为防止钢架落底失稳，拱顶钢架两侧接头处各打设一组（4 根）ϕ42 锁脚锚管注浆锚固，长 6 m，为防止中、下台阶开挖时，上、中台阶钢架沉降突变，上、中台阶底面两侧各采用 4 根 ϕ42 的小导管进行锁脚，锁脚锚管与钢架进行可靠连接。锚管打设角度应控制在斜下 30～45°，如图 5-84 所示。

图 5-83　型钢钢架大拱脚

图 5-84　成组锁脚锚固

三、钢腰带

为提高支护总体稳定性，防止纵向变形，钢架节点处、拱顶及两侧拱腰下方共增设 11 道 I18 型钢代替钢架纵向连接筋进行纵向连接。

四、湿喷混凝土施工技术

隧道喷射混凝土必须采用湿喷技术，结合软岩高地应力隧道的特点，为提高喷射混凝土的早期强度，优化喷射混凝土配合比，通过现场试验，实现其强度 3 h 达到 5 MPa，8 h 达到 10 MPa。

五、仰拱换填

仰拱按照原设计开挖后，隧底存在厚 20～30 cm 的虚渣，人工进行清理后，换填 20～30 cm厚 C30 混凝土，基底换填纵向长度不大于 3 m，左右两侧错开施工。换填完成后进行仰拱初期支护钢架施工，保证隧底无虚渣，减小隧道沉降、变形。

第七节 小 结

(1)本章分析了大梁隧道围岩以薄层板岩为主,节理裂隙发育、软弱破碎,风化较严重,岩体强度低的特点。结合大梁隧道薄层板岩的围岩强度试验、地应力测试和现场变形情况得出了大变形地段为高地应力挤压性软岩大变形。

(2)通过现场实测地应力,揭示了大梁隧道大变形地段的应力场为高地应力和极高地应力,并且水平构造应力起主导作用,水平主应力方向与隧道大角度相交,于隧道结构的稳定不利。分析围岩量测的数据,得出了大梁隧道发生大变形的特征为前期变形速率发展快,累积变形量大,变形持续时间长,支护结构破坏严重。

(3)通过地应力的现场测试及围岩特性的试验分析,揭示了大梁隧道薄层板岩地段为高地应力挤压型大变形,提出了相应的大变形四级分级标准,即:严重大变形、中等大变形、轻微大变形和无大变形。

(4)通过现场实测和数值模拟分析表明,系统锚杆对高地应力薄层板岩隧道的加固作用不明显。

(5)通过对单层格栅、单层 H175 型钢、“格栅+I20 型钢”双层支护的对比试验,得出双层支护控制变形效果最好,其次是单层 H175 型钢,单层格栅最差。

(6)利用围岩量测的统计分析,结合大梁隧道给出高地应力板岩隧道的拱部预留变形量可以取 500 mm,边墙预留变形量可以取 270 mm。

(7)施工中采取大拱脚、长锁脚锚管、钢腰带等一系列辅助措施,钢筋混凝土二次衬砌则依据现场监控量测结果择机施作,实现抵御部分变形压力的作用,共同形成系统的控制该隧道大变形支护体系。

通过揭示高地应力条件下高速铁路特大断面薄层板岩隧道变形机理,提出了薄层板岩隧道大变形的分级标准。通过对比试验分析,遵循“边让边抗、先柔后刚”的支护原则,得出有效的支护控制措施,并提出合理的预留变形量,克服了一度困扰施工掘进的难题,保障了大梁隧道施工安全和进度。

第六章　富水断层及软硬岩接触带隧道突水涌泥防治技术

地层岩性、地质构造、水文条件以及地形地貌等自然条件，造成了隧道施工中突水涌泥的客观存在。在我国铁路隧道建设史上，以宜万铁路马鹿箐隧道、渝怀铁路圆梁山隧道等一批岩溶发育地区隧道为代表，为我们提供了丰富、成熟的岩溶突水涌泥灾害的整治、处理技术。但由于隧道所处地质环境的多变性和施工过程的复杂性，相较于岩溶隧道，在特殊地质构造中软硬岩接触带隧道施工过程中，发生突泥涌泥的预测与处治措施鲜有报道，缺乏完整有效的技术措施和施工实践。本章依托大梁隧道实际情况，总结向斜翼部软硬岩接触带的突水涌泥灾变特征、形成机理、处治措，探求治理该类型地质灾害的防治与应急对策，以期为该隧道安全施工提供技术支持与工程实践。

第一节　隧道施工突水涌泥灾害情况

2013 年 3 月 30 日隧道在向出口方向开挖至 DK332＋266 处时，掌子面右侧拱腰部位突然发生掉块、坍塌，随即发生突水，三股直径约为 50 cm 的水柱自洞内右侧拱腰斜向下喷涌。涌水发生后对水量进行了监测，瞬时流量最大达 2 300 m^3/h，至 2013 年 4 月 2 日，掌子面处涌水量衰减至 800 m^3/h，涌水量趋于平稳，此后无明显衰减趋势，至 2013 年 4 月 16 日起掌子面涌水量渐渐增大，涌水量约 1 300 m^3/h。根据这一情况分析存在大规模突涌水的可能性，对掌子面设置了封堵墙，并留有泄水通道，同时加强了突涌水口的现场监测及预防工作，如图 6-1 所示。

一、第一次突水涌泥

2013 年 4 月 23 日 1:15，上台阶作业面(DK332＋239)发生大规模涌水，瞬间将掌子面堆码的挡墙冲毁，作业人员被冲出数十米远，上台阶作业面装载机被冲翻倒，造成现场作业人员多人受伤，多台施工机械损坏，附近多处排水管道损毁。经估算此次涌水瞬时突水量达 4 000 m^3/h，随水带出的砂石量约 500 m^3。瞬间突涌水发生后，涌水量随后逐渐衰减，截至 4 月23 日 8:30 涌水量衰减至 1 320 m^3/h。根据突涌水携带的泥石量计算，在掌子面形成一宽约 10 m、高度大于 30 m 的不规则空洞。

二、第二次突水涌泥

2013 年 5 月 22 日，原涌水点位置再次突发涌水，并携带涌出泥砂块石约 4 000 m^3，淤积隧道长度共 70 m，之后水量衰减为 400 m^3/h。5 月 23 日再次发生突水涌泥(石)，涌泥渣约 2 000 m^3。3～5 月两次大的突涌水携带泥渣约累计约 1 万 m^3。

（a）2013年3月30日掌子面突水

（b）洞内水位监测

（c）矩形堰实测流量

图 6-1　大梁隧道斜井出口方向突水

5 月 23 日连发两次突水涌泥，第一次在凌晨 3:40 左右，瞬间涌水约 3 000 m^3/min，持续 5 min；第二次在 7:30 再次发生突水，瞬间涌水约 2 000 m^3/min，持续 3 min，涌渣约 8 000 m^3，两次涌渣共计约 15 000 m^3，淤泥共计约 8 000 m^3。5 月 25 日以后涌水量基本稳定在500 m^3/h，如图 6-3 所示。

图 6-2　大梁隧道斜井出口方向第一次突水、涌泥

图 6-3　大梁隧道斜井出口方向第二次突水、涌泥

三、第三次突水涌泥

2013 年 7 月 31 日 5:50 已开挖段的掌子面后方 DK332＋237～DK332＋241 段线路右侧拱腰钢架发生变形，钢架突出 1～2 m，且钢架背后有管状涌水，水量约 300 m^3/h，水质浑浊，水量不稳。8:30 钢架受围岩挤压突出 2 m，DK332＋237 端头 2 榀钢架断裂，DK332＋241 已施作套拱段有 3 榀钢架发生变形。8 月 1 日 3:45 出口方向正洞 DK332＋237 右侧拱腰发生特大突水涌泥，大量泥石随水涌出，瞬间涌水量达 10 000 m^3/h，持续 2 h 后水量衰减，8 月 2 日6:55 水量减小至 1 500 m^3/h，8 月 3 日中午水量衰减到 800 m^3/h 左右。突出砂石坡脚已堆至 DK332＋119，坡顶在 DK332＋185，迂回平导口已完全封堵，泥渣量总计大约15 000 m^3。如图 6-4所示。

图 6-4 大梁隧道斜井出口方向第三次突水、涌泥

突水涌泥后，泥、石堆积至 DK332＋119，成分主要为破碎灰白色板岩及灰岩，板岩遇水极易软化，并崩解为粉末状，DK332＋237～＋266 段拱部上方形成一长约 50 m，高 35～40 m，宽 15～20 m 的空腔。

自第三次突水涌泥后，正洞涌水量快速降低，2013 年 8 月中旬数量为 250 m^3/h，8 月底水量为 120 m^3/h。

第二节 突水涌泥灾害特征和原因分析

一、灾害特征

在以往岩溶区及富水构造内隧道施工，由于开挖揭露了岩溶通道的组成部分、构造富水带或渗流击穿隧道洞壁而产生的水流、泥流突然涌出的现象。地表水、地下暗河以及溶洞性质、规模是突涌灾害发生的必要条件。大梁隧道突水涌泥灾害，是在向斜翼部由强挤压型致密的软弱板岩进入坚硬灰岩，属于软硬岩接触带突水涌泥灾害，相比较岩溶区，该地质灾害具有以下明显的差异化特征。

(1)超前预报难度大

灰岩中没有较大空间的裂隙和溶腔，小裂隙分布广泛，介质无明显突变差异。超前预报采取 TSP、雷达两种物探方法预报成果均未显现一次；板岩内有极高地应力的特点，强挤压性，与灰岩接触带非常致密。接触带犬牙交错，极不规律，现场实施的水平超前钻孔、超长炮孔两种钻探的方法，也未探测出涌水前兆。

(2)软硬岩层结合带突涌

突涌口无法稳定，不断坍塌扩大，朝着软岩方向，塌体持续扩大，不能持续排水，只能封堵加固；随着塌腔的扩大，灰岩裂隙疏通量加大，水量增加。

(3)无法形成排水通道，反复堰塞、突涌

常见的突涌具有：出口及腔体边界稳定、固定；涌出物数量有固定的、也有不固定的(但是沿稳定通道规律补充)；涌出物开始可能是泥石流状，但随排水时间延续会变成数量规律的清水。常见突涌处理方法为：排堵结合，以排为主，形成固定排水通道，释能降压，加固通过。大梁隧道的这次突涌水具有特殊性，出水口不断扩大，出水点不断向正上方、右拱腰之间来回移动，涌出物由水、泥、石块组成，密度、数量增大，无法形成排水通道，勉强形成的，或被泥石流破坏，或被堰塞，后出水口上移，从堰塞缝流出，逐步减小，持续二十多天，再次突涌，反复6次。

(4)涌出物为泥石流，破坏性大

水流不断冲刷、侵泡板岩，形成连续的泥石流物，重度大、危险性大。

(5)塌腔体内隐蔽性强，难以判断

随着堰塞体出水量越来越小，理论上存在两种情况，一是涌水衰减，补给越来越小，趋于稳定，可以考虑加固处理；二是内部水被堵死，存在于渣体上部，越积越高，压力越大，会发生更大突涌，危险性增高。这两种情况外表无明显区别，钻探由于渣体卡钻和渣体太高的原因也难以判断。

(6)高原缺氧，人工机械效率低下，抢险遇到新问题

隧道抢险关键是快速反应，而该掌子面位于海拔3 800 m的隧道内，自然条件极其恶劣，人员、机械降效、人员反应迟钝，给事件处理带来较大难度。

二、灾害原因分析

1. 水文地质条件

突涌水段为大梁向斜的北西翼，地层为奥陶系中统板岩、灰岩，岩层产状N50°W/36°N。灰岩呈灰白色，节理裂隙发育，板岩为薄层状，节理裂隙不发育，如图6-5所示。涌水段对应地表为山脊间谷地，地形相对较平缓，如图6-6所示。高海拔地表覆盖有常年积雪，隧道涌水处埋深约530 m。隧道通过区地下水类型主要为岩溶裂隙水和构造裂隙水，富水程度属中等富水，地下水主要接受夏季降雨及冰雪融水补给，水量丰富。

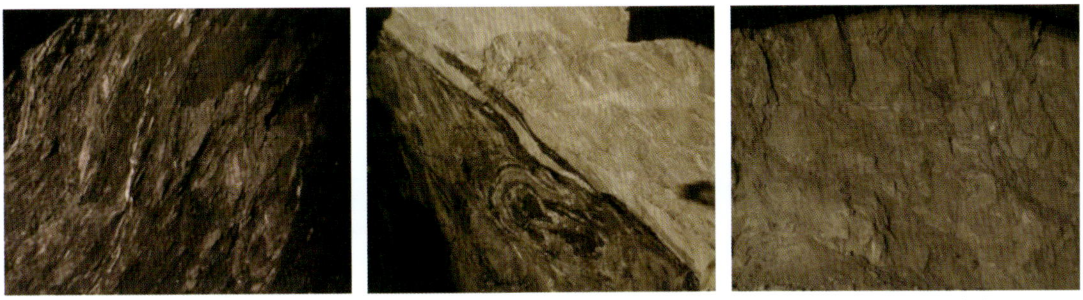

(a) DK332+114炭质板岩　(b) DK332+170灰岩　(c) DK332+264灰岩

图6-5　向斜翼部突涌水段板岩、灰岩接触带

（a）涌水段地表谷地　（b）地表常年积雪　（c）地表可见积水及风化薄层片状板岩

图 6-6　向斜翼部突涌水段地表

(1)地质条件

DK332＋266 突涌水段为富水向斜的一翼，地层为奥陶系灰岩夹板岩，突涌水位置为灰岩与板岩的接触带，灰岩属含水岩组，板岩相对隔水，开挖至灰岩含水岩组发生突涌水。同时，灰岩垂向节理裂隙发育，使向斜层间水相互连通，水量大。

(2)补给来源

向斜核部位置地表基岩裸露，节理裂隙，地形相对较平缓，局部地势低洼，有利于降雨和融雪水的入渗补给。2013 年 5 月份地表调查时，积雪开始融化，未发现融雪水汇集形成坡面径流。同时，在洞内涌水量观测中发现洞内涌水出现昼夜波动现象，说明地表水受融雪水补给关系密切，补给径流条件畅通。

(3)含水体厚度

隧道洞身处埋深较大(埋深约 530 m)，洞身上方含水体厚度大，节理裂隙发育，节理裂隙和层间赋存了较大的地下水静储量。由于静储量大，水头压力高会造成隧道突发大规模涌水。

2. 涌水量监测

DK332＋266 发生突涌水后，对涌水量进行了连续观测，观测曲线如图 6-7 所示。根据观测数据分析，涌水大致分为两个阶段，2013 年 3 月 31 日至 5 月 25 日为静储量水释放期，涌水量约 2～3 万 m^3/d；第二阶段为 5 月 25 日以后，涌水主要以动态补给量为主，涌水量约 5 000～7 000 m^3/d。

图 6-7　DK332＋266 涌水量观测曲线

3. 突水涌泥机理

DK332+266 出现 3 次大型的突水涌泥，形成机理大体一致，规律性较强，从涌水开始至 4 月23 日是水量由小逐渐变大的过程，受气候影响，补给量不断增大，破碎岩体节理裂隙被疏通，4 月 23 日水量达到峰值，由于水量大、动力足，造成塌方的同时裹挟出大量泥石；4 月 23 日至 5 月 24 日水量逐渐减少，但在 5 月 22 日前几天水量观测中涌水量明显减少，分析为 DK332+266 溃口被涌水的泥砂及块石淤积堵塞，造成 5 月 22 日、23 日再次发生突水、涌泥。经过两次大的突涌水，水量基本达到大致稳定，涌水量保持在 6 000 m^3/d 左右。

对 7 月 31 日至 8 月 2 日突水、涌泥形成原因初步分析，气温升高积雪不断融化下渗及雨季降水的直接入渗补给，使已形成的降落漏斗再次充满地下水，静水压力增大。同时，掌子面小里程方向岩体破碎，节理裂隙充填物较多，受前两次大型突涌水携带大量固体物质影响，破碎岩体局部结构发生变化，原来排水出口受泥砂及块石再次淤积堵塞，形成新的突水口。7 月 31 日至 8 月 2 日突水涌泥后，对整个突涌过程进行了连续观测，观测曲线如图 6-8 所示。根据 DK332+237～DK332+241 监测资料，也验证了上述分析。根据观测分析可将一次突涌划分为 4 个阶段，即：

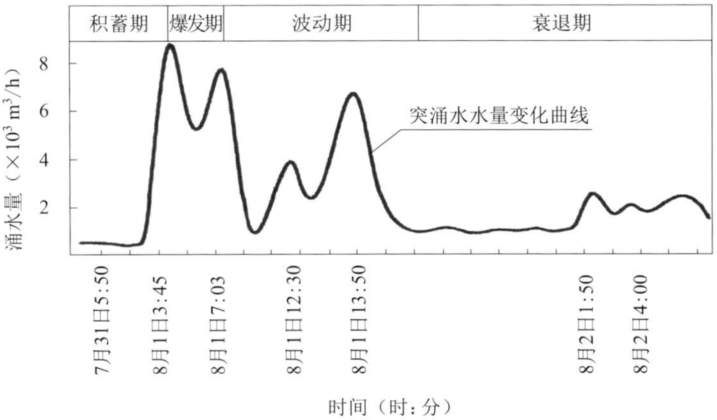

图 6-8　DK332+237～DK332+241 突水突石发展过程监测曲线

(1)突涌水能量积蓄期：形成和发展能量积蓄的过程；

(2)突水突石爆发期：受前期突水涌泥影响，围岩已出现不同程度的扰动，能量积蓄过程中，压力增大，围岩支护强度不足，形成蠕动变形并开裂造成突涌；

(3)突涌水波动期：水量、能量衰减，前方堆积体阻力加大，泥石涌出停止，仅水量出现波动；

(4)突涌水衰退期：静储量水明显衰减，涌水以动态补给为主。

第三节　防 治 技 术

一、预报技术

在隧道的施工过程中，突水涌泥地质灾害是客观存在的，关键是如何进行积极的预灾、避灾和减灾，最大限度减少财产损失，防止发生安全事故。针对此类突水涌泥灾害，因其突涌水无明显前兆，且蕴藏位置无规律可循，施工中建立综合超前地质预报预测流程。采用工程地质调查法（含地表调查、地质素描）、物探法（含弹性波反射法、电磁波反射法、红外探测法和高分辨直流电法）和钻探法（超前地质钻孔和加深炮孔）相结合的预测方法来推断掌子面前方的地质情况和水文情况，建立起"有疑必探、先探后挖、不探不挖"的探挖原则和安全施工体制，以达到积极预灾、避灾和减灾的目的。

结合各种地质预报方法的特点，制定隧道施工综合超前地质预报方法流程如图 6-9 所示。首先通过工程地质调查，查清隧道所在区域的构造地质情况，为隧道超前地质预报提供前期资料；同时在隧道施工过程中及时进行掌子面地质素描，关注地层岩性、节理裂隙发育以及地下水出露情况，为 TSP203 地震波或地质雷达预报的实施提供建议；当接近软硬岩接触带时，采用地质雷达和红外探水进行更精确的短期预报，对可能出现的突水突泥区（带）通过施工超前水平钻和加深炮孔进一步确认，钻进过程中关注是否回水、钻进速度变化以及返渣的岩性变化等。

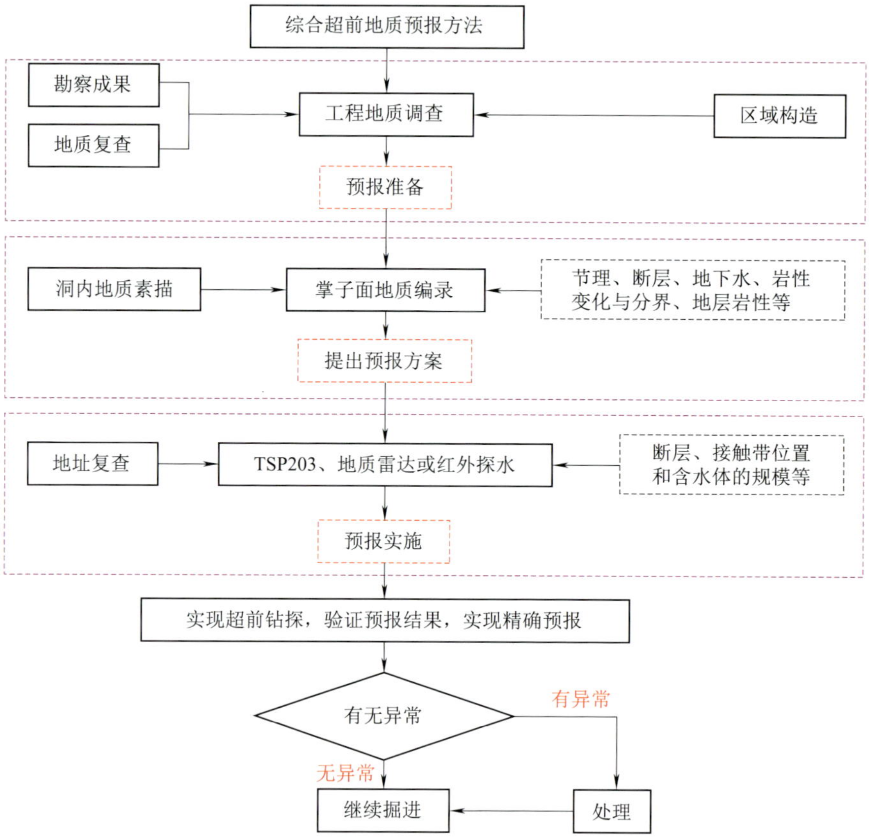

图 6-9 突水涌泥灾害综合超前地质预报方法流程图

1. 洞内掌子面地质素描编录

大断面隧道施工中，在两种不同性质的围岩交界处，一定会有一个大的张型断层，该断层可能在交界处，也可能离开该交界点一定距离。施工时，决不能认为设计距离到交界点较远，就大意、松懈了，相反更需要小心谨慎。该案例中，张型断层就离开实际开挖揭示的接触带

120 多米。彼时，开挖掌子面揭示围岩为灰色板岩，薄层状，构造节理裂隙发育，岩体破碎。在右侧拱腰揭露较坚硬孤石，灰白色，孤石的直径范围为 20～40 cm，两种岩体结合较紧密，界面无填充物，随着开挖掘进一直延续到了突涌点。开挖面未见地下水，但围岩呈潮湿、湿润状。如图 6-10 所示。

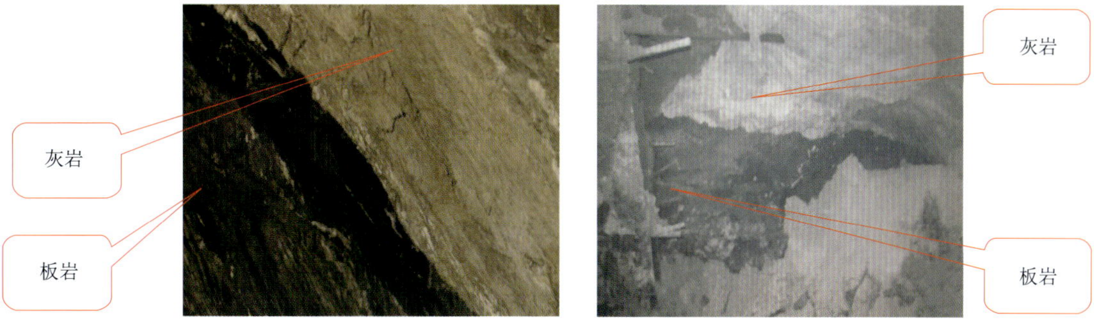

图 6-10　洞内掌子面地质素描编录

2. 第一次地质雷达探测

大梁隧道斜井辅助正洞出口方向施工至 DK332＋140 时，中强风化灰色板岩，岩质较坚硬；泥钙质胶结，结合较差，板状结构，薄层状，裂隙较发育，右拱腰部有裂隙发育，围岩整体性较差；掌子面潮湿，松散结构。

在掌子面测点布置如图 6-11 所示，每隔 20 cm 布置一个测点。通过综合分析处理地质雷达采集的数据，其时间深度剖面如图 6-12 所示。

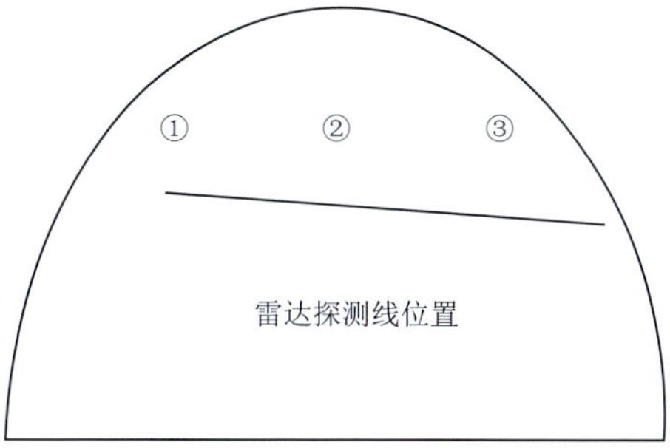

图 6-11　测点布置示意

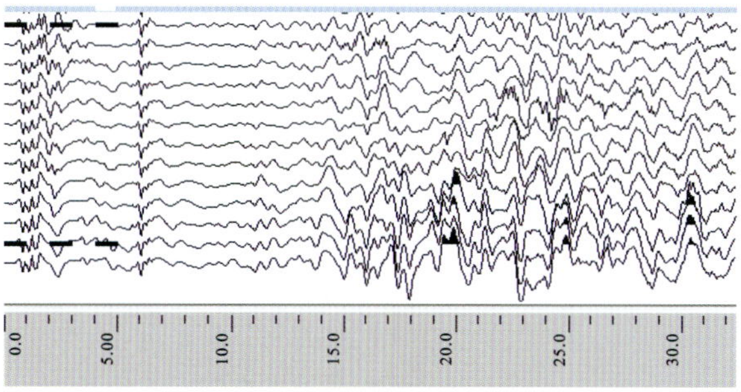

图 6-12　DK332＋140 处实测雷达图像

由图 6-12 可看出，大梁隧道斜井 DK332＋140～DK332＋170 段：根据雷达探测的图像显示，在 DK332＋140～DK332＋155 段雷达波形较单一，波幅较小，推断本段围岩整体为中风化灰色板岩，岩质较坚硬，节理较发育，完整性、稳定性较差；在 DK332＋155～DK332＋170 段雷达波形较紊乱，波幅较大，推断本段围岩裂隙发育，完整性、稳定性差，松散结构。

3. 第二次地质雷达探测

大梁隧道斜井辅助正洞出口方向施工至 DK332＋170 时，灰色板岩，强风化，薄层状，节理裂隙发育，拱部有裂隙发育，围岩整体破碎，稳定性差。右侧拱腰揭露较坚硬孤石，松散结构。

在掌子面测点布置图如图 6-11 所示，每隔 20 cm 布置一个测点。通过综合分析处理探地雷达采集的数据，其时间深度剖面如图 6-13 所示。

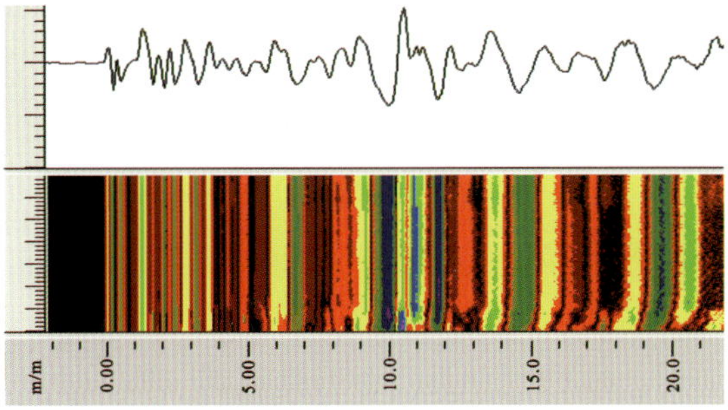

图 6-13　DK332＋170 实测雷达图像

由图 6-13 可知，大梁隧道斜井 DK332＋170～DK332＋200 段：根据雷达探测的图像显示，在 DK332＋170～DK332＋200 段雷达波形较紊乱，波幅较大，推断本段围岩节理、裂隙发育，节理切割岩体形成大量松散小块体，松散结构，岩性有变化。

二、预警系统

为强化风险隧道安全监控，采取科技手段，在大梁隧道Ⅰ级高风险隧道设置了安全预警预报监控系统，极大地提升了突水涌泥风险隧道在安全和施工现场信息化的管理水平，有效地预防了隧道施工安全事故的发生，使安全风险始终处于受控状态，为隧道施工安全提供了可靠的技术保证。

1. 系统概述

风险隧道安全预警预报监控系统包含人员识别定位、视频监控、声光报警三个子系统。该系统是在第二代无线射频(RFID)识别技术、无线视频监控技术的基础上，集隧道视频监控、施工人员考勤、区域定位、隧道逃生声光报警、灾后急救、日常管理等功能于一体，同时结合先进的通信、计算机及网络技术将洞外监控室控制系统接入互联网，实现远程视频监控和人员定位查询等功能，并随时随地为视察工作提供了手段。

人员识别定位和视频监控子系统通过在隧道内安装摄像机和人员定位读卡器等，详尽掌握人员进出情况和现场施工状况，再通过 5.8 G 无线网桥将数据传输至洞外监控室，进行监控和备份。洞外监控室光纤接入后，可以将洞内视频画面和人员运动轨迹传输至相关单位供领导随时检查，使管理人员能够随时掌握施工现场人员的分布状况和每个人员、机械设备的运动轨迹，便于进行更加合理的调度管理。声光报警子系统是在事故发生时，洞内安全员或洞外值班人员通过手持无线报警机向洞内发出报警逃生信号,提示人员迅速撤离现场,洞内同步启动紧急照明,为施工人员指明逃生方向。同时,救援人员也可根据人员定位系统所提供的数据、图形,迅速了解有关人员的位置情况,及时采取相应救援措施,提高应急救援工作效率。预警预报系统结构图如图 6-14 所示。

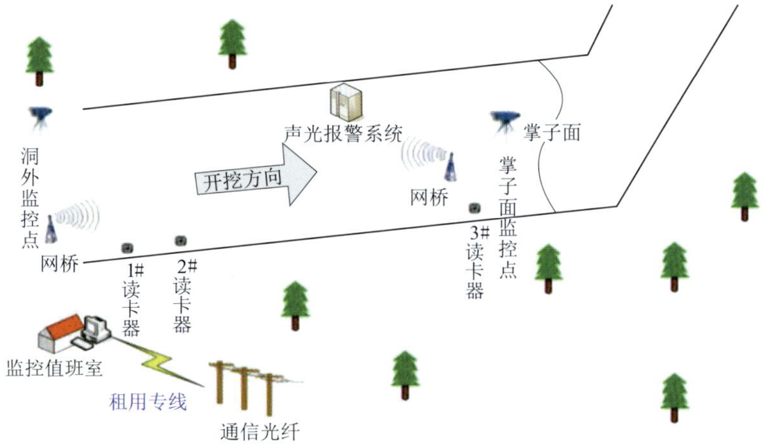

图 6-14　预警预报系统结构图

2. 系统结构及功能

(1)人员识别定位子系统

1)系统结构

隧道人员识别定位系统由读卡器、芯片、软件系统三部分构成。洞内安装三个读卡器,位置分别为洞内 50 m、洞内 120 m 和掌子面 80 m。施工人员安全帽内安装芯片,当施工人员经过隧道内读卡器时,立即被系统识别,并通过系统网络将此人通过的路段、时间等信息传输至安全监控中心记录,同时在 LED 大屏幕上显示通过人员的姓名等信息。

2)系统主要设备

人员识别定位子系统主要设备如图 6-15 所示。

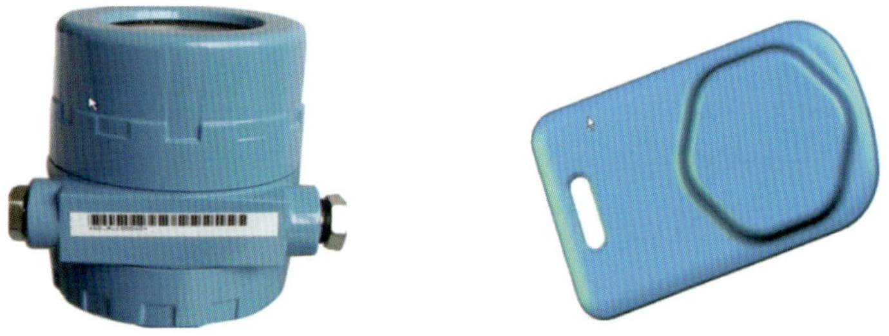

(a) 数据读卡器　　(b) 标识卡(芯片)

图 6-15　人员识别定位子系统主要设备

3)系统核心功能

动态显示功能:任一时间查询并显示某个区域人员及设备的身份、数量和分布情况;查询一个或多个人员及设备现在的实际位置、活动轨迹。

设置报警功能:系统能够根据施工管理的需要通过设置警戒区域。例如:在隧道内进行爆破时,将爆破作业面设置为警戒区域,如果有非授权人员在该时间段进入警戒区域,系统自动报警。

查询统计功能:施工人员查询,可以按照自定义组合条件对施工人员当前区域、滞留时间及带班领导等进入隧道相关情况进行查询;工人分布查询,对隧道各区域的施工人员分布情况进行查询,使管理人员可方便的知道特定区域的工作人数;未到达区域查询,用以督察和考核相关责任人跟班情况,查询特殊工种是否到达了其工作范围的所有区域;施工人数统计,可以根据日期对进出隧道的施工人员数量进行统计;区域人数统计,可以任意设置和管理相关施工区域,自动进行区域人数统计。

考勤管理:部门考勤查询,可按部门及各种指定条件进行人员的出勤情况查询,如:编号、姓名、班次、工种、部门等查询条件;可按任意条件自动排序;员工考勤查询,可按各种指定条件进行人员的出勤情况查询,如:编号、姓名、班次、工种、部门等查询条件;可以按任意条件自动排序。人员识别定位系统界面如图 6-16 所示。

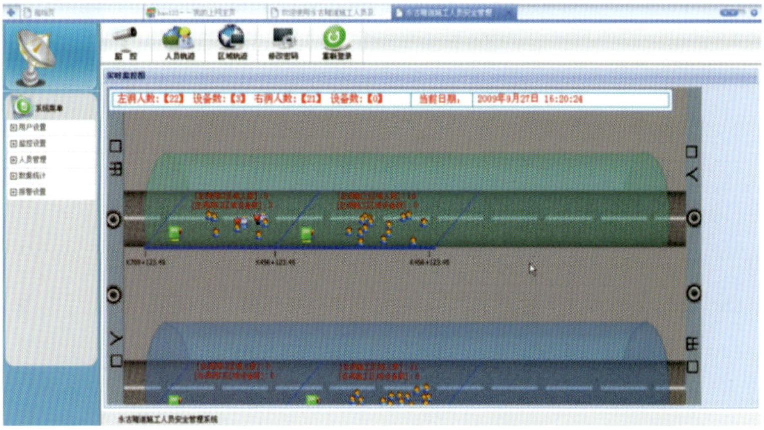

图 6-16　人员识别定位系统界面

(2)视频监控子系统

1)系统结构

视频监控系统采用先进的视频压缩技术、无线传输技术以及数字视频软件管理技术有机结合。该系统由前端摄像机、无线传输、监控中心三部分组成。前端摄像机负责视频信号的采集,并经过视频服务器编码转换为数字信号。传输部分用无线网桥或光纤将数字信号以无线的方式发射、接收、汇集到监控中心。监控中心采用多级架构技术,分散监控,集中管理,查看实时图像的同时,并且对每路图像实时录制。

2)系统主要设备

前端部分:前端设备为带云台的球形摄像机,经过编码器编码后传给控制中心,如图 6-17 所示。

传输部分:传输采用目前主流的 2.4 G 或 5.8 G 无线网桥进行实时传输。

监控中心:主监控室采用 1 台监控主机对传输回来的视频信号进行实时预览、录像、回放等功能操作。监控画面如图 6-18 所示。

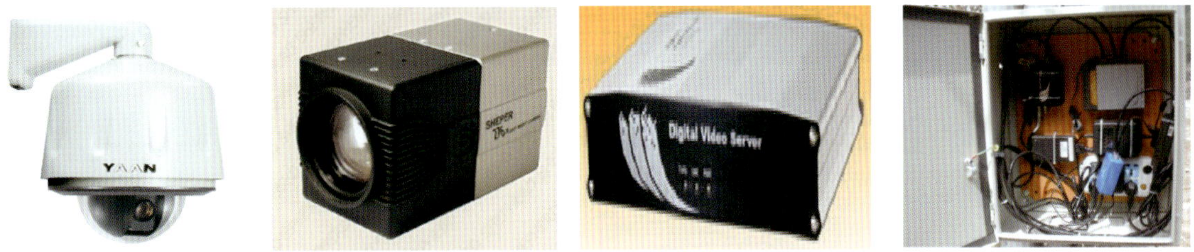

（a）室外球形摄像机　（b）摄像机机芯　（c）视频服务器　（d）设备控制箱

图 6-17　视频监控系统前端部分主要设备

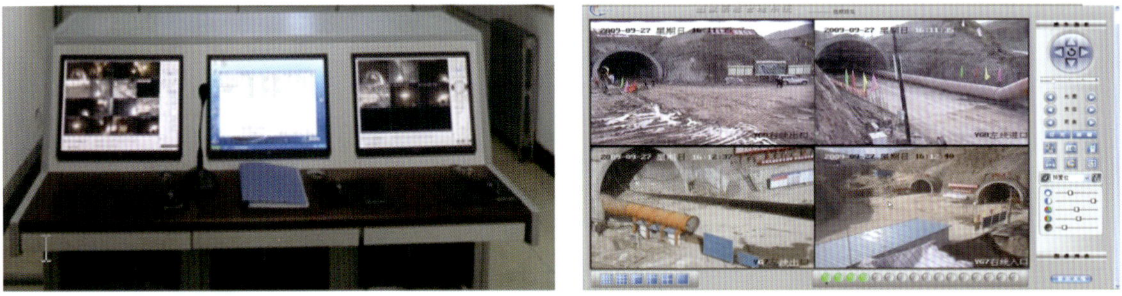

图 6-18　视频监控系统监控画面

3)系统主要功能

无线网络图像传输：从监控点至监控中心，所有传输采用无线网络传输，不受地域的限制，调整灵活。

多存储服务器图像记录：各隧道的图像分别记录在独立的服务器上，通过互联网将各个服务器连接在一起，既无限地扩大了存储空间又使各个服务器独立运行，互不干扰。

图像回放：网络内的任意授权用户可以通过软件对图形进行多种方式的回放。

图像监视：用户通过计算机屏幕或监视器可以观察已经授权的所有摄像机的图像。

(3)声光报警子系统

1)系统结构

隧道声光报警子系统是在事故发生时为洞内施工人员提供声光报警警示，提示人员迅速撤离施工现场，同时洞内启动紧急照明，为施工人员指明逃生方向。系统结构如图 6-19 所示。

2)系统主要设备

隧道逃生声光报警系统主要由声光报警主机、安全逃生指示牌、手持无线报警机、应急照明灯等构成，如图 6-20 所示。声光报警主机，用于接收安全管理人员的报警信号，触发声光报警；同时，启动紧急照明系统，指示人员逃生。

3)系统功能

当有施工事故发生时，洞内安全管理人员或洞外值班人员通过手持无线报警机向洞内发出报警逃生信号；报警主机接收到信号后，立刻启动声光报警，提示洞内施工人员紧急撤离施工现场。同时，洞内独立供电照明系统启动，为施工人员指示逃生道路，为人员撤离提供安全保障。

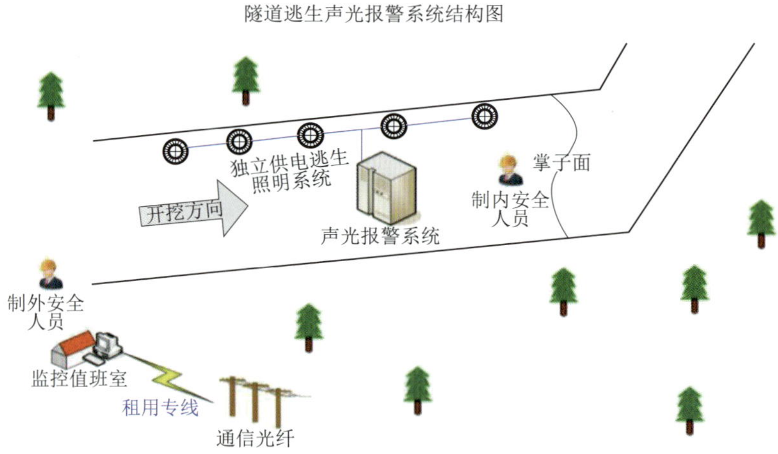

图 6-19　隧道声光报警子系统结构图

（a）声光报警主机　　（b）安全逃生指示牌　　（c）手持无线报警机

图 6-20　隧道声光报警子系统主要设备

4)数据传输系统简介

数据传输系统由 ZXEIS 系统提供上层管理。系统支持多种传输方式，支持混合组网，而且具备向上级网管中心提供数据的能力，便于日后纳入更高级别的统一网管系统，系统组网图如图 6-21 所示。

3. 系统维护与管理

(1)成立组织机构

为充分发挥监控系统的作用，确保监控系统和人员安全管理系统正常、稳定运行，项目部应成立由经理任组长、总工程师和安全总监为副组长，各部门负责人及施工队队长任成员的风险隧道安全管理监控系统维护领导小组，领导小组办公室设在安质环保部，负责安全监控管理系统的日常工作。

(2)制定维护及管理制度

主要包括监控室管理、监控管理员职责、监控室设备维护、洞内监控设备维护、射频标识卡（芯片）管理、检查考核制度等。

(3)维护及管理措施

1)设置安全管理监控系统的隧道必须安排专门的系统管理人员，并实行 24 h 轮换值班制度，监控管理员必须严格按照规定时间上下班，不准随意离岗离位，个人需处理事务时，应征得本单位负责人的同意并在有人顶岗时方可离开。

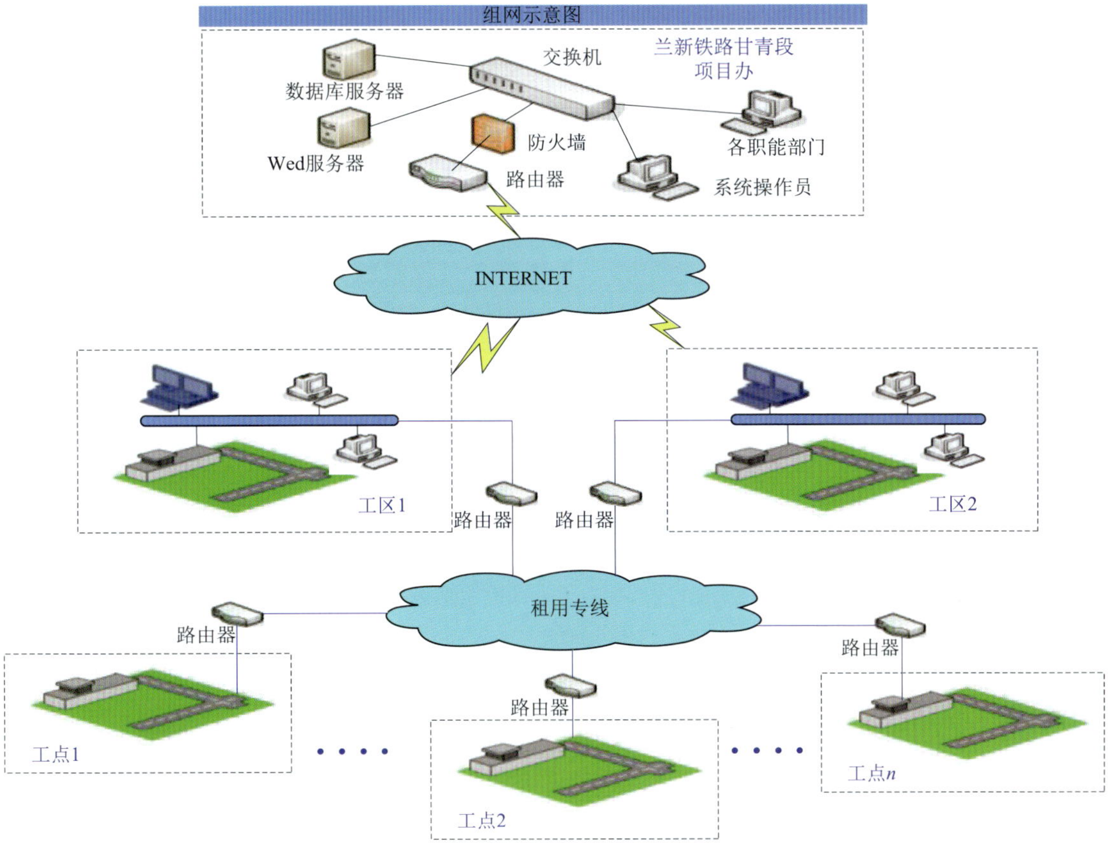

图 6-21 数据传输系统组网图

2)严格按规定操作步骤进行操作，密切注意监控设备运行状况，保证监控设备安全有序，不得无故中断监控，删除监控资料，否则，出现情况由各隧道口负责人负责。

3)监控用的计算机不得做与监控工作无关的事情。

4)监控系统软件除监控管理人员和系统维护人员及上级领导可以操作外，其他人员严禁操作。同时，不得随意修改系统里的软件参数。

5)非系统维护人员不得拆卸设备、打开机柜、机箱，不得随意切断设备供电电源。

6)隧道内监控光纤铺设和动力线在一起(光纤内为玻璃纤维，不会对动力线路造成任何影响)，电工或施工人员挪动动力线路时，需要将光纤一起挪动，不能将光纤单独放在地下置之不理，导致光纤损毁；各隧道口电力设备管理人员要确保隧道内监控设备供电稳定，以保障设备正常运行。

7)实行进洞人员“一人一卡一帽”制，进入隧道的施工人员必须佩戴属于自己的安全帽并配有芯片，安全帽上的芯片不得随意拆卸、调换，凡芯片丢失者，必须及时申请补办；对离职人员在办理离职手续的时候必须将芯片收回。

8)屏幕显示图应采用矢量格式，能够使图在放大时不失真；能够从图上测量出导坑的长度；能够真实反映出基站的位置；能够在图上实时显示隧道内作业人员的位置，不同职务的人员在图上以不同颜色的图片显示。

9)携卡人员轨迹回放维护,确保查询到近期内所有作业人员在工作区域内的活动线路及在各处停留的时间;发生事故后系统可以作为搜救系统使用,即配备检测仪后能够寻找隧道内携卡人员位置。

10)系统故障自我诊断的维护。当通信线路断开,无法访问到工作面某个基站时,监控中心软件系统会立即以语音或文字方式提示管理人员进行故障处理;信息识别卡采用自备电源,能够工作至少3个月,识别卡做到可以主动与基站进行信号连接。

11)采取定期检查与不定期抽查的方式,检查施工过程中对安全管理监控系统管理制度的执行情况及仪器设备的完好情况,如所有进洞人员是否均携带人员信息识别卡,识别卡信息与携带者是否一致,射频读卡器是否随掌子面掘进而及时跟进,与开挖工作面的距离是否在有效范围内,仪器及电缆是否有损坏等。

12)对信息数据及时留存备份,并设定管理权限人。

三、综合治理技术

突水涌泥发生后,经反复专家方案论证,形成了“正面封堵、左侧迂回、高位截排”的施工原则,施工方案示意图如图6-22所示。针对突水涌泥,制定了“两端夹击、排水降压、注浆加固、管棚支护”的总体处理方案。

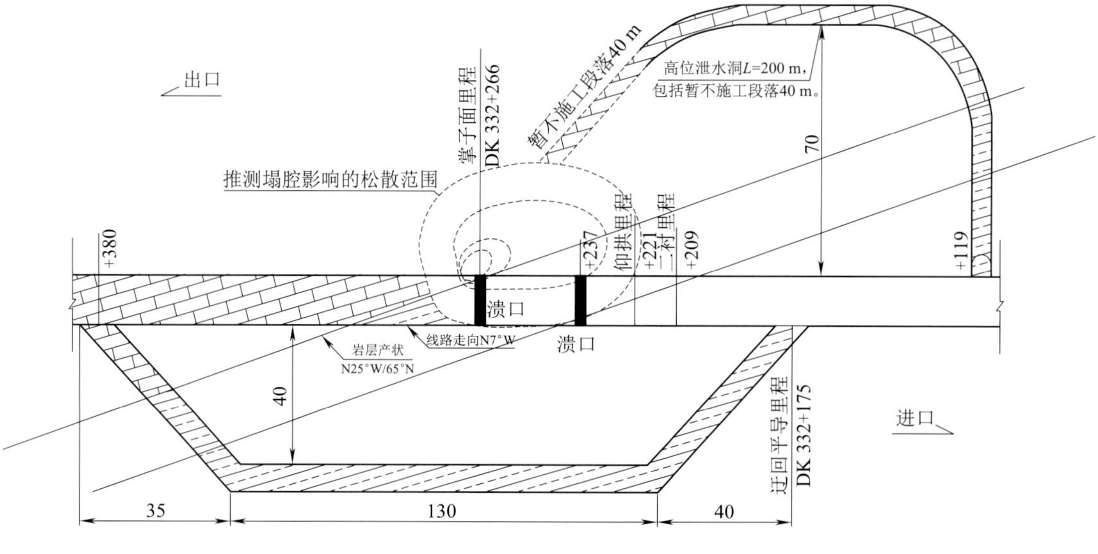

图6-22　施工方案示意图(单位:m)

1. 正面封堵

清淤前须进行安全风险评估,预留足够的淤泥安全距离,以施作正面封堵墙。

(1)安全距离计算

淤泥安全距离的计算如下:

$$F_{隧-泥} > F_{泥} \tag{6-1}$$

$$F_{隧-泥} = \mu_{隧-泥} \gamma_{泥} A_{隧} L_{泥} \tag{6-2}$$

$$F_{泥} = 1\,000 P_{泥} A_{溃} \tag{6-3}$$

$$P_{泥}=\frac{10^{-3}B_{隧}\ \gamma_{泥}-c_{泥}}{\tan\Phi_{泥}} \tag{6-4}$$

$$B_{隧}=b_{隧}+h_{隧}\ \tan(45°-\frac{\Phi_{泥}}{2}) \tag{6-5}$$

式中　$F_{隧-泥}$——隧道对泥土的阻力，kN；

$F_{泥}$——溃口上方泥土压力，kN；

$\mu_{隧-泥}$——隧道与泥土间的摩阻系数；

$\gamma_{泥}$——泥土的容重，kN/m^3；

$A_{隧}$——隧道断面面积，m^2；

$L_{泥}$——淤积泥土长度，m；

$P_{泥}$——泥土的垂直压力，MPa；

$A_{溃}$——溃口断面面积，m^2；

$B_{隧}$——隧道计算跨度的一半，m；

$c_{泥}$——泥土的黏聚力，MPa；

$\Phi_{泥}$——泥土内摩擦角，°；

$b_{隧}$——隧道开挖跨度的一半，m；

$h_{隧}$——隧道开挖高度，m。

经计算，淤泥安全长度取 11 m。

(2)清淤及封堵

封堵示意如图 6-23 所示。

采取半断面清淤，断面高度 4.5 m。当上台阶清淤至 DK332+226 时，采用管路将涌水集中引排，之后施作 3 m 厚 C25 混凝土止浆墙。为保证止浆墙质量，在止浆墙施作区域，沿初期支护周边布置 2 排 25 mm 砂浆锚杆，排距 1 m、环向间距 1.5 m、长度 2 m，锚杆嵌入围岩 1 m。在止浆墙周边预埋 1.5 m 长的 42 mm 小导管，止浆墙浇筑完成后，通过对小导管注浆，封闭止浆墙与初期支护之间的空隙。

下半断面清淤到台阶长度 15 m 时，采用 C25 混凝土止浆墙，厚度 2 m，周边采用锚杆与围岩形成整体。

在台阶表面安设 I20 型钢横向支撑与初期支护钢架连接成整体，表面模筑 50 cm 厚 C25 混凝土，从而形成净空高度 4.5 m、纵向长度 15 m 的钻孔注浆作业工作间。

在作业平台上梅花形布置长 3.5 m、直径 42 mm 的钢花管，间距 1.5 m×1.5 m，对作业平台下部松散体进行垂直注浆加固。

2. 左侧迂回平导

经过三次大型的突水突石，正洞掌子面已形成不规则空洞，受涌水带岩体破碎、局部裂隙充填有粉末状物质影响，仍存在地下水径流通道堵塞而形成突水涌泥的可能性，通过正洞掌子面继续施工存在极大的安全风险。为确保工期目标，同时结合剩余段落工程地质及水文地质条件分析，在隧道左侧 30 m 设置迂回导坑，以开辟新的工作面，亦可对突水突石形成两端夹击处理。迂回导坑施工过程中，应加强超前地质钻探。穿越接触带时，采取注浆堵水及管棚支护措施通过。采取从掌子面左侧迂回平导超越掌子面施工。为探明迂回平导富水情况，在平导内实施超前探孔，如图 6-24 所示。

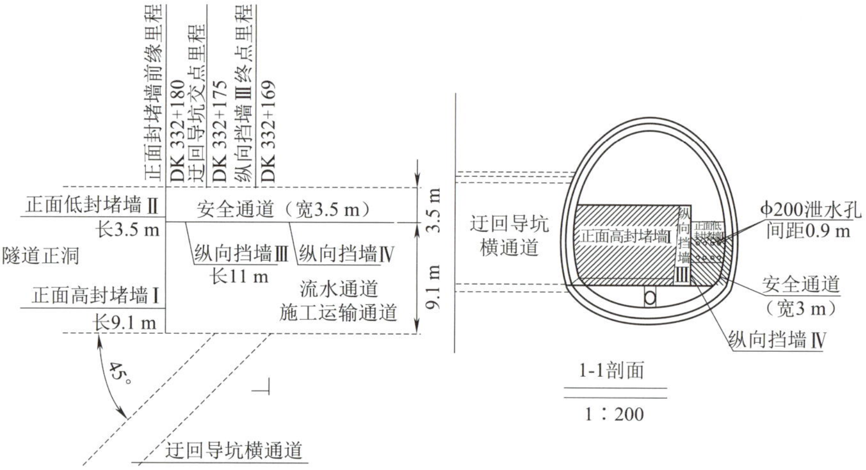

图 6-23　封堵示意

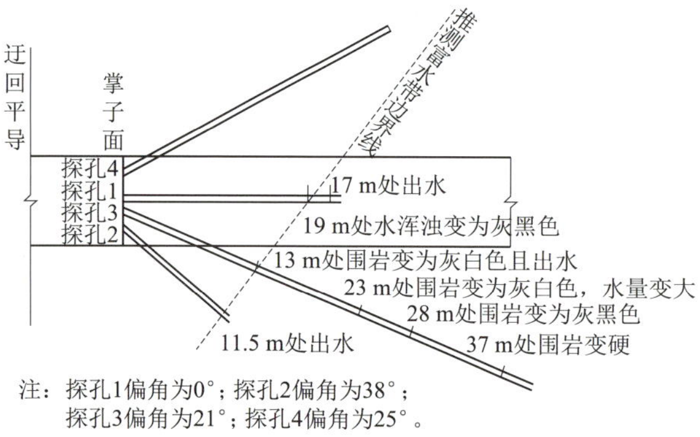

图 6-24　迂回平导探孔布置实施

DK332＋266突涌水界面地层产状N50°W/36°N，同时该界面也为灰岩与板岩的接触带，根据地层产状判断富水带与线路小角度斜交，依据推测的富水带位置设计实施了不同角度的超前探孔，并进行水量和水压监测，根据探孔揭示的情况，地质推断的富水带界面位置及涌水量一致，为迂回平导的顺利实施提供了条件。

3. 高位泄水洞截排

为降低迂回平导及后续正洞处理时的安全风险及难度，在分析本区的地下水补给来源、径流方向的基础上，根据岩层产状推测，在正洞右侧 DK332＋119 位置向突涌位置附近施作高位泄水洞提前泄水，如图 6-25 所示。为提高泄水洞自身成洞的安全性，线位选择上避开多次突涌后形成的空腔及其影响范围，在尽量短的长度内通过可能存在的突涌水段，及早进入相对较为完整的地层。首先垂直线路向右侧约 40 m 后，转向大里程方向，与正洞平行施工约40 m，再以 40 m 半径转向推测突涌空腔范围。至空腔影响边界 50 m 左右时停止施工，进行超前钻探及探水。高程及纵坡设置考虑后续正洞周边注浆处理范围为开挖轮廓线以外 6 m，洞顶(侧)塌腔形态不能准确确定，经综合考虑分析，高位泄水洞在接近溃口时(10 m 范围)，设定的底面高程不低于该处正洞拱顶 6 m 进行。

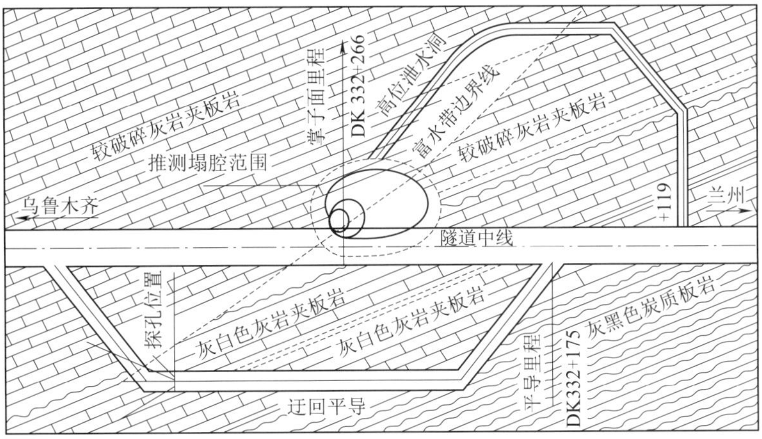

图 6-25　迂回平导及高位泄水洞平面布置图

超前钻探及探水采用水平地质钻机实施，钻孔直径 108 mm，数量 10～12 个，单日排水量大于 2 万 m^3，满足排水需求。

高位泄水洞实施后在预设计位置揭露到地下水，在高位泄水后，迂回平导及正洞水量明显减少，为迂回平导与正洞施工起到了积极作用。突水涌泥(石)处理完成后，对高位泄水支洞掌子面设挡墙、集水井和消能沉淀池，消能后通过 2 根 ϕ500 mm 钢管引排至正洞中心水沟检查井，最终通过中心水沟(设计排水能力 70 000 m^3/d)排至洞外。

4. 突水涌泥处理

采取“两端夹击”对突水涌泥进行“注浆加固＋管棚支护”处理，处理方案如图 6-26 所示，大里程方向施作一个循环＋小里程施作两个循环。

(1)上中台阶帷幕注浆封堵

在保持高位排水洞排水顺畅情况下，通过上台阶进行全断面帷幕注浆，加固坍塌体。在隧道开挖轮廓线外，形成一定厚度具有一定抗水压能力的稳定固结体，并通过超前超前大管棚刚性支护，提高胶结体的承载能力，保证隧道开挖及结构安全。

注浆加固范围为 DK332＋225～DK332＋280 上中台阶，总长度 55 m，主要是采用多功能地质钻机对坍塌处进行加强注浆，终孔位置在开挖轮廓线外 5 m，浆液扩散距离 2.25 m，每循环共计布设注浆孔 64 个、管棚孔 33 个，如图 6-27 和图 6-28 所示。

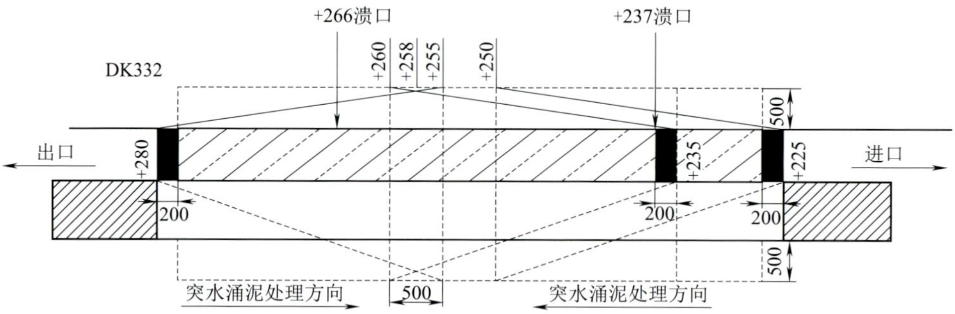

图 6-26 突水涌泥处理方案示意(单位:cm)

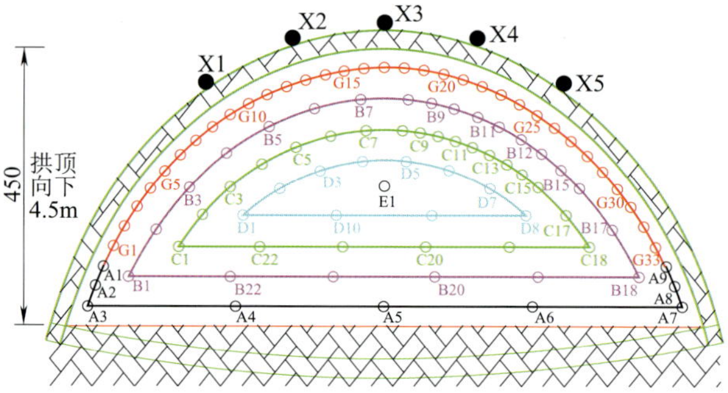

图 6-27 全断面帷幕注浆孔位布置

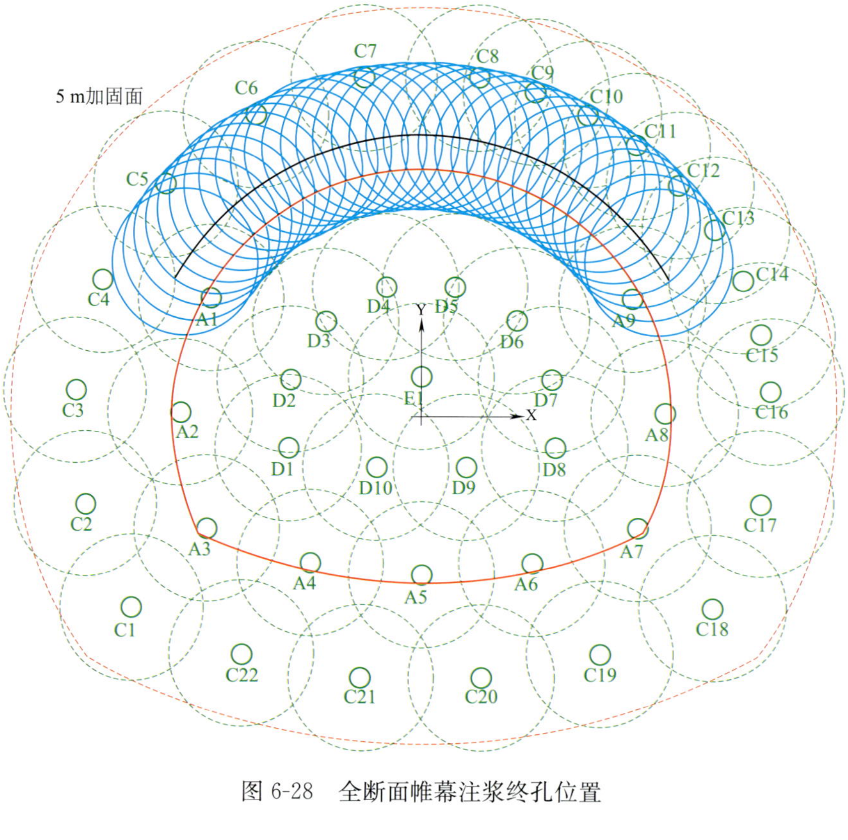

图 6-28 全断面帷幕注浆终孔位置

注浆结束后为防止注浆将水堵住，在止浆墙退后 2 m 处沿初期支护内轮廓线在拱部施作 5 个泄水孔，泄水孔长度 20 m，外插角 20°，终孔在开挖轮廓线外 7 m。

(2)施工工艺流程

上中台阶帷幕注浆施工工艺流程如图 6-29 所示。

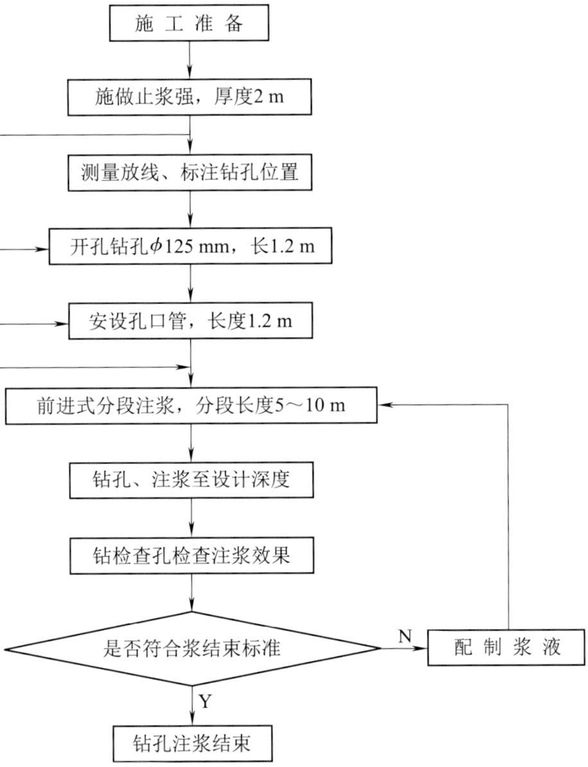

图 6-29　全断面注浆施工工艺流程

(3)注浆设计参数

全断面注浆设计参数见表 6-1。

表 6-1　全断面注浆设计参数表

序号	参数名称		参数值	备　注
1	横向加固范围		开挖轮廓线外 5 m	
2	浆液扩散半径		2.25 m	
3	注浆速度		5～110 L/min	
4	注浆终压		3～4 MPa	施工时可适当调整
5	终孔间距		≤3.5 m	
6	钻孔数量	注浆孔	单循环 64 个	出水重点区域可补孔
		大管棚	单循环 33 个	
		检查孔	根据现场情况确定	
7	孔口管		L=1.2 m，ϕ108 mm，壁厚 5 mm	
8	管棚		ϕ89 mm，壁厚 5 mm	

(4)注浆材料

注浆材料采用硫铝酸盐水泥单液浆，水灰比 0.8∶1～1.2∶1。

(5)注浆顺序及工艺

按照“由外到内、由上到下、间隔跳孔”的注浆顺序，采取前进式分段注浆工艺进行钻孔注浆施工，注浆分段长度 5～10 m。即钻进 5～10 m，注浆一次，注浆结束后再钻 5～10 m 进行注浆，依次循环，直至结束该孔注浆。钻孔至设计深度后，插入 ϕ32 mm 玻璃纤维锚杆，之后再进行注浆。

(6)管棚支护

拱部 120°范围内沿开挖轮廓线布置超前大管棚。开挖轮廓线向内 30 cm 环向布置，开孔环向间距 30 cm，外插角 5°～7°，每循环布设 33 根管棚，管棚孔可兼作上断面补充注浆孔。管棚布置如图 6-30 所示。

(a) 导向管角度定位

(b) 导向管安装

(c) 钻孔施工

(d) 钻孔施工

(e) 注浆施工

(f) 注浆施工

图 6-30 大梁隧道斜井突水段注浆加固及管棚支护施工

大管棚采用外径 ϕ89 mm，壁厚 5 mm 热轧无缝钢管加工，每节长 9 m，沿管壁布设 4 排 ϕ6 mm对称溢浆孔，梅花形布设，孔间距 50 cm，每根管棚末端 2 m 不布设溢浆孔，前端加工成椎形尖端并封闭。采用 ϕ76 mm、壁厚 5 mm 热轧无缝钢管套入 ϕ89 mm 管棚，焊接连接顶入孔内。管棚安设完成后进行全孔一次注浆。

(7)效果检查及评定

注浆结束后，采取分析法即结合注浆过程中 P-Q-t 曲线分析及反算注浆后地层的浆液填充率、注浆压力等综合判断注浆效果。根据注浆量分析浆液对地层裂隙的填充率，当浆液填充率达到 80%以上，满足开挖要求；当注浆压力达到控制标准定压即 4 MPa 时，终止注浆。

(8)施工部署

进口方向第一循环：纵向注浆范围为DK332+225(含2 m厚止浆墙)～DK332+250，长度25 m，共施作注浆孔64个。超前管棚纵向长度与注浆长度一致，帷幕注浆及管棚施作如图6-30所示。进口方向第二循环：上循环注浆及管棚施作后，开挖至DK332+237处施作止浆墙。纵向注浆范围为DK332+235(含2 m厚止浆墙)～DK332+260，长度25 m，共施作注浆孔64个。超前管棚纵向长度与注浆长度一致。出口方向一循环：纵向注浆范围为DK332+280(含2 m厚止浆墙)～DK332+255，长度25 m，共施作注浆孔64个，管棚纵向长度与注浆长度一致。

5. 开挖支护

采用三台阶临时仰拱法开挖。为控制变形，开挖后及时施作径向注浆。对台阶两侧加强锁脚，锁脚锚管采用ϕ89 mm无缝钢管、长12 m/根，采取袖阀管分段注浆工艺进行注浆。初期支护采用双层钢架(H175+I22)，每两榀间距0.5 m，喷射混凝土厚度55 cm(=30 cm+25 cm)。二次衬砌采用80 cm钢筋混凝土。

第四节　小　　结

(1)DK332+266突涌水位于向斜翼部的软硬岩层的接触带，具有涌水量大、突发性强、易出现突涌坍塌等不良地质现象，受突涌水带岩体破碎、局部裂隙充填有粉末状物质的影响，造成地下水径流通道堵塞而形成突水涌泥。

(2)形成较大规模的突水涌泥需具备三个条件：一是具有较大的涌水量；二是突涌水段岩体相对破碎；三是具较高的水头压力。DK332+266在发生突水涌泥前的涌水观测中都出现了水量突然减少、集聚能量的过程。

(3)深埋铁路隧道通过向斜翼部软、硬岩接触带，且同时具备突水涌泥三大条件时，施工中以应加强超前地质预测预报，采用以超前地质钻探为主，多种地质预测预报方法相互补充的预报体系，防止灾害发生。

(4)隧道突水涌泥发生后，应对清淤风险进行必要的评估，清淤到合理位置时应及时施作封堵墙，防止次生灾害发生。

(5)针对隧道突水涌泥，在充分分析突涌水段水文地质条件、涌水量的基础上合理布设，制定了“正面封堵、侧面迂回、高位截排”的处理思路。迂回导洞宜设置在区域地下水补给径流方向下游，降低施工风险；高位泄水洞宜设置在区域地下水补给径流方向上游，提前排掉大部分水量，降低溃口的处理难度，为其他作业面施工创造条件。利用迂回导洞开辟形成的新工作面，形成两端夹击处理的局面，经该工程实践证明，“两端夹击、排水降压、帷幕注浆加固、管棚支护”措施是处理突水涌泥的有效方法。

(6)本章结合大梁隧道突水涌泥灾害，提出并实践基于掌子面编录和地质雷达的综合超前预报技术。在区域工程地质资料分析的基础上，重点依托隧道内掌子面地质素描进行预报方案优化和选择预报时机；依据局部揭露的不同岩体变化界面(点)产状、始见位置，运算求得该条带状岩体在隧道两壁上下和拱顶的边界位置及其影响长度；当接近特殊地质地段时，采用地质雷达进行更精确的短期预报，依据雷达反射波的振幅、相位及频率等变化探查断层和地下水的赋存情况，连续跟踪预报。通过实践、预报验证，该预报具有较高的可靠性。

(7)隧道突水涌泥灾害的预警，借助先进的电子信息化管理手段，应用以声光报警为主的三大安全预警预报监控系统，在大梁隧道发生的多次大规模突水涌泥灾害中，由于安全预警预报监控发布及时，工作人员在收到预警通知后及时撤离了现场，未造成人员伤亡等安全事故，为隧道工程安全管理提供了一个崭新的管理理念。

第七章　严寒地区富水隧道冻害防治技术

我国气候分区的划分标准为：严寒：最冷月平均气温低于－10 ℃；寒冷：最冷月平均气温高于－10 ℃，但低于－3 ℃；温和：最冷月平均气温低于－3 ℃。

由于寒区主要分布在极地、高纬度的岛屿和中低纬度的山区地带，因此在修建铁路和公路时，必然会遇到大量的隧道。通过对寒区隧道的调查发现，从寒冷到严寒地区，部分隧道建成后存在着衬砌冻胀开裂、酥碎、剥落、挂冰和道床冒水、积水、结冰等病害，尤其是气温极低的高寒地区，冻害问题更是突出，严重威胁行车安全。运营后养护工作十分繁重，甚至需要人员钻进中心水沟凿冰；虽然花费大量的人力、物力进行病害整治，却一直难以根除病害，运营受到了不同程度的影响。

第一节　国内外寒区隧道冻害调研及冻害程度划分

一、国内寒区隧道综合防冻害措施研究

寒区隧道冻害发生的三个基本要素为温度、水和围岩条件，综合防冻措施也主要是针对以上三个基本要素进行控制，大量的工程实践表明，寒区隧道综合防冻害措施主要有保温技术和排水技术，两者相辅相成，缺一不可。

1. 保温技术

保温层具有良好的保温效果，施工方便，经济性好，是目前国内最常用的保温措施。保温层法最佳适用范围为最冷月平均气温－5～－15 ℃的地区；最冷月平均气温在－15 ℃以下地区，建议对洞口段环境气温低于－15 ℃的区段采取其他主动保温措施。保温层主要有三种铺设方法，分别是表面喷涂法、表面铺设法和中间铺设法。

表面喷涂法是指通过压缩空气将含有保温材料、胶结材料和速凝剂等的混合物料直接喷涂到隧道衬砌表面，形成防冻隔热层的方法。国内首次在黑龙江省雾凇岭隧道中采用表面喷涂法进行防冻隔热层的施作，现场发泡喷涂聚氨酯保温层。表面喷涂法现场施工图如图 7-1 所示。

图 7-1　表面喷涂法现场施工

表面铺设法是指使用锚固件将事先预制好的保温板固定到隧道初期支护或原有衬砌表面,形成防冻隔热层的方法。天恒山隧道2009年通车,目前衬砌结构稳定,洞内干燥,运营情况良好。表面铺设法现场施工图如图7-2所示。

图7-2 表面铺设法现场施工

中间铺设法是指使用胶黏剂或锚固剂等,将预制好的保温板固定到隧道衬砌表面,形成防冻隔热层,然后再浇筑一层衬砌混凝土的方法。国内首次在河北省梯子岭隧道采用中间铺设法进行防冻隔热层施作,在原隧道衬砌表面铺设防冻隔热层,然后在其表面浇筑混凝土。梯子岭隧道整改之前冻害现象比较严重,铺设保温层后保温效果良好,目前没有出现冻害,中间铺设法现场施工图如图7-3所示。

图7-3 中间铺设法现场施工

2. 排水技术

在解决隧道冻害这个问题上,我国隧道工作者进行了积极探索。目前国内对防治隧道冻害提出排水防冻技术思路是将衬砌背后围岩中的地下水排除,则主要冻害将大大减轻或消除。为此采取的技术措施有双侧保温水沟、中心深埋水沟、防寒泄水洞等,构成了寒冷地区隧道完整的防排水系统,并在多座隧道的病害处理中取得了成功,如:兰新高铁祁连山隧道,柴达尔至木里地方铁路的大通山隧道。

(1)保温水沟

保温水沟是指采用浅埋方式,一般浅于隧道的最大冻结深度,在隧道内单侧或双侧设置水沟,水沟采用保温材料进行保温,以保证水沟内的水冬季不发生冻结。保温水沟一般适用于遂址区最冷月平均气温在−10～−15 ℃,当地黏性土的冻结深度在1.0～1.5 m范围内,冬季有水的隧道,且水量不是很大的隧道工程,如上场隧道、兰西隧道、南山隧道、土门岭隧道、兴安岭下行隧道、祁连山隧道和奎先隧道等,如图7-4所示。

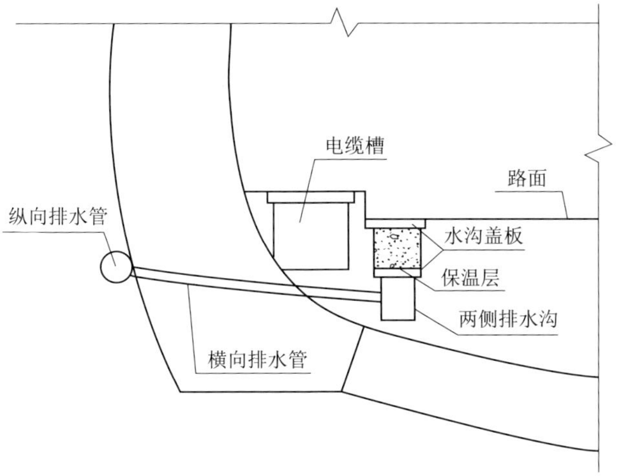

图 7-4　保温水沟示意

(2)中心深埋水沟

中心深埋水沟是将水沟埋置于洞内相应的冻结深度以下，利用地温达到排水沟内水流不致冻结的排水设施，如图 7-5 所示。中心深埋水沟一般适用于最冷月平均气温在 −10～−25 ℃、冬季有水的隧道，且水量较大，最大冻结深度小于 2.5 m，如昆仑山隧道、风火山隧道、恒山隧道、奎山隧道、佛岭一号隧道、北老松隧道、福金岭隧道、八盘岭隧道、南岭隧道、马山隧道、石脑隧道、黄海隧道、长岭隧道、干沟梁隧道、大坝梁隧道、祁连山隧道、宁缠隧道、鹧鸪山隧道和铁力买提隧道等。

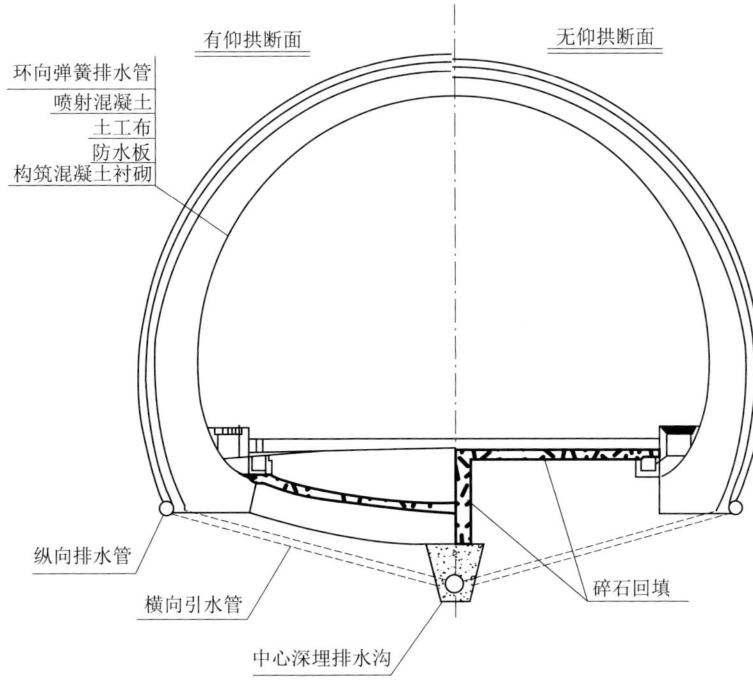

图 7-5　中心深埋水沟

中心深埋水沟的埋深，一般可按下式计算：

$$h_x = \frac{Kht_x}{t} \tag{7-1}$$

式中 h_x——隧道内距洞口 x 处水沟最小埋深，m；

t_x——隧道内距洞口 x 处最冷月平均气温，℃；

t——隧道所在地区最冷月平均气温，℃；

h——隧道所在地区的最大冻结深度，m；

K——与岩性有关的冻结深度系数，黏性土取 1.0，砂性土取 1.1～1.3，岩石取 1.3～2.0。

(3)防寒泄水洞

防寒泄水洞是隧道排除地下水的主要措施之一，其形状类似一个带孔的小隧道，位于隧道的正下方，并将所设竖向盲沟、泄水孔、支导洞、检查井、椎体保温出水口等组成一个排水系统，通过该系统将衬砌后面围岩中的地下水汇集在泄水洞中，然后再排出隧道。防寒泄水洞一般适用于严寒地区最冷月平均气温低于－25 ℃、冬季有水的隧道，黏性土冻结深度大于 2.5 m。如大通山隧道，牙林线岭顶隧道、嫩林线西罗奇 1、2 号隧道、杜草隧道、永安隧道、风车隧道、牙林线岭顶隧道和大坂山隧道等。其构造如图 7-6 所示。在严寒地区，确保地下水出水口不被冻死，是排除地下水的关键问题之一。实践表明，采用椎体式保温出水口，能有效地解决好这个问题，椎体式保温出水口如图 7-7 所示。

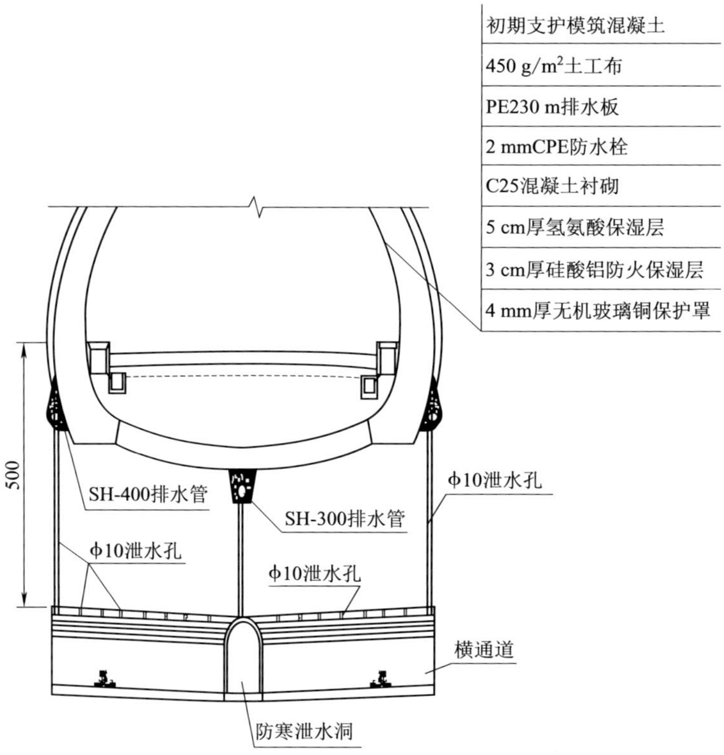

图 7-6 防寒泄水洞及排水系统

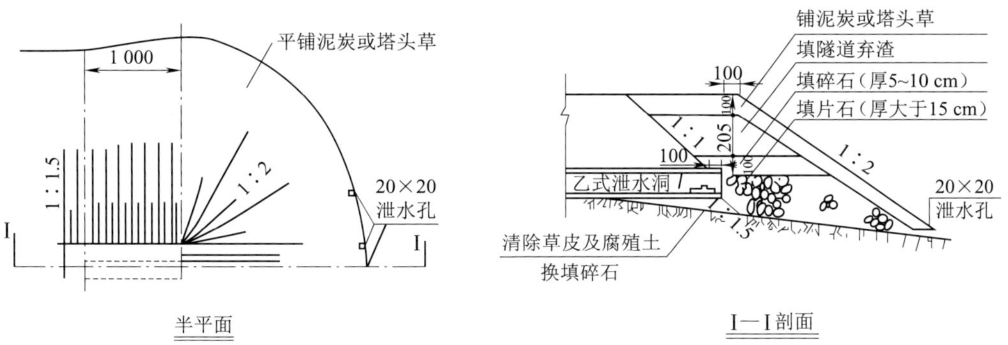

图 7-7　椎体式保温出水口(单位:cm)

由于岩体本身具有一定地温,如果衬砌表面温度大于或等于 0 ℃,那么衬砌背后一定不会发生冻结。因此可以认为,侧式保温水沟、中心深埋水沟、防寒泄水洞设防长度以洞内二次衬砌表面温度 0 ℃为设防终点。

二、国外寒区隧道综合防冻害措施

长期以来,国外隧道工作者结合本国和当地的实际情况,对冻害防治措施进行了很多研究,并提出了不少有用的防治措施。

1. 日本

据 1990 年公路隧道统计数字显示,日本投入运营的公路隧道达 6 705 座,出现渗漏冻害的隧道占总数的 60%,其中大约有 24%的隧道出现了严重的冻害。据 1979 年铁路隧道统计数字显示,日本投入运营的铁路隧道达 3 819 座,出现渗漏冻害的隧道占总数的 34%,由此可见,日本隧道的冻害是相当普遍的。日本寒区隧道冻害防治措施主要分为隔热层法和加热法,日本冻害防治措施分类如图 7-8 所示。

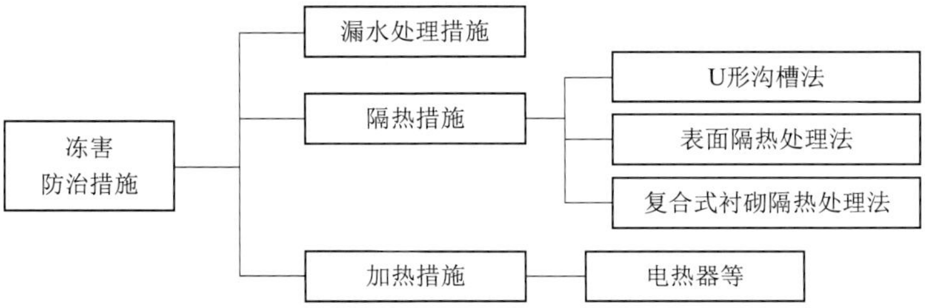

图 7-8　日本冻害防治措施分类

(1)隔热层法

隔热层法是在隧道二次衬砌外表面或一次衬砌与二次衬砌之间铺设隔热层,起到减少围岩与外界气温对流换热的目的,确保隔热层表面温度达到 0 ℃以上,从而有效地预防冻害的发生。保温层主要有三种铺设方法,分别是 U 形沟槽法、表面隔热处理法和复合式衬砌隔热处理法。

1)U 形沟槽法主要适用于隧道结构发生线状漏水,且发生漏水处洞内气温相对偏高的既有隧道。U 形沟槽法施工方法,如图 7-9 所示。

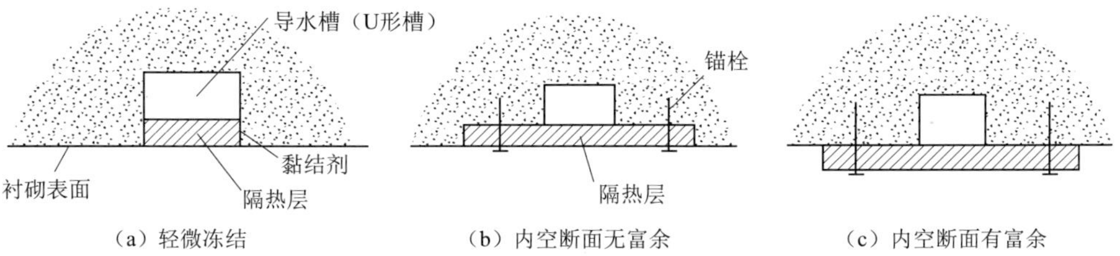

图 7-9 U形沟槽法施工方法

2)表面隔热处理法是指在二次衬砌表面铺设隔热材料，多采用聚氨酯、泡沫聚氯苯烯和泡沫尿烷等隔热材料，多用于既有隧道，在新建隧道中使用较少，如图 7-10 所示。

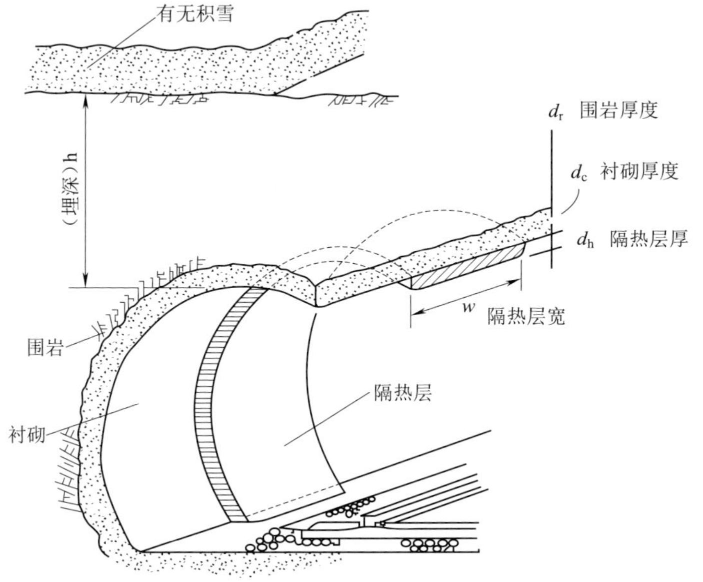

图 7-10 表面隔热层法

3)复合式衬砌隔热处理法是指在一次衬砌与二次衬砌之间铺设隔热层的方法，多用于新建隧道中，如图 7-11 所示。

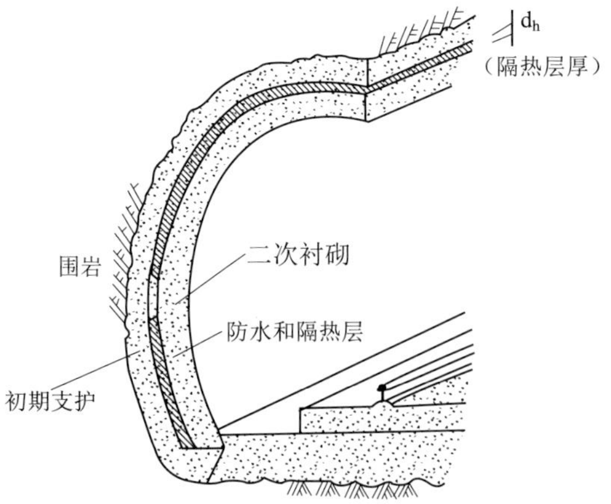

图 7-11 复台式衬砌隔热层法

表面隔热处理法主要优缺点：

①保护混凝土，有效防治混凝土风化和维持混凝土表面温度；

②由于不需要承担附加荷载，对保温材料的强度要求不高，且保温容易达到；

③更新与维护较为方便；

④材料的阻燃性要求高；

⑤受到外径环境影响较大，容易损坏。

复合式衬砌隔热处理法主要优缺点：

①由于混凝土暴露在冷空气中，容易受到环境正负交替的影响，故要求混凝土具有抗冻性；

②二次衬砌和一次衬砌之间容易出现蓄水空间，在负温条件下容易产生附加的冻胀力，破坏保温层；

③更新与维护不方便；

④材料的阻燃性要求较低；

⑤受到外径环境影响较小，不容易损坏。

(2)加热法

加热法有电热法和暖管法。

1)电热法是指采用电能给隧道进行整体或局部供暖的方法。一般适用于最冷月平均气温较低，隧道出现局部冻害的情况。优点是治理冻害的效果与保温层法相比更为有效，缺点是消耗大量电力资源。

2)暖管法是指通过地热泵将地心热源输送到寒区隧道洞内进行整体或局部供暖的方法。优点是可以充分利用地热源，而不需要消耗电力资源，缺点是建造费用较高。

2. 北欧及中欧国家

北欧及中欧各国寒区隧道经常会出现冻害问题，学者们针对寒区隧道的冻害问题开展了相关的研究工作，以挪威所采取冻害防治措施为例进行说明。

1993 年，Barton 和 Grimstad 等在 1 000 多个隧道工程案例经验基础上提出离壁式衬砌支护的方法，其结构示意如图 7-12 所示。

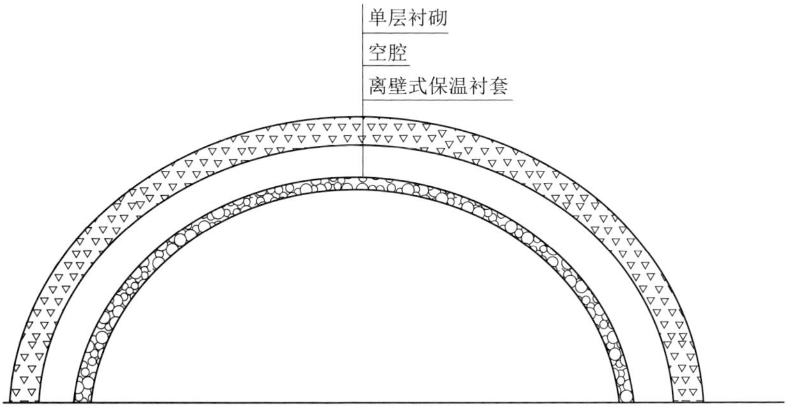

图 7-12　离壁式衬砌结构示意

离壁式衬砌以高性能喷射混凝土(High Performarce Shotcrete，简称 HPS)单层衬砌作为主要支护手段。一般情况下，单层衬砌要求高性能喷射混凝土强度不小于 C45，抗渗等级不低于 S12，具有较强的自防水能力。在单层衬砌和离壁式保温衬套之间设置封闭的空气层，利用空气导热率低的特点来实现保温隔热的作用，一般情况下，在常温 20 ℃条件下，空气的导热率为 0.025 9 W/(m·K)。离壁式保温衬套一般建议选用热导率小的保温隔热材料，如聚苯乙烯泡沫材料、聚氨酯泡沫材料等，其导热率一般在 0.02～0.03 W/(m·K)。离壁式保温衬套不作为承重结构，一般具有无腐蚀性、阻燃性、吸水性低、具有一定的机械强度、易于成形和安装等特点。离壁式保温衬套与单层衬砌之间的距离并不是越大越好，由离壁式衬砌的隔热效果试验知，离壁距离保证在 10 cm 以上，可以保证保温隔热效果，同时便于安装施工。离壁衬砌具有一定的适用范围：

(1)由于离壁式保温衬套不作为承重结构，适用于初期支护能够维持围岩稳定的隧道。

(2)在富水地区，离壁式衬砌必须在初期支护中设置排水系统，确保地下水不能在初期支护和离壁式保温衬套之间发生冻结。

3. 美国

美国冻土面积广阔，寒区隧道冻害问题成为亟须解决的问题，例如宾夕法尼亚州 WhiteHaven 隧道和 Rockport 隧道，由于隧道漏水严重，在寒冷的冬季出现了很严重的冻害。

为了解决上述冻害问题，Dow Chemical 公司发明了一种名为 Ethafoam Plank 隔热系统，该隔热系统具体措施为：

(1)先将 ϕ30.48 cm 的 PVC 管垂直于隧道壁面插入有明显地下水渗漏区段的围岩表面，其表面用粗集料覆盖；

(2)用 5.08 cm 厚导热系数低的聚氨酯类材料制作成 2.44 m×9.75 m 的板材覆盖在粗集料表面，并用直径 ϕ12.7 mm 的镀锌铁钉固定在；

(3)喷射厚度为 10.16 cm 的混凝土保护隔热材料。

Ethafoam Plank 隔热系统的优点如下：

(1)安装便利，维持和更换较为方便，造价低廉；

(2)保温效果好，确保隧道结构排水系统在低温条件下仍然保持通畅。

4. 法国

为了解决寒区隧道冻害问题，法国里昂工业公司提出了在寒区新建隧道或既有隧道内部安装隔离墙板。隔离墙板由下面两种材料组成：

(1)隔离墙板的背面采用聚乙烯泡沫材料制作，其厚度依据隧道内实测气温计算确定，一般为 3～5 cm，0 ℃时的导热系数为 0.048 W/(m·K)，保温效果较好。

(2)隔离墙板的正面采用钢筋混凝土材料制作，其厚度一般为 6 cm 左右。

隔离墙板的施工步骤：

(1)按照一定距离将隔离墙板固定隧道的拱架结构上；

(2)将聚乙烯泡沫材料进行挤压和粘贴，确保其具有较好的防水效果；

(3)对其正面喷射钢筋混凝土进行封闭，完成施工。

隔离墙板的优点：

(1)具有防火、防水、隔热、美观且耐用等特点。

(2)适用于各种隧道，使用时不要求模注混凝土支护。

三、国内寒区隧道冻害调研

我国地域辽阔，国内寒区隧道数量众多，分布区域广泛，各个寒区隧道的资料整理零散，没有完整系统的收集及归类。并且由于冻害发生的原因复杂多变，国内保温排水技术大多以经验为主，寒区隧道冻害问题始终得不到很好的解决。要想从根本上解决寒区隧道冻害问题，首先就应对寒区隧道冻害发生的原因及保温排水技术进行系统的分析。

寒区隧道工程是基础建设中的一项特殊工程。由于寒冷环境所导致的一系列问题，不但给工程设计、施工和运营管理带来许多困难，还往往造成很大的经济损失。通过分析寒区隧道冻害调研资料，将隧道寒区划分为高纬度地区和高海拔地区。

统计分析了 156 座寒区隧道冻害调研资料，其中短隧道 11 座，中长隧道 26 座，长隧道 57 座，特长隧道 62 座，季节性冻土隧道 124 座，永久性冻土隧道 32 座，有冻害隧道 66 座，无冻害隧道 55 座，冻害情况不详 35 座。在大量寒区隧道冻害调研基础上，提出了隧道寒区划分建议，分别探讨了不同亚区的隧道保温排水技术。

1. 高纬度地区寒区隧道

高纬度地区一共统计了 122 座寒区隧道，其中短隧道 10 座，中长隧道 23 座，长隧道 43 座，特长隧道 46 座，季节性冻土隧道 104 座，永久性冻土隧道 18 座，有冻害隧道 51 座，无冻害隧道 41 座，冻害情况不详 30 座。高纬度地区寒区隧道冻害调研基础数据见表 7-1。

表 7-1　高纬度地区寒区隧道冻害调研基础数据

编号	隧　址	冻土类型	隧道名称	有无冻害	最冷月平均气温（℃）	最大冻结深度（m）	海拔高度（m）	设防长度（m）	全长（m）
1	黑龙江尚志市	季节性	杜草隧道	有	−20.1	2.05	188	920	3 900
2	黑龙江牡丹江市	季节性	转心湖隧道	—	−18	1.91	339	850	6 676
3	黑龙江省大兴安岭	多年冻土	图强隧道	有	−30.5	—	464	—	723.5
4	黑龙江省大兴安岭	多年冻土	永安隧道	有	−25.4	3	258	—	1 259.2
5	黑龙江省大兴安岭	多年冻土	翠岭 2 号隧道	有	−24	—	—	—	420
6	黑龙江省大兴安岭	多年冻土	富克山隧道	有	−30.5	—	—	—	580
7	黑龙江省哈尔滨市	季节性	天恒山隧道	—	−19.7	2.05	118	845	1 660
8	黑龙江省哈尔滨市	季节性	风车隧道	无	−22	2.05	260	—	555
9	黑龙江省鹤岗市	季节性	北大岭明洞	有	−16.5	2.38	145	—	54
10	黑龙江省鸡西市	季节性	恒山隧道	有	−18	2.55	223	—	701
11	黑龙江省鸡西市	季节性	石磷 2 号隧道	有	−18	2.55	236	—	516
12	黑龙江省佳木斯市	季节性	佳木斯隧道	—	−22.5	2.2	82	—	700
13	黑龙江省佳木斯市	季节性	猴石山隧道	无	−22.5	2.2	82	1 000	3 410
14	黑龙江省兰西县	季节性	兰西隧道	—	−17.3	2.16	—	850	10 562
15	黑龙江省林口县	季节性	奎山隧道（新）	无	−17.5	—	308	850	1 836
16	黑龙江省牡丹江市	季节性	双丰隧道	有	−13.5	1.91	151	700	7 185
17	黑龙江省牡丹江市	季节性	雾松岭隧道	无	−16.7	2.82	289	—	590

续上表

编号	隧　址	冻土类型	隧道名称	有无冻害	最冷月平均气温（℃）	最大冻结深度（m）	海拔高度（m）	设防长度（m）	全长（m）
18	黑龙江省牡丹江市	季节性	黄青隧道	无	－18	1.91	264	—	1 000
19	黑龙江省牡丹江	季节性	菘山隧道	无	－17.5	1.91	289	850	8 522
20	黑龙江省牡丹江市	季节性	老黑山隧道	—	－17.3	2.16	289	850	7 490
21	黑龙江省七台河市	季节性	佛岭一号隧道	有	－19	—	217	900	2 744
22	黑龙江省绥芬河市	季节性	西山隧道	—	－21.7	2.41	465	—	720
23	黑龙江省塔河县	多年冻土	白卡尔隧道	有	－28	—	1 606	—	1 309.3
24	黑龙江省塔河县	多年冻土	西罗奇 1 号隧道	有	－32	5	—	885	1 770
25	黑龙江省塔河县	多年冻土	西罗奇 2 号隧道	有	－27.8	—	—	—	1 160
26	黑龙江省塔河县	多年冻土	西罗奇 3 号隧道	有	－28	—	—	—	1 160
27	黑龙江省伊春市	多年冻土	平东隧道	—	－25.5	2.98	231	1 000	6 200
28	吉林白山市鸭园镇	季节性	北老岭隧道	有	－15	—	—	750	2 419
29	吉林省	季节性	秀水隧道	有	—	1.48	—	—	181
30	吉林省白山市	季节性	枫叶岭隧道	有	－15	—	—	750	2 326
31	吉林省白山市	季节性	老岭隧道	有	－15	1.36	538	750	2 775
32	吉林省白山市	季节性	下山头隧道	无	－19	—	—	900	7 960
33	吉林省珲春市	季节性	四道沟隧道	—	－17.3	2.16	58	850	8 282
34	吉林省珲春市	季节性	五道沟隧道	—	－17.3	2.16	58	850	4 583
35	吉林省吉林市	季节性	太平岭隧道	有	—	—	—	—	689
36	吉林省吉林市	季节性	关家沟隧道	—	－16.1	1.92	189	—	350
37	吉林省吉林市	季节性	八家子隧道	无	－19	—	—	900	1 568
38	吉林省吉林市	季节性	黑熊沟隧道	有	－19	—	—	—	348
39	吉林省吉林市	季节性	棒锤沟隧道	有	－17.5	—	—	—	250
40	吉林省蛟河市	季节性	老爷岭隧道	有	－20.5	—	—	910	1 820
41	吉林省辽源市	季节性	红砬岭隧道	—	－17.5	—	—	—	710
42	吉林省通化县	季节性	老岭隧道	有	－16	1.33	694	800	2 323
43	吉林省图们市	季节性	后安山隧道	无	－23.4	1.92	97	950	6 551
44	吉林省延边自治州	季节性	好力套高隧道	无	－15	—	—	—	613
45	吉林省和龙市	季节性	富兴隧道	—	－14	—	—	—	1 020
46	吉林省延边自治州	季节性	青山里隧道	无	－14	—	—	—	1 262
47	吉林省延边自治州	季节性	松下坪隧道	—	－14	—	—	—	153
48	吉林省延边自治州	季节性	松月二号隧道	—	－14	—	—	—	1 011
49	吉林省和龙市	季节性	松月一号隧道	—	－14	—	—	—	824
50	吉林省延边自治州	季节性	青林隧道	有	－13	—	—	—	860
51	吉林省图们市	季节性	东南里隧道	无	－12	1.81	307	650	2 012

续上表

编号	隧　址	冻土类型	隧道名称	有无冻害	最冷月平均气温（℃）	最大冻结深度（m）	海拔高度（m）	设防长度（m）	全长（m）
52	吉林省图们市	季节性	小盘岭隧道	有	−12	1.8	110	—	601
53	吉林省延边汪清县	季节性	北老松岭隧道	有	−18	—	—	850	1 900
54	吉林省敦化市	季节性	哈尔巴岭 1 号隧道	—	−15.9	—	—	—	773
55	吉林省长春市	季节性	安国隧道	—	−17.5	1.69	—	850	2 350
56	吉林市江密峰镇	季节性	哈尔巴岭 2 号隧道	—	−15.9	1.84	217	800	2 601
57	吉林延边安图县	季节性	新交洞隧道	无	−14.75	1.71	661	750	2 400
58	吉林延边自治州	季节性	南山隧道	有	−12.69	—	—	700	7 566
59	吉林延边自治州	季节性	荒沟隧道	无	−15	—	—	750	6 620
60	辽宁本溪市平山区	季节性	福金隧道	有	−13	1.49	158	700	2 706
61	辽宁丹东凤市	季节性	北限子隧道	有	−9	0.88	317	512.3	1 025
62	辽宁沈阳小东沟村	季节性	团山子隧道	无	−14	1.48	99	750	3 308
63	辽宁省北票市	季节性	三棱山隧道	无	−13	1.4	168	700	8 888
64	辽宁省本溪市	季节性	福金岭隧道	有	−12	1.49	100	650	2 326
65	辽宁省本溪市	季节性	八盘岭隧道	有	−13	1.49	205	700	6 340
66	辽宁省本溪市	季节性	湾湾川隧道	—	−13.5	1.49	253	700	7 088
67	辽宁省本溪市	季节性	摩天岭隧道	无	−13.5	1.49	475	700	8 650
68	辽宁省本溪市	季节性	南芬隧道	—	−13	1.49	191	700	7 309
69	辽宁省朝阳市	季节性	南岭隧道	有	−9.5	1.35	221	593.5	1 187
70	辽宁省朝阳市	季节性	新南岭隧道	—	−9.5	1.35	151	600	3 800
71	辽宁省朝阳市	季节性	马山隧道	无	−10.5	1.35	241	600	620
72	辽宁省朝阳市	季节性	石脑隧道	无	−9.5	1.35	413	600	636
73	辽宁省大连市	季节性	哈大高铁隧道	—	−3.9	—	—	350	2 440
74	辽宁省大连市	季节性	黄海隧道	无	−4.5	0.93	37	400	1 390
75	辽宁省大连市	季节性	九里庄隧道	无	−4.5	0.93	37	400	4 340
76	辽宁省大连瓦房店	季节性	磊子山隧道	—	−8.5	0.93	120	550	1 155
77	辽宁省丹东市	季节性	土门岭隧道	有	−20	0.88	392	—	565
78	辽宁省丹东市	季节性	草莓沟 1 号隧道	无	−8.5	0.88	10	550	3 185
79	辽宁省丹东市	季节性	长岭隧道	无	−13	0.88	284	700	2 489
80	辽宁省抚顺市	季节性	两家子隧道	—	−15	1.43	112	750	1 700
81	辽宁省葫芦岛市	季节性	小白马石隧道	无	−7.5	—	—	550	1 780
82	辽宁省魏杖子站	季节性	干沟梁隧道	—	−10	—	—	600	1 817
83	辽宁省延边和龙市	季节性	小岭隧道	无	−14.5	—	—	750	7 929
84	辽宁铁岭市昌图县	季节性	昌图隧道	—	−15	—	—	—	300
85	内蒙古赤峰市	季节性	天河梁隧道	无	−15.3	3	587	770	5 880

续上表

编号	隧址	冻土类型	隧道名称	有无冻害	最冷月平均气温（℃）	最大冻结深度（m）	海拔高度（m）	设防长度（m）	全长（m）
86	内蒙古赤峰市	季节性	大坝山隧道	无	−15	2.12	804	735	5 895
87	内蒙古呼和浩特市	季节性	半家隧道	—	−10.5	1.43		620	4 550
88	内蒙古呼伦贝尔市	多年冻土	楚鲁特隧道	无	−26.5	2.42	611	1 000	5 500
89	内蒙古呼伦贝尔市	多年冻土	朝阳村 1 号隧道	有	−21	—	—	—	430
90	内蒙古赤峰市	季节性	大坝梁隧道	—	−16.5	2.01	1 039	—	954
91	内蒙古乌兰察布市	季节性	八苏木隧道	有	−15.6	2.46	1 379	800	8 184
92	内蒙古锡林郭勒盟	季节性	达亚纳隧道	无	−21.5	—	—	950	3 400
93	内蒙古锡林郭勒盟	季节性	都贵德勒隧道	无	−21	—	—	950	4 800
94	内蒙古兴安盟	季节性	巴勒根达板隧道	无	−21	2.75	910	962.5	1 725
95	内蒙古牙克石市	多年冻土	兴安岭上行隧道	有	−33	2.8	—	1 100	3 100
96	内蒙古牙克石市	多年冻土	兴安岭下行隧道	有	−26.5	—	658	1 000	3 078
97	内蒙古牙克石市	多年冻土	林场隧道	有	−19.4	3	701	900	2 525
98	内蒙古通辽市	多年冻土	云端隧道	—	−20	1.79	821	—	990
99	内蒙古呼伦贝尔市	季节性	博克图隧道	—	−17.5	3	373	850	3 915
100	内蒙古呼伦贝尔市	多年冻土	沙力双线隧道	有	−26.5	—	—	—	870
101	内蒙古通辽市	季节性	阿拉坦隧道	无	−20	1.42	1 039	—	775
102	内蒙古通辽市	季节性	扎伊线沙楞隧道	无	−13	1.79	996	—	1 042
103	内蒙古通辽市	季节性	扎尔斯台隧道	—	−12.5	1.83	1 059	700	5 470
104	内蒙古自治区	季节性	旗下营隧道	有	−11.6	1.56	1 274	700	1 608
105	内蒙古阿尔山市	多年冻土	南兴安岭隧道	有	−25.5	—	—	1 000	3 219
106	内蒙古阿尔山市	多年冻土	南兴安隧道	有	−25.5	—	—	1 000	3 219
107	内蒙古牙克石市	多年冻土	牙林线岭顶隧道	有	−26.5	—	—	—	937
108	甘肃省白银市	季节性	窦家沟隧道	有	−6	—	1 925	500	1 268
109	甘肃省古浪县	季节性	黑松驿隧道	有	−9.3	1.38	2 312	600	1 665
110	甘肃省兰州市	季节性	七道梁隧道	有	−4.5	1.03	1 532	420	1 560
111	甘肃省张掖地区	季节性	大落海子	有	−9.5	—	—	600	3 408
112	河北省承德市	季节性	祥云岭隧道	有	−14	1.11	325	—	185
113	河北省承德市	季节性	鸡冠山隧道	无	−9	1.26	325	600	5 265
114	河北省承德市	季节性	角峪隧道	无	−9	1.26	325	600	5 695
115	河北省承德市	季节性	彭家沟隧道	无	−9	1.26	325	600	3 630
116	河北省承德市	季节性	史家沟隧道	无	−9	1.26	325	600	4 340
117	河北省承德市	季节性	姚家湾隧道	无	−8.5	1.26	292	550	3 170
118	河北省承德市	季节性	刘家沟隧道	无	−10	1.26	507	600	9 845
119	河北省承德市	季节性	上场隧道	有	−13.5	1.26	847	700	2 297

续上表

编号	隧　址	冻土类型	隧道名称	有无冻害	最冷月平均气温（℃）	最大冻结深度（m）	海拔高度（m）	设防长度（m）	全长（m）
120	河北省承德市	季节性	大石洞隧道	无	−9	1.26	578	600	5 120
121	河北省承德市	季节性	青松岭隧道	无	−9	1.26	578	535.5	1 071
122	河北省秦皇岛市	季节性	梯子岭隧道	有	−8	1.8	245	550	1 142

由表 7-1 可以看出，高纬度地区寒区隧道有以下特点：

(1)最冷月平均气温一般在−5～−30 ℃之间，其中大兴安岭地区在中国最北部，最冷月平均气温在−25 ℃以下；

(2)季节性冻土隧道冻结深度在 0.5～2.5 m 之间，部分多年冻土地区隧道冻结深度在 3 m以上；

(3)海拔高度基本在 3 000 m 以下。

根据表 7-1 中的数据，对高纬度地区的 80 座寒区隧道拟合分析，得到了最冷月平均气温和设防长度的关系曲线，如图 7-13 所示。其中，80 座寒区隧道的拟合数据来源于表 7-1 中无冻害以及有冻害但是冻害原因不是保温设防长度不足的隧道。

由图 7-13 可以看出，设防长度随着最冷月平均气温的降低而增长，且增长速率逐渐减小。采用多项式进行拟合，得到了高纬度地区最冷月平均气温和设防长度的计算公式(7-2)，相关系数 $R^2=0.977\ 2$，能够满足工程的需要。

$$y=-0.585\ 3x^2-46.183x+207.25 \tag{7-2}$$

式中　y——单侧隧道设防长度，m；

x——最冷月平均气温，℃。

高纬度地区有冻害隧道 51 座，就引起冻害的原因来看，衬砌背后积水的有 13 座，保温设防长度不足的有 12 座，混凝土质量问题的有 11 座，排水口冻结的有 9 座，风速影响(自然风或列车风)的有 6 座。高纬度地区冻害原因分析如图 7-14 所示。

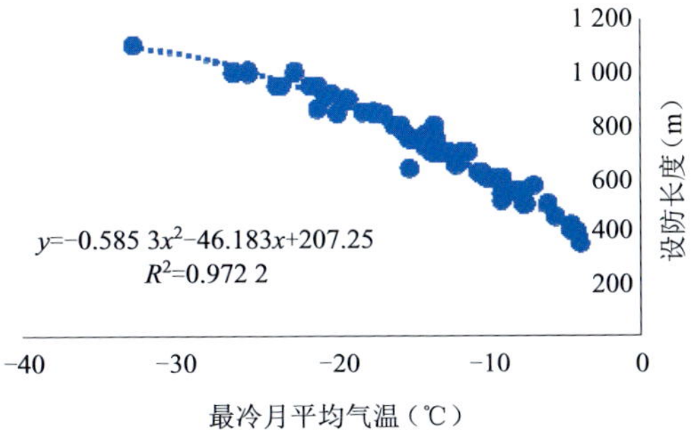

图 7-13　高纬度地区最冷月平均气温和设防长度的关系曲线

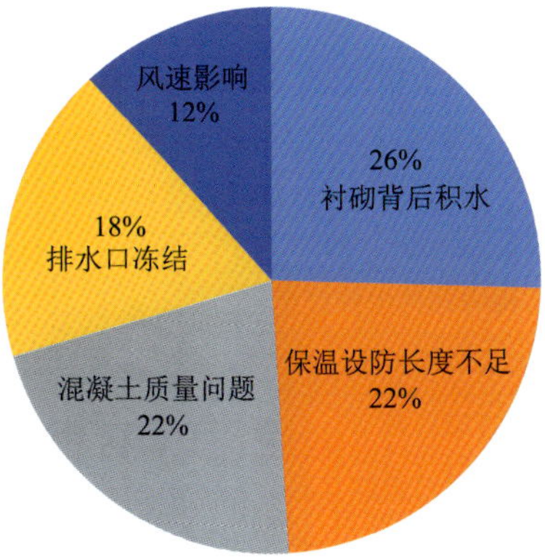

图 7-14　高纬度地区冻害原因分析

通过调研分析得到以下结论：

(1)高纬度地区季节性冻土隧道多分布在最冷月平均气温－5～－25 ℃的地区，多年冻土隧道多分布在最冷月平均气温低于－25 ℃的地区。

(2)高纬度地区特点是最冷月平均气温在－5～－30 ℃之间，海拔高度一般低于3 000 m，季节性冻土隧道占85%，多年冻土隧道占15%，其具有典型的冻融循环特性，极易造成隧道混凝土衬砌漏水、挂冰和胀裂等，如何消除冻胀、融沉病害便成为高纬度地区隧道工程亟待解决的问题。

(3)高纬度地区设置完善的保温排水系统，以保证排水系统在冰冻期不冻结是消除冻害的关键因素，如南山隧道、上场隧道和土门岭隧道。

(4)为保证洞门结构的稳定，洞门材料采用钢筋混凝土结构，洞门基础应位于冻结线以下并置于稳定的地层中，如干沟隧道，洞门基础未设置在冻结线以下，洞门结构冻害情况较为严重。

(5)当高纬度地区最冷月平均气温低于－10 ℃时，只要确定冬季有水，其水沟建议采取保温措施，如兰西隧道、南山隧道、土门岭隧道、兴安岭下行隧道、祁连山隧道和奎先隧道等。

2. 高海拔地区寒区隧道

高海拔地区一共统计了34座寒区隧道，其中短隧道1座，中长隧道3座，长隧道14座，特长隧道16座，季节性冻土隧道20座，永久性冻土隧道14座，有冻害隧道15座，无冻害隧道14座，冻害情况不详5座。高海拔地区寒区隧道冻害调研基础数据见表7-2。

表7-2 高海拔地区寒区隧道冻害调研基础数据

编号	隧址	冻土类型	隧道名称	有无冻害	最冷月平均气温(℃)	最大冻结深度(m)	海拔高度(m)	设防长度(m)	全长(m)
1	四川省甘孜州德格县	季节性	雀儿山隧道	有	－9.6	1.43	4 380	600	6 830
2	昆仑山与唐古拉山之间	多年冻土	风火山隧道	无	－14.7	—	4 896	750	1 338
3	昆仑山与唐古拉山之间	多年冻土	昆仑山隧道	有	－16.7	—	4 648	843	1 686
4	青海省乌兰县	季节性	关角隧道	有	－13	—	—	700	4 010
5	青海柴达尔至木里	季节性	大通山隧道	无	－13.3	3.5	4 072	750	4 495
6	青海青藏铁路线	季节性	干沟隧道	无	—	—	—	—	234
7	青海省海东地区平安县	季节性	青沙山隧道	有	－11.2	1.48	3 340	700	3 340
8	青海省海南藏族自治州	季节性	鄂拉山隧道	无	－10.3	2.77		620	4 600
9	青海省海南藏族自治州	季节性	姜路岭隧道	无	－10.3	2.77	4 487	620	2 925
10	青海省门源回族自治县	多年冻土	祁连山隧道	有	－11.9	2.3	5 483	650	9 490
11	青海省祁连山脉腹地	多年冻土	宁缠山隧道	—	－13.4	2	3 347	800	2 990
12	青海省祁连山山脉	多年冻土	大坂山隧道	有	－14	4.5	3 840	765	1 530
13	青海省西宁市	季节性	拉脊山隧道	无	－7.5	1.34	3 672	500	5 530
14	四川省阿坝藏族自治州	季节性	鹧鸪山隧道	有	－6.9	1.01	4 308	570	4 448
15	四川省阿坝藏族自治州	季节性	巴朗山隧道	有	－12.5	1.24	4 768	700	9 738
16	四川省阿坝藏族自治州	季节性	日尔郎山隧道	有	－10.2	1.6	3 589	615	1 625
17	四川省阿坝藏族自治州	季节性	牟尼沟隧道	无	－4.3	—	—	400	1 835

续上表

编号	隧　址	冻土类型	隧道名称	有无冻害	最冷月平均气温（℃）	最大冻结深度（m）	海拔高度（m）	设防长度（m）	全长（m）
18	四川省阿坝藏族自治州	季节性	花岩子隧道	—	−4.5	—	3 515	—	570
19	四川省甘孜藏族自治州	季节性	波戈溪隧道	无	−4.5	—	3 140	—	2 743
20	四川省甘孜藏族自治州	季节性	德达隧道	—	−4.5	—	3 576	—	659
21	四川省甘孜藏族自治州	季节性	拉纳山隧道	无	−4.5	—	3 049	—	3 451
22	四川省甘孜藏族自治州	季节性	列衣隧道	无	−4.5	—	3 490	—	2 107
23	西藏东部昌都境内	多年冻土	珠角拉山隧道	—	−23.7	1.07	4 688	950	4 610
24	西藏自治区拉萨市	多年冻土	羊八井二号	有	−7.5	1.12	4 291	500	1 643
25	西藏自治区拉萨市	多年冻土	羊八井一号	有	−7.5	1.12	4 291	500	3 345
26	西藏自治区林芝地区	季节性	西藏嘎隆拉	—	−7.6	0.14	4 161	500	3 350
27	新疆	多年冻土	色勒科特 3 号	无	−13.3	2	—	700	5 200
28	新疆	多年冻土	玉希莫勒	有	−15.7	2	3 200	800	1 943
29	新疆维吾尔自治区	多年冻土	铁力买提隧道	无	−10.5	—	3 220	620	1 894
30	新疆维吾尔自治区	多年冻土	奎先隧道	有	−15.8	—	3 000	800	6 154.2
31	新疆维吾尔自治区	季节性	捷尔得萨依	无	−7.5	0.83	—	—	701
32	新疆维吾尔自治区	季节性	中天山越岭	无	−7.5	0.83	2 952	500	23 000
33	新疆维吾尔自治区	多年冻土	将军沟隧道	有	−14	1.7	2 117	725	1 450
34	新疆维吾尔自治区	多年冻土	赛里木湖隧道	有	−14	1.7	2 157	720	1 827

由表 7-2 可以看出，高海拔地区寒区隧道有以下特点：

①最冷月平均气温一般在−5～−15 ℃之间；

②冻结深度在 1～4.5 m 之间；

③海拔高度基本在 3 000 m 以上，其中祁连山山脉和昆仑山山脉部分隧道海拔高达5 000 m。

根据表 7-2 中的数据，对高海拔地区的 34 座寒区隧道拟合分析，得到了高海拔地区最冷月平均气温和设防长度的关系曲线，如图 7-15 所示。其中，34 座寒区隧道拟合数据来源于表 7-2中无冻害以及有冻害但是冻害原因不是保温设防长度不足的隧道。

由图 7-15 可以看出，设防长度随着最冷月平均气温的降低而增长，且增长速率逐渐减小。采用多项式进行拟合，得到了高海拔地区最冷月平均气温和设防长度的计算公式(7-3)，相关系数，能够满足工程的需要。

$$y=-0.7936x^2-51.861x+175.69 \qquad (7\text{-}3)$$

式中　y——单侧隧道设防长度，m；

x——最冷月平均气温，℃。

高海拔地区有冻害隧道 15 座，就引起冻害的原因来看，衬砌背后积水的有 5 座，保温设防长度不足的有 3 座，混凝土质量问题的有 4 座，排水口冻结的有 2 座，风速影响(自然风或列车风)的有 1 座。高海拔地区冻害原因分析图，如图 7-16 所示。

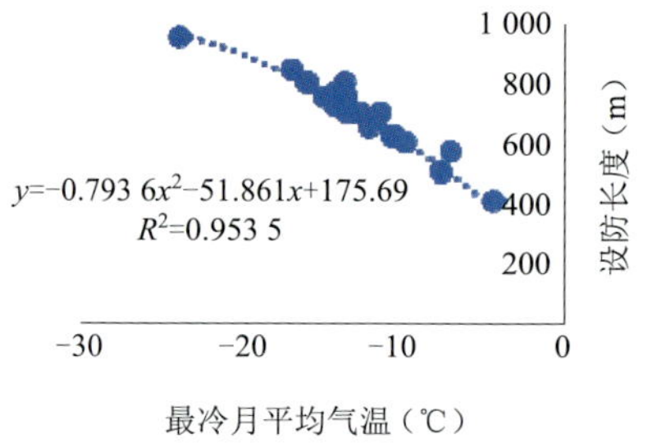

图 7-15 高海拔地区最冷月平均气温和设防长度的关系曲线

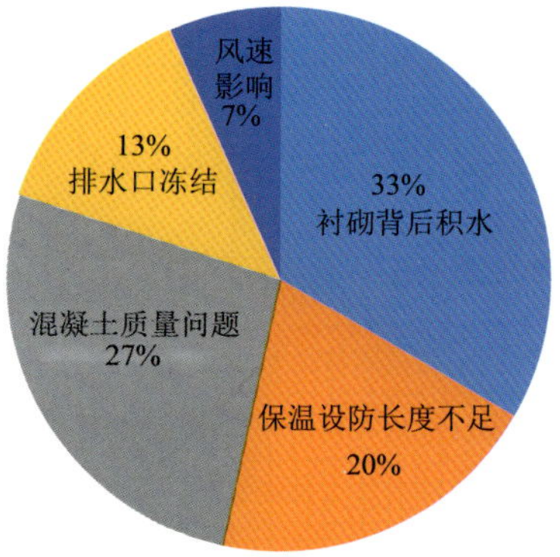

图 7-16 高海拔地区冻害原因分析

通过调研分析得到以下结论：

(1)高海拔地区多年冻土隧道多分布在纬度和海拔相对较高的地区。

(2)高海拔地区特点是最冷月平均气温在−5～−15 ℃之间，海拔高度一般高于3 000 m，季节性冻土隧道占59%，多年冻土隧道占41%，全年霜期较长。如何控制施工期和运营后隧道洞内温度，是高海拔地区隧道工程亟待解决的问题。

(3)多年冻土要求在暖季时，防止围岩中冻土发生融化，保持围岩的原有冻结状态，避免围岩发生热融，如奎先隧道洞口处于热融频繁发生地段，衬砌冻胀现象严重，处理措施为隧道洞口段设置了抗冻衬砌和温度变形缝。

(4)季节冻土要求在寒季时，保温措施能够达到理想的保温效果，防止衬砌背后或围岩中的水发生冻结，避免衬砌结构遭受冻胀压力的影响，如上场隧道进口段受西北风的影响，水沟埋置深度不够，保温措施不到位，导致洞口段水沟结冰现象严重，排水通路被封堵，隧道整体冻害现象严重。

通过不断调节送风温度和风量可实现对施工期多年冻土隧道洞内沿程环境气温的全面控制，以−5～5 ℃为洞内气温的控制范围，以工作面温度 0 ℃作控制指标。在原始地温低于5 ℃、洞口气温低于−15 ℃时，需在洞口处设置门帘，可使洞身部分的气体温度均满足施工要求，如风火山隧道通过在隧道洞口处设置门帘来提高洞内温度以及通过控制通风机械风速和风温来控制掌子面温度。

四、寒区隧道分区

高海拔地区海拔高度在3 000 m以上，在此地区施工人员容易出现高原反应。高海拔地区与高纬度地区寒区隧道最大区别在于，高海拔地区因高寒缺氧，人、机降效较大，且多年冻土分布范围大，施工难度大。因此，在进行寒区隧道划分时，应分开讨论。隧道寒区分区见表 7-3。

表 7-3 隧道寒区分区

分区名称	最冷月平均气温(℃)	冻结深度(m)	分 布 范 围
高纬度地区	−15～−30	0.5～2.5	河北省、甘肃省、黑龙江省、吉林省、辽宁省和内蒙古自治区
高海拔地区	−5～−15	1～4.5	四川省、青海省、西藏和新疆

由寒区隧道冻害调研基础数据分析知，最冷月平均气温对寒区隧道保温设防长度影响最大，分区时应作为主要考虑的影响因素。冻结深度是外界气温和土层内在性质、表面性态共同作用的结果，也是主要考虑的影响因素。以最冷月平均气温和冻结深度作为亚区的划分依据，将隧道寒区进一步划分为 5 个亚区，隧道寒区亚区简表见表 7-4。

表 7-4　隧道寒区亚区简表

分区符号	最冷月平均气温(℃)	冻结深度(m)	冻害特征	保温排水措施
Ⅰ	−5～0	0.15～0.5	无冻害	洞口段不需要设置保温层，采用一般水沟
Ⅱ	−5～−10	0.5～1.0	洞口段有结冰现象，部分衬砌表面渗漏结冰，冻害轻微，不影响交通	洞口段设置保温层，采用一般水沟
Ⅲ	−10～−15	1.0～1.5	洞口段结冰现象较严重，衬砌表面渗漏结冰，冻害较严重，影响交通	洞口段设置保温层，采用保温水沟或中心深埋水沟
Ⅳ	−15～−25	1.5～2.5	洞口段结冰现象严重，衬砌表面渗漏结冰严重，冻害严重，严重影响交通	洞口段设置保温层和主动保温措施，采用中心深埋水沟
Ⅴ	<−25	>2.5	衬砌层破裂严重，大面积渗漏水，挂冰严重，路面结冰，排水系统被冰塞	洞口段设置保温层和主动保温措施，采用防寒泄水洞

五、国内寒区隧道冻害类型及成因分析

由寒区隧道冻害调研基础数据分析知，国内寒区隧道主要冻害类型有：衬砌漏水和挂冰；隧底冒水、积冰冻胀；衬砌开裂、酥碎、剥落；洞门墙开裂；排水系统冻结；洞口热融滑塌等。下面分别介绍各类冻害的成因：

1. 衬砌漏水和挂冰

在年降雨量大、地下水丰富以及围岩破碎的寒冷地区，当隧道排水系统不通畅时，地下水容易通过衬砌缝隙向隧道内部渗漏，多发生在拱墙、仰拱、纵向施工缝处以及施工质量不过关造成衬砌结构的薄弱环节处。隧道内渗水位置和渗水量的多少并不固定，这与寒区隧道施工质量有很大关联，因此寒区隧道防水和排水工作一定要确保施工质量。这种渗漏水发生冬季时会引发衬砌结构的冻害。当衬砌结构薄弱环节处渗漏出的水结冰后，体积会增大 9%左右，衬砌结构会受到冻胀力的附加荷载，当冻胀力大到一定程度后，衬砌结构会出现开裂和破坏等情况，导致衬砌结构渗水量的增加，随着水体不断补给，在隧道拱顶或边墙处将会出现一串串的冰柱，严重时会侵入隧道的建筑限界，影响行车安全。挂冰现象是寒区隧道经常出现的一种病害，为了确保行车安全维持隧道通车不得不派人专门负责清理衬砌结构出现冻害。衬砌漏水和挂冰如图 7-17 所示。

2. 隧底冒水、积冰冻胀

地下水一般具有一定的承压性，在隧道洞内排水系统不通畅的情况下，往往会从隧道底部逐渐渗漏到路面之上，冒出地面的水在较低的气温作用下逐渐冻结，若地下水量较为丰富时，源源

不断补给的地下水会在隧道底部冻结成片，进而形成冰锥。由东北寒区隧道冻害调研资料显示，沿着隧道进深方向冰锥长度可达300 m，冰层厚可达0.3～1.3 m。靠近线路道床位置上，积冰有时会淹没轨顶，有时还会引起轨道线路的冻胀问题，据现场实测数据显示，轨顶冻胀隆起值可达170 mm，严重影响线路整体平整度，危害行车安全，隧底冒水、积冰冻胀如图7-18所示。

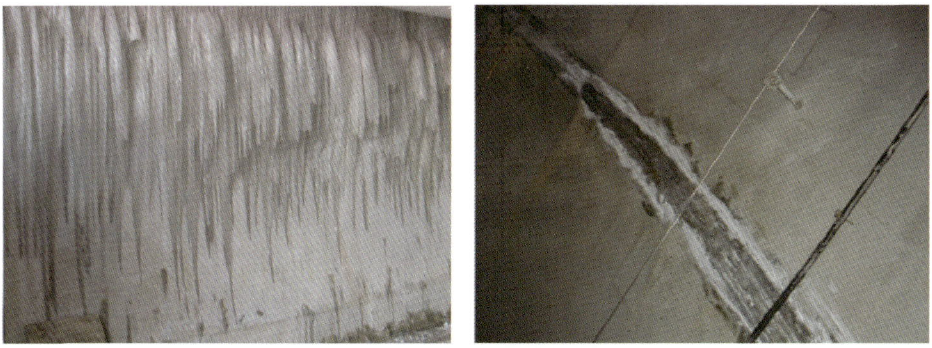

图7-17 衬砌漏水、挂冰

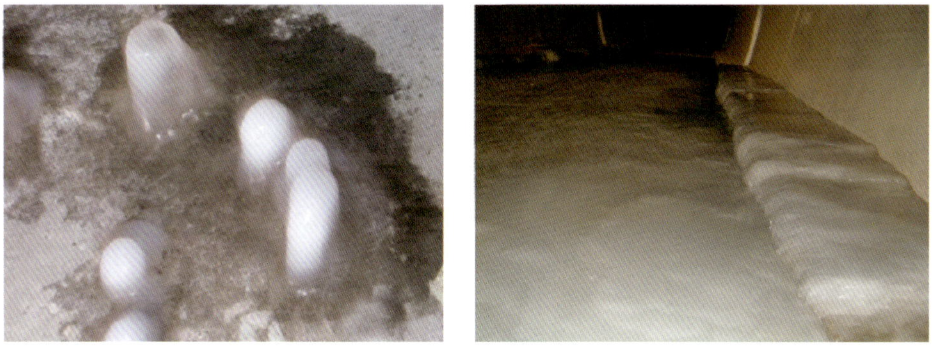

图7-18 隧底冒水、积冰冻胀

3. 衬砌开裂、酥碎、剥落

衬砌结构的温度应力和冻胀力是引起衬砌开裂的主要原因，按照裂缝形式可分为环向裂缝、纵向裂缝和斜向裂缝。

(1)衬砌结构的环向裂缝

环向开裂是指垂直于隧道进深方向的衬砌开裂，这种开裂形式在寒冷地区的隧道中较为常见。由调查资料显示，环向裂缝的产生与隧道地质条件的好坏无关。环向裂缝多发生在混凝土结构的施工缝处，对拱形隧道结构而言，环向裂缝对隧道衬砌结构的整体受力影响不大，但是由于环向裂缝的存在，增加了地下水的渗漏通道，同时增大了隧道衬砌结构的风化程度。由东北林区隧道衬砌结构环向裂缝统计数据知，沿着隧道进深方向平均每隔4 m左右就会出现一个环向裂缝，冬季在冻胀力的作用下，裂纹扩展。夏季随着冻胀力的消失，裂纹闭合。这种随着季节性产生的环向裂缝往往随着气温的变化而变化，现场施工时很难完全消除环向裂缝的产生。

(2)纵向裂缝和斜向裂缝

纵向裂缝和斜向裂缝的产生往往与隧道衬砌结构形式有关，一般情况下，直墙型衬砌结构与曲墙型衬砌结构相比更容易出现此种型式的裂缝。由调查资料显示，这两种形式的裂缝对隧道结构的整体稳定性影响较大，多发生在曲率变化较大的拱腰和墙脚部位。衬砌开裂、酥碎和剥落，如图 7-19 所示。

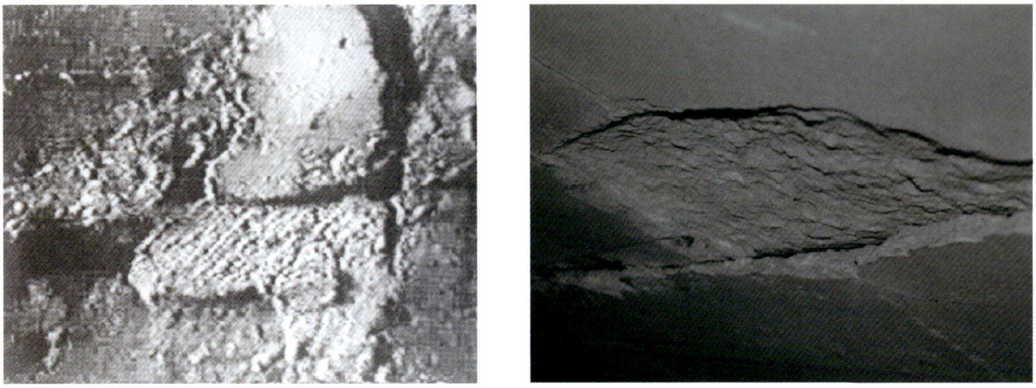

图 7-19　衬砌开裂、酥碎和剥落

4. 洞门墙开裂

洞门墙开裂是寒区隧道洞门结构破坏的主要形式之一，由于寒区隧道气温往往较低，洞门结构混凝土的施工质量难以保证，例如混凝土的入模温度的控制、温度应力的影响以及积水冻胀的影响等，导致洞门墙结构在最薄弱的部位出现破坏。据嫩林线、牙林线统计数据显示，在调查的 30 个洞门中，出现洞门结构开裂的达到 17 个，由此可见，洞门墙开裂是寒区隧道亟须解决的问题，据目前研究结果显示，寒区隧道洞门墙宜采用钢筋混凝土结构，增加结构的抗拉能力，有利于减少寒区隧道洞门墙开裂的发生，洞门墙开裂如图 7-20 所示。

图 7-20　洞门墙开裂

5. 排水系统冻结

排水系统冻结是引起寒区隧道出现严重冻害的根本原因之一。国内的排水系统主要由保温侧沟、中心深埋水沟以及防寒泄水洞组成，由于没有设置保温措施或保温措施设置不合理引起排水系统冻结，进而诱发了更为严重的冻害，如翠岭隧道、岭顶隧道和奥拉岭隧道等，由于泄水洞冻结长度达 400 m 左右，冰层厚度达 1～7.5 m，导致地下水溢上隧道道床，淹没线路，整条隧道出现了严重的冻害现象，排水系统冻结如图 7-21 所示。

图 7-21 排水系统冻结

6. 洞口热融滑塌

洞口热融滑塌是指春融期间(一般为 3 月～4 月)隧道洞口处的积雪白天融化,晚上冻结,在这种短周期的冻融循环作用之下,隧道洞口段边坡出现失稳现象,造成洞口滑坡、洞口热融滑塌,如图 7-22 所示。

图 7-22 洞口热融滑塌

六、寒区隧道保温排水技术分析

1. 寒区隧道保温技术调研分析

牟尼沟隧道最冷月平均气温为－4.3 ℃,波戈溪隧道、拉纳山隧道和列衣隧道最冷月平均气温为－4.5 ℃,以上隧道均没有出现冻害现象,而窦家沟隧道最冷月平均气温为－6 ℃,鹧鸪山隧道最冷月平均气温为－6.9 ℃,二者均出现冻害。因此建议当最冷月气温低于－5 ℃时,采用保温层法对洞口段进行保温设防。

需要注意的是,保温层属于被动保温措施,由于保温层本身不会产生热量,在极端寒冷条件下,可能会出现保温层失效的情况。由东北三省 84 座寒区隧道统计资料可以看出,在最冷月平均气温低于－15 ℃的地区,出现保温层设防长度不足的隧道有 10 座(156 座寒区隧道调查资料中保温层设防长度不足的有 12 座),由此可见,当最冷月平均气温低于－15 ℃的地区,建议采取其他主动保温措施。

寒区隧道保温技术调研结果表明:

(1)保温层是一种经济有效的保温措施,但需注意其最佳适用于最冷月平均气温－5～－15 ℃的地区。

(2)最冷月平均气温在-15 ℃以下地区，建议对洞口段环境气温低于-15 ℃的区段采取其他主动保温措施。

2. 寒区隧道保温层厚度的确定

寒区隧道保温层厚度计算方法有有限元模拟法、等效厚度法、气象解析法、解析计算法等。根据研究表明，气象解析法概念比较复杂，计算公式相对烦琐，等效厚度法计算原理简单，易于理解和掌握。在实际工程计算中，可以采用等效厚度法进行计算。其计算原理为，将隧道外壁处于冻结层的围岩、保温层和衬砌层看作是大平板，认为冻结层围岩和衬砌层的热流量之和等于保温层的热流量，从而计算保温层的厚度δ_2。

冻结层围岩的热流量计算公式：

$$Q_1 = \lambda_1 \cdot S \cdot \frac{T_{w1} - T_{w2}}{\delta_1} \tag{7-4}$$

保温层的热流量计算公式：

$$Q_2 = \lambda_2 \cdot S \cdot \frac{T_{w3} - t_0}{\delta_2} \tag{7-5}$$

衬砌层的热流量计算公式：

$$Q_c = \lambda_c \cdot S \cdot \frac{T_{w2} - T_{w3}}{\delta_c} \tag{7-6}$$

式中　λ_1、λ_2、λ_c——围岩、保温层材料和混凝土衬砌的导热系数，W/(m·℃)；

S——热交换的面积，m^2；

T_{w1}、T_{w2}、T_{w3}、t_0——围岩地温、围岩与衬砌接触面的温度、衬砌与保温层接触面的温度以及洞内平均气温，℃；

δ_1、δ_c——最大冻结深度和混凝土衬砌厚度，m。

令$Q_1 + Q_c = Q_2$，由此得到保温层厚度δ_2计算公式：

$$\lambda_1 \cdot S \cdot \frac{T_{w1} - T_{w2}}{\delta_1} + \lambda_C \cdot S \cdot \frac{T_{w2} - T_{w3}}{\delta_c} = \lambda_2 \cdot S \cdot \frac{T_{w3} - t_0}{\delta_2} \tag{7-7}$$

由式(7-7)可解得δ_2：

$$\delta_2 = \frac{\lambda_2 \cdot \mathrm{S} \cdot (\mathrm{T}_{w3} - \mathrm{t}_0)}{\left(\lambda_1 \cdot S \cdot \frac{T_{w1} - T_{w2}}{\delta_1} + \lambda_c \cdot S \cdot \frac{T_{w2} - T_{w3}}{\delta_c}\right)} \tag{7-8}$$

由式(7-8)可知，保温层厚度δ_2随着洞内平均气温t_0的升高而减小。

以赛里木湖隧道保温层厚度计算为例，围岩冻结深度为1.7 m，围岩导热系数λ_1、保温层材料导热系数λ_2和混凝土衬砌的导热系数λ_c分别为1.16、0.022和2.56 W/(m·℃)，混凝土厚度为0.9 m(衬砌和二次衬砌厚度)，围岩地温T_{w1}、围岩与衬砌接触面的温度T_{w2}、衬砌与保温层接触面的温度T_{w3}以及洞内平均气温t_0分别为5、0.3、0.1和-14 ℃，计算得到保温层厚度δ_2为8.2 cm。

当计算隧道设防长度超过隧道实际长度或设防长度较长时，可以考虑采用变截面厚度保温层法进行保温设计，保温层厚度建议按照公式(7-8)进行计算。例如赛里木湖隧道保温措施为进口段720 m和出口段450 m范围内铺设5 cm厚的保温层，其余位置铺设3 cm厚的保温层。

3. 寒区隧道排水技术调研分析

寒冷地区隧道防排水技术措施主要有侧式保温水沟、中心深埋水沟和防寒泄水洞，其思路主要是通过排除衬砌背后围岩中的地下水，从而达到减轻或消除冻害的目的。

寒区隧道排水技术调研结果表明：

(1)保证寒区隧道远离冻害的关键因素是设置完善、具有保温性能的防排水系统，从而保证排水系统在冰冻期不冻结。如风火山隧道和赤大白铁路隧道。

(2)通过对华北地区的丰沙线、京原线、京承线等三条铁路共 60 多座寒区隧道调研分析知，其最冷月平均气温在−5～−10 ℃，这些隧道大部分采用一般水沟，未采取保温措施，但水沟无冻结现象。因此最冷月平均气温在 0～−10 ℃的寒冷地区，水沟可考虑不设保温措施。

4. 寒区隧道洞内排水形式及设防长度确定

(1)侧式保温水沟一般适用于最冷月平均气温在−10～−15 ℃、冬季有水的隧道，且水量不是很大，如上场隧道、兰西隧道、南山隧道、土门岭隧道、兴安岭下行隧道、祁连山隧道和奎先隧道等。

(2)中心深埋水沟一般适用于最冷月平均气温在−10～−25 ℃、冬季有水的隧道，且水量较大，最大冻结深度小于 2.5 m，如昆仑山隧道、风火山隧道、恒山隧道、奎山隧道、佛岭一号隧道、北老松隧道、福金岭隧道、八盘岭隧道、南岭隧道、马山隧道、石脑隧道、黄海隧道、长岭隧道、干沟梁隧道、大坝梁隧道、祁连山隧道、宁缠隧道、鹧鸪山隧道和铁力买提隧道等。

中心深埋水沟的埋深，一般可按下式计算：

$$h_x = \frac{Kht_x}{t} \tag{7-9}$$

式中 h_x——隧道内距洞口 x 处水沟最小埋深，m；

t_x——隧道内距洞口 x 处最冷月平均气温，℃；

t——隧道所在地区最冷月平均气温，℃；

h——隧道所在地区的最大冻结深度，m；

K——与岩性有关的冻结深度系数，黏性土取 1.0，砂性土取 1.1～1.3，岩石取 1.3～2.0。

(3)防寒泄水洞一般适用于严寒地区最冷月平均气温低于−25 ℃、冬季有水的隧道，黏性土冻结深度大于 2.5 m。如大通山隧道，牙林线岭顶隧道、嫩林线西罗奇 1、2 号隧道、杜草隧道、永安隧道、风车隧道、牙林线岭顶隧道和大坂山隧道等。

(4)盲管(沟)的设置深度由衬砌内缘算起，建议大于 1 m(衬砌厚度计算在内)，必要时需在盲管(沟)处增设保温墙，如南山隧道在二次衬砌背后设置纵、环向排水盲沟，盲沟采用透水式内径为 10 cm 的软管盲沟。

(5)泄水孔将竖向或环形盲管(沟)中的地下水引入排水系统中，其断面建议为 10 cm×10 cm，如大通山隧道每隔 4.2 m 设置竖向泄水孔将围岩中的裂隙水及地下水排入防寒泄水洞。

(6)中心深埋水沟与隧底横沟和盲管(沟)相连接，横沟的坡度建议大于 5 %，如白卡尔隧道。

(7)防寒泄水洞中横沟应以暗挖的横导洞代替，衬砌背后盲管(沟)与横导洞以钻孔相连，孔径建议大于 10 cm，如西罗奇 1 号隧道。

由于岩体本身具有一定地温，如果衬砌表面温度大于或等于 0 ℃，那么衬砌背后一定不会发生冻结。因此可以认为，侧式保温水沟、中心深埋水沟、防寒泄水洞设防长度以洞内二次衬砌表面温度为 0 ℃为设防终点。

5. 寒区隧道洞外排水技术

洞外排水是指与洞内侧式保温水沟、中心深埋水沟或防寒泄水洞相衔接的洞外部分。

(1)洞内的水流出隧道后，应通过暗沟导入地形较低处。暗沟可采用明挖法施工，每隔50 m设置检查井和沉淀坑，其埋置于冻结深度以下，坡度建议大于5 ‰，如黑松驿隧道洞内全程设置双侧高式水沟排水，在隧道进出口400 m范围内，保温水沟增设双层盖板，隧道出口每隔50 m设置检查井，并通过保温出水口排水。

(2)最冷月平均气温在－15 ℃以下的地区，侧式保温水沟、中心深埋水沟、防寒泄水洞，建议设置保温出水口。当出水口地形较陡时，建议采用端墙式；当地形平坦时，建议采用掩埋保温圆包头式，如黑松驿隧道采用端墙式保温出水口，取得理想的排水效果。

6. 寒区隧道存在问题及冻害防治原则

(1)排水系统不完善。早期采用整体式衬砌修建的隧道，因排水系统不完善，导致隧道修建后拱墙交接处容易出现渗漏水，引起冻害。例如福金隧道和长岭隧道，隧道整体衬砌老化严重，排水系统不完善，渗水严重区域普遍存在衬砌块状开裂和挂冰现象。

(2)保温系统不完善。有些寒区隧道虽然设置了完善的排水系统，但是保温系统不完善，导致排水系统冻结，引起冻害。例如七道梁隧道，因未设置保温措施，导致衬砌结构背后发生积水冻胀而引起排水沟冻结。

(3)施工质量不达标。有些寒区隧道虽然设置了完善的保温排水系统，但是施工质量不达标，如塌方空洞、回填不密实等缺陷地段也易导致冻害现象严重，影响隧道运营安全。例如永安隧道和沙力双线隧道由于施工质量原因，导致混凝土衬砌强度不足，主要有脱落、掉块、裂纹和漏水等冻害现象。

为此，提出隧道冻害防治原则是“施工质量是基础，排水是核心，保温是关键，三者必须有机结合”，即在保证施工质量前提下，采用完善的保温排水系统。具体内容为：

①勘察调研要细致、设计要合理、施工要到位，以确保排水系统畅通、防水措施有效；

②采取“以混凝土自防水为根本、施工缝和变形缝防水为重点、防水板防水为关键”的防水体系；

③根据洞口阴阳坡、地下水特征、围岩破碎情况、气温高低设置“衬砌背后盲沟＋排水沟＋排水通道”的排水系统，排水通道应设置保温措施或置于不受外界气温影响的位置；

④洞口含水土质及极其破碎的岩质地层，结合气候特点及地表水下渗补给情况，设置保温衬砌以减小冻胀力；

⑤施工中通过减少超挖、避免塌方、空隙回填压浆等措施减少冻害的隐患。

第二节　隧道保温段长度分析

一、寒区长大隧道洞内温度实测与分析

1. 寒区长大隧道洞内温度实测

在建的牡丹江至绥芬口的绥阳隧道全长6 710 m，埋深380～500 m，围岩的原始地温7 ℃，主导风由隧道进口吹向出口，洞口风速3 m/s。于2015年1月16日至1月18日每日6:00进行洞内温度实测，每隔500 m设置一个测点，得到绥阳隧道内部温度曲线如图7-23所示。

由图 7-23 知，实测期间绥阳隧道内部温度曲线总体呈倒“V”字形分布，隧道进出口温度低，中部温度高，洞口最低温度为－18 ℃，洞内最高温度为－2 ℃；由于受到主导风的影响，洞内温度曲线向出口处偏移。根据现行《铁路隧道设计规范》规定，－5 ℃以下气温需要设置保温措施，绥阳隧道设防长度大于 3 000 m。

在建牡丹江至绥芬口的红房子隧道全长 6 473 m，埋深 470～580 m，围岩的原始地温为 10 ℃，主导风由隧道进口吹向出口，洞口风速为 3 m/s。于 2015 年 1 月 17 日至 1 月 19 日每日 6:00 进行洞内温度实测，每隔 500 m 设置一个测点，得到红房子隧道内部温度曲线如图 7-24所示。

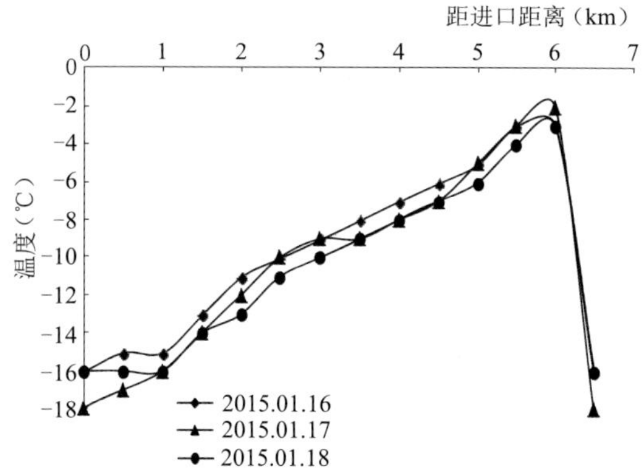

图 7-23　绥阳隧道内部温度曲线

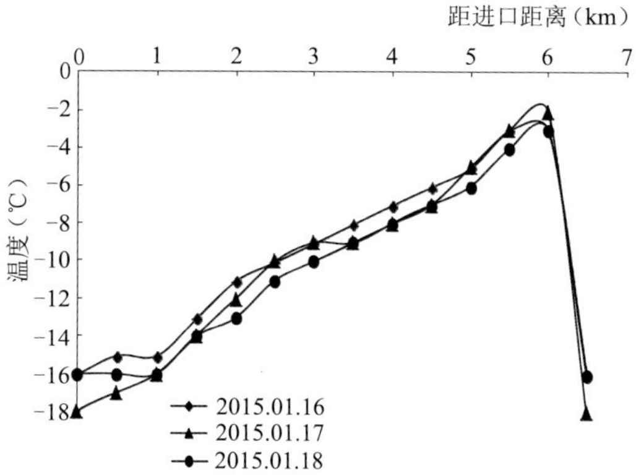

图 7-24　红房子隧道内部温度曲线

由图 7-24 知，实测期间红房子隧道内部温度曲线总体呈倒“V”字形分布，隧道进、出口温度低，洞口最低温度为－18 ℃，洞内最高温度为 5 ℃，仅洞内部区段出现正温，红房子隧道设防长度大于 2 000 m。由于受到主导风的影响，洞内温度曲线向出口处偏移。

兴安岭上行隧道全长 3 077.2 m，埋深 58 m，围岩原始地温约 2 ℃，每天平均运营列车 70 对。于 2015 年 2 月 9 日至 2 月 13 日每日 18:30 进行洞内温度实测，得到隧道洞内温度曲线如图 7-25 所示。

由图 7-25 知，实测期间兴安岭上行隧道洞内温度曲线总体呈抛物线形分布，在列车风的影响下，洞口最低温度为－18 ℃，洞内最高温度为－7 ℃，因此兴安岭上行隧道需要全隧道设防。

兴安岭下行隧道全长 3 100 m，埋深 58 m，围岩原始地温约 2 ℃，每天运营列车 60 对。于 2015 年 2 月 9 日至 2 月 13 日每日 18:30 进行洞内温度实测，得到隧道洞内温度曲线如图 7-26所示。

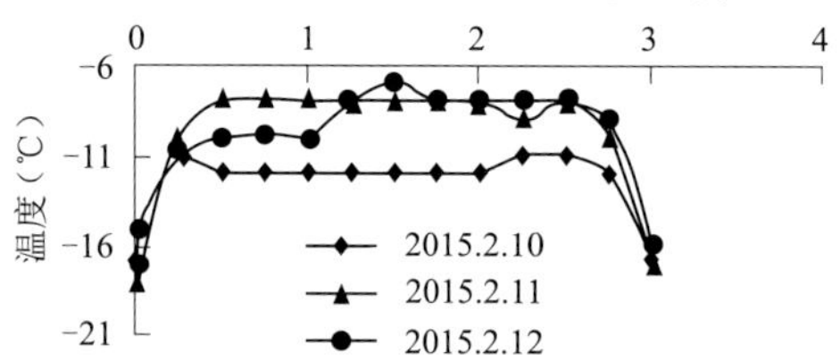

图 7-25　兴安岭上行隧道内部温度曲线

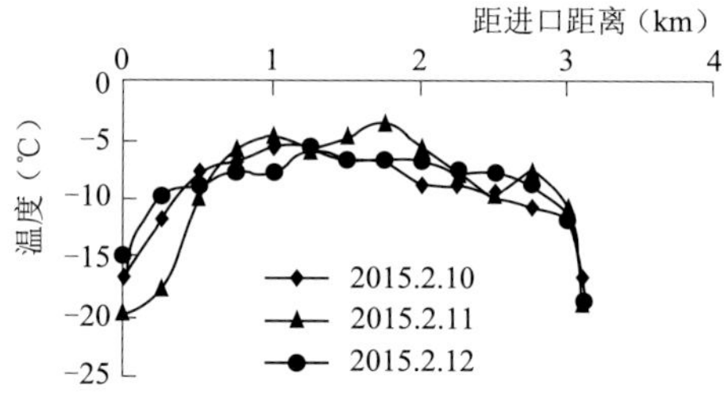

图 7-26　兴安岭下行隧道内部温度曲线

由图 7-26 知，实测期间兴安岭下行隧道洞内温度曲线总体呈抛物线形分布，在列车风的影响下，洞口最低温度为−20 ℃，洞内最高温度为−4 ℃，因此兴安岭下行隧道需要全隧道设防。

2. 寒区长大隧道温度场影响因素分析

绥阳隧道、红房子隧道和兴安岭上、下行隧道温度实测数据表明。

(1)以上隧道温度场主要影响因素为环境气温、围岩原始地温、自然风和列车风。

(2)受风向和风速影响，在一定风速(3 m/s)作用下，进风口温度随隧道进入长度升高，约每公里升高 3 ℃，出风口影响显著长度约为 0.5 km，如绥阳隧道。

(3)长大隧道风速较低(洞口风速低于 3 m/s)时，主要受围岩原始地温控制，除洞口段受空气对流影响，洞内气温比较稳定；长大隧道围岩原始地温在 10 ℃以上(埋深 500 m 以上)，洞内才可能会出现正温，如红房子隧道。

(4)上述 4 座隧道长度在 3～7 km 之间，是长大隧道，其结构防寒不应仅在洞口段，需要防寒的区段均在 2 km 以上。若围岩原始地温低、列车运行速度大或每日运行列车对数多，长大隧道需要全隧道防寒。

二、不同影响因素条件下围岩温度场变化规律

1. 不同原始地温条件下洞内温度

采用大型有限元软件 ANSYS 进行数值分析，以在建的绥阳隧道为计算对象，数值模拟将绥阳隧道 2015 年 1 月 15 日到 1 月 20 日每日 6:00 平均气温实测值−15 ℃作为隧道内壁面的边界条件，计算分析了不同围岩地温条件下，6 d 后隧道洞内温度的变化规律。计算模型长 100 m，宽 100 m，进深 6 500 m，网格模型共划分 196 640 个单元和 207 440 个节点(其中初期支护为 30 cm，二次衬砌为 50 cm)。网格模型如图 7-27 所示，热力学计算参数见表 7-5。

(a) 平面网格图

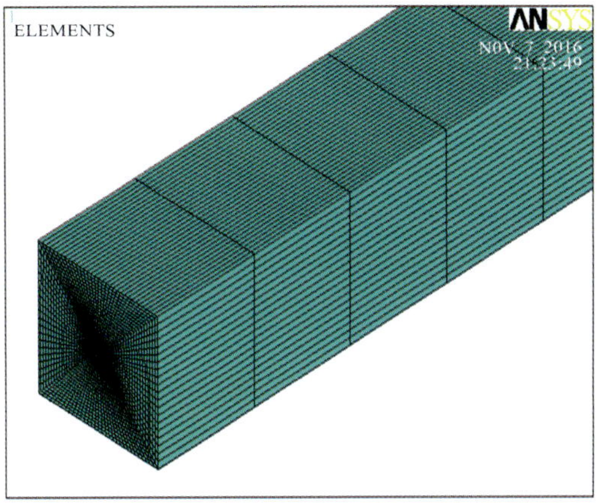

(b) 三维网格图

图 7-27　网格模型

表 7-5　热力学计算参数

材　料	密度 (kg/m³)	热传导系数 [W/(m·℃)]	比热 [kJ/(kg·℃)]	换热系数 [W/(m·℃)]
钢筋混凝土	2 400	1.57	0.853 6	10
围岩	2 056	1.18	1.05	10

围岩的原始地温分别取 2 ℃、3 ℃和 5 ℃，洞内风速为 3 m/s，模型前、后、左、右及上边界采取绝热边界条件，下边界定义热流密度 0.06 w/m^2。不同原始地温时，6 d 后隧道洞内沿进深方向气温变化曲线如图 7-28 所示，冻结深度变化曲线如图 7-29 所示。

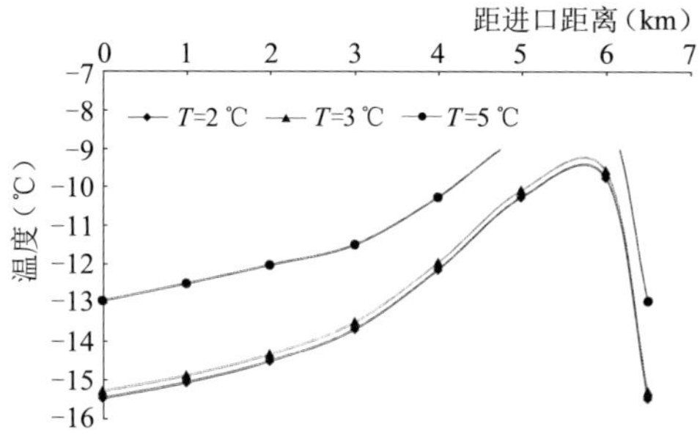

图 7-28　不同围岩原始地温时隧道内部气温变化曲线

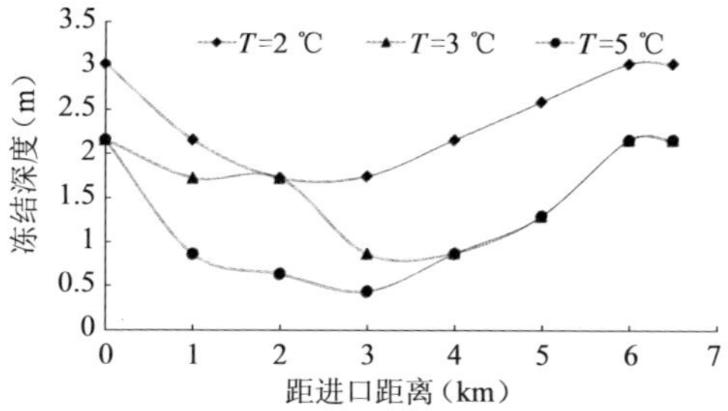

图 7-29　不同围岩原始地温时冻结深度变化曲线

由图 7-28 知，受洞内自然风的影响，隧道洞内气温沿进深方向呈倒“V”字形分布，隧道进、出口温度低，中部温度高，洞内温度为负温，温度曲线偏向出风口处。由图 7-29 知，围岩的原始地温越低，围岩的冻结范围越大；当环境气温为－15 ℃，围岩地温小于 5 ℃时，6 d 后 6 500 m隧道中间出现负温度分布。

2. 不同自然风速条件下洞内温度

利用流体计算软件 Fluent 中的分离式求解器进行数值模拟，不考虑重力的影响，湍流模型采用 Realiable k-e 两方程模型，应用 SIMPLE 算法求解离散方程。利用结构化网格对流动区域进行离散，而对贴近壁面的传热和流动特性的模拟则采用边界层网格对壁面处进行加密，并在求解过程中选用非平衡壁面函数。

洞内自然风速分别取 1 m/s、2 m/s、3 m/s 和 4 m/s，围岩原始地温取 7 ℃。不同自然风速条件下，6 d 后隧道洞内沿进深方向气温变化曲线如图 7-30 所示，冻结深度变化曲线如图 7-31所示。

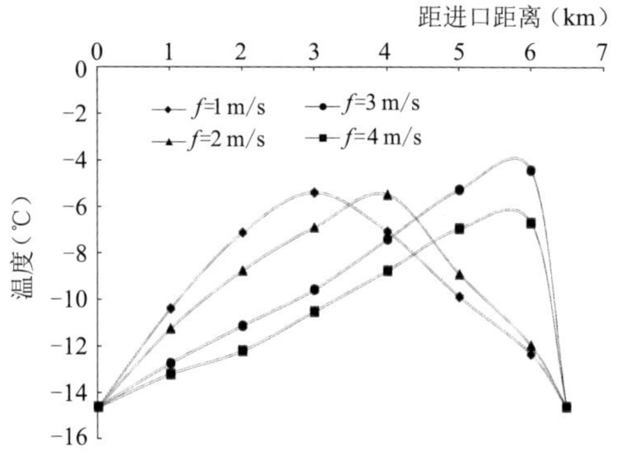

图 7-30　不同自然风速时隧道内部气温变化曲线图

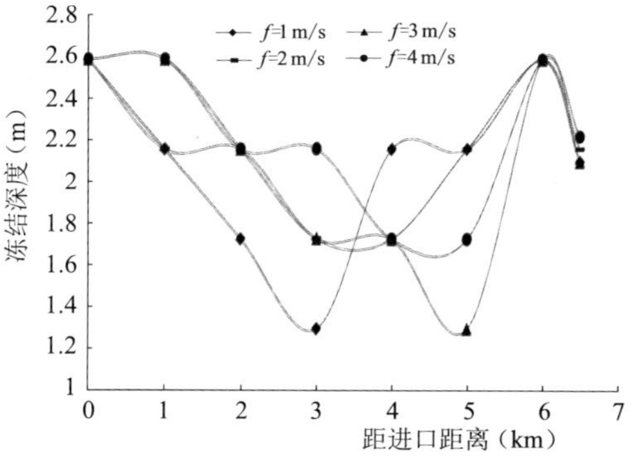

图 7-31　不同自然风速时冻结深度变化曲线

由图 7-30 知，当自然风速为 1 m/s 时，洞内温度分布曲线呈抛物线型分布；当风速大于 1 m/s时，温度曲线开始向出风口处偏移，自然风速越大，偏移量越大。由图 7-31 知，自然风速越大，冻结范围越大；当环境气温为－15 ℃，洞内风速大于 1 m/s 时，6 d 后 6 500 m 隧道中间出现负温度分布。

第三节　隧道保温层厚度分析

一、极端气温条件下保温层适用范围

由于 5 cm 厚硬质聚氨酯泡沫只能起到保温隔热的作用，而不能主动产生热量，在极端气温条件下，保温层会失去保温效果。假设隧道洞口气温分别为 −20 ℃、−30 ℃和 −40 ℃，硬质聚氨酯泡沫密度为 56 kg/m^3，热传导系数为 0.029 W/(m·℃)，比热为 1.852 kJ/(kg·℃)，分别计算隧道长度为 3 000 m，连续 15 d、30 d 和 45 d 后，沿着隧道径向拱顶和仰拱处温度的变化规律(其中，初期支护为 30 cm，二次衬砌为 50 cm)。

1. 洞口气温为 −20 ℃

洞口气温为 −20 ℃时，拱顶和仰拱处的温度如图 7-32 和图 7-33 所示。

由图 7-32 和图 7-33 知，当气温持续 15 d 后，拱顶和仰拱处保温层后为负温，此时二次衬砌表面开始冻结；当气温持续 30 d 后，二次衬砌后出现负温，此时初期支护表面开始冻结；当气温持续 45 d 后，初期支护后开始出现负温，此时围岩开始冻结。由此可知，当气温为 −20 ℃持续 45 d 时，围岩开始冻结，需要采取相关的保温措施。

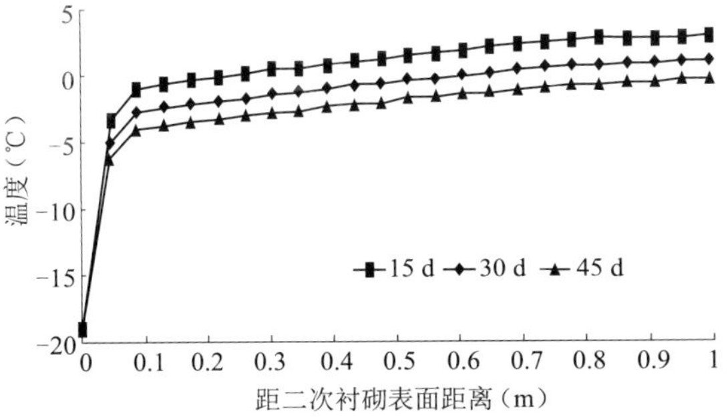

图 7-32　洞口气温为 −20 ℃时拱顶处的温度

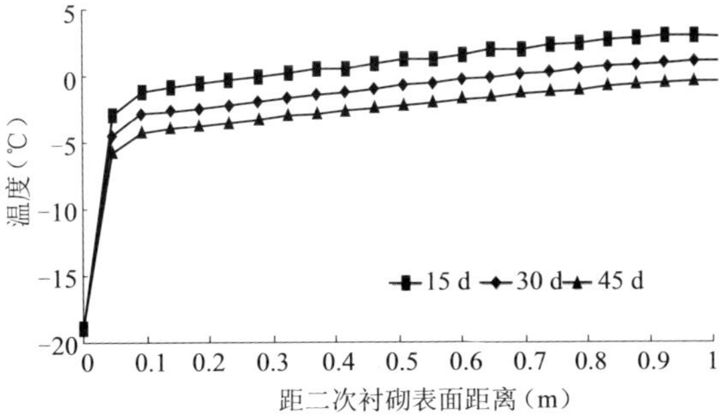

图 7-33　洞口气温为 −20 ℃时仰拱处的温度

2. 洞口气温为 −30 ℃

洞口气温为 −30 ℃时，拱顶和仰拱处的温度如图 7-34 和图 7-35 所示。

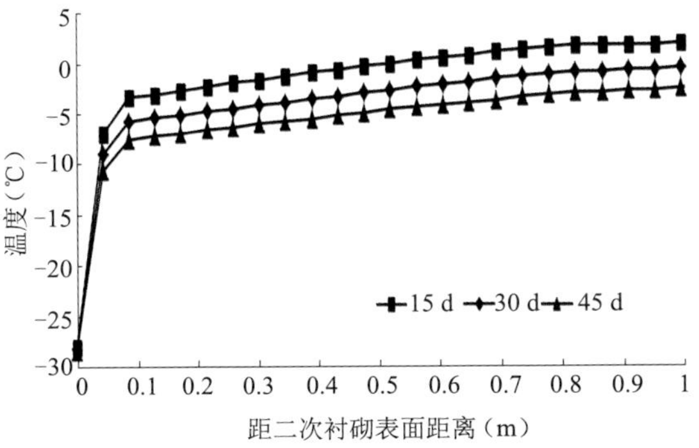

图 7-34　洞口气温为 −30 ℃时拱顶处的温度

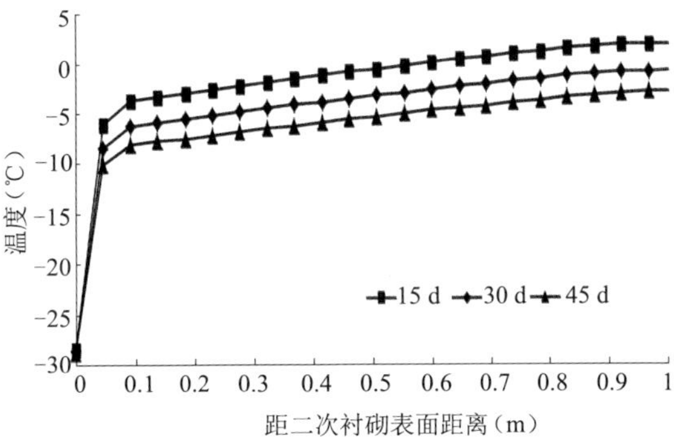

图 7-35　洞口气温为 −30 ℃时仰拱处的温度

由图 7-34 和图 7-35 知，当气温持续 15 d 后，拱顶和仰拱处二次衬砌后为负温，此时初期支护表面开始冻结；当气温持续 30 d 后，初期支护后开始出现负温，此时围岩开始冻结。由此可知，当气温为－30 ℃持续 45 d 时，围岩开始冻结，需要采取相关的保温措施。

3. 洞口气温为－40 ℃

洞口气温为－40 ℃时，拱顶和仰拱处的温度如图 7-36 和图 7-37 所示。

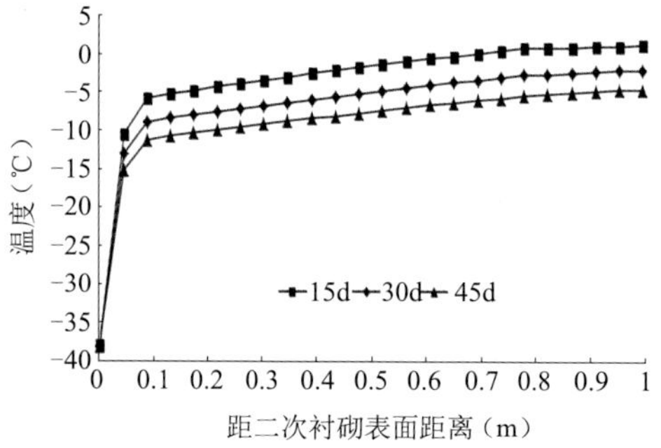

图 7-36 洞口气温为－40 ℃时拱顶处的温度

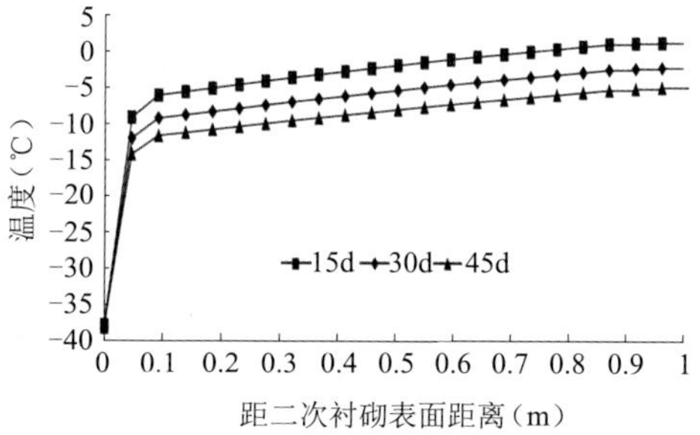

图 7-37 洞口气温为－40 ℃时仰拱处的温度

由图 7-36 和图 7-37 可知，当气温为－40 ℃持续 18 d 时，围岩开始冻结，需要采取相关的保温措施。极端气温条件下，隧道各部位出现负温的时间见表 7-6。

表 7-6 隧道各部位出现负温的时间

气温(℃)	保温层后为负温(d)	二次衬砌后为负温(d)	初期支护后为负温(d)
－20	10	30	45
－30	5	15	30
－40	2	10	18

据调查知，寒区硬岩隧道通常条件下冻胀力为 0.9～1.43 MPa，而地下水较丰富的地区，冻胀力为 0.92～2.31 MPa。当二次衬砌后温度为负温时，初期支护和二次衬砌夹层之间的水会出现冻胀结冰现象，水分向冻结相变界面迁移，不断有水分补充，冻胀力量值相对较大；初期支护后温度为负温时，不仅初期支护和二次衬砌夹层之间的水会出现冻胀结冰现象，而且初期支护周围的岩体在不是很破碎的情况下会出现整体冻胀，这阻断了水分的迁移，冻胀力量值相对较小。为了防止冻胀力对衬砌结构安全性产生影响，建议将二次衬砌后不出现负温分布应作为寒区隧道保温措施的控制指标。

二、不同气温和地温条件下无保温层温度场分布规律

1. 不同气温的影响

采用变量控制法，改变外界气温，计算时间按 40 d 考虑，研究无保温层寒区隧道温度场分布规律。设初始围岩地温为 5 ℃，外界气温分别为－10 ℃、－15 ℃ 、－20 ℃ 、－25 ℃ 时，采用 ANSYS 建立三维温度场分析模型，隧道模型长度分别取 500 m、3 000 m 和 6 000 m，无保温层计算网格模型如图 7-38 所示。热力学计算参数见表 7-7。

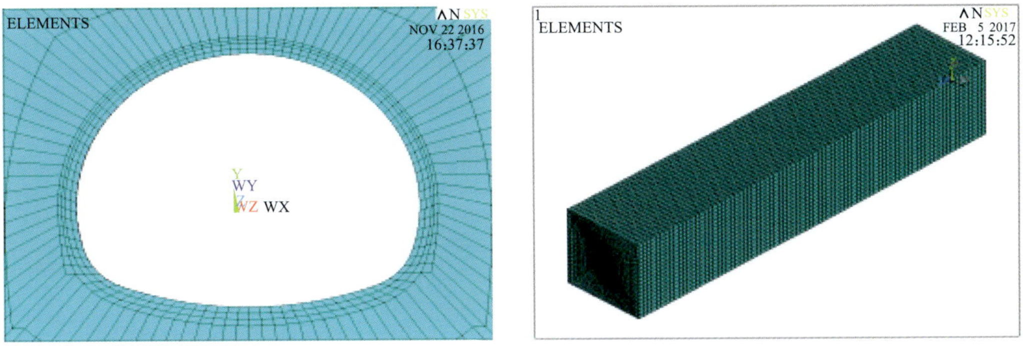

（a）局部模型　　　　（b）三维模型

图 7-38　无保温层计算网格模型

表 7-7　热力学计算参数

材　　料	密度（kg/m³）	热传导系数[W/(m·℃)]	比热[kJ/(kg·℃)]	换热系数[W/(m·℃)]
钢筋混凝土	2 400	1.57	0.85	10
围岩	2 056	1.18	1.05	10

由图 7-39 可以看出，长度为 500 m 的隧道，在围岩地温为 5 ℃，外界气温为－10 ℃的条件下，经过 40 d，隧道全长都呈负温分布。长度为 3 000 m 和 6 000 m 的隧道，在围岩地温为 5 ℃，外界气温为－10 ℃的条件下，经过 40 d，隧道拱顶温度大约在 600 m 处趋于稳定，兼顾计算时间的影响，隧道模型长度过长或过短都不合适，综合上述分析，隧道模型长度取3 000 m 较为合理。

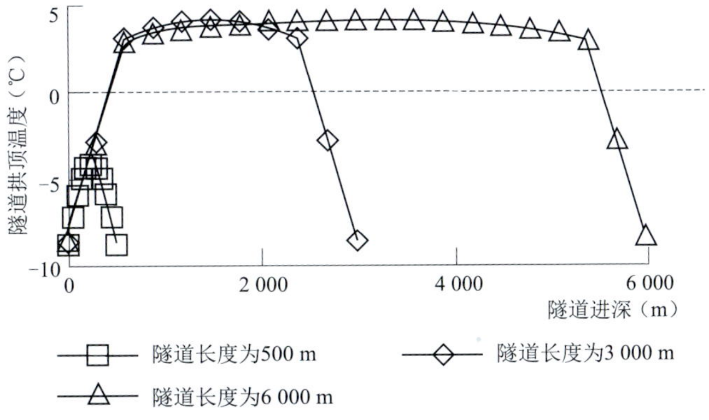

图 7-39　不同长度隧道拱顶温度与隧道进深关系

无保温层二次衬砌后温度与隧道进深关系图，如图 7-40 所示。

无保温层二次衬砌后隧道径向和纵向 0 ℃地温等温线的位置见表 7-8。

由图 7-40 和表 7-8 知，当外界气温低于－2 ℃时，隧道进口段二次衬砌后开始出现负温分布，若二次衬砌和初期支护之间有存水，隧道衬砌结构可能会出现冻胀现象。因此当外界气温低于－2 ℃、围岩地温低于 5 ℃时，建议隧道洞口段铺设保温层。

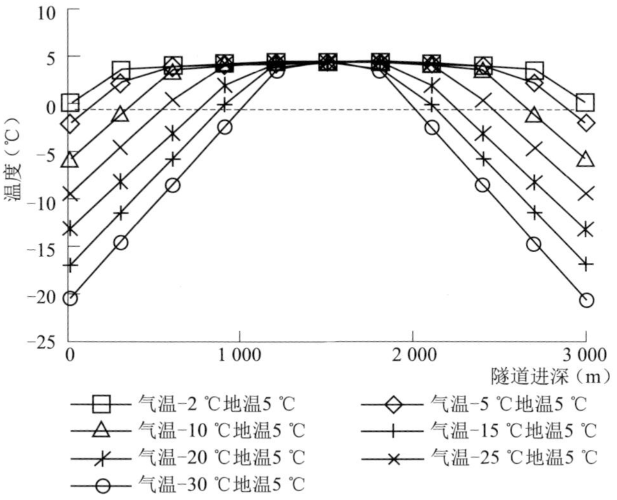

图 7-40　无保温层二次衬砌后温度与隧道进深关系

表 7-8　无保温层隧道径向和纵向 0 ℃地温等温线的位置

温度(℃)	进口处沿径方向距离二次衬砌表面的距离(m)	隧道纵向长度(m)
−2	0	0
−5	0.8	50
−10	1.8	450
−15	2.1	638
−20	2.4	866
−25	2.5	975
−30	2.6	1 088

2. 不同地温的影响

改变围岩地温，计算时间按 40 d 考虑，研究无保温层寒区隧道温度场分布规律。设外界气温为−10 ℃，围岩地温分别为 5 ℃、10 ℃、15 ℃、20 ℃、25 ℃时，无保温层二次衬砌后温度与隧道进深关系图。

无保温层二次衬砌后隧道径向和纵向 0 地温等温线的位置见表 7-9。

表 7-9　无保温层隧道径向和纵向 0 ℃地温等温线的位置

温度(℃)	保温层后(m)	二次衬砌后(m)	初期支护后(m)
5	448	386	336
10	411	291	195
15	314	173	60
20	243	88	—
25	201	36	—

由表 7-9 知，当外界气温为−10 ℃，围岩地温大于 25 ℃时，二次衬砌后才可能不出现负温分布，此种情况下可以考虑不铺设保温层。

三、不同气温和地温条件下有保温层温度场分布规律

1. 不同环境温度影响

改变外界气温，计算时间按 40 d 考虑，研究有保温层寒区隧道温度场分布规律。设初始围岩地温为 5 ℃，外界气温分别为−10 ℃、−15 ℃、−20 ℃、−25 ℃、−30 ℃时，采用 ANSYS 建立三维温度场分析模型，隧道模型长度为 3 000 m，划分网格单元数为 204 800，节点数为 215 703，保温层为 5 cm 厚聚氨酯，采用外贴式保温方式，有保温层计算网格模型如图 7-41 所示。热力学计算参数见表 7-10。

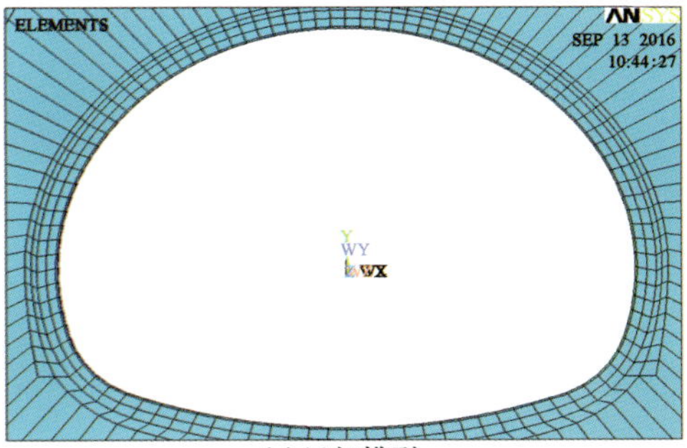

(a) 局部模型

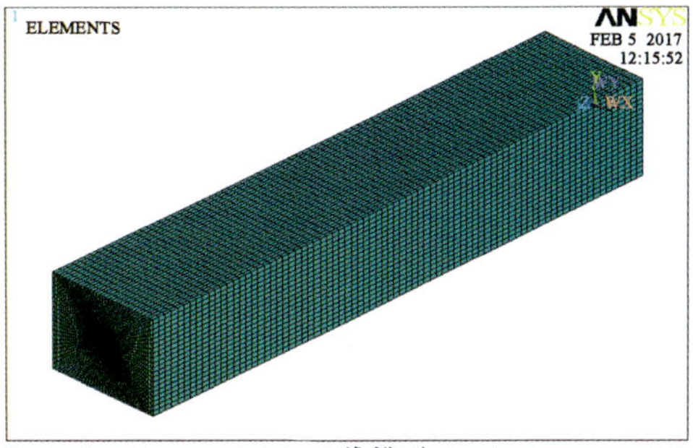

(b) 三维模型

图 7-41　有保温层计算网格模型

表 7-10　热力学计算参数

材　　料	密度 (kg/m³)	热传导系数 [W/(m·℃)]	比热 [kJ/(kg·℃)]	换热系数 [W/(m·℃)]
钢筋混凝土	2 400	1.57	0.853 6	10
围岩	2 056	1.18	1.05	10
聚氨酯	56	0.029	1.852	10

有保温层二次衬砌后温度与隧道进深关系图如图 7-42 所示。

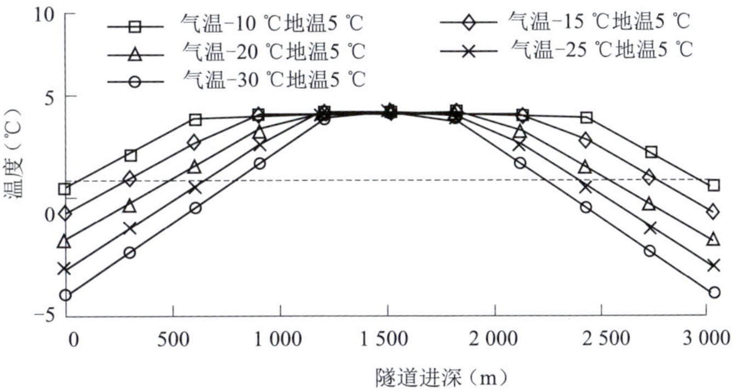

图 7-42　有保温层二次衬砌后温度与隧道进深关系图

由图 7-41 和图 7-42 对比知，5 cm 厚聚氨酯保温层保温效果比较好。

有保温层二次衬砌后隧道径向和纵向 0 ℃地温等温线的位置见表 7-11。

表 7-11 有保温层隧道径向和纵向 0 ℃地温等温线的位置

温度(℃)	保温层后(m)	二次衬砌后(m)	初期支护后(m)
−10	42	—	—
−15	258	33	—
−20	471	252	66
−25	625	429	261
−30	756	576	419

由表 7-11 知，当外界气温为−15 ℃时，保温层后开始出现负温分布，也就是说，当外界气温低于−15 ℃时，洞口段还需采取其他主动保温措施；当外界气温为−20 ℃时，二次衬砌后开始出现负温分布；当外界气温为−25 ℃时，初期支护后开始出现负温分布。

2. 不同原始地温影响

改变围岩地温，研究有保温层寒区隧道温度场分布规律。设外界气温为−15 ℃，围岩地温分别为 5 ℃、10 ℃、15 ℃、20 ℃、25 ℃时，有保温层二次衬砌后温度与隧道进深关系图，如图 7-43 所示。有保温层隧道径向和纵向 0 ℃地温等温线的位置见表 7-12。

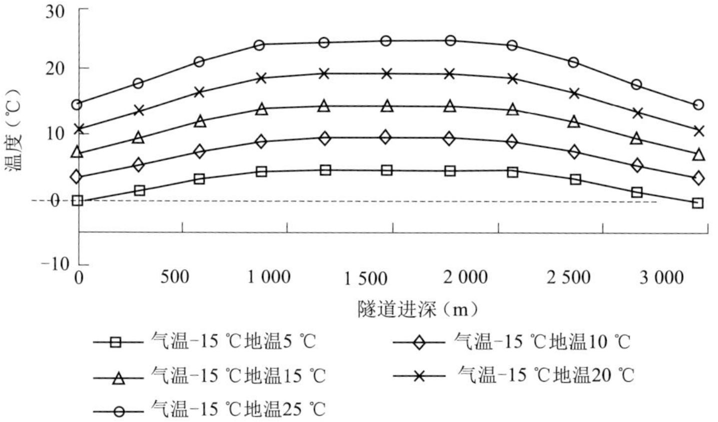

图 7-43 有保温层二次衬砌后温度与隧道进深关系

表 7-12 有保温层隧道径向和纵向 0 ℃地温等温线的位置

温度(℃)	保温层后(m)	二次衬砌后(m)	初期支护后(m)
5	258	33	—
10	—	—	—
15	—	—	—
20	—	—	—
25	—	—	—

由表 7-12 知，当外界气温为−15 ℃、围岩地温大于 10 ℃时，二次衬砌后开始出现正温分布，此种条件下采用 5 cm 厚聚氨酯可以满足保温要求。

由无保温层和有保温层的计算结果可以看出，在不考虑列车风影响条件下，保温层法最佳适用于最冷月平均气温为−2～−15 ℃的地区，当最冷月平均气温低于−15 ℃、围岩地温低于 5 ℃时，保温层法还应与其他主动保温措施相结合。

国内外大量隧道建设和运营实际情况表明，在寒冷地区，尤其是地下水发育时，隧道常常会发生冻害，直接危害到隧道结构及行车安全，造成严重的经济损失。尤其是在隧道洞口段容易发生冻害问题，隧道衬砌开裂、酥碎或剥落、隧道洞口处热融滑塌、隧道衬砌漏水或挂冰、排水沟或出水口冻结、隧道洞门墙开裂、隧道底部冒水或积水冻胀，这些冻害严重影响隧道的正常使用功能。

第四节　防冻胀内置式保温衬砌结构

祁连山隧道进口、大梁隧道进出口地形相对平坦，易积水及发生雪水下渗，且地层松散，围岩条件差，隧道结构易发生冻胀破坏。针对洞口段工程地质及水文地质条件，吸取青藏线风火山隧道隔热保温技术的成功经验，结合兰新铁路隧道大跨度的特点，研究提出了"初期支护＋一次衬砌＋防水板＋保温层＋防水板＋二次衬砌"的复合型防冻胀结构。

一、内置式保温衬砌结构形式与参数

1. 结构形式

初喷混凝土＋模筑混凝土 30 cm＋防水板＋保温层 5 cm＋防水板＋二次衬砌。断面如图 7-44所示。

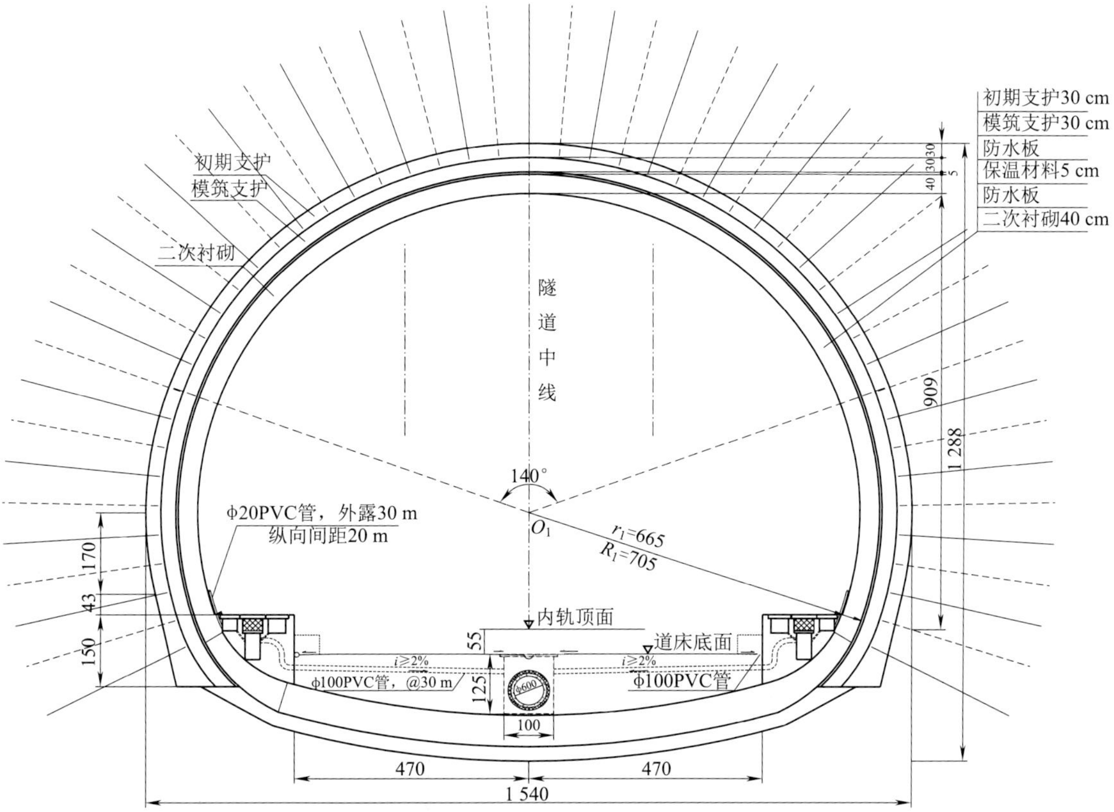

图 7-44　隧道防冻胀复合结构(单位：cm)

2. 主要支护参数

主要支护参数见表 7-13。

表 7-13 隧道结构支护参数

衬砌类型	初期支护(钢筋网片和锚杆未示)					二次衬砌			二次衬砌配筋	
	C30 早强混凝土		格栅(型钢)钢架			第一次衬砌(cm)	第二次衬砌(cm)	仰拱(cm)	第一次衬砌	第二次衬砌
	施作部位	厚度(cm)	施作部位	钢架类型	间距(m)					
Ⅲ	拱墙	12	—	—	—	30	40	55	格栅@1 m	—
Ⅳ加强	拱墙	30	全断面	H175	0.6	30	40※	60※	格栅@0.5 m	5ϕ20
	仰拱	30								
Ⅳ	拱墙	27	全断面	120a	0.8	30	40※	60※	格栅@0.5 m	5ϕ20
	仰拱	27								
Ⅴ加强	拱墙	30	全断面	H175	0.6	30	40※	65※	格栅@0.5 m	5ϕ22
	仰拱	30								
Ⅴ	拱墙	30	全断面	122a	0.6	30	40※	65※	格栅@0.5 m	5ϕ22

注:表中带“※”为钢筋混凝土,其余为素混凝土。

二次模筑支护完成后经一个寒季施作二次衬砌,同时初期支护背后进行压浆处理,严防背后积水,防止冻害。

二、内置式保温衬砌施工

青藏铁路风火山隧道是在模筑混凝土表面直接安装“土工布+防水板+保温板+土工布+防水板”5 层结构材料。然而,在特大断面隧道施工中,仅靠悬挂线承担复合防水保温层重量,刚度不能满足要求,易造成拱顶脱空、下沉等现象,使得防水保温层极易侵入二次衬砌净空,导致混凝土厚度不足等质量缺陷。针对祁连山隧道和大梁隧道建设的工程实际,进行了防水保温衬砌工艺改造,综合采取“胶粘+纵向钢丝悬挂+环向安装钢架支顶法无钉铺设防水保温层”的施工工艺,有效地解决了复合防水保温层侵入二次衬砌净空的难题,取得比较满意的效果,保证了施工质量。

1. 工艺原理

通过黏结剂黏结,并采用纵向钢丝悬挂防水保温层、环向钢筋支撑改为 I12 型钢措施,从而增加对防水保温层的承载力,避免了因保温层挤压而改变原有二次衬砌钢筋的受力特点和二次衬砌净空不达标的现象发生。

2. 防水保温层结构形式

初期支护喷混凝土+模筑支护(30 cm)+防水保温隔热层(分离式防水板+保温层 5 cm+防水板)+二次衬砌,防水板及保温隔热层位于模筑支护与二次衬砌之间,沿隧道全断面铺设。

无纺布铺设于模筑表面,无纺布采用大于 400 g/m^2 的土工布,具有良好的过滤和排水功能，具有良好的耐穿刺性、耐水性、耐腐蚀性和耐菌性，并具有一定的强度、抗变形能力和一定的阻燃性能。

防水板要具有一定的抗拉裂能力及抗化学侵蚀、地下水侵入影响等能力，同时要能承受微小的沉降和收缩，并方便施工操作。第一层厚度为 1.5 mm，第二层厚度为 1 mm，采用 EVA 防水板（乙烯—醋酸乙烯板），密度 ρ=0.92 g/m^2，其余指标满足防水板的性能要求。

保温层采用 50 mm 聚氨酯板材，采用曲面，与衬砌轮廓曲率一致，其主要性能应满足以下要求：导热系数 λ<0.03 W/(m·k)，抗压强度：拱墙部位>0.3 MPa，基底部位>0.5 MPa；体积吸水率<3%，自重>60 kg/m^3，弹性模量 $E\geqslant$7～10 MPa，老化寿命>50 年，具有一定弹性，具低毒性。

3. 保温层施工工艺

保温层施工采取胶黏＋钢架支顶的施工工艺，如图 7-45 所示。

（a）初衬混凝土表面涂胶黏剂

（b）土工布涂胶黏剂

（c）保温板涂胶黏剂

（d）胶黏保温板、土工布

（e）钢丝悬挂保温板、土工布

（f）安装 I 12型钢钢架

（g）工字钢支顶防水保温层

图 7-45　保温层胶粘＋钢架支顶法施工

4. 施工顺序

清理模筑支护混凝土表面→清扫模筑表面灰尘、水渍→安装盲管→在模筑支护表面上涂抹环氧树脂 AB 胶、铺设第一层土工布、钉设热塑垫圈→在土工布上涂抹胶黏剂、无钉铺设第一层防水板→根据二次衬砌台车长度(纵向每 12 m 或 9 m 一循环)，一端在已施工二次衬砌、另一端在模筑支护上打设膨胀螺栓，用紧线器安装直径 6.2 mm 的钢丝，拱部环向间距每 50 cm一根，边墙环向间距每 100 cm 一根，作为保温板安装过程的纵向支撑→在防水板涂抹胶黏剂→在钢丝靠防水板侧黏结曲型保温板→涂抹胶黏剂、无钉铺设第二层防水板→每 2 m 安装环向钢架支顶。

5. 有关问题分析

(1)模筑支护表面有灰尘、水渍或洞内温度较低时，在混凝土表面涂胶粘接，黏接力受到影响，胶接质量非常差。

(2)胶黏剂问题：因万能胶起效时间较长，刷胶后等待时间长，黏接强度低，大面积使用耗时长，浪费大；环氧树脂起效快，对混凝土与防水、保温材料粘贴强度大，但对温度要求高，由于高原寒冷、温度低，只有在加热条件下方可使用，脱离热源后，环氧树脂温度下降，凝固效果快速衰减，黏接力受到影响。因此，加热环氧树脂耗时长，成本大，大大增加了防水、保温材料施工费用。

(3)无纺土工布吸胶，采用胶接时，胶黏剂用量大。而且土工布大量采用胶黏剂会影响其反滤、排水的功能。

6. 效果

(1)采用纵向绷钢丝、环向安装钢支撑支顶法，同时综合采取胶黏、型钢支撑工艺能确保防水保温层安装质量。因 5 层防水、保温材料自重大，胶粘仅能实现层间的密贴，只有加装型钢支撑，才能保证对防水、保温材料的固定强度；由于隧道断面大，纵向钢架支撑间距不得大于 2 m/榀为宜。

(2)通过综合采取“胶黏＋纵向钢丝悬挂＋环向安装钢架支顶法无钉铺设防水保温层”施工工艺，有效地克服了双线大断面隧道仅靠悬挂线承担防水保温层重量，刚度不够，拱顶脱空，侵入二次衬砌净空，导致混凝土厚度不足等缺陷，有效解决了高铁大断面隧道保温衬砌净空侵限难题。

三、运营阶段出现的冻害情况

1. 保温衬砌拱墙运营期间冻害情况

据调查发现，部分区段保温衬砌结构在冬季拱墙个别部位仍存在衬砌渗漏水、挂冰现象，主要表现为：渗水在衬砌表面形成湿渍，个别区段拱顶有挂冰现象，部分漏水、结冰点位于接触网线索正上方或吊柱底座化学锚栓上，严重影响运营安全。究其原因，寒区隧道冻害的发生取决于温度、水、围岩、结构及施工等诸多因素，其中温度变化和水是发生冻害的关键因素。

2. 治理手段

对衬砌渗漏水进行拱墙径向注浆堵水，然后在墙脚打设泄水孔，将围岩可能的积水引排至侧沟。径向注浆加固圈为隧道衬砌背后 5 m 范围岩体，注浆材料采用超细水泥浆。

(1)纵向加固范围

以渗水点或渗水面边缘为边界，超出渗水点或渗水面 3 m，如图 7-46 所示。

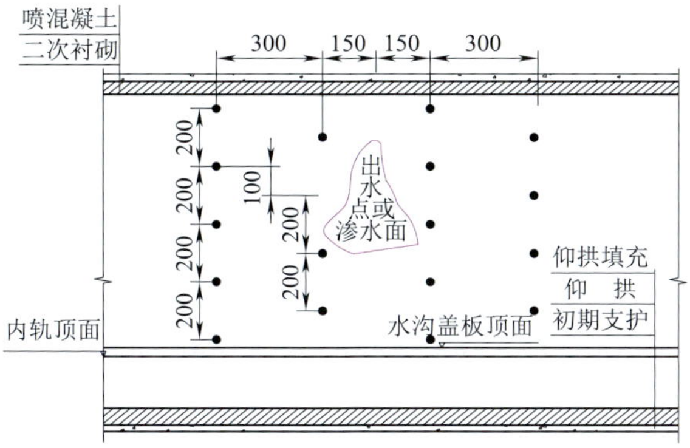

图 7-46　注浆孔布置示意(单位:cm)

(2)注浆参数

1)注浆材料采用超细水泥浆,水泥水灰比=1∶1。

2)注浆压力控制在 0.5 MPa 以内,施工前先进行现场试验,避免注浆压力过大引起衬砌掉拱等现象。

3)径向注浆断面纵向间距 3 m,径向注浆孔环向间距 2 m,如图 7-47 所示。

(3)注浆工艺

采用全孔一次性注浆,加装水囊式止浆塞,如图 7-48 所示。严禁置留注浆钢管于二次衬砌中,防止钢管长时间后锈蚀而影响衬砌质量。

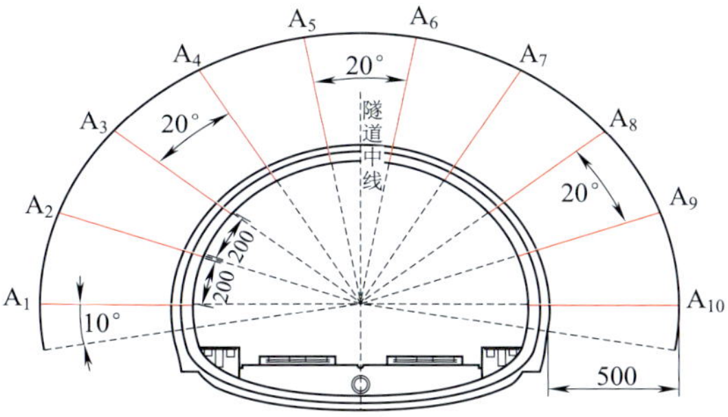

图 7-47　径向注浆加固布孔剖面(单位:cm)

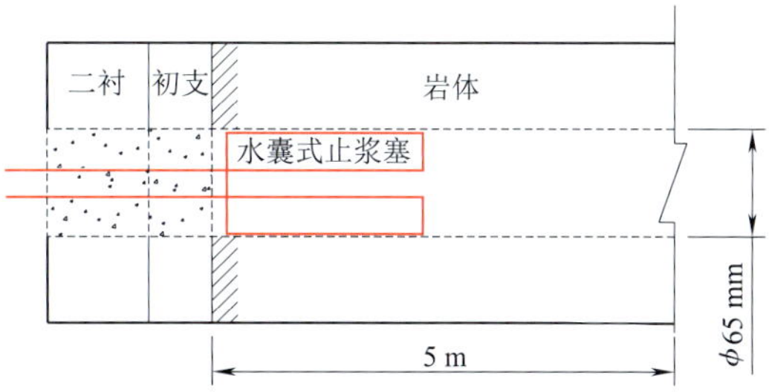

图 7-48　径向注浆止浆工艺

(4)注浆工序

气动钻机就位——钻机成 ϕ65 mm 孔—加装水囊式止浆塞—注浆—达到注浆压力—注浆结束—第一次封孔—第二次封孔。

(5)施工顺序

首先进行现场试验以控制注浆压力,避免注浆压力过大引起衬砌掉拱等现象;同时,从漏水小的区域到漏水大的区域,从拱部到边墙实施注浆,如图 7-49 所示。

径向注浆完成后,在水沟电缆槽侧壁向衬砌及围岩钻 6 m 深的 ϕ50 mm 钻孔,钻孔中心距离水沟盖板 60 cm,沿侧壁纵向间距 0.3～0.5 m,钻孔末端 1～3 m 范围插入 ϕ30PVC 花管,管外以无纺布包紧,外缠细铁丝固定,管两头以麻筋、破布塞紧;排水管安设完成后,在电缆槽侧壁边墙范围的孔洞采用混凝土封堵,分别如图 7-50 和图 7-51 所示。

图 7-49 自拱腰向边墙注浆

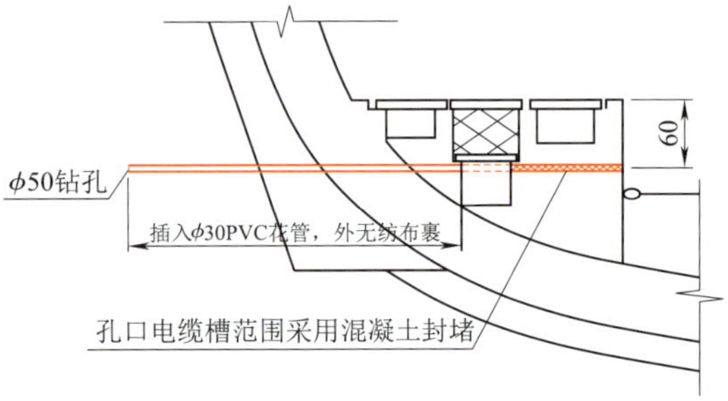

图 7-50 水沟电缆槽侧壁向衬砌钻孔横断面(单位:cm)

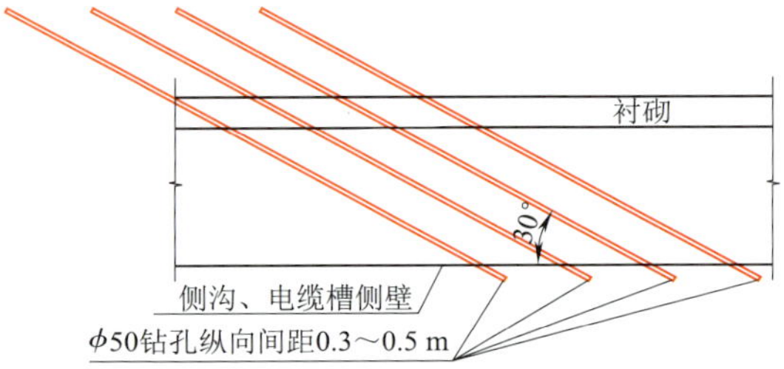

图 7-51 水沟电缆槽侧壁向衬砌钻孔横平面

对于渗漏水点在距离隧道洞口 2 km 以外的，找出渗漏点后，上部钻孔、开槽、埋管集中引流至水沟侧沟，下部在墙脚打设泄水孔引排。

附属洞室衬砌渗漏水整治时，采用对衬砌背后 5 m 范围岩体径向注超细水泥浆堵水处理。

第五节 防排水及防冻害技术

一、祁连山隧道、大梁隧道施工中涌水情况

1. 祁连山隧道施工中涌水情况

地下水主要分布于基岩的节理、裂隙及节理密集带中，接受大气降水和冰雪融水补给，一般挖掘时初见水量较大，通过数日的排泄水量渐渐变小，这是因为开挖时排泄的地下水是赋存于基岩节理裂隙中的地下水静储量，当排泄几日后渐趋稳定。

(1)硫磺沟斜井

斜井掘进一半时，正常涌水量 $<1\ 000\ m^3/d$，最大涌水量(发生于 X3＋38 掌子面) $<3\ 000\ m^3/d$。X3＋38 掌子面为股状涌水(先后出现两股水)，其余段落为雨滴状渗水(水量 $<200\ m^3/d$)。开挖通过 X3＋38 掌子面已 43 m，没有新增涌水点出现。

(2)三叉东沟斜井

斜井掘进中正常涌水量约 $1\ 500\ m^3/d$，最大涌水量 $<5\ 000\ m^3/d$。主要出水点有三段分别为：X7＋30～X7＋36，X9＋00～X9＋20，X10＋90～X11＋20，该三段出水呈股状、串珠状及

雨帘状，涌水量约 1 000 m^3/d，其余段落多为雨滴状零星渗水。

(3)正洞出口

距洞口 350 m 处(DK344+810、DK344+843 处)洞底左侧发现两个股状出水点，该两处为灰岩的局部溶隙涌水，初见涌水喷出高度分别为 2 m、0.8 m，正常涌水量约 300 m^3/d，最大涌水量<1 000 m^3/d。

2. 大梁隧道施工中涌水情况

大梁隧道位于祁连山腹地的祁连山地槽北祁连褶皱带内，为地壳厚度高度变异地带，地质构造复杂，新构造运动强烈，隧道进口位于山前洪积台地，出口位于常年有水的硫黄沟内。

当隧道斜井工区施工至向斜翼部奥陶系灰岩与板岩接触带时，掌子面(DK332+266)出现突涌水，平均水量 2 300 m^3/h，在处理突涌水过程中先后发生四次大规模的突水涌泥事件。瞬时最大涌水量 1 万 m^3/h、单日最大涌水量 6.5 万 m^3，单次瞬间涌出块石及泥沙约 2.2 万 m^3，隧道被淤积长达 240 m。

二、隧道施工阶段的防排水

隧道开挖中，水的出现是不可避免的。因此什么情况下采取排水措施，什么情况采取堵水方案，显得尤为主要。

1. 反坡抽排水施工

针对祁连山隧道和大梁隧道的软岩富水的特点，施工期间现场采用泵站无人值守自动控制系统进行反坡抽排水。

(1)设计原则及整体部署

1)设计原则

根据《煤矿井下排水泵站及排水管路设计规范》(GB 50451—2008)，此次排水方案设计遵循以下原则：

①排水系统的能力不小于设计文件中的最大涌水量；

②排水系统按多级泵站、低扬程潜水排污泵原则设计，采用永久泵站、移动泵站结合的方式配置，以利于排水系统的可靠稳定运行；

③永久泵站排水水泵必须有工作、备用、检修水泵。其中工作水泵的能力为 20 h 内排出设计文件中隧道内 24 h 的正常涌水，备用水泵的能力应不小于工作水泵能力的 70%，备用水泵的总能力应能在 20 h 内排出设计文件中隧道内 24 h 的最大涌水。检修水泵的能力应不小于工作水泵能力的 25%。

2)整体部署

抽排水系统主要由永久泵站、移动泵站和常供电系统组成。永久泵站土建工程按照一次性建设到位、电力设备一次性安装到位；正洞、横通道布置移动泵站抽排水，平导中设置永久泵站与移动泵站混合使用联合抽排水；移动泵站主要设置在掌子面仰拱附近；常供电系统按照专线专用、需同时满足同时开动工作和备用水泵用电需求的原则一次投入到位。

(2)水泵选择及泵站设置

1)水泵选择

由于斜井排水泵站使用期为隧道平导贯通前，使用周期较短，斜井内空间较小，且隧道涌水具有硫酸盐型侵蚀性，泥沙含量变大，实测高达 5.8%～7%，大大超出常规洞内水质，所以选择占地面积较小、管路简单，配套设备较少，维修相对便捷，无须正规泵站的潜污泵。考虑隧道涌水泥沙含量较大需要选择性能稳定及质量好的水泵同时为减少抽排水系统投入，经比选国内外最可靠的水泵品牌，经多方考察比较，排水方案的永久泵站中选用扬程 30 m、流量 600 m^3/h、功率 90 kW 性价比较高的水泵，该水泵性能相对稳定、效率高、耐久性好，经济性上是同型号进口水泵价格的 1/10～ 1/8。

2)泵站设置

根据斜井自身所需水泵总扬程 H 及选择水泵扬程计算，斜井自身每 200 m 设置一级泵站，斜井自身三级泵站。

(3)泵站水泵数量的确定

斜井自身三级泵站，均选取 WQ2520-629-250 单级潜水排污泵，其额定扬程H_e=30 m，额定流量 Q_e=600 m^3/h，功率 90 kW。

工作泵台数：$N_1 \geq Q_z/(20\times Q_e)=50\ 000/(20\times 480)=5.2$　　取 $N_1=6$；

备用泵台数：$N_2 \geq 0.7\times N_1=0.7\times 6=4.2$　　取 $N_2=5$；

检修泵台数：$N_3 \geq 0.25\times N_1=0.25\times 6=1.5$　　取 $N_3=2$；

每级永久泵站所需水泵数量 $N=N_1+N_2+N_3=6+5+2=13$ 台。

校验永久泵站排水能力是否能满足最大涌水量时的排水需求：

$(N_1+N_2)\times Q_e\times 20=(6+5)\times 480\times 20=105\ 600\ m^3/d > Q_{max}=105\ 123\ m^3/d$，永久泵站水泵流量选择是合适的。

校验永久泵站水泵扬程是否能满足斜井的排水需求：

$H_e\times 3=30\times 3=90\ m > H=78.7\ m$，永久泵站水泵扬程选择是合适的。

1)根据祁连山隧道 1# 斜井工区设计正常涌水，综合斜井、平导和平导辅助正洞涌水量综合考虑，永久泵站按照约 50 000 m^3/d 的抽排水能力建设。

2)扬程估算

①斜井自身排水总扬程 H_x 的计算

$$H_x=L_x\times \sin(\arctan(10.8\%))=592.3\times \sin(\arctan(0.114))=67.1\ m$$

②斜井自身沿程水头损失 h_f

沿程阻力系数与水流速度均不宜确定，根据施工经验总结出管道排水经济流速以确定排水管道型号。水泵管道压水管的经济流速值在 1.5～2.5 m/s 之间，排水方案设计管道排水流速选择 2.5 m/s。根据泵站的排水能力、管道经济流速及现场安装施工等情况计算确定选用 3 条 DN400 管道实现排水任务，两用一备。沿程损失经验公式：

$$h_f=\frac{6.35\times 16\times n^2Q^2L}{\pi^2 d^{\frac{16}{3}}} \tag{7-10}$$

式中　n——管道糙率，对于隧道排水多采用无缝钢管或者螺旋焊管此时 $n=0.012$；

Q——流量；

L——排水管路长度；

d——排水管道通流直径。

斜井自身单条 DN400 管道沿程水头损失 h_f为：

$$h_f = \frac{6.35 \times 16 \times n^2 Q^2 L}{\pi^2 d^{\frac{16}{3}}}$$

$$= \frac{6.35 \times 16 \times 0.012^2 \times (24\ 218/20/3\ 600)^2 \times 592.3}{\pi^2 \times 0.414^{\frac{16}{3}}} = 11\ \text{m} \qquad (7\text{-}11)$$

③斜井自身局部水头损失 h_j

排水管路中设置的闸阀、止回阀、弯头、变径、进出口均会造成水泵的扬程损失，但损失非常小，按照经验算法取沿程损失的 5%即可。

$$h_j = h_f \times 0.05 = 11 \times 0.05 = 0.55\ \text{m}$$

④斜井自身所需水泵总扬程 H

所需水泵总扬程为排水最低点到最高点高差与沿程、局部水头损失之和。

$$H = H_x + h_f + hj = 67.1 + 11 + 0.55 = 78.7\ \text{m}$$

(4)斜井自身排水系统配置

经过以上计算可确定斜井自身排水系统配置，斜井自身采用 3 级永久泵站即 1～3 号泵站，各级永久泵站均选取 WQ2520-629-250 单级潜水排污泵 13 台，每级泵站间隔200 m。沿隧道左侧采用 3 条 DN400 钢管设置排水主管路，3 号永久泵站设置于斜井左饶洞与正洞交叉位置大里程方向。在斜井开挖掘进至下一永久泵站前，之间设置临移动泵，内设四川新津 WQ200-30-37 潜水排污泵，数量根据掌子面涌水情况确定。每台水泵出口处各设置 1 个止回阀及 1 个闸阀。斜井自身排水系统配置详见表 7-14。

表 7-14　斜井自身排水系统配置

泵　　站	1 号永久泵站	2 号永久泵站	3 号永久泵站
设计水量(m^3/d)	50 000	50 000	50 000
泵站间距(m)	200	200	200
泵站尺寸(m)	12×4×4	12×4×4	12×4×4
水泵型号	WQ2520-629-250	WQ2520-629-250	WQ2520-629-250
总台数(台)	13	3	13
其中备用(台)	5	5	5
其中检修(台)	2	2	2
额定流量(m^3/h)	600	600	600
额定扬程(m)	30	30	30
额定功率(kW)	90	90	90
排水管道 DN400(条)	3	3	3

平导及辅助正洞内参照斜井进行计算和配置。

(5)供电系统

考虑抽排水系统所用用电设备功率大，负荷高，对抽排水系统按照专线专用进行设计。设计原则按照满足同时开动工作和备用水泵用电需求，一次投入到位。

在供电所发生故障不能立即供电的情况下采用备用发电系统，为各抽排水泵站提供短时间供电电源，确保各泵站能正常运行，减缓涌水的蔓延速度，不影响隧道总体施工。发电机组供电与公共电网通过高压隔离开关互相隔离，采用柴油发电机组和公共电网的并联运行方式。

(6)泵站无人值守自动控制系统

由于隧道排水系统要求安全性高故障率低，因此泵站控制系统采用无人值守自动控制系统，该系统主要利用液位浮球开关来控制水泵配电柜自动接断电。

1)液位浮球开关的作用及工作原理

液位浮球开关是与水泵控制柜配合使用的，它的作用不仅是控制泵的启动停止。当水泵控制柜在自动控制状态时，液位浮球开关所限制的最低运行液位，不仅要保证未装冷却套筒的电机不脱水运行，还要保证对泵吸入口的最小淹没深度以防止泵吸入空气或发生气蚀。

浮球开关的电缆中有黑色、棕色、蓝色三根线芯。排水时，将蓝色线芯包扎绝缘，将黑色和棕色的线芯接入电控柜：浮球浮起时，接点接通，控制开启排水泵；浮球垂下时，接点断开，控制关闭排水泵。浮球在中间位置时内部开关为原始状态保持位置水泵工作状态不发生变化。其工作原理如图 7-52 所示。

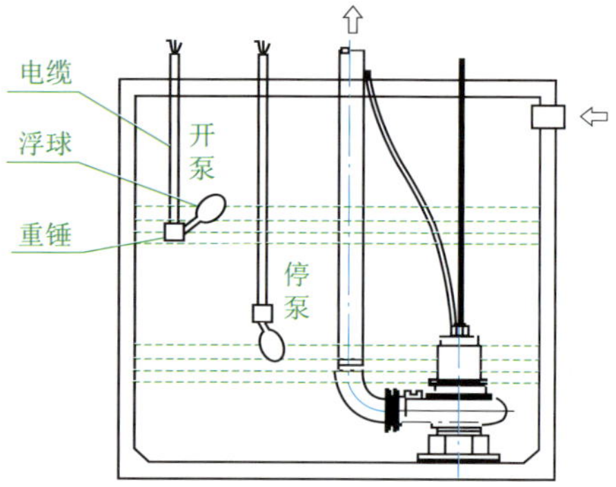

图 7-52　液位浮球开关工作原理

2)泵站无人值守自动控制系统与传统方法的优势

该控制系统通过液位浮球开关检测水位，无须人工参与自动启动及停止排水泵站内相应的水泵排水，并在发生故障时自动启用备用水泵排水，该系统的功能除具备一般泵站控制系统的通用功能外，还具备一些特殊功能：

①主回路短路、过载、缺相保护功能；

②降压启动保护水泵电机功能；

③配备液位浮球开关用于控制排水泵的启动、停止并控制泵站最低水位功能；

④由于泵站为多台水泵共同工作排水，故采用多泵控制系统，工作时可实现主、备泵手动交替、定时自动交替(不间断排水的场合)、自动交替(间断排水的情况，即一台泵工作到停泵水位时自动停止运行，水位恢复到开泵水位时另一台泵自动投入运行)；

⑤故障时具备故障泵自动关闭、备用泵自动投入运行(备用泵自投)的功能；

⑥结合水泵内部漏水传感器、过热保护传感器、防倾覆传感器更好的保护水泵电机；

⑦根据实际排水需求，利用浮球开关、PLC、电器控制元件可实现无须人工参与、高效自动排水运行。

2. 隧道围岩堵水方案

隧道渗水、涌水伴随在整个径向洞身及掌子面，通常隧道经过掌子面后，后方出现的往往是渗水、流水，采用安设盲管＋铺设防水层引至隧道边沟或中心水沟即可，对于季节性冻土层地段可采用径向注单液浆或双液浆进行堵水，防止往复冻融引起结构破坏。而掌子面涌水情况分类复杂，处理起来也较为复杂。隧道掌子面涌水通常分为四种，具体情况见表 7-15。

表 7-15　隧道掌子面涌水分类

渗涌水情况	无或渗水	滴水	集中涌水	全面涌水
水量大小 Q (L/min)	(0,1]	(1,20]	(20,100]	(100,+ ∞)
水对围岩的作用	无	产生松弛	软化	崩塌、流失

对于隧道掌子面涌水处理分为排水和堵水两种。其中，堵水是一项复杂的施工工艺。选择什么样的注浆方法，什么样的浆液类型，需要按照涌水的特征进行划分，结合祁连山隧道堵水工程实例，将所用的预注浆堵水、帷幕注浆堵水进行总结。其中，对于涌水量较小的采用注射单液浆进行堵水，对于水量大的采用双液浆堵水，对于水量特大的采用马丽散化学浆液注浆堵水。

(1)单液浆施工

注浆方式采用全孔一次性注浆方式进行施工，也可采用全孔间断注浆。注浆顺序按照两序进行：即先跳孔跳排注单序孔，然后注剩余的二序孔，这样通过实施约束型注浆模式，实现挤压、密实的注浆目的。注浆材料选择纯水泥浆，水灰比为 1∶1～1.2∶1，单孔注浆压力达到 2～4 MPa时，持续注浆 3 min 且进浆速度为开始进浆速度的 1/4 或进浆量达到设计进浆量的 80％以上时注浆方可结束。施工工艺流程如图 7-53所示。

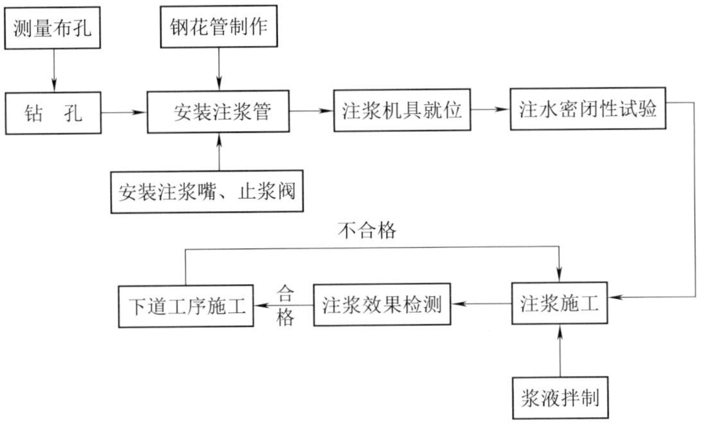

图 7-53　注浆工艺流程

(2)双液注浆

双液注浆施工流程如图 7-54 所示。

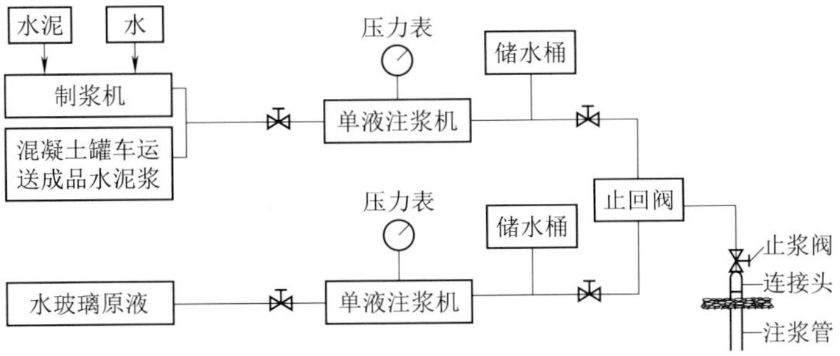

图 7-54　双液浆注浆工艺

1)浆液配比：其水泥浆配制比例：水泥∶水＝1∶1～1.2∶1；水玻璃、水泥浆比例：水玻璃∶水泥浆＝1∶1(重量比)。

2)注浆压力及单孔扩散半径：注浆压力一般为地下水静水压力的 2～3 倍，考虑到岩层裂隙阻力。该隧道软岩富水段初始压力 0.5 MPa，终压为 2.5～4 MPa。单孔浆液扩散半径 2～4 m。

3)注浆流速的控制：钻孔出水量＞50 L/min 时，注浆流速取 80～110 L/min，钻孔出水量＜50 L/min 时，注浆流速为 60～80 L/min。

4)双液注浆扩散范围：注浆有效范围为开挖轮廓线外 4 m。

5)注浆量：注浆量一般按注浆范围内围岩体积的 5%左右，实注量根据钻孔压水试验确定。

(3)“马丽散”注浆

“马丽散”为一种低黏度，双组份合成高分子—聚亚胺胶脂材料，是一种强力填充黏合剂，遇水膨胀，膨胀体积为原体积的 70～200 倍，能有效将裂隙水进行封堵，并将破碎围岩黏合在一起成为整体。注浆过程中把两根吸料管分别插入马丽散树脂和催化剂桶中，活塞在气马达的作用下运动，由于压力的作用使原料经过活塞进入输料管，输送到注射枪里，通过注射枪注入岩体，原料渗入裂隙，进而快速反应、膨胀达到填充裂隙，从而达到堵水的目的。其浆液配比为：马丽散树脂：马丽散催化剂＝1∶1.09，工艺流程及设备配置如图 7-55 和图 7-56 所示。

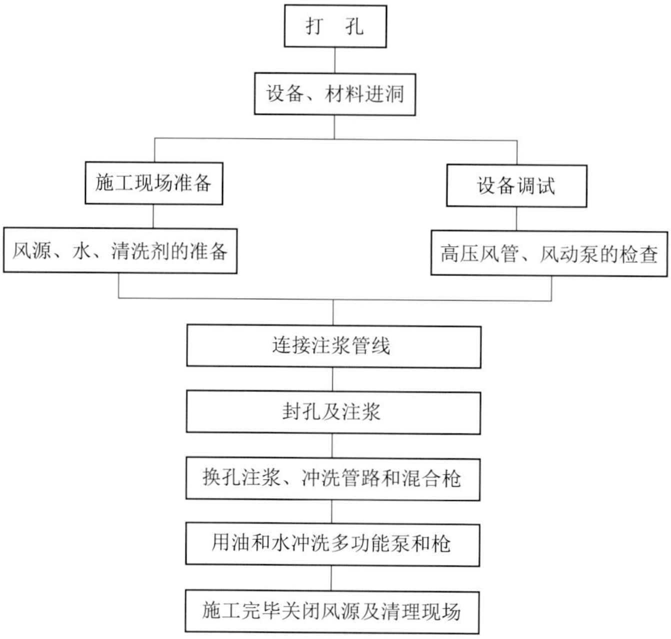

图 7-55　马丽散注浆工艺示意

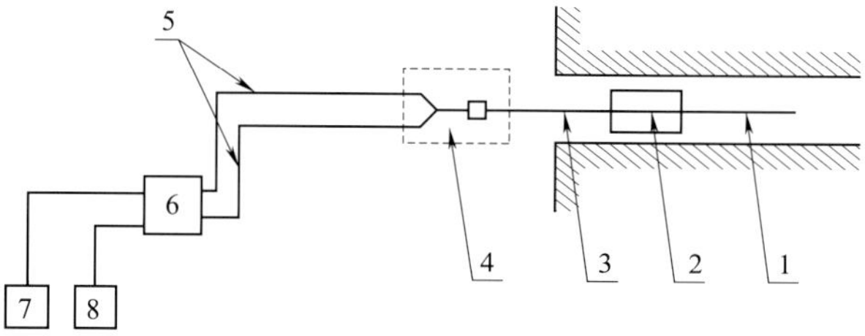

图 7-56　马丽散注浆系统设备布置

1—注浆管；2—专用封口器；3—注浆铁管；4—专用注射枪；5—高压胶管；6—注浆泵；7—马丽散树脂；8—马丽散催化剂

(4)不同条件下注浆堵水方案适用条件及优缺点

1)单液浆：对开挖过程中出现的小范围含水塌腔，可采用注单液浆的方法固结破碎围岩。即适用水量小、低水压、宽裂隙，或者围岩非常软弱、破碎的地质条件下，主要适用于加固，岩体破碎加固。其缺点是:初凝时间长、易被地下水稀释。在水压高、水量大的条件下使用,堵漏水效果不佳,对于出水量大于 20 L/min 时不宜用单液注浆;容易发生浆液由周围注浆孔流出的串浆现象。

2)双液浆:出现有水塌腔常伴随着大量的地下水渗出,且水量大多介于 20～80 L/min时,此时宜采用单(双)环中管棚、单(双)层小导管等注水泥一水玻璃双液浆的方法对围岩进行固结。双液浆能实现在短时间内凝固,可有效防止裂隙水(流)对浆液的稀释作用,从而提高注浆效果。双液注浆在操作过程中常出现堵管及注浆泵不吸浆等问题,影响注浆的作业效率。

3)"马丽散"注浆:对大面积散水及股状水的治理可采用马丽散进行注浆。该施工工艺简单,操作方便,施工现场要求不高,能快速、高效地达到注浆堵水的目的,注浆后可以马上开挖,但材料成本较高。

三、严寒地区隧道主要防排水措施设计

寒区隧道冻害调查表明,冻害往往是从防水措施失效及排水通道冻结开始。因此,切实可靠的防水措施及完善有效的排水系统是防止冻害的关键。祁连山隧道和大梁隧道采取以泄水洞为主,辅以保温防寒水沟、保温中心水沟和伴热电缆采暖式水沟的综合排水方案,主要有:防寒泄水洞;保温防寒水沟;保温中心水沟;伴热电缆采暖水沟。

1. 防寒泄水洞

祁连山隧道地处高原高寒地区,隧道通过数条断层,围岩较差,地下水发育,加之气候严寒,面临严重的冻害问题。防寒水沟埋深浅,保温可靠性差难以满足排水需要;中心深埋水沟下挖深,洞内施工安全风险大,施工干扰大,且高原条件下后期维护困难;防寒泄水洞虽然增加一定的投资,但针对该隧道高原、严寒的气候条件及复杂地质和水文条件,可靠性好,维护工作量小。因此,结合隧道条件,要使正洞内地下水尽快排出,降低冻胀影响,在隧道进出口的洞口设置防寒泄水洞。

防寒泄水洞沿隧道中线设置于正洞下方,仰拱底部距泄水洞拱顶围岩厚度不小于 5 m,坡度与隧道纵向坡度一致,纵向长 1 500 m,是"堵排并重,防冻保温"的高寒地区防冻害关键措施之一,形似小隧道,位于隧道下方,断面尺寸为 220 cm×250 cm(高×宽)。

泄水洞内纵向每隔 250 m,即在正洞综合洞室位置下方设一处横通道,与正洞中线垂直。在横通道对应的上方正洞两侧侧沟、中心水沟检查井内打设垂直竖孔,将泄水洞与正洞沟通,以及时引排正洞排水系统的积存水至下方泄水洞。竖孔采用不锈钢钢管护壁,孔径 400 mm PVC。正洞内积水经泄水洞引流至泄水洞口的保温出水口,最终引流出洞口外,确保冬季水不结冰。

泄水洞需要修筑配套的排水系统除横通道外,还包括洞身径向泄水孔、支导洞、检查井、保温出水口等如图 7-57 和图 7-58 所示。

通过设置防寒泄水洞,地下水通过钻孔或岩石裂隙直接进入泄水洞,而不通过衬砌盲沟、泄水孔、水沟等易发生冻害的部位,排水效果理想,安全稳妥,能够消除由于地下水给隧道造成的冻害;不足之处是,需要单独施工泄水洞,建设期间一次性工程投资较大。

2. 保温防寒水沟

保温防寒水沟采用双层盖板,在盖板之间设保温材料,如图 7-59 所示。保温材料采用聚氨酯泡沫型材保温,采用工厂化预制,纵向单元长度采用 1 m。根据祁连山隧道和大梁隧道实际应用情况,在非多年冻土区效果显著,施工方便,是严寒地区的一种好形式。

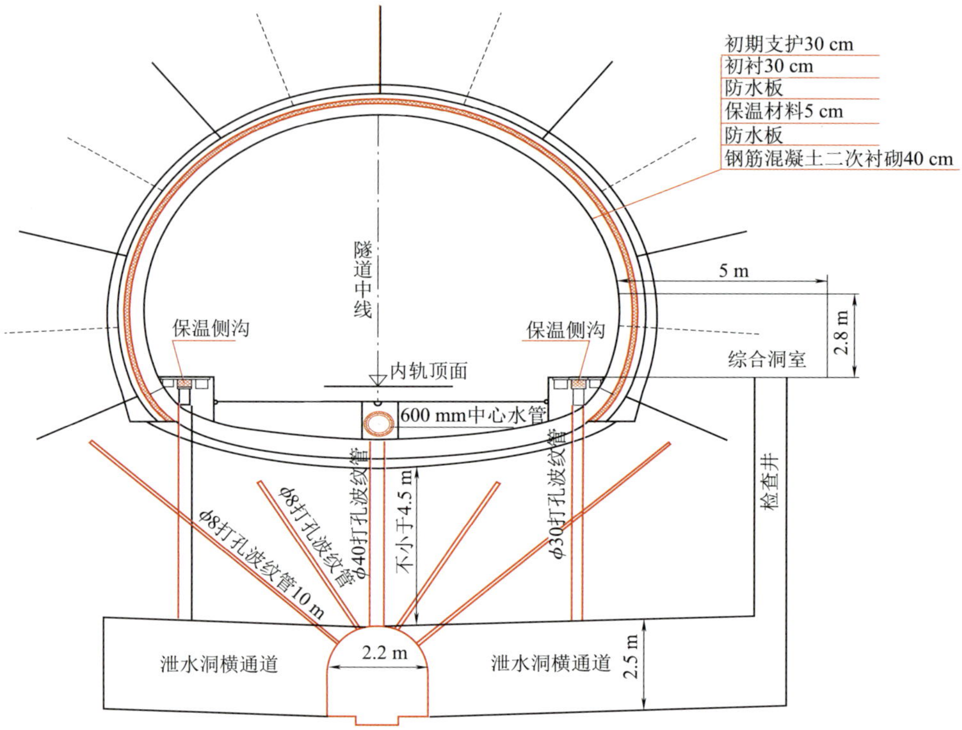

图 7-57 防寒泄水洞与正洞连接

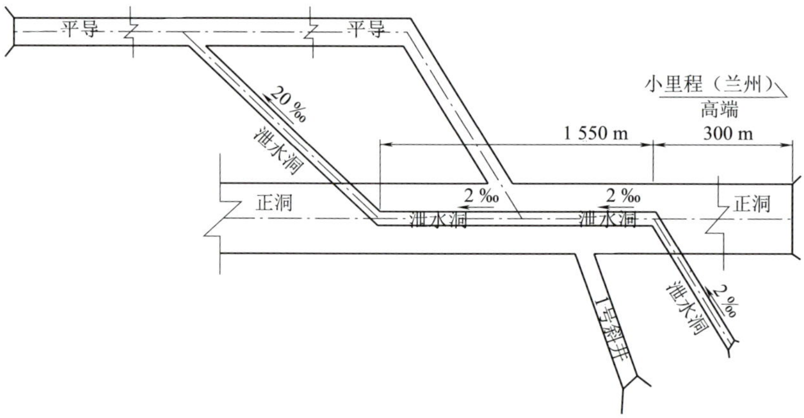

图 7-58 祁连山隧道进口泄水洞平面布置示意

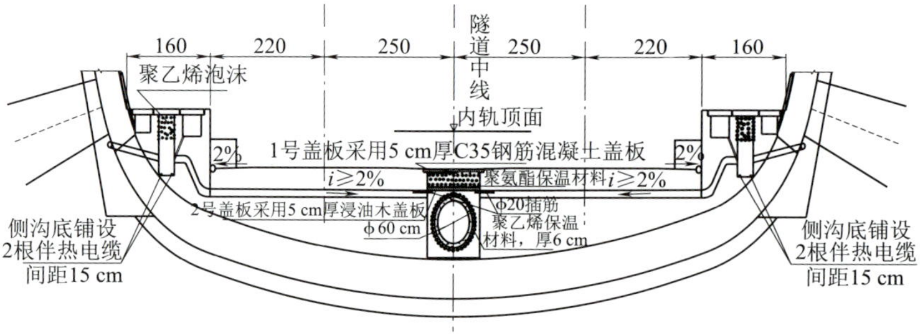

图 7-59 保温防寒水沟示意(单位:cm)

3. 保温中心水沟

中心水沟采用混凝土预制管，内径 60 cm，壁厚 6 cm。在隧道进、出口端正洞中心水沟均设置 1 000 m 长的保温措施。保温结构采用在中心水管外包裹一层 6 cm 厚的保温结构，并由内至外施作保温层、防潮层和保护层，如图 7-60 所示。

保温层：采用 60 mm 厚聚乙烯泡沫，保温层接缝处采用专用包扎带包扎，确保绝热效果。

防潮层：防潮层需搭接适度，厚薄均匀，完整严密，无气孔，无鼓泡或开裂等缺陷。作为保温层绝热重要的一层，应具有阻燃、防水、防蒸汽渗透及抗老化等性能，施工中采用涂刷一层沥青作为防潮层。

保护层：铝皮是保温结构的外保护层，应具有防水、防湿、抗腐蚀、足够的机械强度和使用寿命长等特点，其接缝处应处理严密。

采用保温设置的中心水沟段，检查井也进行保温设计，采用双层盖板＋填充保温材料。上层盖板采用 8 cm 厚混凝土预制而成，下层盖板采用 5 cm 浸油沥青木板，盖板之间保温材料（聚氨酯板材）采用工厂化加工成型，厚 20 cm。

4. 伴热电缆采暖式侧沟

伴热电缆采暖是侧沟也是防治寒区隧道冻害的有效方法，在青藏地区受供电条件等因素限制，未能大量应用，随着技术及资源的完善，在兰新高铁祁连山越岭段隧道群中已得到广泛的实际应用。

祁连山隧道出口端，因地下水较发育在隧道左右两侧侧沟内设置伴热电缆加热，设置范围为正洞洞口 1 km 范围内，其中，洞口 600 m 段采用温控自动控制，其余 400 m 段根据情况采用人工控制。利用电流流过电缆的焦耳效应产生的热能对物料进行加热以确保侧沟内过水断面内环境为正温；对于洞口 600 m 段采用温控自动控制，由温度和湿度控制器根据洞口温度及湿度自动调节。

电伴热加热材料主要采用 GM-2XT 伴热电缆，其材料主要指标为：工作电压 220 V，额定频率 50 Hz，发热功率为 33 W/m（在冰雪融水中），启动电流为 0.25 A/m（－10 ℃环境）。在隧道左右两侧侧沟沟底铺设 2 根伴热电缆，伴热电缆间距 15 cm。洞内间距 50 m，设置单独回路。每个电伴热回路要求单独供电，电源为 220 V 交流电；每个伴热回路需设置 20 A 过流开关，且带 30 m・A 漏电保护功能。伴热电缆绝缘电阻应大于 20 MΩ。侧沟伴热电缆布置如图 7-60所示。

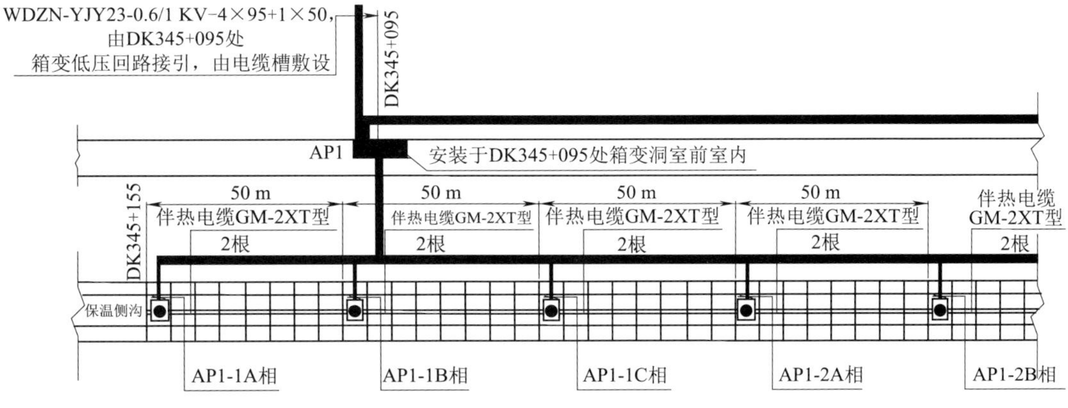

图 7-60　祁连山隧道侧沟伴热电缆布置图（局部）

通过祁连山隧道和大梁隧道防寒保温系统中伴热电缆的实际应用，该措施能有效提高拟加热段落的环境温度，使其长期处于正温条件，可有效避免水流的冻结。其缺点是需隧道供电系统容量足够和有一定数量的箱变洞室，否则需另行建设供电系统，且该措施后期维修保养费用较高。

四、运营阶段冻害情况及附加防寒排水设施

1. 运营期间排水冻害情况

调查发现高寒地区隧道衬砌下部结构排水措施在运营后现场病害主要为侧沟及道床间、道床板与道床板间渗漏水及结冰等，具体如下：

(1)侧沟与道床板间渗漏水结冰：隧道两侧水沟槽内积水泛出盖板造成盖板、保温块和浸油木板冻结在一起，部分区段盖板顶部冰层厚达 25 cm，沟槽侧壁挂冰高达 0.6 m，宛如“冰瀑”一般，不能再发挥排水功能。

(2)道床板与道床板间渗水结冰：部分区段因中心水管及检查井被冻住，造成积水从检查井泛出，两道床板间结冰厚度达 28 cm、长度 20～100 m 不等，部分区段积水漫上道床板。

(3)道床板冻害：溢水蔓延至道床板顶面后结冰，冰体“卧”在道床板上，甚至部分轨枕及钢轨也罩上冰体。

(4)防寒泄水洞洞口结冰。

2. 主要治理手段

针对上述情况，主要的整治手段有：延长防寒泄水洞长度；延长伴热电缆采暖式侧沟技术；侧沟底与道床板间渗水及结冰整治技术；道床板间渗漏水及结冰整治技术；道床板渗漏水及结冰整治技术；防寒泄水洞排水孔施工技术；泄水洞洞口采暖技术。具体如下：

(1)延长防寒泄水洞长度

准确统计隧道贯通后正负温平衡点，其中祁连山越岭段最低端洞口约 2 km，为防止隧道冻害影响后期运营安全，对祁连山隧道群前期设计的防寒泄水洞进行局部延长。其中大梁隧道出口段、祁连山隧道出口段防寒泄水洞均加长至 2 km，并每隔 250 m 设置一个横通道。

(2)延长伴热电缆采暖式侧沟

通常将伴热电缆延长至结冰点。

(3)侧沟底与道床板间渗水及结冰整治

侧沟底与道床板间渗漏水主要由水沟电缆槽底部施工缝渗出并结冰。采取对侧沟底部的施工缝进行处理并结合现状，在破除冰体的前提下，对侧沟壁斜向沟槽底部施工缝打孔并用针管注超细水泥浆，以封堵沟槽底部与找平层的施工缝。

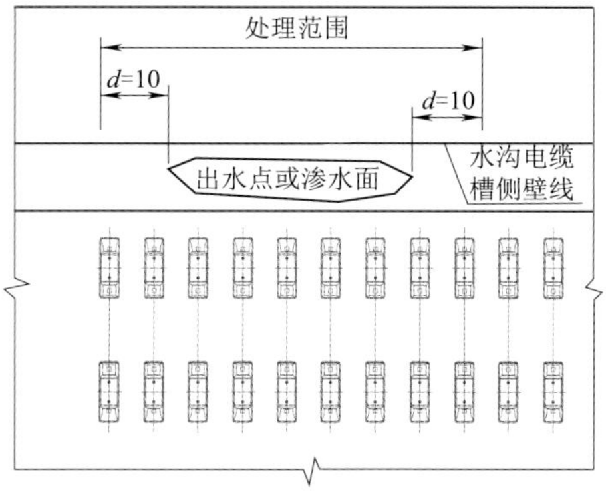

图 7-61　侧沟底与道床板间渗水处理范围(单位：m)

1)清理疏通侧沟内及竖向连接孔内的杂物，以渗水点或渗水面边缘为界，超过出水点或渗水面 10 m 范围，如图 7-61 所示，在侧沟壁斜向水沟底施工缝采用针管注超细水泥浆封堵施工缝。

2)注浆参数

①注浆管纵向布置间距 40 cm 左右，打设深度以超过施工缝 10 cm 为宜，如图 7-62 所示。

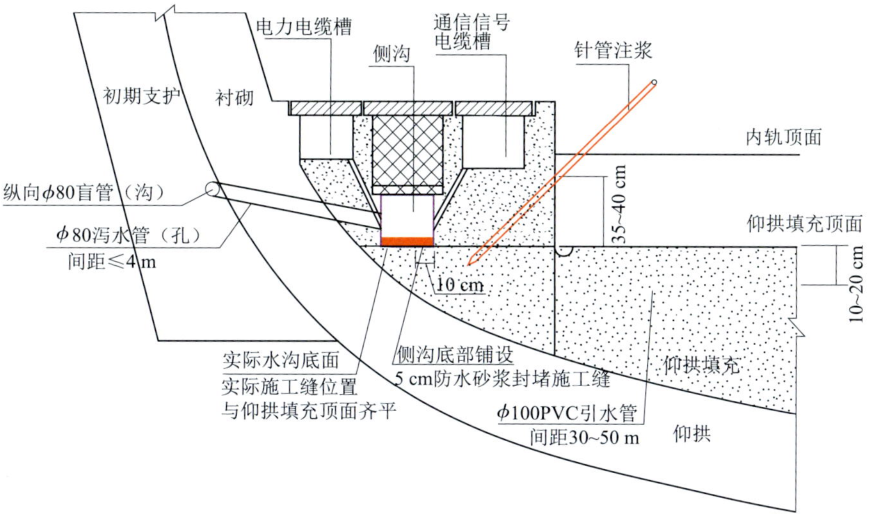

图 7-62 水沟侧壁斜向注浆断面

②注浆材料采用超细水泥浆，水泥水灰比＝1∶1。

③注浆压力控制在 0.5 MPa 以内，施工前必须进行现场试验。

3）在洞口病害段侧沟内设置电伴热丝，后期视防寒泄水洞的泄水效果分段开启。

（4）道床板间渗漏水及结冰整治

因道床板间的横向盲管大部分埋置于仰拱填充找平层内，埋置深度较浅，盲管一般埋设在距离填充顶面 10～20 cm 左右，如图 7-63 所示，在列车震动作用下盲管易损坏，发生渗漏并结冰；在破除冰体的前提下，现场对破损横向盲管进行排查后，采用防水砂浆进行封堵处理，以彻底消除仰拱填充找平层与道床板间的渗漏水。同时，对部分地段采取刻槽并重新埋管予以引排。

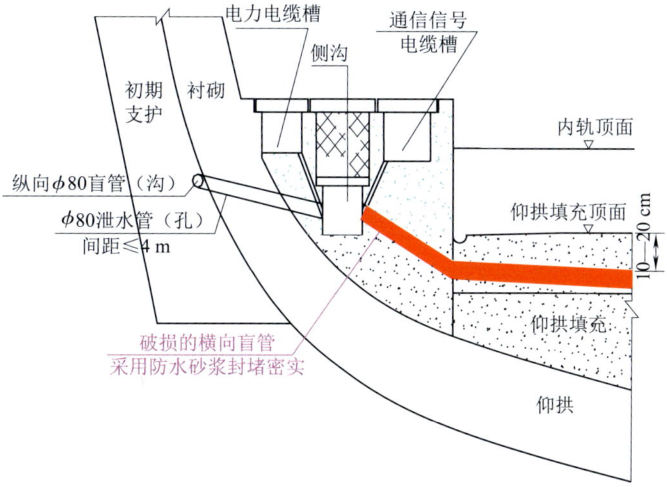

图 7-63 横向盲管封堵

对确因仰拱施工缝导致找平层顶面出现的反射裂纹处渗水，采取找到渗水点再刻槽引排至泄水孔的方法。

在道床板端头仰拱填充找平层内斜向中心水沟打设 ϕ40 mm 泄水孔，如图 7-64 所示，将已经渗入找平层内的水源泄至中心水沟内；泄水孔按打透找平层进入中心水管控制，纵向打设范围超过渗水点，纵向布置间距 2～3 m。

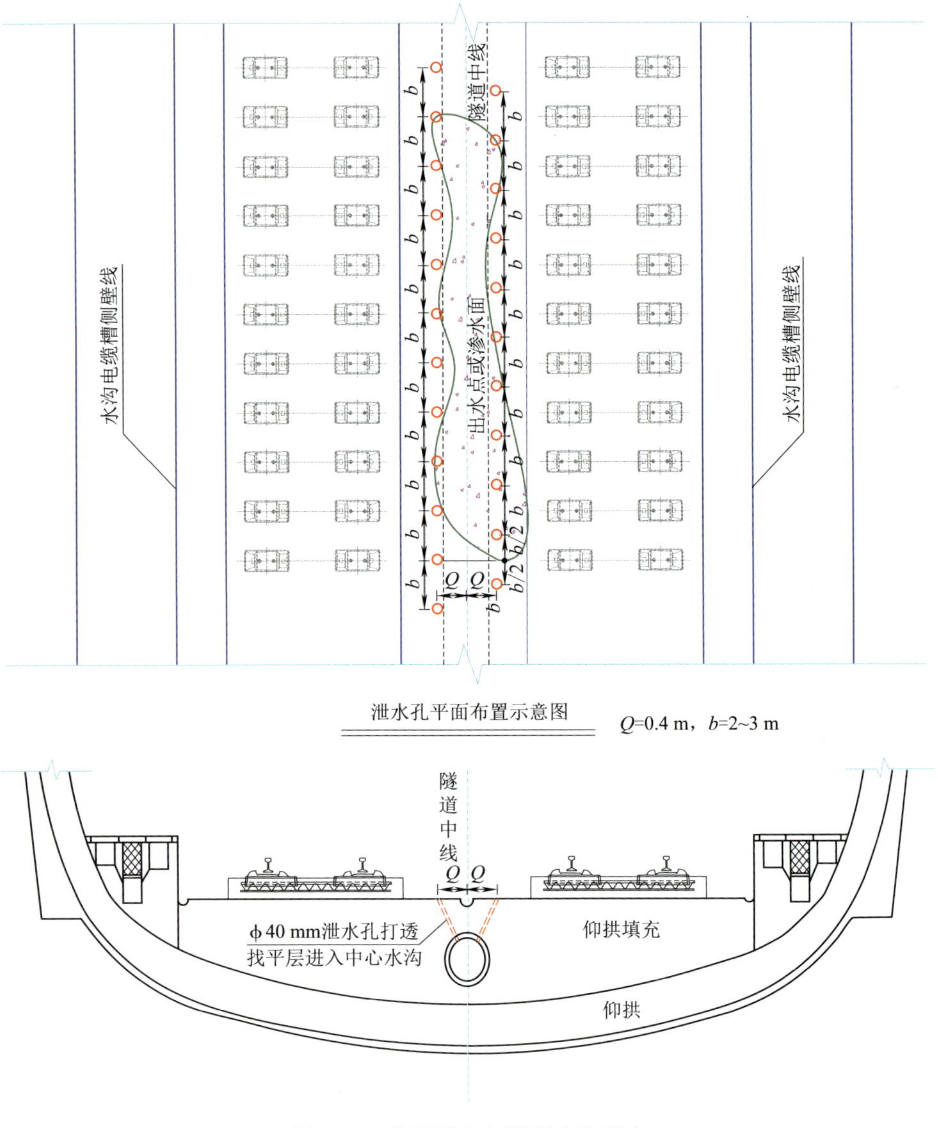

图 7-64　找平层上打设泄水孔示意

(5)道床板渗漏水及结冰整治

1)轻轻铲除道床板上的冰层，间隔一昼夜后对渗水裂纹采用聚氨酯发泡止水剂进行注射封堵。

2)对道床板侧面的渗漏水点进行刻槽埋管引排至附近泄水孔。

(6)防寒泄水洞排水孔施工技术

根据病害位置及防寒泄水洞与正洞的关系，在大坂山隧道等 6 座隧道的进、出口端防寒泄水洞内向上打设泄水孔，以增强泄水能力。现场泄水孔打设采取 3 种布孔形式：一是从泄水洞顶部垂直向上打孔；二是从泄水洞左侧斜向打孔；三是从泄水洞右侧斜向打孔。典型泄水孔布置如图 7-65 所示。

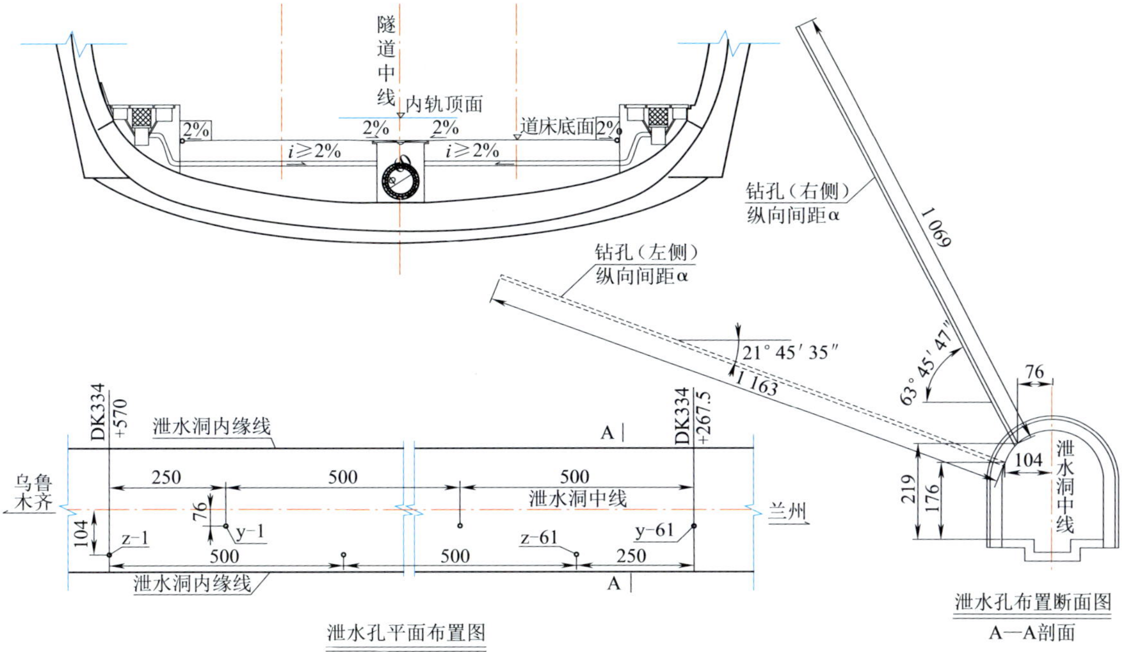

图 7-65　隧道出口泄水洞泄水孔布置示意(单位:cm)

(7)泄水洞洞口采暖

在泄水洞洞口部位设置阳关采暖保温棚。

为降低祁连山隧道群渗漏水及结冰病害可能引起的高速动车行车风险,确保高海拔地区高速铁路的运营安全,必须坚持以“安全第一、预防为主、综合治理”和“疏、截、排、堵”相结合的原则,全面采取径向注浆、侧沟斜向打孔注浆及增设电伴热、道床板间刻槽引排及防寒泄水洞加打排水孔等综合整治技术,达到了较好的整治效果,实现了不渗、不漏、不冻、不裂的高速铁路隧道质量目标,保证了列车运营安全,为今后隧道类似病害处理取得了成功的经验。

第六节　小　　结

(1)寒区隧道遵循“防、排结合”的原则,采取可靠的防水措施和通畅的排水系统,是防止隧道运营期间发生冻害的关键,而排水系统通畅的关键是采取必要的保温措施。

(2)调研表明,泄水洞是彻底解决寒区隧道冻害最有效的手段之一,对于防止新建隧道冻害发生及处理既有隧道的病害发挥了重要的作用。

(3)高原长隧道冻害一般发生在洞口一定范围,高洞口段的冻害问题不容忽视。隧道冻害往往发生在洞口一定范围,范围长度受地形、主导风向、地下水情况及围岩情况影响,冻害长的达 1 500～2 000 m。

(4)工程一个畅通、不被冻结的排水系统是防止冻害发生的关键。

(5)越岭隧道洞口段的工程地质差、围岩破碎,施工揭示部分段落地下水发育,为消除运营期间的冻害及安全隐患,必须保证运营期间排水畅通。

(6)通过分析 156 座寒区隧道冻害调研资料,将隧道寒区划分为高纬度地区和高海拔地区，并以最冷月平均气温和冻结深度作为寒区隧道亚区的划分依据，对寒区进一步划分 5 个亚区，分别探讨了不同亚区的隧道保温排水技术，为解决寒区隧道冻害问题提供一种思路。

(7)依据冻害调研资料，得到了不同分区设防长度与最冷月平均气温之间的关系曲线，以及采用等效厚度换算法，推导了保温层厚度的计算方法，为寒区隧道设计工作提供参考。

(8)保温层法最佳适用范围为最冷月平均气温－5～－15 ℃的地区；最冷月平均气温在－15 ℃以下地区，建议对洞口段环境气温低于－15 ℃的区段采取其他主动保温措施。

(9)建议保温水沟、中心深埋水沟和防寒泄水洞以洞内二次衬砌表面温度 0 ℃为设防终点。

(10)隧道冻害防治原则是“施工质量是基础，排水是核心，保温是关键，三者必须有机结合”即在保证施工质量前提下，采用完善的保温排水系统。

(11)当环境气温为－15 ℃，围岩地温小于 5 ℃时，6 d 后 6 500 m 隧道中间出现负温度分布；当环境气温为－15 ℃，洞内风速大于 1 m/s 时，6 d 后 6 500 m 隧道中间出现负温度分布；当环境气温为－20 ℃，列车速度为 100 km/h，运行频率为 53 对/d 时，5 d 后 3 000 m 隧道中间出现负温度分布。

(12)寒区长大隧道结构防寒不应仅在洞口段，若环境气温低、围岩原始地温低、列车运行速度大或每日运行列车对数多，长大隧道需要全隧道防寒。

(13)保温层法不能完全解决寒区长大隧道洞口段保温问题。当环境气温低于 15 ℃，持续冻结时间超过 45 d 时；或当环境气温低于 30 ℃，持续冻结时间超过 30 d 时；或当环境气温低于 40 ℃，持续冻结时间超过 18 d 时；5 cm 厚的厚硬质聚氨酯泡沫已经不能满足 3 000 m 隧道的防寒抗冻要求，需要采取主动保温措施。

第八章　高原隧道施工机械保障技术

第一节　高原型工程机械的特殊要求

一、青藏铁路早期施工机械设备情况

早在20世纪70年代初，原铁道兵修建青藏铁路哈格段(哈尔盖—格尔木)时，为了进军格拉段建设就已经做了大量技术准备工作。在机械化施工技术方面，中科院于1974年委托一机部负责对工程机械进行改装并研制部分机械，限于当时的条件和水平，所研制的机械有ZQ3L型桩基螺旋钻孔机、低温启动机、TQ901型高原增压车三种，改装改进机械有ZL50GD轮式装载机、CL7GD自行式铲运机、PYG160自行式平地机、Q2-16GD汽车起重机、WY100GD履带式液压挖掘机、W4-60GD轮式液压挖掘机等6种，改进内容主要为保持高原发动机功率、低温启动、低温下密封件及油料防冻技术，操作人员的作业环境改善等。所有研制机器和改装改进的设备，在当时铁道兵部队的配合下，于1978年9月至1979年1月，分别在高原地区进行了工业性考核试验，从试验结果看，由于多种原因，改装改进的机械主要问题是制造 本上达到了当时设计要求的各项性能指标，但都存在不少缺陷。尽管因工程缓建，导致课题停止，但其经验与成果为后续适应高原的设备设计与制造积累了宝贵经验。

二、高原型工程机械的特殊要求

随着海拔的升高，大气压力、空气密度和含氧量随之减少，气温也随之下降。因此，高原型工程机械从动力、液压系统的制造及其所用原材料等均与平原地区的工程机械有很大差别。根据前阶段改装、设计经验教训及按期调研情况，对高原型工程机械至少应考虑下述特殊要求：

(1)需要风冷增压型发动机和多级滤清或湿式空气滤清器

高原低气压、含氧量低，发动机工作条件恶化，发动机功率随着海拔高度的增大而显著降低，因而必须是增压型发动机，保持发动机功率。高原地区多风、富沙，对发动机的进气过滤也有特殊要求。

(2)配置更有效的低温启动装置

高原上的低温启动要求不同一般寒区那样，仅是要求低温启动，而是在严重缺氧条件下的低温启动，在−5 ℃时就需要考虑低温启动措施，更不用说高原大部分−20 ℃气温时的启动。

(3)提高液力、液压系统的流动性和散热性

高原条件下，发动机、变矩器、液压系统的最佳匹配设计点发生变化，变矩器长时间在低效区工作，产生的热量加上高原稀薄空气散热能力下降，密封件密封性能降低，因而需要对整机液体、液压系统进行改进，使其散热能力增强。

(4)使用低温油料和防冻冷却液

使用低温油料，并在液压油和冻却液中加装防冻剂，以便各系统运行温度能够符合现场工

作条件。

(5)驾驶室的要求

驾驶室的密封、保暖以及操作的舒适程度应予以重视。

(6)工程机械高原型、大型化,设备自身具备良好的高原适应性;实现整体机械良好配套,以满足工程总体工期以及每年有限施工工期的需要;主体工程机械与高原专用设备配套,以满足保障人员健康、工程质量等要求。

第二节 高原发动机功效测试

对于高原隧道施工来说,大型工程机械多数为内燃机,因此,内燃机械的性能对工程的推进有着至关重要的作用。以装载机为例,它的一个工作循环包括插入、铲装、举升、卸载和动臂下降五个工况,其中,对发动机性能依赖性较大的为插入工况。当装载机的动臂下放至下限位置、铲斗放置于地面、斗尖触地后,需要开动装载机使铲斗插入料堆。在高原隧道低压、缺氧、多粉尘的环境下,发动机因进气不足而导致燃烧恶化,从而显著减少有效功率的输出,因此,需要通过加大油门的方式来实现铲斗的插入。为尽可能贴合其实际工作情况,确定测试内容为发动机的油门全开时的特性,即外特性。

为更好的分析高原隧道环境下发动机功率下降的问题,设置了如下对比实验。通过对比新旧发动机在平原高原环境、高原隧道内外环境下的外特性指标,全面系统的分析产生问题的原因。

(1)新机外特性对比测试

①平原环境发动机外特性的测试;

②高原隧道外环境发动机外特性的测试;

③高原隧道内环境发动机外特性的测试。

(2)旧机外特性对比测试

①平原环境发动机外特性的测试;

②高原隧道外环境发动机外特性的测试;

③高原隧道内环境发动机外特性的测试。

一、测试系统的搭建

1. AVL 发动机台架试验台

AVL 试验台主要由瞬态油耗仪、测功机两部分组成。整个实验台的系统原理图如图 8-1 所示。

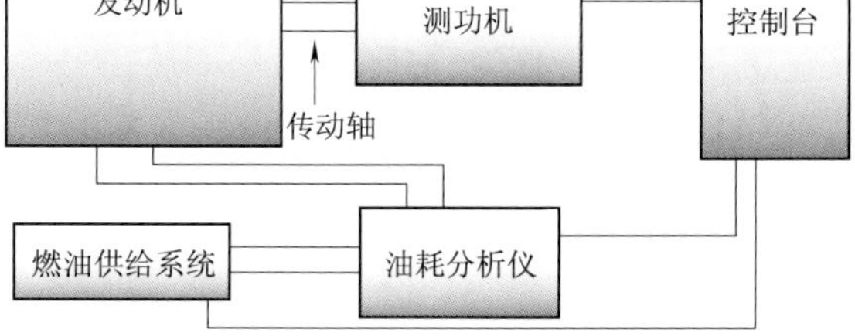

图 8-1 实验台架示意

测功机采用 AVL 公司与 ELIN 公司联合生产的 APA 系列测功机。它是摇篮式笼形异步电机，主电路为交直交系统，以计算机为中心，进行数据采集、处理与工况自控。实验采用 AVL 瞬态油耗仪测量燃油消耗，为重量式油耗仪。

2. 进气调控系统

对于发动机性能测试来说，主要有以下三种方式：热力循环计算、实地台架实验法和台架模拟实验法三种。热力循环计算法借助韦伯函数来描述柴油机的放热规律和关系式，成本较低，但是计算时间会因问题的难易以及计算机配置而异，且计算结果的准确程度对模型的依赖性很大；台架模拟实验法则借助高原模拟实验系统，在平原地区模拟高原环境，实验重复性好，但是设备成本巨大；实地台架实验法则直接在高原环境下进行发动机的性能测试，可进行发动机的全性能测试，并且数据最为真实可靠，但是成本较高，涉及发动机的运输、组装以及实验台搭建等一系列问题。

由于缺乏实测的实验数据，则无法对计算模型进行有效性验证，因此不能采用数值模拟的方式。同时，如果在祁连山隧道内部搭建测功实验台来进行发动机性能测试则存在实验台架的加工以及运输方面的问题。综上可见，只能采用台架模拟实验的方式进行。根据实验的测试目标以及发动机的性能参数，利用 FOTON 公司的高原海拔实验舱来进行模拟实验。通过海拔舱来模拟祁连山隧道内部的压力、温度等环境，而进气部分则独立设计一套运行可靠、操作性强的组分调控系统，完成发动机的进气模拟。进气调控系统示意图如图 8-2 所示。

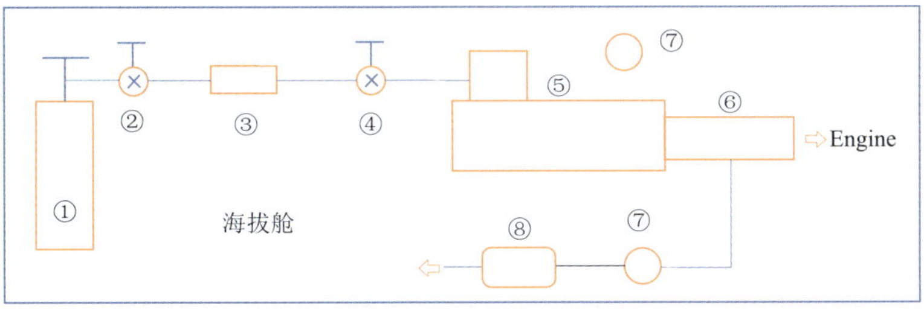

图 8-2　进气调控系统示意

注：①氮气气瓶组；②减压器；③涡街流量计；④流量调节阀；⑤发动机空气滤清器；⑥发动机进气管；⑦氧传感器；⑧压气机。

3. 进气取样口的选择

测试结果的准确性取决于氧含量的控制。在本实验中，氧含量的控制由进气调控系统完成，即球阀会根据进气管内氧含量与目标值之间的相对大小进行掺氮流量的调节，最终达到两者之间的相等。由此可见，进气调控系统的能否实现氧含量的准确控制受限于取样气体。对增压发动机来说，外界空气通过空滤、进气道、增压器和进气歧管最终进入气缸。因为增压器之后气体的压力、温度与实际隧道内的气体状态有很大的差异；此外，由于实验中为模拟进气环境，采用仓内取气的方式，并且为实现氮气的均匀混合，氮气的掺混口也在空滤之前，如图 8-3所示。

图 8-3　氮气出口

图 8-4 进气取样口

综合以上两点，进气取样口应位于进气道上，如图 8-4 所示。为保证对氧气含量测试的准确性，利用扩径的方式实现了气体的减速。整个取样系统如图 8-5 所示。

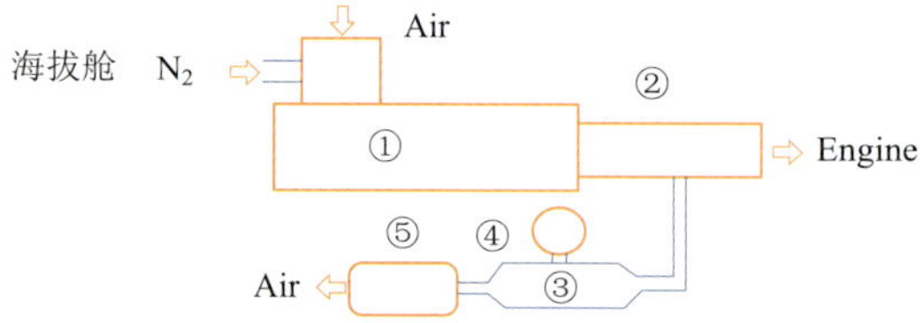

图 8-5 进气取样相关部件细节示意

注：①发动机空气滤清器；②进气道；③扩管；④氧传感器；⑤压气机。

图 8-6 进气取样相关部件细节示意

4. 系统安装与调式

实验系统的操作稳定性以及数据采集的可靠性是获得准确实验结果的重要保证。对本系统来说，包含了气体流量的控制、气体流量的检测以及气体组分的测量三大方面，因而涉及的信号十分复杂，保持信号的不失真以及排除外界的各种干扰尤为重要。鉴于此，实验中所有的信号线都采用屏蔽线。此外，发动机工作时尤其是在大负荷和熄火前会产生较大的振动，因此对于振动较为敏感的涡街流量计做了减振处理。由于靠近排气管的部分温度较高，实验涉及的仪器以及线路都尽量远离排气管。考虑到海拔舱内部气体组分会受到发动机的进排气、空调风扇的搅动、开启海拔环境时抽气机的吸气等诸多因素的影响，选择接近发动机处为舱内氧传感器的安装位置，使得舱内含氧量的测量更为准确可靠。图 8-6 为整个发动机实际测试系统。

完成实验仪器的安装之后，对整个系统进行相关调试。调试的内容主要包括信号的抗干扰检测、氮气流量检测、氧传感器的显示检测、球阀的控制检测、海拔舱的性能检测以及发动机的性能检测六大部分。其中检测指标主要为氧气的体积分数能否达到预期的计算值、氮气流量的计算值与实际值之间的偏差、氧气含量显示的滞后等。图 8-7 表示的仪器调试完成后的状态。通过对系统的分析和调试，最终系统能够达到预期的测量条件和要求。

（a）AVL测功机控制台

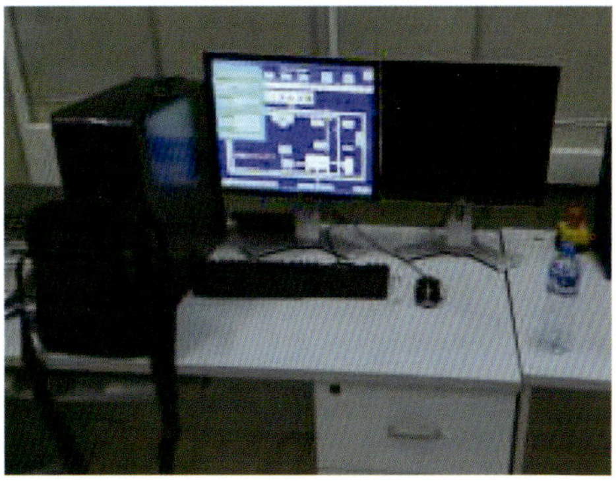
（b）海拔舱温度及海拔控制台

图 8-7　测试仪器调试完成后的状态

二、参数标定

实验结果的准确性及可靠性不仅取决于仪器的选取是否合理，还与实验过程中的测试方法以及测试人员的操作紧密相关。实验开始前，首先检查发动机安装是否正确、安全、可靠，尤其重点检查发动机飞轮与测功机连接处的螺栓是否松动等。在确保没有安全隐患和连接错误的前提下，首先打开海拔舱温控系统，并设置测试温度、测试海拔等。打开燃油开关、冷却水阀门、油耗仪、发动机测控仪、含氧量测量仪等测试仪器，并起动发动机，检查机油压力、排气背压、油门位置等关键参数是否满足测试要求。之后，开启电控阀和空压机，检测进气调控系统工作是否正常。确认无误后，将发动机预热至测试条件，准备实验。

但是对该实验来说，涉及的控制参数主要有发动机的转速、海拔高度、氧含量（通过氮气掺混实现）、进气温度等，每一个关键参数的变化对实验结果的准确性和可靠性都会有十分显著的影响。由于测功机和海拔舱控制平台能够十分精确地控制其相关参数，因此，参数的标定主要针对氧含量。

对进气调控系统来说，氧含量的改变主要采用氮气掺混的方式，即在进气口处加入一定流量的氮气。一方面，由于发动机采用的是高原仓内取气（模拟发动机实际过程中的进气环境），因此氮气可能会因为提供过多而造成外溢；另一方面，在实验过程中，氮气的流量非常大，因此这对操作时间也提出了严格的要求。

基于上述两点，氧含量的标定主要在于对应氧含量下的阀门开度以及流量的标定。标定的步骤如下：

（1）实验开始前，首先检查发动机安装是否正确、安全、可靠，尤其重点检查发动机飞轮与测功机连接处的螺栓是否松动等；

（2）确保没有安全隐患和连接错误的前提下，关闭海拔舱门，打开海拔舱温控系统、燃油开关、冷却水阀门、油耗仪、发动机测控仪、含氧量测量仪等测试仪器，并起动发动机，检查机油压力、排气背压、油门位置等关键参数是否满足测试要求；

（3）开启电控阀和空压机，检测进气调控系统工作是否正常。完成上述检测并确认无误后，将发动机预热至标定条件。

由于仅在海拔 4 000 m 的环境下进行氮气掺混，模拟高原隧道环境，因此，发动机在预热的时候应利用海拔调控系统将海拔调整至 4 000 m 位置。等海拔舱内系统完全稳定后，开始对氧含量为 13.6%情况时对应转速的阀门开度和流量进行标定。考虑到装载机的实际工况并不会达到峰值功率以及其常用工作区间为 1 400～2 000 r/min，因此选择测试转速为 900～2 000 r/min。标定结果和实际试验结果见表 8-1。

由表 8-1 可以看出，氮气掺混流量的理论计算值、标定值以及实验值三者之间保持较好的一致性，并且实验值与理论值、实验值与标定值之间的误差都在 5%以内，属于系统误差，在可接受的范围以内。

表 8-1 流量的理论值、标定值、实验值以及对应的误差

转速 (r/min)	流量理论值 (L/min)	流量标定值 (L/min)	流量实验值 (L/min)	与理论值误差	与标定值误差	实际氧含量
2 000	701.46	769.20	740.74	5.60%	3.70%	13.65%
1 900	628.12	642.78	660.78	5.20%	2.80%	13.65%
1 800	595.06	644.50	628.38	5.60%	2.50%	13.65%
1 700	562.00	544.49	524.35	6.70%	3.70%	13.54%
1 600	528.94	526.90	545.87	3.20%	3.60%	13.63%
1 500	495.88	522.30	509.77	2.80%	2.40%	13.63%
1 400	462.82	490.75	479.95	3.70%	2.20%	13.63%
1 300	429.77	464.91	449.10	4.50%	3.40%	13.64%
1 200	396.71	376.93	385.60	2.80%	2.30%	13.57%
1 100	654.57	701.32	677.48	3.50%	3.40%	13.66%
1 000	330.59	323.45	314.72	4.80%	2.70%	13.56%
900	297.53	324.69	313.00	5.20%	3.60%	13.65%

三、测试步骤

平原环境下的发动机外特性测试步骤如下：

(1)首先将油门缓慢提至全开位置，再次检查进气调控系统是否关闭、海拔舱温度是否达到测试要求；

(2)完成检查后开始进行发动机外特性实验，实验中保证恒定转速和油门全开，实验点转速由高到低，在发动机平稳运转时依次采集 2 000、1 900、1 800、1 700、1 600、1 500、1 400、1 300、1 200、1 100、1 000 和 900 r/min 时的发动机的油耗、扭矩、功率等性能参数。

高原环境下的测试与前面基本类似，但在进行上述操作之前，应紧闭海拔舱后开启海拔调整模式。其主要原理是利用其大功率抽气机将舱内空气抽出，使得压力减少至指定海拔对应的压力，并且控制系统能够实现压力的实时监测，使其维持在目标水平。此外，应利用海拔舱的温度控制系统将进气温度维持在目标值附近，一旦过度偏离则应等系统稳定后再继续进行。由于高原隧道内外含氧量有着一定的差异，因此模拟隧道内部环境的时候需要通过掺氮来进行模拟。氮气掺混的步骤如下：

(1)打开空压机，开始进气取样。

(2)将氮气减压器开启至指定压力后。

（3）在利用定位器远程控制电动球阀的开度的同时，时刻注意氮气流量以及进气道含氧量的变化。

（4）接近目标值之后采用步进调节方式进行微调球阀开度，当含氧量达到目标值并稳定后，开始采集所需数据。

值得注意的是，由于氮气流量较大，因此完成一个转速的数据采集之后应及时关闭阀门再进行下一个转速的流量调节以及测量。

在进行高海拔环境发动机性能测试时，在进行上述操作前，应紧闭海拔舱后开启海拔调整模式。其主要原理是利用其大功率抽气机将舱内空气抽出，使得压力减少至指定海拔对应的压力，并且控制系统能够实现压力的实时监测，使其维持在目标水平。

四、新机外特性分析

1. 新机外特性

WD10G220E21为工程机械专用发动机，增压器在转速超过2 000 r/min开始工作。为了检测发动机的原始性能，首先在新机平原环境下测试其外特性。

图8-8可以看出，该发动机的外特性曲线呈现中间高两端低的趋势。对于功率来说，当转速 $n=2\ 000$ r/min出现最大功率，最大功率 $P_{max}=155$ kW；对于扭矩来说，当转速处于1 400 r/min情况下出现最大扭矩，最大扭矩 $T_{max}=892$ N·m。扭矩在较低转速（1 000～1 600）下保持着较大输出，这与工程机械常用工作转速有关。对工程机械而言，其作业环境恶劣，作业阻力随机，发动机容易出现过载掉速的现象。为确保发动机能够稳定工作与额定转速，其扭矩特性曲线应在其工作范围内保持较高水平。因此需要在低于额定转速300～400 r/min范围内基本保持发动机的功率不变或者反向增加。可见该发动机整体性能较为优越，能够满足平原环境下工程机械的工作需求。

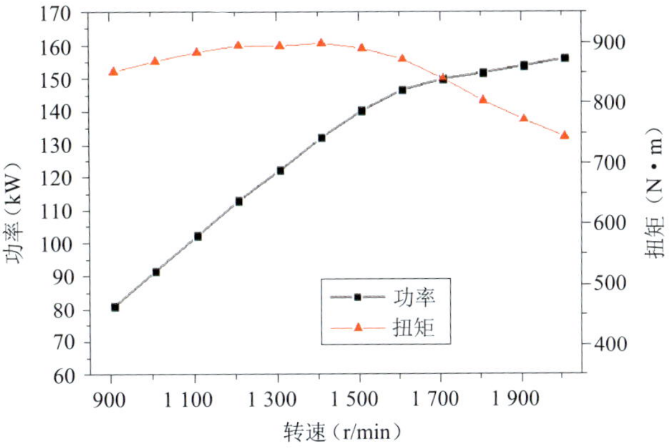

图8-8　平原环境下的新发动机外特性曲线

2. 海拔对发动机外特性的影响

但是对于高原环境来说，气压导致的氧含量改变会显著影响发动机的动力性。如图8-9所示。

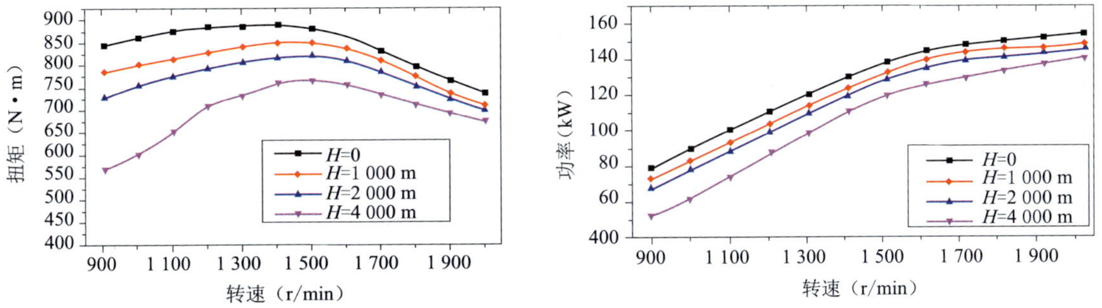

（a）扭矩随转速的变化　（b）功率随转速的变化

图8-9　不同海拔环境下发动机外特性曲线

由图 8-9 可以看出，海拔对发动机的扭矩和功率均有较大影响，并且随着海拔的升高，对应转速下的功率和扭矩均呈现下降趋势。对扭矩来说，峰值扭矩随着海拔的升高而降低，但是其对应的最大扭矩点并没有发生变化；对功率来说，峰值功率也随着海拔的升高而降低。由此可见，海拔升高导致的低压缺氧环境对发动机功率和扭矩的降低有着十分显著的影响。对于本发动机来说，在没有增压的情况($n\leqslant 2\ 000$ r/min)时，一方面进气压力的下降导致空气密度的降低，从而使得发动机过量空气系数的下降，即进气冲程吸入发动机缸内的空气总量下降；另一方面，氧含量的下降进一步加剧了燃烧所需氧气的不足，可燃混合气过浓，燃烧状况恶化，后燃现象严重。在高原环境下，尤其是在高海拔环境下，发动机的扭矩有了较大的下降，其下降程度如图 8-10 所示。

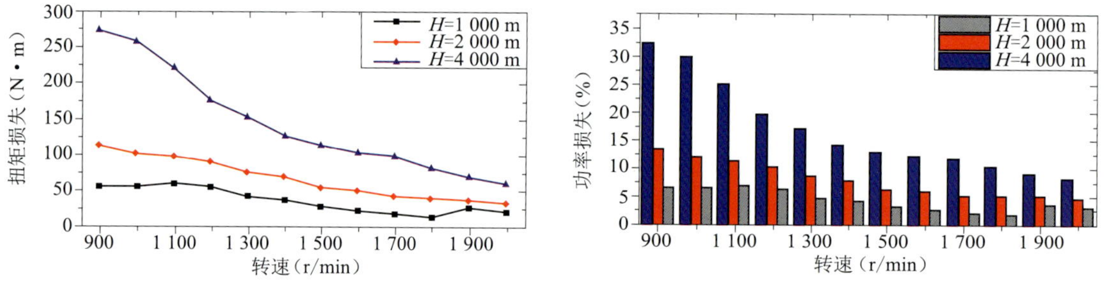

（a）扭矩下降　　　　（b）功率下降百分比

图 8-10　不同海拔情况下的发动机动力下降对比

由图 8-10 可以看出，在同一海拔下，扭矩和功率的损失变化规律相同，均随着转速的增大而降低，并且对应转速下的动力损失随着海拔升高而变大。在装载机的常用工作转速区间内，$H=4\ 000$ m 情况下的扭矩损失为 75～140 N・m，功率损失为 10%～15%。因而当发动机在保证液压系统的扭矩输入时，车辆的动力性就有了较大的下降。因此对于装载机的铲进工况，即将铲斗插入料堆时，由于动力性的下降导致原本一次性能够完成的插入动作需要利用加大油门提升动力的方式来实现，有时甚至需要多次反复。

3. 隧道内外环境对发动机外特性的影响

由于隧道内存在排险、出渣、喷浆、立架以及钻爆等工序，因而隧道内的环境必然与隧道外有着一定的差异。通过分析测试报告并结合相关理论可以得到，隧道内的氧含量进一步降低是导致工程机械效率下降重要原因。因此，实验在高原环境的基础上，借助进气调控系统来模拟隧道中工程机械的实际进气环境，得到的发动机外特性曲线如图 8-11 所示。

由图 8-11 可以清晰地看出，当海拔 $H=4\ 000$ m，氮气的掺混对于发动机的动力性产生了较大的影响，对应转速下的扭矩和功率均有一定程度的下降。由此可见，隧道内的氧含量的进一步下降有恶化了发动机的燃烧，从而减少了发动机的动力输出。对扭矩来说，在发动机的工作转速以及失速段($1\ 400$ r/min$\leqslant n\leqslant 2\ 000$ r/min)，其扭矩降低的幅度随着转速的提高而降低。但是需要注意的是，工程机械产生失速的原因是其输出扭矩过低，需要通过减速增扭的方式来提高扭矩输出，这一点在无掺氮的环境，即隧道外部的环境是可以实现的；但是对于掺氮条件，即隧道内部环境下，在失速段扭矩随着转速的变化趋势较为平缓，换言之，工程机械的失速无法实现扭矩的大幅度增长，因而在操作中就会产生一种装载机推进无力的感觉，作业时需要反复铲进才能达到原来一次铲进的效果，极大降低工作效率。

此外，如图 8-12 所示，对比与平原环境下，隧道内的动力下降显得更为明显。可以看出，扭矩的损失至少为 100 N·m 左右，峰值损失达到 350 N·m；功率损失至少 12%，峰值损失达到 45%。因此，合理匹配发动机与变矩器的特性曲线对于高原隧道内作业的工程机械来说就显得尤为重要。

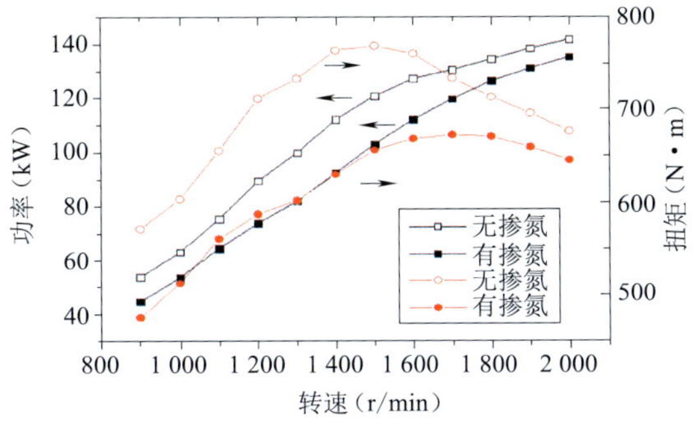

图 8-11　有无掺氮对发动机动力性影响对比($H=4$ km)

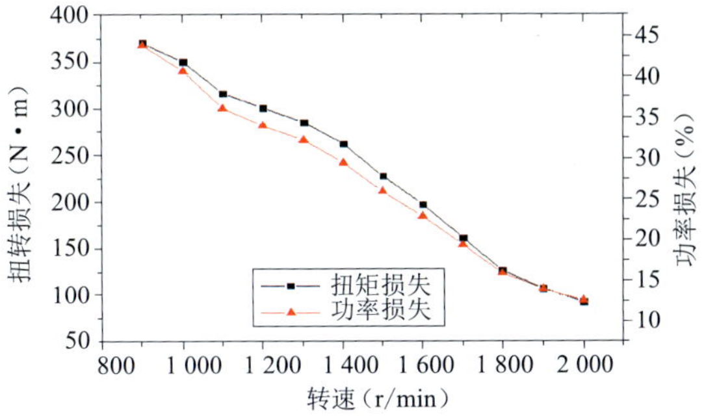

图 8-12　高原隧道环境下发动机动力下降曲线

五、旧机外特性分析

可以看出，新机外特性在隧道环境(即模拟的掺氮环境)中，其铲土推进环节出现的无力主要归因于高原环境下动力输出总量的减少。考虑到施工环境中绝大多数机器均为使用过一定时间不等的旧机，对旧机的外特性分析更接近于工程实际，因此，对同样型号的旧机进行对应模拟条件下的实验就显得尤为重要。

1. 旧机外特性

为了检测发动机的原始性能，首先在旧机在平原环境下测试其外特性。

由图 8-13 可以看出，该型号旧机的外特性曲线与新机基本一致，均呈现中间高两端低的趋势，但是不同转速下对应的扭矩和功率均有较大幅度的降低。对于功率来说，当转速1 900～2 000 r/min出现最大功率，最大功率 $P_{max}=115$ kW；对于扭矩来说，当转速处于 1 200～1 400 r/min情况下出现最大扭矩，最大扭矩 $T_{max}=675$ N·m。扭矩在较低转速(1 000～1 600)下仍然保持着较大输出，当发动机因为过载而掉速时，其输出转矩的增加基本能够保持发动机的功率不变或者反向增加。由此可见，该型号的旧机仍能够满足平原环境下工程机械的工作需求。

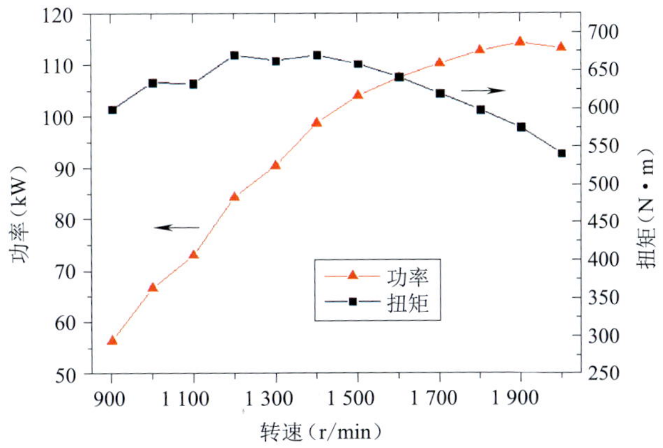

图 8-13　平原环境下的旧发动机外特性曲线

2. 海拔对发动机外特性的影响

为系统的探究海拔升高导致的氧含量变化对旧机外特性的影响，以 1 000 m、2 000 m、3 000 m和 4 000 m 作为对比，如图 8-14 所示。

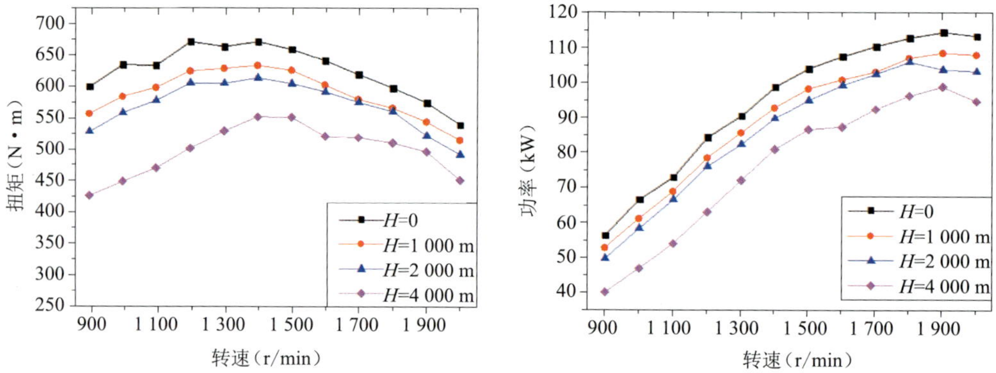

（a）扭矩随转速的变化　　（b）功率随转速的变化

图 8-14　不同海拔环境下发动机外特性曲线

由图 8-14 可以看出，海拔对该型号旧机的扭矩和功率均有较大影响，但是其变化规律与新机基本一致，都随着海拔的升高，对应转速下的功率和扭矩均呈现下降趋势。对扭矩来说，峰值扭矩随着海拔的升高而降低，但是其对应的最大扭矩点并没有发生变化；对功率来说，峰值功率也随着海拔的升高而降低，并且 $H=4\ 000$ m 下，其峰值功率点对应的转速有所降低。值得注意的是，在 1 200～1 600 r/min 的非增压转速区间内，其功率随着转速的升高呈现波动上升的趋势。其原因可以归结为以下两个方面。一方面，在 $H=4\ 000$ m 的高海拔环境下，低压导致进气终了时氧气的总量和含量均出现十分显著的下降，因而，在保持喷油策略相同的情况下，缸内混合气过浓，燃烧状况恶化，导致缸内积碳的发生，进而影响燃烧的正常进行；另一方面，在高原环境下，匹配性能的恶化在降低发动机有效输出功率的同时还会减少传动力的输出和传动效率，导致部分有效功率转换为热量，因此对机油冷却的依赖性增强。但是对于旧机来说，长时间的机械磨损积聚使得机油的污化速度加剧，因而对关键部分的润滑效果有所降低，进而凸显机械运动不平顺引起的动力输出波动。

为了更直观的表示海拔升高引起的发动机动力下降，对比分析了不同海拔情况下的扭矩和功率损失（以平原环境为基准），如图 8-15 所示。

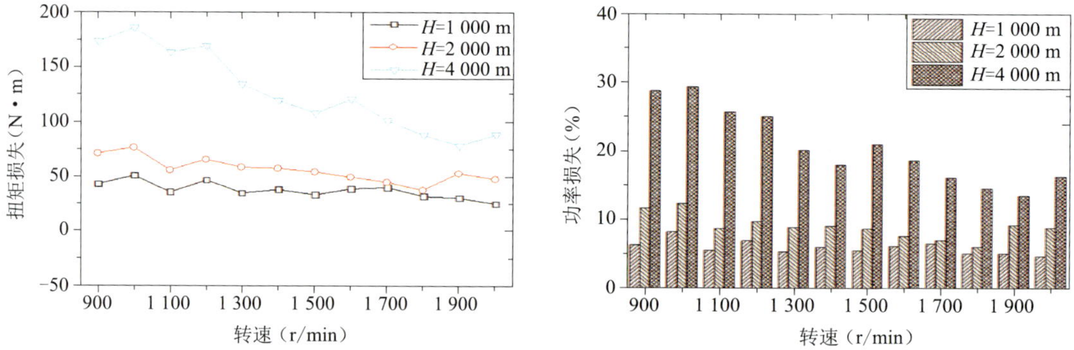

（a）扭矩下降　　（b）功率下降百分比

图 8-15　不同海拔情况下的发动机动力下降对比

由图 8-15 可以看出，除 $n=2\ 200$ r/min 对应的扭矩和功率下降出现负值（在实验误差的范围以内，可以忽略）之外，在同一海拔下，扭矩和功率的损失变化规律相同，均随着转速的增大而降低，并且对应转速下的动力损失随着海拔升高而变大。在装载机的常用工作转速区间内，$H=4\ 000$ m 情况下的扭矩损失为 75～125 N·m，功率损失约为 20%。由此可见，该型号的旧机在高原环境下其扭矩和功率都存在着十分明显的下降，因而装载机在铲土推进时就会出现十分明显的无力现象，使得工作效率大大降低。

3. 隧道内外环境对发动机外特性的影响

在上述实验中，重点对比分析了海拔的升高对旧机外特性的影响，但装载机的实际工作环境为高原隧道，因此，模拟高原隧道环境下的发动机工作特性显得更为贴切。因此借助进气调控系统来模拟隧道中工程机械的实际进气环境，得到的相同型号的旧机外特性曲线如图 8-16 所示。

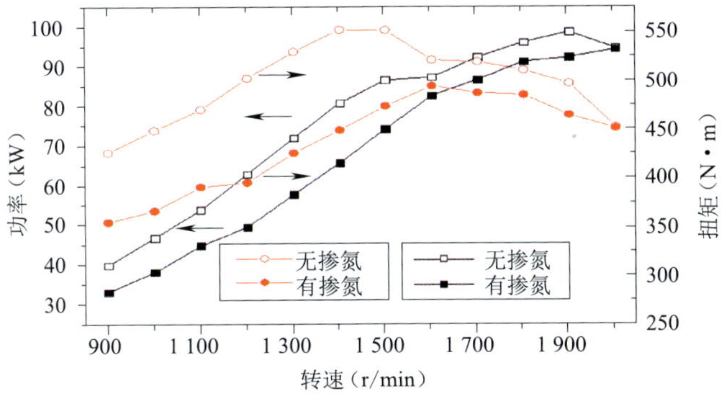

图 8-16　有无掺氮对发动机动力性影响对比（$H=4$ km）

由图 8-17 可以清晰地看出，当海拔 $H=4\ 000$ m，氮气的掺混对于发动机的动力性产生了较大的影响，对应转速下的扭矩和功率均有一定程度的下降。由此可见，隧道内的氧含量的进一步下降有恶化了发动机的燃烧，从而减少了发动机的动力输出。更为明显的是，在发动机的工作转速以及失速段（1 400 r/min$\leqslant n \leqslant$2 000 r/min），隧道环境下旧机的输出扭矩随着转速的降低而降低，因而工程机械利用失速根本无法实现扭矩的增长，因而在操作中会出现十分严重的推进无力，作业时需要数次铲进才能达到原来一次铲进的效果，极大的降低的工作效率。

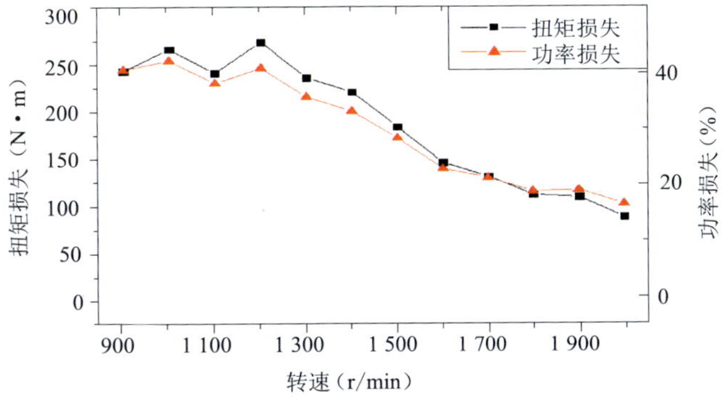

图 8-17　高原隧道环境下发动机动力下降曲线

此外，如图 8-17 所示，对比与平原环境下，隧道内的动力下降显得更为明显。可以看出，在装载机工转速范围内，扭矩的损失至少为 100 N · m 左右，峰值损失达到 225 N · m；功率损失至少 15%，峰值损失达到 32%。

六、新旧发动机性能对比分析

1. 动力性对比

如图 8-18 所示，可以十分明显的看出，工程机械所搭载的旧发动机在高原环境、高原隧道环境中与平原环境下工作的新发动机在动力输出上存在着十分明显的差距。在装载机的额定转速（n=2 000 r/min）下，高原隧道环境下的功率损失达到了 60 kW，为平原环境下功率的 38.7%；扭矩损失达到了 290 N · m，为平原环境下扭矩的 39.1%。在高原隧道环境下，装载机在铲土推进以及运输等对驱动力有较大依赖的动作时，动力不足的现象就会更加明显。

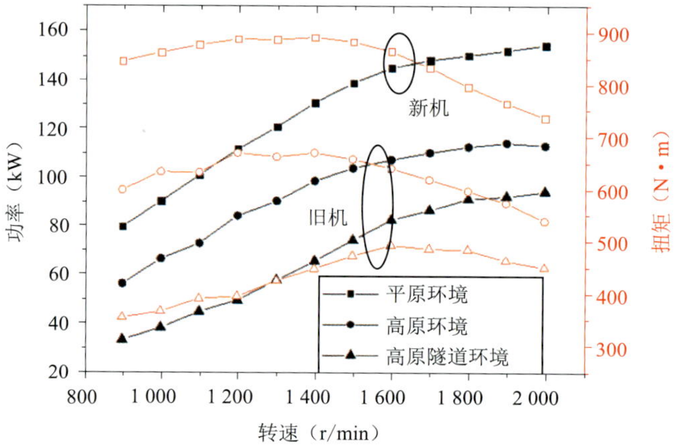

图 8-18　不同环境下的发动机动力下降对比

对于装载机来说，其机械工作环境恶劣，氧含量低，扬尘多，作业阻力变化大，发动机会在大负荷情况下出现失速工况。

如图 8-19 所示，对于功率损失来说，在失速工况区间内，高原环境下的旧机功率较之于新机在平原环境的功率，峰值损失出现在 2 000 r/min，为 61 kW，高原隧道环境下的峰值功率损失出现在 1 400 r/min，为 65 kW；对于扭矩损失来说，高原环境下的旧机扭矩较之于新机在平原环境的扭矩，峰值损失出现在 1 400～1 600 r/min，高原隧道环境下的扭矩峰值损失出现在 1 400 r/min，为 450 N · m。值得注意的是，在高原环境中，旧机的扭矩和功率均随着转速的下降而上升，这与发动机降速增矩的意图相反，因而在装载机隧道内大负荷作业的情况下出现十分显著的铲土无力的现象。

2. 油耗对比

值得注意的是，发动机动力的下降并非来自于高原环境下的发动机油耗的减少。如图 8-20所示，对于平原环境下工作的新发动机来说，其油耗随着发动机转速的变化较为平稳，燃油消耗率维持在 225 g/(kW · h)；但对于旧发动机来说，其燃油消耗普遍高原新机，这主要与内部机械结构的磨损导致的内阻加大有关。对比高原隧道内外的旧机油耗可以明显地看出，随着转速的提高，由于在中等转速下发动机的指示热效率提高，因而两者的燃油消耗渐渐接近。可见，旧机在高原环境或者高原隧道环境下，油耗上升仍然会使动力下降。

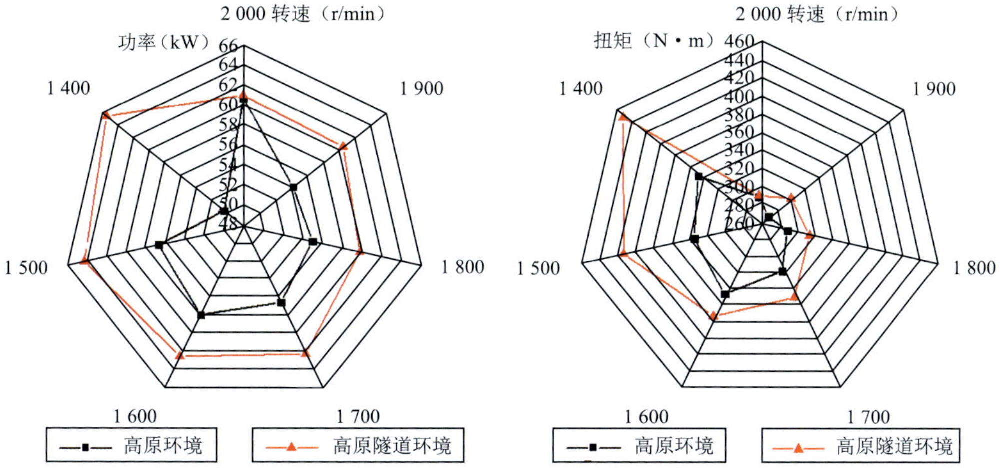

图 8-19　不同环境下的发动机在失速工况下的动力下降

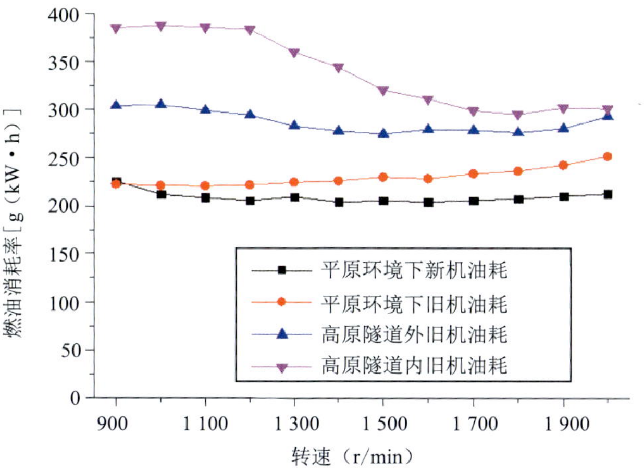

图 8-20　不同环境下的发动机油耗对比

3. 机油压力对比

而隧道内扬尘过多对空气滤清器的性能提出了巨大挑战。对于发动机来说，空气滤清器性能的优劣对性能有着直接的关系。在隧道内，由于装载机等工程机械的工作，如铲土、运输、装车等，会造成很多颗粒大小不等的扬尘。在空气滤清器正常工作的情况下，能将飘浮在空气中大颗粒的扬尘从发动机吸入的空气中滤除；但如果不及时调整空气滤清器的更换周期，则在大扬尘的环境中很容易导致空滤的失效，这就意味着扬尘会进入气缸，一部分会随着尾气排出，另一部分则可能破坏了气缸和活塞之间的接触面，加剧曲轴箱蹿气等。如果发生这种情况，尤其是在发动机因缺氧导致燃烧过浓、碳烟排放过多时，则很有可能污染机油，使得相关需要润滑的部位有颗粒物的进入，导致油压的无法建立。在图 8-21 中，可以十分清晰地看出，旧机的油压在装载机的工作区间内明显低于新机 50～100 kPa，这在很大程度上加剧了机械磨损，导致润滑油压力更加难以建立，使得关键部位润滑不到位，机械磨损加剧，形成恶性循环。

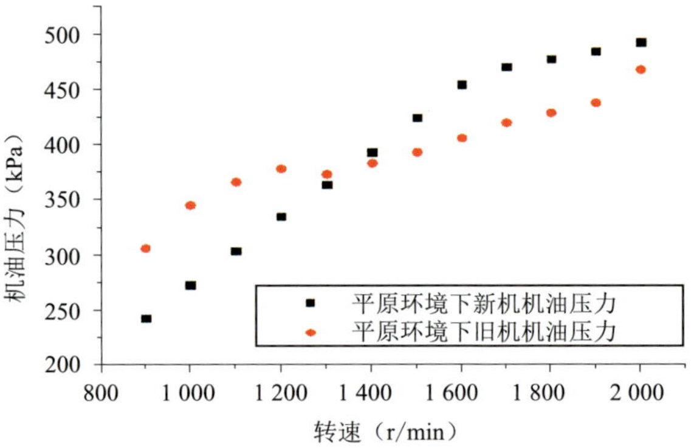

图 8-21　不同环境下的发动机机油压力对比

4. 排气温度

排气温度的高低也可以表征燃烧过程。在高原环境下，低压导致空气密度减少，当增压比不变时，则柴油机的充量系数降低，空燃比下降。混合气过浓，导致燃烧不充分，滞燃期变长，后燃现象严重，使柴油机排气温度上升，如图 8-22 所示。在平原环境下，在转速 900～2 000 r/min的范围内，新机的排气温度保持较好的变化趋势，且变化幅度在 50 ℃以内；但对于高原环境下的旧机来说，转速的升高会使发动机的排气温度明显升高，隧道内的温度升高更为严峻，达到 660 ℃，可见隧道内的缺氧、低压、多扬尘环境导致了发动机燃烧过程的恶化，而这一点也与图 8-20 所示的油耗得到验证。

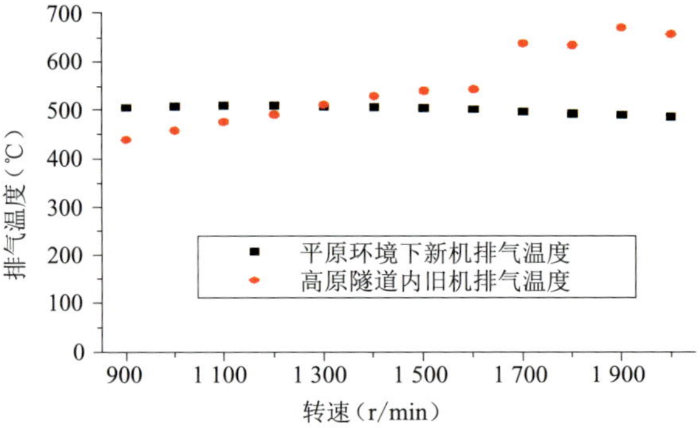

图 8-22　不同环境下的发动机排气温度对比

七、工作效率的数学模型

对于装载机来说，其工作过程复杂，如果仅根据不同环境下新旧发动机的扭矩或功率的不同来间接评价其工作效率则显得不够准确。因此，本报告根据 ZL50 型装载机的基本工况建立其工作效率的数学模型，并结合相关测试结果，利用该模型探究高原隧道环境下装载机工作效率下降的原因。工作效率定义为装载机实际用于作业的有效功率与发动机总输出功率比值的百分比。

1. 模型的建立

(1)基于有效输出功率的工作模型

对 ZL50 型装载机而言，为了满足各种作业需求，需要换装大理石叉、侧斜斗、抓木叉等，但机器的基础还是装载机结构，核心部件为车架，其质量以及结构的优劣对装载机的性能有着至关重要的作用。装载机的车架分前后两个部分,中间用销轴铰接连为一体。转向时,液压油缸推动车架变向实现转向。此时,前段负重部位的单向移动导致整机重心向一侧偏移,到达一定极限后机器就会倾翻。因此,装载机存在最大倾翻值。基于机器运行的安全性保证,生产企业会依据这个倾翻值来设定机器最大举升能力,一般机器的最大荷载重量为最大倾翻值的50%以内。

对于ZL50型装载机而言,其额定载荷为5 t,但是其整机重量为16~17 t。因此,在车辆运行过程中,尤其是往返运输以及铲进工况,发动机的所做的功有相当大的部分用于克服自身的重量。因此,装载机的工作效率计算必须考虑装载机自身的做功消耗。

表8-2　ZL50CN侧卸装载机在空载行走和装载作业下的发动机性能消耗

	运输工况		作业工况	
	扭矩消耗(N·m)	功率消耗(kW)	扭矩消耗(N·m)	功率消耗(kW)
液压系统	68.48	16	575.41	133
传动系统	142	33	648	149

表8-2是广西柳工机械股份有限公司关于ZL50CN侧卸装载机在空载行走状态下与装载举升过程中发动机的扭矩和功率消耗。可以看出,在空载运输工况下,为克服机器自身的正常的运转,液压和传动系统的功率消耗分别为16 kW和33 kW。

从上述分析可以看出,装载机的工作效率可以用参与实际做功的"功率"来计算,见式(8-1)~式(8-4)。

$$P_{real}=P_{engine}-P_{loss} \tag{8-1}$$

$$P_{loss}=P_{tran}+P_{hydra} \tag{8-2}$$

$$\eta=P_{real}/P_{engine}\times100\% \tag{8-3}$$

$$\eta_{loss}=(1-P_{real-plateau}/P_{real-plane})\times100\% \tag{8-4}$$

式中　η——工作效率;

η_{loss}——工作效率损失;

P_{real}——实际做功功率消耗;

P_{engine}——发动机的总输出功率;

P_{loss}——装载机的功率损失;

P_{tran}——传动系统的功率损失;

P_{hydra}——液压系统的功率损失;

$P_{real-plane}$——平原环境中的实际做功功率;

$P_{real-plateau}$——高原隧道环境中的实际做功功率。

根据不同海拔下的测试结果以及柳工的测试报告,将工作效率模型所涉及的关键数据及计算结果汇总如下,见表8-3。

表8-3　与平原环境相比,高原隧道环境下新机和旧机对应的工作效率损失

机况	对比环境	工作效率损失
新机	平原—高原	18.3%
旧机	平原—高原	30.6%

从表 8-3 可以看出，较之于平原环境而言，高原隧道环境下的新机和旧机均存在一定程度的工作效率损失。于高原环境下工作的新机而言，其工作效率损失为 18.3%；于高原环境下工作的旧机而言，其工作效率损失达到 30.6%。换言之，平原环境下额定装载能力为 5 t 的工程机械，在高原隧道的工作环境下，其装载能力会出现较高程度的降低，这显然对工程的推进时间以及项目的成本提出了很大的挑战。

(2)基于油耗的工作效率模型补充

上述工作效率模型的建立和结果分析主要基于发动机的有效输出功率和空载情况下液压和传动系统的自身功率损耗。但从装载机的能量转换和传递而言，本质上所有的做功能量都来自于发动机所消耗的燃料。因此，在基于功率损失的分析基础上，可以结合不同环境下的发动机油耗作为工作效率模型的补充。由于在装载机的常用转速(1 400～2 000 r/min)下，燃油消耗率变化幅度较小(图 8-23)，因此，以 1 400～2 000 r/min 范围内的平均油耗作为补充说明

对于装载机而言，工作效率的大小取决于能量的输入以及做功的输出。做功的输出的大小由有效做功功率作为评价指标，能量的输入则为对应的燃油消耗量。因此，燃油消耗量可作为装载机工作效率的一个部分。在表 8-4 中，新机在平原环境下的每小时燃油消耗量大于旧机在高原隧道内的燃油消耗，主要原因在于做功能力上的差距。结合上述基于有效输出功率的工作效率模型，从能量输入和功率输出整个环节考虑，其考虑油耗时的工作效率损失 $\eta_{\text{loss}-\text{F}}$ 可以表示为

$$\eta_{\text{loss}-\text{F}}=(1-P_{\text{real}-\text{plateau}}/P_{\text{real}-\text{plane}}\times B_{\text{plane}}/B_{\text{plateau}})\times 100\% \tag{8-5}$$

式中　$\eta_{\text{loss}-\text{F}}$——考虑油耗时的工作效率损失；

B_{plane}——在平原环境下的燃油消耗量；

B_{plateau}——在高原隧道环境下的燃油消耗量。

将表 8-4 中相关数据带入公式(8-5)可计算得出，当考虑油耗时，对于新机而言，较之于平原环境，其高原隧道环境下的工作效率损失为 31.2%；对于旧机而言，较之于平原环境，其高原隧道环境下的工作效率损失为 37.4%。可见，无论是搭载新发动机还是旧发动机的工程机械，高原情况下要比平原环境多花费一定的工作时间，严重加重了工程的实际成本。

表 8-4　不同环境下的燃油消耗对比

环　　境	平均燃油消耗率[g/(kW·h)]	平均燃油消耗量(g/h)
新机平原环境	208.13	32 599.4
旧机平原环境	230.97	26 399.9
新机高原隧道环境	286.47	38 716.4
旧机高原隧道环境	310.29	29 272.8

(3)工作效率下降的原因分析

由以上测试和分析结果可以看出，在平原环境下，旧机与新机相比，其动力性有了较大的下降，原因主要来自于固有的机械磨损，且这种损失无法避免，只能通过如增加机油更换频率、合理维修养护来减缓磨损，但是成本投入较大；从高原环境与平原环境下旧机的动力性能对比来看，海拔升高会导致压力的下降，进而进气密度降低，吸入发动机的氧含量减少，恶化了发动

机的工作条件，使得发动机的动力输出在海拔 4 000 m 的环境下有了较大的下降；而对高原隧道内工作的工程机械来说，其动力的下降主要是氧含量的进一步下降所引起，并且隧道内多尘以及通风不畅等原因也恶化了发动机工作环境，进而造成以柴油机为主要动力输出装置的工程机械的工作效率急剧下滑。为更好体现柴油机的动力下降与工作效率降低之间的关系，现结合装载机基本工况以及相关测试结果，对其进一步分析说明。

(4)功率下降对工作效率的影响

功率反映物体做功快慢，指单位时间内所做的功。当做功一定，做功时间越长，则功率越低。因此，在装载机机械效率一定的情况下，发动机的有效功率输出越大，工作效率越高；反之则工作效率越低。

从测试数据来看，如图 8-23 所示，较之于平原环境下的新机以及平原环境下的旧机，高原隧道内旧机的最大功率有了很大的下降，仅 94.34 kW，分别对应下降了 38.9%和 17.5%，显然这会对工程机械的工作过程产生显著影响。如对装载机的整个工作流程来说，一个工作循环包括插入、铲装、举升、卸载和动臂下降五个工况。当装载机在废渣运输车与料堆之间往返运输时，对发动机的功率输出有着较大的依赖。此时，如果发动机的功率不能得到有效的保证，则会明显增加中间过程的运输时间，降低工作效率。

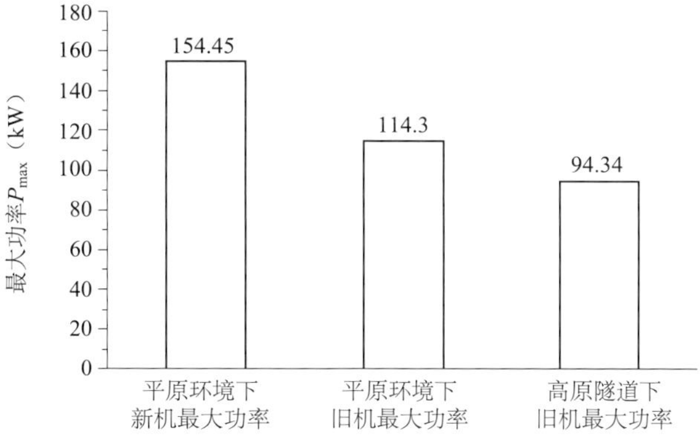

图 8-23　不同环境下发动机最大功率对比

在祁连山隧道中，海拔的升高和隧道内的通风不畅使得氧含量下降到 13.6%，与发动机的初始标定环境有了很大偏差。因此，进气密度的减少加上氧含量的降低，使得缸内混合气过浓，后燃加剧，颗粒排放增加，排气温度升高，整机热负荷加剧；同时炭烟的增加会进一步恶化隧道内的多尘环境，进一步降低隧道内空气的氧含量，形成恶性循环。对于自然风冷柴油机来说，整机热负荷的升高会显著改变润滑油的理化性质，从而降低其润滑效果。润滑效果的下降以及周围多尘的环境，使得增压器的故障率提高。一旦增压器损坏，则无法实现高原环境下发动机的功率恢复。为保证工程进度时，装载机带病工作，一直处于低功率输出的状态，工作效率降低，只有延长工作时间来保证工作量的及时完成，而这又与机械的正常维修保养产生冲突；当进行发动机维修更换时，则会增加人力、物力、财力等的投入，使得整个工程进度受到影响。

(5)扭矩下降对工作效率的影响

扭矩指使物体发生转动的力矩。发动机的扭矩指曲轴的输出力矩。当功率不变时，发动机扭矩与转速成反比，因此，发动机扭矩反映车辆一定范围内的负载能力。

从测试数据来看，如图 8-24 所示，较之于平原环境下的新机以及平原环境下的旧机，高原隧道内旧机的最大扭矩有了很大的下降，仅 494 N·m，分别对应下降了 44.2%和 26.4%，显然这会对工程机械的工作过程产生显著影响。对装载机的一个工作循环来说，包括插入、铲装、举升、卸载和动臂下降等 5 个工况均会受到扭矩下降的影响。当装载机将铲斗插入料堆时，一部分力量来自于铲车的惯性；当铲斗插入料堆之后，则装载机会利用液压系统通过铲斗的翻转实现料堆的装入，此时料堆的铲装效率对液压系统的扭矩大小有关。当液压系统的扭矩大时，铲斗的翻转幅度大，料堆易被铲松，铲装量大；而当扭矩小时，则需要通过多次反复操作来实现原来一次的铲装效果，这过程就明显加大了时间的投入，迫使工作效率降低。扭矩的下降除了会对铲装过程的效率造成影响，还会导致铲装渣土量的减少。对比海拔 4 000 m 隧道内旧机的最大扭矩输出和平原环境下新机的最大扭矩输出，其扭矩下降为 391 N·m，为 44.2%，可见，在不考虑其他因素的情况下，原来一次的铲装量需要两次才能够完成。因此，综合考虑整个工作循环，由于发动机扭矩输出的大幅度下降造成的铲装环节反复、铲装量减少、来回运输时间延长等会造成装载机工作效率的进一步下降。

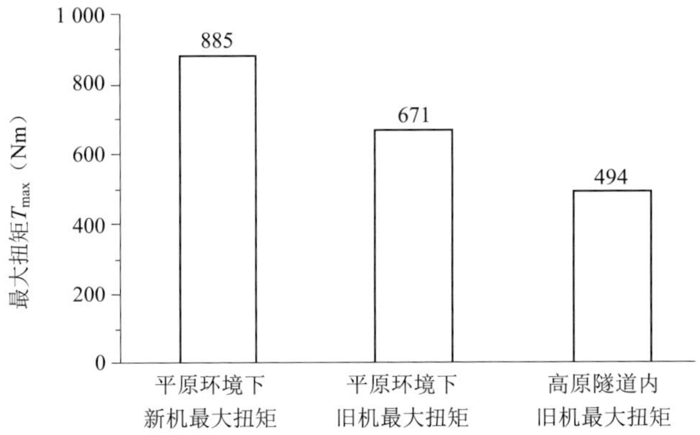

图 8-24　不同环境下发动机最大扭矩对比

第三节　高原空压机功效测试

为更好的分析高原隧道环境下空压机效率下降的问题，设置如下对比实验。通过对比新旧空气压缩机、高原隧道和平原环境下空气压缩机的性能，系统全面分析效率下降的根本原因。具体对比实验内容确定如下：

(1)平原环境下空气压缩机的性能测试；

(2)高原隧道内空气压缩机的性能测试；

(3)平原环境下与高原隧道环境下空压机维保分析。

如图 8-25 所示，对于螺杆式压缩机械来说，气体被压缩，同时被冷却，因而压缩过程中气体的压力、比体积及温度都在变化，并且气体与外界有功量和热量的交换。但在一般的实际过程中，气体的状态变化往往遵循一定的规律，因此，将空压机的做功过程看作多变过程，其多变指数 m 表示为：

$$T_2 = T_1 \left(\frac{P_2}{P_1}\right)^{\frac{m-1}{m}} \tag{8-6}$$

$$m=\frac{1}{1-\frac{\ln(\frac{T_2}{T_1})}{\ln(\frac{P_2}{P_1})}}=\frac{\ln(\frac{P_2}{P_1})}{\ln(\frac{P_2}{P_1})-\ln(\frac{T_2}{T_1})} \tag{8-7}$$

式中　T_1——环境温度,K；

T_2——储气罐内气体温度,K；

P_1——环境压力,Pa；

P_2——储气罐内气体压力,Pa。

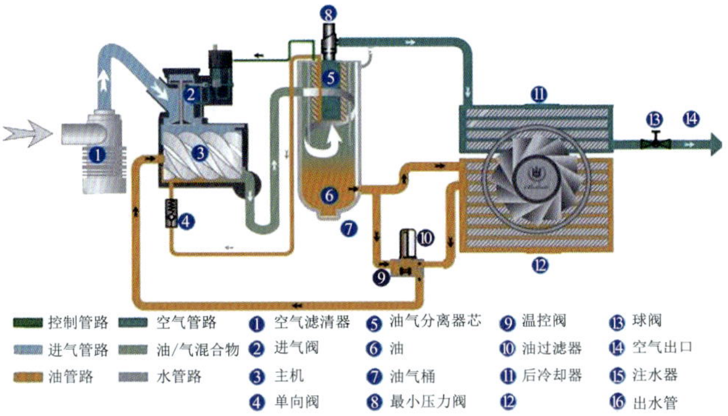

（a）空压机系统示意

（b）螺杆式压气机结构示意

图 8-25　螺杆式压气机示意图

一般将常温下、压力小于 10 MPa 的空气看作理想气体。因此,空压机对气体的做功按理想气体的多变过程做功计算,此时,气体压缩过程功 w_i(J/kg)为：

$$w_i=\int_1^2 v\mathrm{d}p=\frac{m}{m-1}R_gT_1\left[(\frac{p_2}{p_1})^{\frac{m-1}{m}}-1\right]=\frac{m}{m-1}R_g(T_2-T_1) \tag{8-8}$$

空压机的质量流率 q_m(kg/h)为：

$$q_m=\frac{P_2Q_d}{R_gT_2} \tag{8-9}$$

式中　Q_d——空压机出口实测排气量, m^3/h；

R_g——空气的气体常数,$R_g=287$ J/(kg·K)。

则此时压缩后空气的压气能 N_i(W)为：

$$N_i=3\ 600w_iq_m \tag{8-10}$$

由计算过程可以看出,可以利用压缩后空气的压气能来作为空压机性能的评价指标。

一、测试系统的搭建

1. 涡街流量计选型

涡街流量计基于卡门涡街原理而研制的新型流量计,属于流体振动式流量计,可以十分准确的测量过热蒸汽、饱和蒸汽、压缩空气和一般气体、水和液体。由式(8-9)可得,空压机公称流量为 22 m^3/min,假设其工作温度为 15 ℃,表压为 0.4~0.8 MPa,计算其使用下限体积流量：

$$Q_{min}=\frac{Q_N\times P_0\times(273.15+T)}{293.15\times(P_{max}+0.1)} \tag{8-11}$$

式中　Q_{min}——下限体积流量，m^3/min；

Q_N——公称体积流量，m^3/min；

P_0——标准大气压，$P_0=0.101\ 325$ MPa；

T——工作温度，℃；

P_{max}——最大工作表压，MPa。

计算可得，$Q_{min}=2.43\ m^3/min=145.8\ m^3/h$，初选 DN80 和 DN100，其测量范围分别为 86～1 100 m^3/h 和 133～1 700 m^3/h。

则使用上限体积流量分别为：

$$Q_{max}=\frac{Q_N P_0(273.15+T)}{293.15\times(P_{min}+0.1)} \tag{8-12}$$

式中　Q_{max}——上限体积流量，m^3/min；

P_{min}——最大工作表压，MPa。

计算可得，$Q_{max}=4.38\ m^3/min=262.94\ m^3/h$，因此，选择 DN80 涡街流量计。应注意流量的选择应该考虑其工作温度尤其是工作压力范围。

2. 流量控制阀要求

对于流量控制阀来说，其主要作用在于进行流量的控制。对于试验而言，流量控制阀应安装在流量计下游至少 10DN 距离处，并且其法兰盘 DN=80，前后连接管路不能出现任何节流现象，流量控制阀的工作压力范围为 0.1～0.9 MPa。

3. 温度计选型

环境温度为 0～40 ℃，可选择数显或者壁挂式。

排气出口有着较大的压力，其温度范围在 0～110 ℃，可选择 K 型热电偶温度计，如便携式数字温度表 DM6902，安装时将热电偶紧贴在空压机和储气罐之间的管路并做好保温即可，其位置尽可能接近排气口。

储气罐内气体温度不高，一般为 0～60 ℃，可选择 PT100 热电阻温度计即可。

温度计的总体选型要求为工作可靠，便于读数(数显最佳)。

4. 压力表选型

环境压力为 0.05～0.1 MPa，选择一般大气压计即可。

储气罐压力范围为 0～0.9 MPa，选择测量范围为 0～1 MPa 的指针式或数显式压力表即可。

根据关键部件的选型和设计，整个测试系统的设计如图 8-26 所示，需要测量的对象包括测试环境的温度和压力，储气罐内气体的温度和压力以及保持储气罐稳定压力下的体积流量。为了更好监测试验过程，在空压机排气出口处设置温度计，实时观察空压机的排气温度。

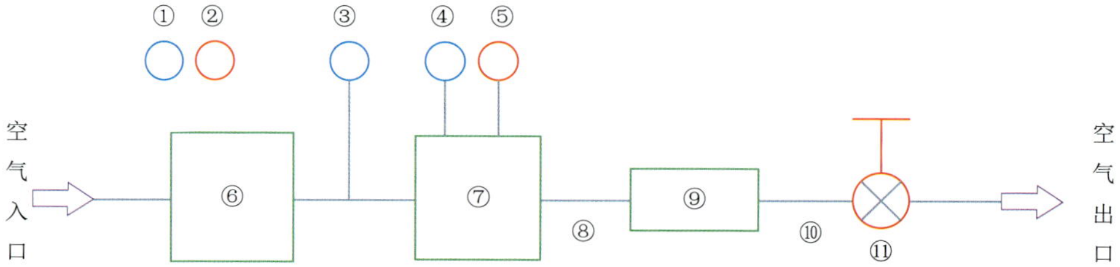

图 8-26　空压机测试系统示意图

注：①环境温度计；②大气压计；③排气出口温度计；④储气罐温度计；⑤储气罐压力表；⑥空压机；⑦储气罐；⑧管路；⑨涡街流量计；⑩管路；⑪流量控制阀

二、实验结果与分析

1. 实验过程

按照图 8-26 所示，连接好空压机、涡街流量计、储气罐、流量控制阀，查看空压机机况，是否有异响、润滑是否到位、空滤油滤是否需要更换，连接管线是否密封，储气罐放空，阀门关闭，各仪表数据显示是否正常，确保系统正常运行、测试数据准确。

(1)在空压机设置面板上设置加载压力为 0.4 MPa，卸载压力为 0.8 MPa，保存设置。

(2)开启冷却水，启动空压机。

(3)启动后，少量空气从进气卸荷阀的节流小孔吸入，由于最小压力阀的作用，油气桶慢慢建立起压力，确保润滑油喷入机体进行润滑。

(4)星角降压启动完成后，延时数秒时间，加载电磁阀得电开启，油气桶内压力得以通过，进气卸荷阀逐渐被打开，压缩机进入负载运行状态。

(5)当压力达到 0.4 MPa 后，最小压力阀门被打开，空压机开始排气。此时密切关注储气罐内的气体压力变化，达到目标值附近时，开始调节流量控制阀。

(6)反复调节流量控制阀，直到储气罐的气体压力达到并稳定在目标值附近，记录下此时的进气温度和压力、储气罐内气体的温度和压力以及体积流量，填写于表中。

(7)进行重复试验。

(8)重复上述过程，完成不同目标压力下的测量并保存测试结果。

(9)测试完成后，切断电源停机，关闭冷却水，做好结束清理工作。

2. 结果分析

(1)测试数据

由理论分析可得，空压机压缩能与环境压力及温度密切相关。因此，海拔的升高会使空压机的性能出现一定程度的恶化。为进一步分析和量化空压机的降效程度，将测试数据汇总如下。表 8-5 和表 8-6 分布为不同海拔环境下空压机性能测试结果汇总表。

表 8-5　海拔 1 899 m 空压机性能测试汇总

编号	储气罐目标气体压力 P(MPa)	排气出口温度 T(℃)	环境温度 T_1(℃)	环境压力 P_1(MPa)	储气罐内气体温度 T_2(℃)	储气罐内气体压力 P_2(MPa)	稳定流量 Q_d(m^3/h)
1	0.7	81	21.6	0.080 25	69.56	0.7	1 623.320
2	0.65	79	21.6	0.080 25	68.74	0.65	1 435.000
3	0.6	78	21.6	0.080 25	68.38	0.6	1 347.960
4	0.55	77	21.6	0.080 25	67.86	0.56	1 187.120
5	0.5	76	21.6	0.080 25	67.60	0.5	996.804
6	0.45	76	21.6	0.080 25	67.59	0.45	978.630

表 8-6 海拔 4 000 m 空压机性能测试汇总

编号	储气罐目标气体压力 P(MPa)	排气出口温度 T(℃)	环境温度 T_1(℃)	环境压力 P_1(MPa)	储气罐内气体温度 T_2(℃)	储气罐内气体压力 P_2(MPa)	稳定流量 Q_d(m^3/h)
1	0.7	75	5	0.065 9	13.67	0.68	762.790
2	0.65	74	5	0.065 9	13.81	0.65	774.007
3	0.6	74	5	0.065 9	14.07	0.6	792.861
4	0.55	72	5	0.065 9	14.14	0.55	819.949
5	0.5	72	5	0.065 9	14.19	0.5	840.289
6	0.45	73	5	0.065 9	13.89	0.45	876.610

对比试验结果可以明显看出，在相同储气压力下，海拔对空压机的稳定输出流量存在较大影响。此外，不同海拔下稳定流量随储气压力的变化规律不尽相同。

(2)结果分析

为进一步分析高原隧道环境对空压机性能的影响，以低海拔(1 899 m)的空压机压缩能为基准，对高海拔(施工环境，4 000 m)下空压机压缩能进行无量纲处理，得到不同储气压力下空压机作功能力损失，如图 8-27 所示。

可以看出，高原隧道环境会对空压机性能造成显著影响，但在不同储气压力下其作功能力损失程度不同。随着储气压力的提升，作功能力损失有原来的 19%提高至 63%，压缩能输出下降明显。对于空压机而言，其压缩能的下降主要来自于高原低压环境以及隧道内的低质量空气。气压的降低导致空气密度的减少，机械热负荷提高，造成压缩终了气体温度上升，进而储气罐气体因受热膨胀导致质量减少，作功能力下降；同时，隧道内由于挖掘机、装载机等内燃机械的施工以及风镐、风动凿岩机、风钻、喷浆机等风动工具的作业，导致空气质量显著降低，颗粒物增多，加剧空气滤清器污化程度的同时增加了进气阻力，进而导致压缩机工作效率的下降。

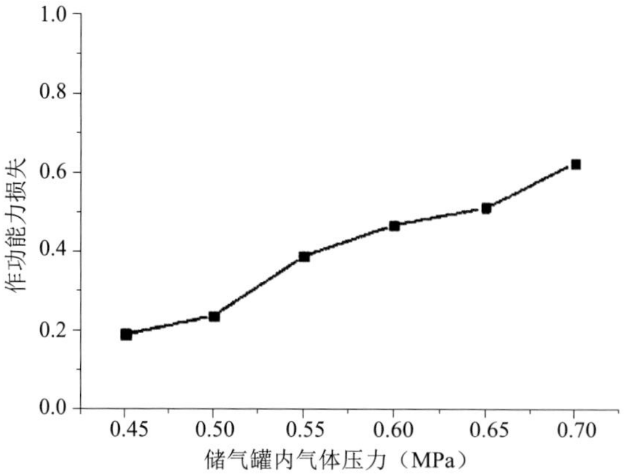

图 8-27 不同储气压力下空压机作功能力损失

第四节　高原内燃机功率保持技术

一、高原对柴油发动机的影响

在高原条件下，空气稀薄，大气压力低。在高海拔地区柴油机的工作特性将发生变化，其变化参数值为：海拔每升高 1 000 m，大气压力下降 9%，大气温度降低 6.5 ℃，柴油机功率、扭矩降低 8%～13%，油耗率增加 6%～9%，冷却水的沸点降低 8.8 ℃，热强度增加 2%～5%，冷却水套的散热量减少 8%～10%。高原条件下，对发动机性能影响最大的是功率和扭矩，海拔每升高 1 000 m，发动机功率下降 8%～13%。所以必须着重研究发动机的功率补偿问题。

二、柴油机功率补偿

柴油发动机单位汽缸工作容积的输出功率为：

$$P_{L} = K_{1}\Phi_{c}\frac{\eta_{it}}{\Phi_{a}}\eta_{m}\rho_{s}\frac{1}{\tau}n = C\rho_{s} \tag{8-13}$$

式中　K_1——修正系数；

Φ_c——充量系数；

Φ_a——过量空气系数；

η_{it}——单缸热效率；

η_m——机械效率；

ρ_s——进气管中的空气密度；

τ——冲程数；

n——转速。

对于一台定型的发动机，$C = K_1\Phi_c\frac{\eta_{it}}{\Phi_a}\eta_m\frac{1}{\tau}n$ 为一定值，即：

$$P_{L} \propto \rho_{s} \tag{8-14}$$

式(8-14)表明：增加进气管的空气密度，可以使发动机的功率基本上按比例增长。要增加进气密度，通常采用涡轮增压技术。以往实践表明，采用增压技术后，柴油机的功率一般可提高 30%～40%。

在高原条件下增压柴油机的参数变化值为：海拔每升高 1 000 m，柴油机功率、扭矩降低 1%～8%，油耗率增加 1%～6%，热强度增加 2%～4%，冷却水的沸点降低 1～9 ℃。

采用增压技术后，发动机的功率显然得到了补偿，但随着海拔高度升高，发动机的功率还是要降低 1%～8%。因此，在功率选配时仍要增加柴油机的功率贮备，通过调整喷油泵供油量来进行功率补偿。即增压柴油机的功率按海拔高度每上升 1 000 m，功率增加 K_b%进行匹配。

三、柴油机功率匹配

选择柴油机时功率匹配计算公式为：

$$N_e = N_{e0}\left(1 + \frac{K_b}{100}\cdot\frac{H}{1\ 000}\right) \tag{8-15}$$

式中 N_{e0}——海拔高度 1 000 m 时柴油机输出功率；

N_e——柴油机配置功率；

K_b——功率补偿系数；

H——海拔高度。

为了避免造成功率浪费或动力不足，根据经验和试验结果，K_b 取值为：海拔高度在 3 000～3 500 m 时，取 4；海拔高度在 3 600～4 500 m 时，取 6；海拔高度在 4 600～5 100 m 时，取 8。

通过增压和功率匹配补偿后，海拔高度对柴油机的功率影响如图 8-28 所示。从图中可以看出，随着海拔高度升高，柴油机的功率呈下降趋势，无增压柴油机功率下降陡减（图 8-28 中曲线 A）；涡轮增压柴油机功率虽有提高，但也有下降趋势（图 8-28 中曲线 B）；通过增压和功率匹配（喷油泵油量校正）后，发动机的功率基本上接近海拔 1 000 m 时发动机的功率，从而使高原柴油机的功率得到了较好的补偿（图 8-28 中曲线 C）。

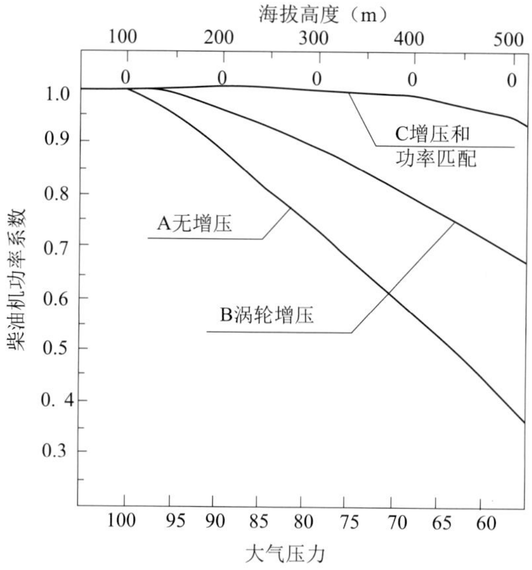

图 8-28 海拔高度对柴油机功率的影响

四、发动机高原适应性改造技术

因柴油机输出功率是随着使用地区的海拔高度、环境温度和相对湿度的增加而降低的，柴油机铭牌功率和说明书上规定的标准功率系指在大气压 $P_0=100$ kPa (750 mmHg)，环境温度 298 K(25 ℃)，相对湿度 $\Phi_0=30\%$，海拔高度不超过 1 000 m，所能输出的有效功率。柴油机实际输出的有效功率，应根据使用条件的不同进行修正。对非增压柴油机，按 GB 1105—74 标准柴油机修正功率计算式为：

$$N_e=C\cdot N_{e0} \tag{8-16}$$

式中 N_e——修正后的实际功率；

N_{e0}——柴油机的标定功率；

C——修正系数，见表 8-7。

表 8-7　柴油机功率修正系数(相对湿度 60%)

海拔高度(m)	大气压力(mm Hg)	大气温度(℃)									
		0	5	10	15	20	25	30	35	40	45
0	760	1.08	1.06	1.04	1.02	1.0	0.98	0.96	0.94	0.91	0.88
200	742	1.05	1.03	1.01	0.99	0.97	0.95	0.93	0.91	0.88	0.85
400	725	1.02	1.00	0.98	0.96	0.94	0.92	0.90	0.88	0.86	0.83
600	708	0.99	0.97	0.95	0.94	0.92	0.90	0.88	0.86	0.83	0.81
800	691	0.96	0.94	0.93	0.91	0.89	0.87	0.85	0.83	0.81	0.78
1 000	674	0.94	0.92	0.90	0.89	0.87	0.85	0.83	0.80	0.78	0.76
1 500	634	0.87	0.85	0.83	0.82	0.80	0.79	0.77	0.74	0.72	0.70
2 000	596	0.81	0.79	0.77	0.75	0.74	0.73	0.72	0.69	0.67	0.64
2 500	560	0.75	0.73	0.72	0.71	0.69	0.67	0.65	0.63	0.61	0.59
3 000	526	0.69	0.68	0.66	0.65	0.63	0.62	0.60	0.58	0.56	0.54
3 500	493	0.64	0.62	0.61	0.60	0.58	0.57	0.55	0.53	0.51	0.49
4 000	462	0.59	0.57	0.56	0.55	0.53	0.52	0.50	0.48	0.46	0.44

(1)增装涡轮增压器

由表 8-7 可知,当海拔达到或超过 4 000 m 时,发动机效率已很低,必须设法提高发动机效率。而增压器能有效地利用柴油机排出的废气脉冲能量驱动径流式涡轮,带动与涡轮同轴的离心式压气机叶轮高速旋转,使空气压力升高,并由柴油机进气管进入气缸,提高柴油机的充气量,可供更多的柴油燃烧,从而提高柴油机的输出功率与经济性。增压与非增压柴油机相比,功率可提高近 50%,即可使发动机效率达到平原地区的近 80%。

(2)柴油机供油提前角度调整

考虑到在高原条件下着火延迟,为了提高柴油机的运行经济性,对柴油机供油提前角应适当提前,并适当减少供油量,以免燃烧不良,产生结碳,影响机组运转。

(3)进气管和空气滤清器的调整

一般柴油机采用钢丝滤芯的惯性油浴式空气滤清器,增压柴油机采用旋风纸质空气滤清器,以保证柴油机在高原缺氧条件下,有足够的空气吸入,加大空气滤清器和进气管的进气量。

(4)排气管和消声器的调整

非增压柴油机每列气缸共用一根排气管,增压柴油机则采用分支气管,每列气缸的废气,由两根排气支管接到增压器。外接排气管内径大于柴油机的排气管或涡轮增压器废气出口端面。

消声器是用来降低发动机的噪声,安装消声器后,因排气阻力增加,影响发动机的功率,改用较大的消声器,减少排气背压和排气阻力,从而可提高发动机的功率。

(5)散热水箱的调整

采用高原型水箱,即水箱压力盖的蒸气阀开启压力为 0.8 kgf/cm^2,并能提高冷却液的沸点(普通水箱压力盖蒸气阀开启压力为 0.28 kgf/cm^2);水箱的进水室装有缓冲板,可减少水箱内部压力。

(6)低温柴油、机油和冷却液的使用

柴油使用－35 号的轻柴油,机油采用 L-ECC5W/30 专用稠化机油,使用乙二醇防冻液。

以上措施对全线重型内燃机械都是实用的,成为青藏铁路建设普遍采用、推广的新技术。

第五节 设备维修保养技术

一、建立完善的设备管理制度

1. 管理机构及职责

(1)为适应施工生产,实行业务归口管理。根据单位实际情况,专门建立设备管理机构。

(2)设备管理机构工作职责

1)严格执行上级颁发的设备管理各项规章制度,制定落实措施,认真搞好机械设备管、用、养、修、租的各项业务工作。

2)建立健全设备台账、履历书,掌握设备技术状况,收集、积累有关资料,按期上报有关材料和统计报表。

3)编制设备维修、保养及大修计划,并认真组织实施。

4)负责进、退场设备的调运和技术状况鉴定登记,组织抓好整修配套和新购设备的验收工作。

5)监督检查设备操作人员的持证上岗,督促落实司机认真填写设备运转记录及保养记录。

6)正确选用油品。

7)编制设备油料、配件购(领)计划,经主管领导审批后组织落实。

8)参与本单位的单机核算工作,完成各项定额指标。

9)负责本单位职工的安全生产教育与机械事故的处理及上报工作。

10)负责本单位职工的机械操作与维修技术培训。

2. 设备的使用及保养

(1)为提高机械设备的综合效率,必须坚持下列原则

1)按设备性能使用,统筹安排,合理调配,保证重点,兼顾一般。

2)严格遵守操作规程,保证设备及人身安全,不准超负荷使用。

3)操作人员必须持证上岗,听从调配,正确操作。

4)正确使用燃料、润滑油(脂)、液压油及冷却液(防冻液),设备所使用的电压必须符合规定。

5)充分利用现有设备,在满足施工的条件下,尽量减少使用台数,少购新设备。

(2)投入的机械设备技术状况必须良好,并严格执行机械设备使用及保养制度和交接班制度。

(3)机械设备必须配备固定的操作人员,操作人员必须先培训后上岗。

(4)严格遵守机械设备使用和维修保养规程,禁止机械设备带故障运转和超负荷作业,防止"拼设备"和"精机粗用",必须及时、准确填写《机械设备运转表》和《司机手册》。

(5)修建停机场、机械库(棚)、配件库、维修保养间、油库等,并配备相应的维修人员,注意设备的防冻、防雷电。

(6)根据青藏线的特殊环境,要预见性的储备一批易损件等必要的备件,并经常检查设备存在哪些问题,制定切实可行的维修保养计划并落实,以确保设备的完好,满足施工要求。

(7)机械设备的保养

遵照"养修并重,预防为主"的原则,有计划地对设备进行技术保养,以确保设备容貌整洁,

技术状况良好，运行安全。

1)日常保养。机械设备在每班前后由操作人员按规程对设备进行清洁、紧固、调整、润滑、防腐作业，消除故障隐患；

2)定期保养。由维修人员及操作人员按设备出厂说明书要求的间隔周期对设备进行保养；

3)特殊保养。分走合保养和换季保养。走合保养，是新设备或大修后的设备，在走合期满后进行的保养；换季保养是气温在0 ℃以下地区在进入夏季和冬季前所进行的季节性保养；特殊保养均由操作人员及维修人员共同完成。

(8)做好维修、保养登记，并填入设备档案或运行记录表。

(9)加强环保意识。对所更换过的废油要集中处理，废弃的滤油器、空滤器等要定点销毁，以确保青藏线施工区周围生态、植被不被破坏。

3. 设备修理与配件储备制度

(1)设备的修理分小修、中修及大修。

小修：对设备进行全面检查、清理和调整，修理或更换磨损及不能使用到下个修理周期的零部件，由操作人员配合维修人员进行。

中修：根据设备的结构及性能特点，结合存在的问题，对其中丧失精度或达不到要求的某些零部件(或总线)进行修理，由操作人员配合维修人员(或专业技师)进行。

大修：一般不建议。

(2)配件管理。实行专人负责，适当增大重要配件储备量的精神，以“零星采购为主，适量储备为辅”的思想，做好配件的计划供应，储备和服务工作，以保证设备现场维修的需要和施工生产的顺利进行。配件管理工作必须严把三关，即“计划编制”、“供货质量”、“到货验收”。

4. 安全管理制度

(1)机械设备安全工作必须贯彻“安全为了生产，生产必须安全”和“预防为主，安全第一”的原则，经常要对职工进行安全生产和安全知识的教育，督促检查安全措施的实施情况。

(2)操作人员必须熟知设备的基本原理与构造，熟悉安全操作规程和有关安全生产的知识，并遵守如下安全规定：

1)启动前必须检查各部位状况，确认安全良好，做好启动前的各项准备工作，并能随时停机处理。

2)操作时精力充沛，思想集中，严守岗位，遵守劳动纪律，严格遵守安全操作规程，在青藏高寒区特别要注重设备的预热。

3)设备运转未停止时严禁接触运转部件或对其进行检查。

4)值班时应认真监视设备运转情况，发现异常(剧烈振动、异响、异味、温度或压力突变等)应立即采取措施，查明原因，排除故障，严禁设备带病作业。

5)设备停止时应按规程停机，停机后应放松原带负荷的部件，将可动悬挂件放置于地面，锁固保险，操纵杆放置于空档位，打开驻车制动，并锁好机门。

(3)设备运输、安装、停放场所安全事项

1)运输安全事项按有关规定执行

2)安装中的注意事项：

①不得在危险场所(危岩、塌方、边坡或受洪水、飞石、有害气体侵蚀的地方)安装设备；

②设备库(棚)及保养间的布置要参照说明书进行,达到防风、防雨、防冻、防火要求,并有足够的照明及通风,保持适当的距离,便于操作维修;

③所有电器设备应安装有良好的接地和接零;

④发电机房、油库、制氧站及处于雷击区设备库区都要安装防雷、避雷设施。

3)停放场所的安全注意事项:

①易发生危险的施工场所(发电机房、锅炉房、空压机房、制氧站等)应在危险区域外设置警告标志;

②大型工程施工设备(挖机、起重机等)施工场所应设立警示牌;维修设备和车辆的施工场所规定其作业区域和行走路线,防止各行其是,发生意外;易发生火灾的场所应设立明显的防火标志,配备必需的防火工具,设备配件库、停放场所、维修间要有防火、防盗措施;

③凡有安全保护装置及安全指示装置的设备必须按规定进行检查、调校,如发现指示不准,动作不灵等异常时,严禁继续使用;

④所有设备必须做好防冻工作,以适应最低温度要求。

(4)设备事故及故障

设备事故或故障分一般事故、重大事故和特大事故三类。事故标准认定根据《设备管理办法汇编》执行,凡不构成事故的均为故障。设备发生事故后,应立即停止使用,采取有效措施,以防事故损失扩大,保护好事故现场,特大事故应及时写出书面报告,并按设备管理分级权限逐级上报,并组织检修。

(5)事故的处理

认真分析情况,查明原因,做到"三不放过"(事故分析不清不放过,事故责任者未受到教育不放过,无防范措施不放过),对事故的责任按情节轻重和责任大小给予行政处分和经济处罚,触犯刑律的要依法追究刑事责任。同时要吸取经验教训,做好设备事故(故障)的记录,对经常重复发生故障的部位或部件,应分析研究其原因和规律,制定出严密的预防措施。

二、设备防寒防冻技术及措施

风火山隧道结合各洞口保温,设置了保温大棚,重要设备停放于大棚内,并采用夜间间歇起动措施,起到了较好的防寒防冻效果。

除 24 h 不间断运行的设备(如发电机、空压机等)外,改设备冷却水为防冻液,避免了停车放水和水管、水箱冻裂。

采用高标号、低黏度的各类防寒低温油料。采用机体外喷灯烧烤加温,喷起动液(乙醚)或加装内置式预热低温起动系统,有效解决了各类设备的低温起动问题。

三、油料使用与管理

根据设备类型、季节气温的变化,规定合理的用油标号。进口设备使用进口专用油或专用的国产代用油(见表 8-8、表 8-9);国产车寒季柴油使用－35＃,汽油 93＃,及 10W－30 低黏度、防冻机油(见表 8-10)。

定期进行设备润滑油理化指标检测,分析设备润滑油的黏度值、水分含量、污染度水溶性酸碱及 pH 值,鉴定用油质量,根据内燃机油换油指标(表 8-11)及时更换使用油。

表 8-8　卡特系列装载机用油与气温对照

用油部位		发动机油底壳	变矩器、变速箱	液压系统	差速器和终传动	说　明
油等级		CD 或 CD/T0-2	CD/T0-2	HYDO	CD/T0-2	差速器和终传动装置可用 SAE 85W-140，冬季可用 SAE85W-90
油牌号（美国）	SAE5W-20CSPC	−30～10	−30～10	−30～40	−30～0	
	SAE5W-20	−25～10	−25～10	−25～10		
	SAE10W	−20～10	−20～10	−20～40	−30～0	
	SAE10W-30	−20～40	−20～10	−20～40		
	SAE15W-40	−15～50	−15～25	−15～50		
	SAE30	0～40	0～40	10～50	−20～25	
	SAE40	5～50	5～50		−10～40	
	SAE50				0～50	
换油时间		250 工作小时（1 个月）	1 000 工作小时（6 个月）	2 000 工作小时（1 年）	2 000 工作小时（1 年）	

表 8-9　进口机械用国产油代用表

用油部位	品名	夏季	冬季	备　　注
燃油箱	轻柴油	10#、0#	−10#、−20#、−30#	经 48 h 沉淀后方可使用
发动机曲轴油	中增加机油	14#	11#	
变矩器、变速箱	液力转动油	6#	8#	长城以南地区可常年使用 6#
液压系统	液压油	20# 30# 40# 抗磨液压油	20# 30# 40# 30D# 低凝液压油	长城以南地区可常年使用抗磨液压油
差速器终传动	双曲线齿轮油	18#、15#	10#、13#	长城以南地区常年使用 18#，南方 26#
制动系统	合成刹车液	719#、746#		1. 进口机械不能用醇型刹车液； 2. 可和美国、日本、西德生产的合成刹车液混用，但不能与醇型液混用
冷却系统	防冻液	TQ-65AI 型长效防冻液		1. 上海拖拉机汽车研究所生产 2. 若用防冻液全年都应使用

表 8-10　常用国产油标号

季节		夏季	冬季	备　　注
轻柴油		0#	−10#、−20#、−35#	
汽油机油		15#、10△	6#、6# 低凝、8# 低凝	14# 合成稠化汽油机油用于新型高速小轿车
柴油机油	一般	20#、16#、14#、11△	8#	大型进口机械应用中增压机油
	低增加	14#	11#	
齿轮油	一般	30△△ 26#	20#	
	双曲线	28#、26△、18△	22#	

续上表

季节		夏季	冬季	备　注
液压传动油		6△	$8^{\#}$	
液压油	低凝抗磨		$40^{\#}$、$30^{\#}$、$20^{\#}$、$30D^{\#}$	
	抗磨	$40^{\#}$、$30^{\#}$、$20^{\#}$		
	一般	$80^{\#}$、$60^{\#}$、$40^{\#}$、$30^{\#}$、$20^{\#}$		常用于机床
压缩机油	$13^{\#}$用于工作压力小于 40 kg/m^2，$19^{\#}$用于工作压力大于 40 kg/m^2			用于压缩机气缸部分
说明	△表示长江以南地区常年可用，△△表示全年均可用，#表示标号			

表 8-11　内燃机油换油指标

项目	黏度	水分	污染度	水溶性酸碱	pH 值
换油指标	新油黏度值的±25%	超过 0.5%	达到或超过斑点五级	有	<5 或>8

第九章　高原隧道施工人员健康保障技术

第一节　高原隧道制氧、供氧系统

风火山、祁连山和大梁隧道及属于青藏高原多年冻土区，冰雪型气候。气候干燥、变化无常，气温、气压低，由于海拔很高，空气非常稀薄，缺氧严重，空气中的含氧量仅有内地(海平面)的 50%，被称为“生命禁区”。大部分人都会产生强烈的高原反应，有的头痛目眩，心悸发慌，胸闷气短；有的鼻子出血，脸色发紫；有的心中翻江倒海，呕吐不止。就是空手徒步行走，两腿也沉得像灌了铅似的。工程院院士、铁道部高原病医学顾问吴天一教授指出“海拔每升高 100 m，人体的劳动能力就随之下降半个等级。也就是说，在海拔 4 000 m 的高原地区空手行走就相当于在海平面负重 40 kg 行走。”

在这样恶劣的环境条件下进行施工作业，施工人员的身体健康和生命安全受到极大的威胁，只有采取安全、可靠、经济、科学的有效措施进行隧道供氧，才能保障施工人员的健康和安全，提高工作效率，保证风火山隧道工程的顺利完成。

一、高原制氧方式的选择

目前主要的制氧方法有深冷法、变压吸附法、化学法、水电解法、薄膜法等，目前主要的制氧方法及特点见表 9-1。

表 9-1　各种制氧方式的主要特点

制氧方法	主要特点
变压吸附法	技术成熟，浓度适中(93%)，规模灵活(0.1～4 000 m^3/h)，能耗低(约 0.4～0.5 kW·h/m^3)，投资约为深冷法的 1/2，可直接制造医用氧
深冷法	技术成熟，浓度高(99%)，大规模、高投资、大厂房，单位产品能耗高，不能直接获得医用氧，规模<150 m^3/h 机组要淘汰(国家产业政策)
液氧	液氧购置成本高。液氧罐(槽)、汽化器及其控制设备等硬件的投资与变压吸附供氧系统的投资基本相当。槽车运输事故隐患多
薄膜法	技术在发展之中，浓度较低(小于 45%)，规模小
水电解法	浓度高、能耗高(7 kW·h/m^3)、产量低，耗水多
化学法	浓度高、消耗化学试剂，成本高、产量微小、不能连续供氧

根据高原地区的实际状况，深冷法(包括液氧)、薄膜法、水电解法以及化学法制氧均不适宜在高原隧道中使用。为此，决定采用变压吸附法制氧，其主要优势为：

(1)制氧规模灵活，适合于青藏高原特殊环境条件下使用；

(2)生产出的氧气产品符合医疗用氧的标准，无需作进一步的处理，减少了设备投资和运行成本；

(3)制氧系统简单可靠。与深冷法相比，运转部件少，故障率低，易于维修，操作简单，运行可靠灵活。

二、供氧方法分析与选择

根据隧道通风计算，为了达到通风和保温的要求，隧道施工人员工作需要保证的最低风量为300 m^3/min。以此为基准对几种可能的隧道供氧方法进行分析，并通过比较选出可行的方法。

(1)全富氧

以风火山为例，隧道海拔 4 995 m，大气压 53.9 kPa，氧分压为 11.3%，空气中的含氧量159.71 g/m^3，要将空气中的含氧量提高到海拔 3 000 m(氧分压 14.7)地区的浓度，需要富氧3.4%，需要制氧机的能力至少 900 m^3/h。若设风火山地区设备是内地效率的 60%，则需要1 500 m^3/h标准制氧机，其相应的投资和配套电力要求甚高。

(2)局部富氧

在隧道施工工作面附近加氧形成局部富氧空间。这样做的途径有两条：

1)氧帘法或氧雾法。既把氧气通过喷头或喷管喷入操作面附近，形成氧气帘或氧气雾。在没有通风加入的条件下，这样做是可以实现富氧的。但当通风加入后，则需要增大氧气流量。

2)在隧道中距工作面一定距离处建一封闭门，减少工作面风量，加入氧气。这种方法可以把氧气浓度提高到 14.7%。但是，减少通风量不符合通风设计和施工规范的要求，存在事故隐患。

(3)隧道氧吧与个人携氧相结合。

以隧道氧吧与个人携带呼吸器相结合解决隧道施工环境缺氧问题。为了便于操作，采取端面分散供氧方式，即在两端各设置一个供氧系统。

该方法是制氧机产生的氧气一路送给氧气压缩机，压缩后输送到灌充台充装呼吸器，以供作业人员施工时使用。另一路经输氧机送到隧道氧吧，供作业人员休息时吸氧，或充装氧气袋等。这样可以保证作业人员在隧道内始终有足够的氧气，确保健康、安全和精力旺盛。

综上所述，全富氧法不能满足经济性和可提供能源的要求，局部富氧的方法难以实现，隧道氧吧与个人携氧相结合的方法灵活、方便、有效、可行。

三、供氧量及能耗计算

按《飞机设计手册，生命保障和环控系统设计》的要求，设计氧气设备时，除了要满足人体耗氧量，还必须满足总体积流量(肺通气量)的要求。人体耗氧量是人体内新陈代谢所需要的氧气量。正常人从事各种活动的肺通气量和总耗氧量见表 9-2。

表 9-2 人从事各种活动的总耗氧量

活动情况	肺通气量(NL/min)	总耗氧量(NL/min)
睡眠	—	0.24
卧位	—	0.26
坐者休息	10～15	0.34
站位，放松	—	0.36
散步(5 km/h)	25～40	0.85
跑步(10 km/h)	60	2.80

因此，本方案按正常人所必需的肺通气量即 10 L/min 作为设计基准。

(1)总氧量

若每一隧道洞口总人数为 30 人，每人每小时所需氧量为 0.6 N·m^3/h。那么，每个洞口所需总氧量为 18 N·m^3/h。设高原效率为 60%，则应制造 30 N·m^3/h 的标准制氧机。

(2)隧道氧吧氧量

按 10 人同时使用计算，则氧吧供氧量为 6 N·m^3/h。

(3)能耗计算

制氧机能耗：0.6×30=18 kW，灌装机械 5 kW，控制及其他用电 3 kW，总计能耗 52 kW。

四、系统方案

1. 制氧系统

空气经过过滤器净化后进入空气压缩机压缩，经过后冷器冷却后进入变压吸附制氧机，将空气中的氧气和氮气分离，氮气排除到室外，高浓度的氧气进入制氧机的储气罐。该种吸附式制氧工艺如图 9-1 所示。

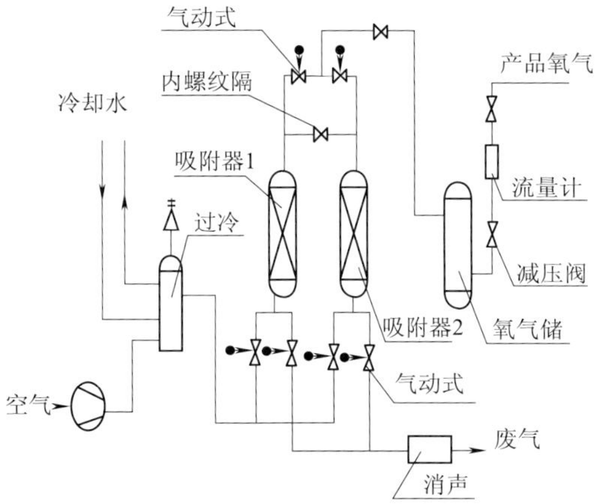

图 9-1　吸附式制氧工艺流

2. 供氧系统

隧道制氧供氧系统由压氧系统及隧道氧吧车等部分组成，其流程如图 9-2 所示。

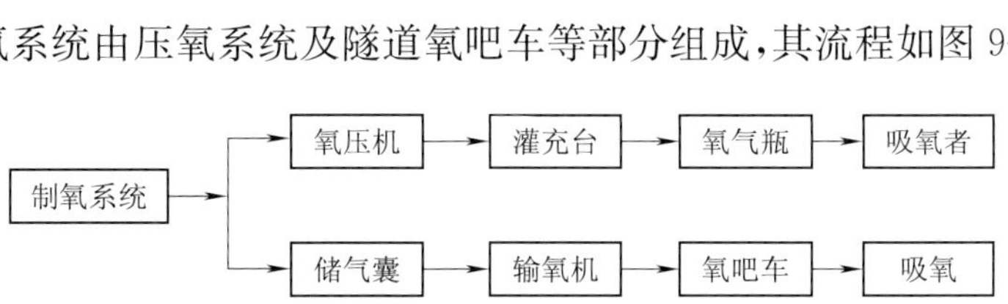

图 9-2　隧道端面供氧系统流程图

3. 制氧供氧系统主要设备

制氧供氧系统主要设备包括：

(1)原料气压缩机：压缩原料空气，为变压吸附制氧装置提供气源；

(2)过冷器：冷却被压缩的原料空气；

(3)变压吸附制氧机：从冷却压缩原料空气中提取氧气；

(4)压氧机:将氧气加压便于用户灌充;

(5)灌充台:将氧气灌充入瓶;

(6)输氧机:为隧道氧吧车供氧;

(7)储气囊:调节氧气生产和氧气使用之间的平衡;

(8)弥散供氧装置:将氧气喷入隧道掌子面形成氧雾;

(9)氧吧车:供隧道施工人员在工作之余休息时吸氧。

4. 氧吧

每个氧吧长 2 m、宽 1.5 m、高 2 m,氧吧内装有 12 个输氧回路,配置有流量控制设备。另外相对设置 10 个座位,可同时供 10 人吸氧。内置照明、通风,确保明亮舒适。氧吧的四个轮子可使其在隧道内方便地移动。

5. 压氧系统

压氧系统通过氧气压缩机将制氧系统制取的氧气灌充到呼吸器的钢瓶中。氧气压缩机的能力为 30 个/h(2 升瓶)。

6. 呼吸器

呼吸器由背架和供氧器组成,充气后总重 2.5 kg,可连续使用 2～4 h,轻便灵活,对作业没有影响。采用呼吸器可以确保施工人员呼吸高纯度氧气,获得旺盛精力。

五、制氧、供氧系统运行及使用效果

整个制氧系统委托北京科技大学研制,于 2001 年 11 月 26 日在风火山隧道进、出口安装调试完毕,投入正常运行。经实际检测主要设备的运行技术参数是:进口产氧量 20.8 m^3/h,出口产氧量 19.6 m^3/h,进出口氧气浓度达到 93%～95%。均可满足风火山隧道供氧的需要。进出口灌充设计压力 6～7 MPa,实际能达到 10 MPa,进出口灌充能力达到 40 瓶/h(2 L),超过要求的 30 瓶。隧道氧吧外观美观、结构紧凑、运动灵活、功能齐全、使用方便,达到了预期的目的。呼吸器重量轻,结构合理,背着舒适,安全适用。

(1)制氧、供氧系统能够适应高原环境,投入使用后运转正常,系统方案正确,开发研制是成功的。

(2)制氧量大于 18 m^3/h,氧气浓度大于 93%,灌充压力可达 10 MPa,达到或超过了设计指标,可满足隧道施工的用氧需要。

(3)系统采用自动控制,杜绝了氧气放散,氧气利用率高。

(4)施工人员呼吸到浓度 90%以上的医用氧,他们的健康和生命安全有了保障。据风火山隧道施工建设单位统计,参建人员门诊人次由供氧前的每天 59 人次下降到每天 33 人次,高原病征象发生率由 24 例/1 000 人下降到 10 例/4 189 人。风火山隧道施工无一人死亡,无一等级事故,在青藏铁路地理环境全线最差的施工地段,创造了高原病发病率最低的好成绩。

第二节 风火山隧道通风模式及通风设计

在我国东部丘陵、中西部低海拔地区,隧道施工通风技术的研究主要针对长隧道机械化作业中通风、排烟、降尘和稀释处理内燃设备排放的有毒、有害气体而展开的。经过近十几年的

努力，已形成以大风量通风机配合大直径柔性通风管道和施工环境综合治理为特征的长距离软管通风技术体系，并取得了突出的成绩和普遍的推广应用效果。这些成果对高海拔高寒区隧道施工通风技术的研究具有一定指导和借鉴作用。但由于地理、气候条件的特殊性，仍应结合实际情况研究科学、合理、安全、经济的通风模式和通风系统。

一、高海拔隧道施工通风标准及系统设计计算方法

1. 海拔高度与空气性质的关系

(1)海拔高度与气压的关系

随着海拔高度的增加，空气逐渐稀薄，致使气压降低，而与地理纬度关系不大。在同一地点，气压随季节稍有变化，但其变化幅度甚小。

年平均气压与海拔高度关系呈一条略向下凹的指数曲线，为计算简便可看成一条直线，按下式计算：

$$P_z=P_a-\frac{g_P\cdot\Delta Z}{100} \tag{9-1}$$

式中　P_z——海拔高度为 Z 处的气压，mmHg；

P_a——相邻气象台站的气压，mmHg；

g_p——气压梯度，$g_p=6\sim8$ mmHg/100 m；

ΔZ——海拔高度为 Z_m 处与相邻气象台站海拔高度之差，m。

气压高程校正系数 K_p 为海拔高度 Z_m 处平均气压与海平面气压(760 mmHg)之比。即：

$$K_p=\frac{P_Z}{P_0} \tag{9-2}$$

式中　P_0——海平面处的空气压力，mmHg。

(2)海拔高度与气温的关系

气温变化除受纬度影响外，还受海拔高度的增加而递减，可按下式计算：

$$t_z=t_a-\frac{g_t\cdot\Delta Z}{100} \tag{9-3}$$

式中　t_z——海拔高度为 Zm 处的气温，℃；

t_a——相邻气象台站的气温，℃；

g_t——气温梯度，g=0.5～0.7 ℃/100 m。

气温高程校正系数 K_T 为海拔高度 Z 处的气温与海平面处标准温度(t=15 ℃)之比，即：

$$K_t=\frac{T_z}{T_0} \tag{9-4}$$

(3)海拔高度与空气重率的关系

随着海拔的增加，大气压力降低，单位体积的气体分子数减少，空气稀薄，空气重率和密度降低，有以下关系：

$$\gamma_z=\gamma_0\left(1-\frac{Z}{44\ 300}\right)^{4.256} \tag{9-5}$$

式中　γ_z——海拔高度为 Z 处的空气重率，N/m^3；

γ_0——海拔高度为 0 处的空气重率，N/m^3；

Z——海拔高度，m。

重率高程校正系数 K_γ 为海拔高度 Z 处的空气重率与海平面处的空气重率之比，即：

$$K_\gamma = \frac{\gamma_z}{\gamma_0} \tag{9-6}$$

K_γ 值在数值上有以下关系：

$$k_\gamma = (1 - \frac{Z_z}{44\ 300})^{4.256} < 1 \tag{9-7}$$

2. 高原隧道施工工作面供风量的确定

(1)按炸药用量计算风量

根据国内实验证明，在标准状态下，1 kg 炸药爆破时所产生的炮烟量相当于 0.1 m^3 一氧化碳有害气体。在高原隧道，由于空气稀薄，气压降低，炮烟体积膨胀，此时产生的有害气体体积增加了 $1/K_r$（K_γ 为重率高程校正系数）倍。在一般情况下，按排炮烟计算风量的公式为：

$$Q = \frac{N}{t}\sqrt{\frac{c_0}{c}} \tag{9-8}$$

式中 N——系数，决定于风流结构形式，平行导坑 $N=25.5$，独头隧道 $N=18\sim19$，大爆破 $N=40.3$ 等；

c_0——放炮后炮烟的最初浓度，(%)；

c——炮烟的最大允许浓度，(%)；

t——通风时间。

考虑到高原隧道炮烟体积增大 $1/K_r$ 倍，其风量应增大 $1/\sqrt{K_r}$ 倍，故上述公式应乘以系数 $1/\sqrt{K_r}$，得：

$$Q = \frac{N}{t}\sqrt{\frac{c_0}{K_\gamma c}} \tag{9-9}$$

(2)按排尘计算风量

目前，按排尘计算风量的方法主要考虑风量与粉尘浓度有关，而与空气重率无关，则海拔高度对排尘风量无影响，因此，风量不需进行修正。

(3)按稀释和排除内燃设备废气计算风量

在低气压的高原条件下，内燃设备排放的废气也发生体积膨胀。而且，在高原环境下，普通柴油机的耗油量和废气排放量也都增加。因而需要的通风量相应增加。但究竟增加多少，目前还没有这方面的计算方法。解决这一问题需要进行大量科学研究和实际调查、检测和分析，才能得出正确的结论。由于风火山隧道均为有轨运输，不具备进行该项试验的条件，故未就此进行深入研究。

3. 海拔高度对风阻、通风阻力的影响

由于摩擦阻力系数 ξ 与空气重率 γ 成正比，则风阻 R 与空气重率也成正比。因此高原隧道中风阻应按下式校正：

$$R = R_0\frac{\gamma_2}{\gamma_0} \text{ 或者 } R = K_\gamma R_0 \tag{9-10}$$

式中 R——高原环境下的风阻，$N \cdot s^2/m^3$；

R_0——海拔高度为 0 处的风阻，$N \cdot s^2/m^3$。

根据 $h=RQ^2$，则高原隧道的通风阻力亦应作相应的校正：

$$h=h_0\frac{\gamma_2}{\gamma_0}\text{ 或者 }h=K_\gamma h_0 \tag{9-11}$$

式中　h_0——海拔高度为 0 处的通风阻力。

4. 海拔高度对风机工况的影响

由于海拔高度的改变造成空气的压力、温度和重率发生相应的改变，这对风机性能将产生一定的影响。

(1)风机的风量

对于一固定的风机，在某一固定的安装角下，只要转数一定，则风机产生的体积流量无论在任何海拔高度上都是不变的。即：

$$Q_z=Q_0 \tag{9-12}$$

(2)风机的风压

通风机在运转时，其实际全压可用下式计算：

$$h_{mt}=\frac{\gamma}{g}u\cdot c_u\cdot\eta=\rho\cdot u\cdot c_u\cdot\eta \tag{9-13}$$

式中　u——风机工作轮外圆周速度，m/s；

c_u——工作轮出口处气流绝对速度在圆周速度方向上的分速度，m/s；

g——重力加速度，m/s^2；

γ——空气重率，N/m^3；

η——风机的全压效率。

当风机叶片安装角和转数一定时，其产生的全压与空气重率成正比。在高原环境下，重率低，风机产生的全压降低。

(3)风机在不同海拔高度上运转时的工况

如前所示述，风机以不变的转速在不同海拔高度上运转，其风量是不变的，而风压随海拔高度的增加而降低，即于空气的重率成正比，得：

$$H_z=H_0\frac{\gamma_Z}{\gamma_0}=K_\gamma H_0 \tag{9-14}$$

式中　H_z——风机在海拔高度为 Z 处所产生的全压，Pa；

H_0——风机在海平面处产生的全压，Pa。

由于风机全压在不同海拔高度上有所改变，因而风机的特征曲线也有所改变。如图 9-3 所示，在标准状态下，空气重率为 γ_0，风机特征曲线为 A。在 A 曲线上任取一点 1，其对应的风量为 Q_1，风压为 H_1。当风机在另一海拔高度上工作时，空气重率为 γ_z($\gamma_z<\gamma_0$)。由点 1 引一条平行于 H 的直线，得到等风量下的点 1′，该点的风压为 H_1'($H_1'=K_\gamma\cdot H_1$)。同理可得 2′、3′、4′，…。这些点连成曲线 B，即为另一海拔高度时风机的特征曲线。

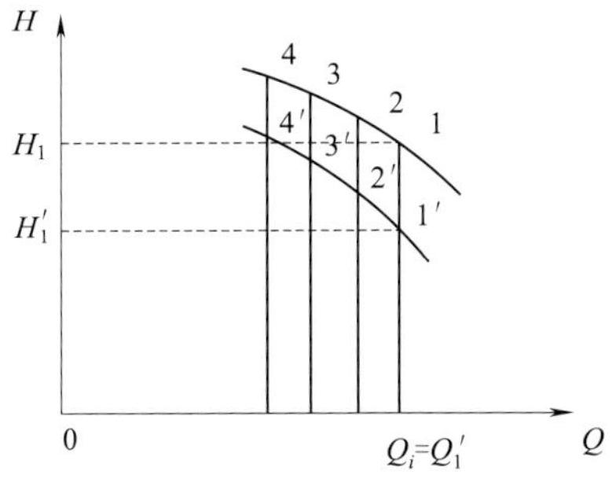

图 9-3　不同海拔高度上扇风机特性曲线

按照同样的原理，可根据海拔高度作出相应的风阻特征曲线，它与上述曲线 B 的交点即为系统在海拔高度运转的工况点。

5. 高海拔高寒区冻土隧道施工通风标准

(1)粉尘最高容许浓度,每立方米空气中含有10%以上的游离二氧化硅的粉尘为2 mg。

(2)有害气体最高容许浓度:

1)一氧化碳最高容许浓度为30 mg/m³。在特殊情况下,施工人员必须进入工作面时,浓度可为100 mg/m³,但工作时间不得超过30 min;

2)二氧化碳,按体积计不得大于0.5%;

3)氮氧化物为5 mg/m³以下。

(3)隧道内工作面气温不宜高于5 ℃,不宜低于−5 ℃。

(4)噪声不得大于90 dB。

(5)隧道施工通风应满足洞内各项作业所需要的最大风量。风量按每人每分钟供应新鲜空气不宜小于4 m³计算,采用内燃机械时,1 kW供风量不宜小于每分钟4 m³。

风速在坑道内不应小于0.15 m/s,不应大于0.25 m/s。

6. 高原隧道施工通风与安全上应注意的几个问题

(1)在选择通风方式时,为避免氧分压过低,和风机安装方便起见,宜采用压入式通风。此时由风机所增加的风压,就相当于将隧道标高下降了一定的海拔高度,但这不是选择压入式通风的主要依据。

(2)高原地表气温低,自然风压较大,在风机安装位置及进出风口的位置时,应利用高原地区辐射能力强的原理,将风机或进风口布置在背阴处,风机的风流方向与自然风流方向在全年绝大多数时间内一致。

(3)高原地区,由于海拔高度增加,空气中含氧量减少,人的工作能力随之降低,特别在3 000～3 500 m以上,人的工作能力显著下降,因此高山地区隧道施工应尽可能提高机械化程度,降低体力劳动强度。

二、工程特点及对环境控制的要求

(1)独头掘进长度都在500～600 m之间,采用有轨运输机械化作业模式,这些对通风是有利的。但是,海拔高度在4 800 m以上,大气压力低,大气密度低,大气中含氧量低,严冬极限温度低,昼夜温差大,这些因素又相对增加了通风难度。

(2)风火山隧道处于高原多年冻土带内,部分地段为富冰冻土层,为了安全地开挖,保护冻土,又能在冬季进行混凝土工程作业,通风系统的功能除排烟降尘外,还必须具有控制施工热环境的功能。根据原铁道部颁发青藏铁路施工技术细则的要求,两隧道的洞内环境应控制在−5～5 ℃之间。

(3)沿线没有动力电网,电能全部由自备机组发电,电费昂贵[2元/(kW·h)],在通风系统设计中应突出考虑节能降耗的原则。

基于以上分析,提出了集通风、空调、洞内保温、热环境控制为一体的解决方案,以研制通风/空调一体化机组及其控制技术以及现场制氧、供氧系统为中心,形成较全面的环境控制体系,为贯彻“以人为本,保护环境,保护冻土,提高机械化水平”的技术原则创造条件。

三、通风系统设计

1. 供风量

按照低海拔地区隧道通风风量计算的方法,取开挖断面68 m²,以允许最低风速0.15 m/s计算，工作面需风量约 618 m^3/min。排除炮烟所需风量 606 m^3/min。考虑漏风及大气密度低等影响，计算 4 900 m 海拔处空气重率修正系数 $K_\gamma=0.6072$，设计工作面要求供风量为 778 m^3/min，可在 20 min 内排除炮烟。风机在高转速（1 480 r/min）时的设计风量取 900 m^3/min，采用变级调速电动机拖动，低转速为 980 r/min，风量为 600 m^3/min。

2. 系统压力损失及风机全压

经计算，海拔 4 900 m 处，空气密度为 0.728 7 kg/m^3，选用 ϕ1.2 m 风软管，以送风长度 600 m 计算，管道静压损失 379 Pa，考虑到换热器损失，动压及风机在低海拔地区进行性能试验等要求，风机设计全压为 1 100 Pa。配用电动机功率 24 kW。在高原使用时的实际消耗功率为 10.1 kW。可见，研制的新型风机比现场购置的 2×55 kW 风机电能消耗低得多。

四、GYF-S-100 型高原轴流式隧道通风机的研制

1. 主要性能设计参数

根据前述对风机方案的设计和论证，确定机组中隧道通风机的主要技术参数为：

设计风量 900/600 m^3/min	设计全压 1 100 Pa/490 Pa
全压效率>80%	噪声　Las<90 dB
配用电动机 YDT200 L-4/6	24/8.5 kW

2. 设计思想和方法

结合隧道施工通风系统的特殊要求和隧道建设规模、施工模式、机械设备配套技术水平，兼顾产品工程适应性和技术先进性，争取更好的社会效益、经济效益、环境效益，是新产品研制时应重点考虑的问题。因此，正确处理人—机械—工程—环境之间的辩证关系，应用系统科学思想和方法，实现产品的功能、结构、造型、品质、安全可靠性、价格及运行经济性方面的综合优化设计，是研制工作追求的目标。

在通风机的产品设计中，基于叶轮机械相似理论的模化设计一直占主导地位。在传统设计与制造技术条件下，具有减少计算工作量，减少实验次数和费用，缩短研制周期，易于形成产品系列的优点。但这是一种建立在实物模型基础上的方法。模型实验是必不可少的，它决定了产品的性能，约束系列产品的技术参数匹配。几何比例尺越大，技术指标偏差越大。在科学技术飞速发展的时代，这种方法的缺点愈加明显。诸如三元流和准三元流理论、流场预测技术、CAD、CAM、CAT 技术等都是与数学模型相联系，而不能与实物模型相联系。因此，本项目研究中，采用以多目标优化理论为指导，以数学模型为基础，以机械 CAD 为基本手段的现代设计方法。其重点是轴流通风机的综合技术性能最优化设计。通常以稳定工作区段的效率和噪声作为主要优化目标，而将其他参数作为约束条件来处理。与传统的模化设计法相比有以下特点：

(1)在上述综合技术性能最优化设计思想的指导下，充分应用计算机设计手段，首先建立风机结构参数优化设计模型，根据风压、风量要求，进行大量多方案计算和优选，在分析比较的基础上确定实施方案。

(2)无论是模型试验和样机性能试验，试验的目的之一是检验数学模型而不是实物模型，试验数据以及试验结果将直接反馈到数学模型和 CAD 程序中来，从而使数学模型和计算程序得以补充、修正和优化，然后用新的模型设计新的样机。

(3)系列产品之间不存在模化设计法要求的确定的比例尺和相似换算关系，甚至设计中所

选用的流型也可以不同。

(4)系列化开发过程不需要进行专门的模型试验和模型放大(或缩小),使设计和试制周期更短,费用更省,产品的性能更能与设计参数相吻合。

3. 技术方案与设计

(1)结构

如图 9-4 所示,从既降低制造技术难度和成本,又能获得高效、低噪等综合技术性能考虑,本机结构有如下特点:

1)采用动叶栅加后导叶的气动略图方案。

2)机体为筒形,整机由集流器 1、进气段 2、电机段 3 及排气段 4 组成,各段之间用法兰盘螺栓连接;电动机 6 与动叶轮 7 直接传动,组装在机壳的内部,组装后内部流道呈近似环形流线型。

3)叶轮叶栅由 10 个对称三元扭曲叶片组成,叶片和轮毂分别制造,组装后再进行外圆切削及平衡试验。

4)后导叶栅由 13 个等厚圆弧板叶型叶片组成,与扩散器组件焊接。

5)机壳、整流体、扩散筒均为双层金属板壳结构,内层穿孔,两层板壳之间填充玻璃棉吸音材料,以降低噪音。

6)电动机为特种防护型,防护等级 IP44,绝缘等级为 F 级。

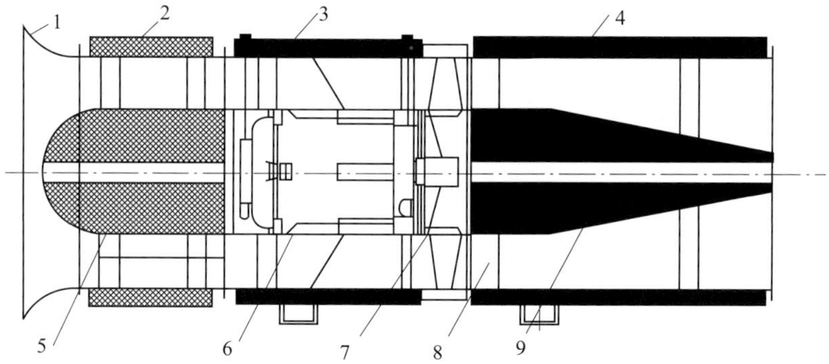

图 9-4 动叶可调隧道轴流通风机结构简图

1—集流器;2—进气段;3—电机段;4—排气段;5—整流体;
6—电动机;7—叶轮;8—导叶;9—扩散器

动叶轮由动叶栅和轮毂组成。动叶栅包括 10 个动叶,均匀分布在轮毂圆周上,动叶根部有盘型叶柄,叶柄上有四个螺栓孔。轮毂为圆柱面,轮毂上有与动叶数相等的叶片安装孔;安装孔的结构形状与可调叶片根部圆形叶柄对应的凸台相同,盘形叶柄和叶片安装孔周围有角度指示标记。安装叶片时,将安装角对准后,盘形叶柄上的螺钉穿过安装孔与轮毂内的夹板连接紧固后即可固定动叶。为防止螺栓松动,螺栓组件由螺栓、弹簧垫片、夹板及螺母构成防松结构(图 9-5)。轮毂和叶片分别制造,各叶片通过螺栓和夹板固定在轮毂上,并可相对于轮毂面转动,因而通过调节安装角可改变通风机性能特性。因每个叶片的圆形叶柄和安装孔周围有角度指示标记,可保证各叶片安装角一致。

动叶轮的动平衡试验必须在叶片安装好以后进行。

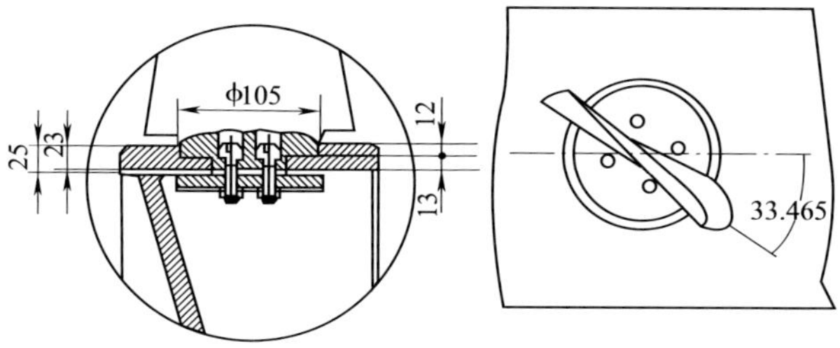

图 9-5　叶片与轮毂连接简图

(2)噪声控制

采用了两方面的降噪设计:从叶轮的气动设计入手降低风机的气动噪声;从结构设计入手隔离振动和吸收气动噪声。

在叶轮气动设计方面主要注意选择合理的气动参数和结构参数,合理地选择动叶和导叶片数的匹配及控制扩压因子沿叶高的分布。

在结构设计方面,主要是合理选择叶轮直径及轮毂比,合理确定叶轮的径向间隙,动叶与导叶的轴向间隙,适当加大集流器和扩散段长度,合理布置电动机的安装位置等。此外,更重要的措施是在机壳、整流罩和扩散器上,采用包覆式消声结构,选用对高频噪声吸收率较高的玻璃棉作吸音材料。

在工艺方面,提高叶轮动平衡的精度有助于降低噪声。在整机装配时,保证叶轮与机壳的同心度和径向间隙大小一致。

(3)主要结构参数

从降低噪声和提高效率考虑,确定采用直径 1.0 m,轮毂比为 0.55,叶片数为 10 的设计方案。

(4)气动参数的 CAD 技术

隧道轴流通风机的气动设计是在数学模型基础上,优化和改进气动计算 CAD 程序,对结构参数和气动参数进行反复计算、分析对比,从众多方案优选一个方案,进行样机试制,以样机空气动力性能试验结果检验设计方法,CAD 程序及计算结果的正确性,并修正数学模型及程序。

1)流型。气动计算采用等环量流型。

2)气动计算方法结。合孤立叶型法和叶栅法,将结果进行对比,最后选择较优方案,作为叶片造型的依据。

3)叶型。采用 NACA-65 叶型,叶根处相对厚度 10%,叶顶相对厚度 5%,相对厚度从叶根至叶顶按线性递减。

4)叶片数及弦长。选用 10 个叶片,叶片弦长从根部 200 mm 向顶部 180 mm 逐渐变窄,呈梯形扭曲面。

5)叶片特征。升力系数 C_y 在 0.78～1.1 之间,处于升阻比较大的区段,对增效降噪有利。

(5)叶片构型的 CAD 技术

在轴流风机研制过程中,三元扭曲叶片的制模和叶片的数控加工是最重要的工艺之一。铸造叶轮时,模型的尺寸精确性直接影响通风机的性能。因此,应用 CAD 技术进行叶片模型设计,对叶片绘图、叶轮制模及数控加工都有积极的作用。

在气动计算基础上，利用原始叶型参数，应用坐标变换、曲线平滑、函数插值等手段，建立了精度十分高、空间曲面十分光滑的叶片坐标计算的数学模型，应用计算机绘图技术绘制叶片三维立体图和任意基元级上 $M=1:1$ 叶片形状图及三维坐标数据，明显地加快了制模速度，提高了模型质量。

五、高原轴流风机性能特性的分析与评价

GYF-S-100 型轴流通风机的性能特性如图 9-6 所示。

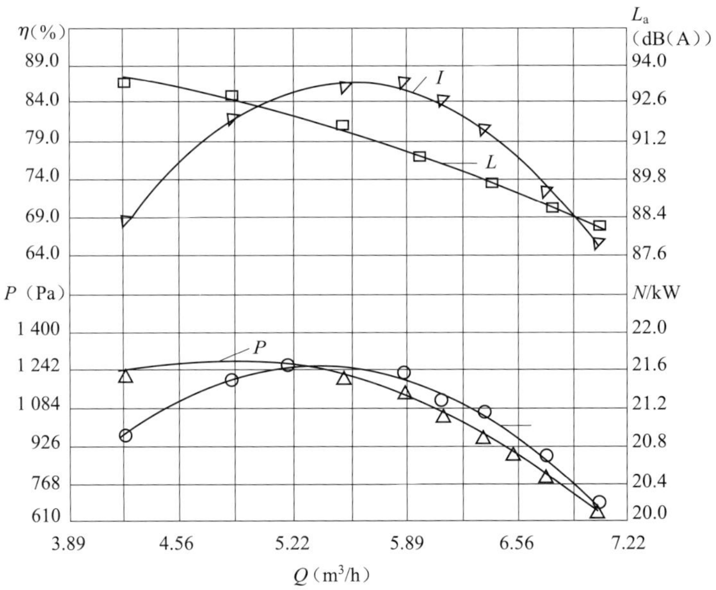

图 9-6　风机在高速(1 450 r/min)运行时的性能曲线

1. 稳定工作范围

特性曲线峰点右侧的区域为风机的稳定工作区段，该段曲线上的所有工作点都是稳定的。由图 9-6 可见，当转速为 1 450 r/min 时，稳定工作流量变化范围 900～1 150 m^3/min，稳定工作全压变化范围是 1 100～750 Pa。

2. 高效工作区段

在稳定工作区段，工作效率为最大效率的 90%的区段即为高效工作区段。样机的最高效率为 86%，全部稳定工作区效率 75%以上。

3. 效率特性

最高效率为 86%，这是在显著地降低噪声的条件下取得的。目前我国新型大直径($D>$1 800 mm)矿用轴流通风机的最高效率为 82%～85%，一般为 70%～80%。对于主要技术指标基本接近的同类轴流通风机，目前国内外的最高效率均在 84%以下，大部分在 80%左右。噪声均超过 110 dB(A)。只有从日本引进的 MFA 系列和 PF 系列对旋式轴流通风机，产品介绍文件中注明噪声低于 90 dB，最高效率约为 84%。但实际配用的电动机功率储备系数为1.1～1.25。

4. 功率特性

GYF-S-100 型风机的功率特性曲线比较平坦，变化在 20～21.6 kW 之间，几乎属于恒功率特性，这种特性在目前国内外的各种轴流式通风机中是少有的。

恒功率特性的一个突出的优点是能够充分利用原动机的功率输出，减少电能的浪费，是大多数机械设备所希望的一种动力特性，流体机械更是如此。

六、通风系统工作参数测试结果

2001 年 1 月初和 3 月初，风火山隧道进、出口通风/空调一体化机组安装就绪投入使用。安装后由天津市质量监督检验站第 57 站技术人员进行了现场测试，风机和空调系统工作参数达到了设计指标，见表 9-3。

表 9-3　GYF-S-100 高原隧道专用风机性能参数

型号		GYF-S-100
风机段	风量（m^3/min）	900/600
	风压（Pa）	1 100/480（$\rho=1.2\ kg/m^3$）
	风机转数（r/min）	1 480/970
	风机功率（kW）	24/8.5

（1）高海拔高寒区隧道的通风模式合理

海拔高度 4 800 m 以上，气压低、密度低、缺氧、严寒、昼夜温差大，以及多年冻土隧道工程等恶劣条件下，提出了集通风、空调、洞内保温、热环境控制为一体的通风模式和通风系统，有效地保证了寒季的洞内温度。

在暖季施工期间，白天洞外气温较高，洞内环境温度易超过控制值，对冻土围岩的稳定性不利。通过调整施工工序，尽量安排早、晚和夜间通风，白天高温时段不通风或少通风，避免洞内外高温的热交换。这种通风模式也有效地控制了洞内高温。

（2）研制的 GYF-S-100 型高原专用隧道风机采用以多目标优化理论为指导，以数学模型为基础，以机械 CAD 为基本手段的现代设计方法进行风机设计，改变了传统相似理论的模化设计方法，使设计和试制周期更短，费用更省，产品的性能更能与设计参数吻合。

（3）采用一台双速电机（YDT200L-4/6），在使用过程中通过控制电机的不同速度，使机组中风机有二个不同的高效工况点，以适应施工的不同工序，其中高速用于隧道炮烟排放，低速用于隧道爆破外的其他作业及隧道保温，从而达到节能降耗的目的，风机电耗在高速时 11.1 kW，低速时 8.5 kW。

（4）风机具有效率高、噪音低、变风量、变全压的优越特性

在显著地降低噪音的条件下，风机最高效率为 86％，国内风机一般为 70％～80％，国外风机最高效率为 84％。GYF-S-100 型风机的功率曲线平坦，高速挡变化在 20～21.6 kW 之间，几乎属于恒功率特性，这种特性在目前国内外的各种轴流式通风机中是少有的，它能够充分利用原动机的功率输出，减少电能的浪费。

第三节 祁连山隧道通风系统设计

一、通风方案的制定依据

在隧道施工中，采取何种通风方式应根据隧道的施工方法、坑道特点和污染源的特性以及设备因素等加以确定。因此在制定通风方案时主要考虑以下因素：

(1)采用的是钻爆法、全断面或大断面开挖；

(2)祁连山隧道和大梁隧道采用无轨运输方式出渣进料；

(3)装渣设备、运输车辆排放的废气发生在整个运输巷港内，且越往下风处废气浓度越大；

(4)在满足通风效果的前提下，减少风机的品种、型号；

(5)在净空允许的情况下，采用大直径、减风少、阻力小的风管。

二、隧道施工环境标准

(1)空气中氧气含量：按体积计不得低于20%。

(2)粉尘容许浓度：每立方米空气含有10%以上游离二氧化硅的粉尘为2 mg；含有10%以下游离二氧化硅的水泥粉尘灰为6 mg；含游离二氧化硅在10%以下时，不含有害物质的矿性和动植物性的粉尘为10 mg。

(3)一氧化碳：不大于30 mg/m^3。当施工人员进入开挖面检查时，浓度可为100 mg/m^3，但必须在30 min内降至30 mg/m^3。

(4)二氧化碳：按体积计不超过0.5%。

(5)氮氧化合物换算成二氧化碳为5 mg/m^3 以下。

(6)施工时，供给每人的新鲜空气量，高寒、高海拔地区不得低于4 m^3/min，采用内燃机械作业时，供风量不宜低于3 m^3/(min·kW)。

(7)开挖时全断面风速不小于0.15 m/s，坑道内不小于0.25 m/s。

三、通风管理

施工通风管理水平的高低是影响通风质量的关键因素之一。以前隧道施工通风不好，除了通风系统布局不合理、风机风管不匹配等技术原因外，另一个问题是通风管理不善，管道通风阻力大，开挖工作面得不到足够的新鲜风流，沿途污浊空气不能及时排出洞外。

以“合理布局，优化匹配，防漏降阻，严格管理、确保效果”二十字方针，作为施工通风管理的指导原则，强化通风管理。

建立以岗位责任制和奖惩制为核心的通风管理制度和组建专业通风班组，通风班组全面负责风机、风管的安装、管理、检查和维修，发现风管破损及时粘补。严格按照通风管理规程及操作细则组织实施，项目部定期根据通风质量给通风班组兑现奖惩办法。

防漏降阻措施：

(1)以长代短。风管节长由以往的20～30 m加长至50～100 m，减少接头数量，即减少漏风量。

(2)以大代小。在净空允许的条件下，尽量采用大直径风管。

(3)截弯取直。风管安装前，先按 5 m 间距埋设吊挂锚杆，并在杆上标出吊线位置，再将 ϕ8 mm 盘条吊挂线拉直拉紧并焊固在锚杆上，尔后在吊挂线上挂风管。这样可使风管安装到达平、直、稳、紧，不弯曲、无褶皱，减少通风阻力。

(4)隧道施工防尘采取综合治理的方案。为控制粉尘的产生，钻眼作业必须采用湿式凿岩，凿岩机在钻眼时，必须先送水后送风。新鲜风连续经过几个工作面时，在两个工作面间和混合式通风系统中两组风管交错的距离间，根据防尘效果，适当增设喷雾器净化风流中的粉尘。

四、祁连山隧道通风系统设计

1. 进口工区施工进展情况

依据施组及现场实际施工情况，制定祁连山隧道进口工区落底后的通风方案，祁连山隧道进口工区平面图详如图 9-7 所示。

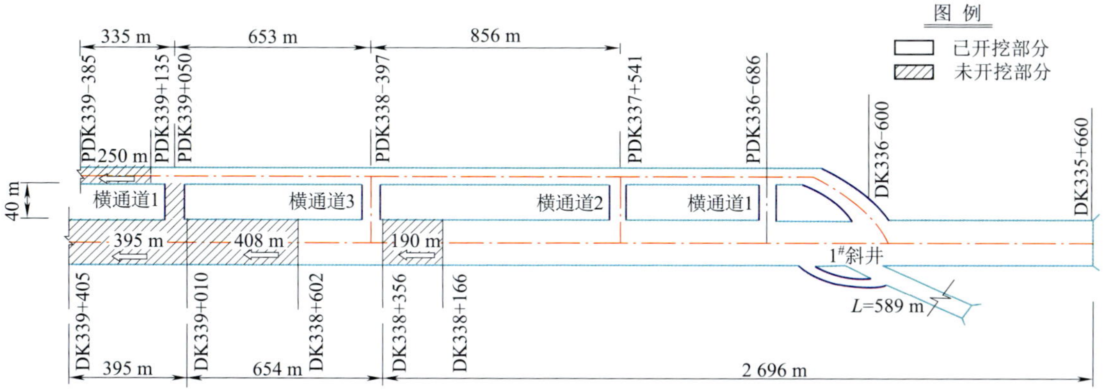

图 9-7　祁连山隧道进口工区平面图

2. 设计参数

(1)进口正洞采用直径为 $\phi=1.6$ m 的风管，平导及辅助正洞采用直径为 $\phi=1.5$ m 的风管，管节长 100 m，百米漏风率：$\eta=1.3\%$，风管沿程摩阻系数(达西系数：$\lambda=0.01$)：

$$a=p\cdot\lambda/8=3.0\times10^{-4}\ \text{kg.}\ \text{s}^2/\text{m}^2$$

最大压入通风长度：

$$L_{正洞进口}=1\ 720\ \text{m};L_{3\#横通道}=1\ 560\ \text{m};L_{4\#横通道}=1\ 915\ \text{m};L_{平导}=1\ 860\ \text{m}。$$

(2)正洞、平导均采用无轨运输。

3. 风量计算

(1)进口正洞

1)按洞内允许最低风速计算风量

$$Q_{1正洞}=60\ V\cdot A=60\times0.15\times120=1\ 080\ \text{m}^3/\text{min}$$

式中　V——正洞最小风速 0.15 m/s；

A——正洞开挖最大断面面积，取 120 m²。

2)按洞内最多人数计算风量

$$Q_2=k\cdot m\cdot p=1.2\times60\times3=216\ \text{m}^3/\text{min}$$

式中 k——风量备用系数，常取 1.1-1.2，取 1.2；

m——隧道内同时工作的最多人数，取 60；

p——每人每分钟需要的新鲜空气量 m^3/min，高原地区取 4。

3）按爆破时最多用药量计算风量

$$Q_{3台阶}=\frac{2.25(AbS^2L^2K/P^2)^{1/3}}{t} \tag{9-15}$$

计算得：$Q_{3台阶}=2.25\times(250\times40\times120^2\times1\ 560^2\times0.3/29.9^2)^{1/3}/20=713\ m^3/min$

式中 A——同时爆破的炸药用量，台阶法 250 kg；

b——1 kg 炸药爆破时有害气体生成量，取 40 L；

S——巷道断面积，取 120 m^2；

L——巷道长度或临界长度，m；

K——考虑淋水使炮烟浓度降低的系数，因深度大于 200 m 的，其淋水如下大雨，工作面总涌水量大于 15 m^3/h，取 0.3；

P——巷道计算长度范围内漏风系数；

t——通风时间，取 20 min。

4）按洞内内燃机功率计算风量

正洞内施工机械有挖掘机 1 台，工作功率 125 kW，1 台装载机装渣，工作功率 125 kW，洞内按 6 台自卸车计算（重车 3 台、空车 3 台），满载功率按 185 kW，空载功率按 140 kW 计算；内燃机利用率 40%，使用功率为额定功率的 80%；需要风量为：

$$Q_{4内燃机械}=Q_0\sum P80\%\times40\%=3\times1\ 225\times0.8\times0.4=1\ 176\ m^3/min$$

式中 Q_0——柴油机单位功率所需风量指标，取 3 m^3/kW；

$\sum P$——同时在洞内作业的柴油机额定功率总和，取 1 225 kW。

5）最大通风量确定

根据通风量计算，最大通风量为以上四种风量计算最大者。

$$Q_{max}=\max\{Q_{1正洞},Q_2,Q_{3台阶},Q_{4内燃机械}\}=1\ 176\ m^3/min$$

6）高原地区施工通风设计应考虑海拔高度对通风阻力、风量、风压的影响。

$$Q_{高}=760/P_{高}\times Q=1\ 847\ m^3/min$$

式中 $P_{高}$——高山地区大气压力，海拔 3 600 处 Hg 柱高 484 mm；

Q——正常条件下算的风量，$Q_{max}=Q$。

（2）3 号横通道辅助正洞

3 号横通道辅助正洞机械人员配置、开挖方式同正洞，同理：

$Q_{1(3\#横通道)}'=1\ 080\ m^3/min$ $Q_2'=216\ m^3/min$

$Q_{3台阶}'=720\ m^3/min$ $Q_{4内燃机械}'=1\ 176\ m^3/min$

$Q_{高}'=1\ 847\ m^3/min$

（3）4 号横通道辅助正洞

4 号横通道辅助正洞机械人员配置、开挖方式同正洞，同理：

$Q_{1(4\#横通道)}''=1\ 080\ m^3/min$ $Q_2''=216\ m^3/min$

$Q_{3台阶}''=712\ m^3/min$ $Q_{4内燃机械}''=1\ 176\ m^3/min$

$Q_{高}''=1\ 847\ m^3/min$

(4)平导

1)按洞内允许最低风速计算风量

$$Q_{1平导}'''=60\ V\cdot A=60\times 0.25\times 40=600\ m^3/min$$

式中　V——正洞最小风速 0.25 m/s;

A——正洞开挖最大断面面积,取 40 m^2。

2)按洞内最多人数计算风量

$$Q_2'''=kmp=1.2\times 15\times 3=54\ m^3/min$$

式中　k——风量备用系数,常取 1.1-1.2,取 1.2;

m——隧道内同时工作的最多人数,取 15;

p——每人每分钟需要的新鲜空气量,m^3/min,p 取 3。

3)按爆破时最多用药量计算风量

$$Q_{3全断面}'''=2.25(A\cdot b\cdot S^2\cdot L^2\cdot K/P^2)^{\frac{1}{3}}/t$$

计算得　$Q_{3全断面}'''=2.25\times(125\times 40\times 40^2\times 1\ 860^2\times 0.3/24^2)^{\frac{1}{3}}/20=273\ m^3/min$

式中　A——同时爆破的炸药用量,台阶法 125 kg;

b——1 kg 炸药爆破时有害气体生成量,取 40 L;

S——巷道断面积,取 40 m^2;

L——巷道长度或临界长度,m;

K——考虑淋水使炮烟浓度降低的系数,因深度大于 200 m 的,其淋水如下大雨,工作面总涌水量大于 15 m^3/h,取 0.3;

P——巷道计算长度范围内漏风系数;

t——通风时间,取 20 min。

4)按洞内内燃机功率计算风量

正洞内施工机械有挖掘机 1 台,工作功率 125 kW,1 台装载机装渣,工作功率 125 kW,洞内按 4 台自卸车计算(重车 2 台、空车 2 台),满载功率按 185 kW,空载功率按 140 kW 计算;内燃机利用率 40%,使用功率为额定功率的 80%;需要风量为:

$$Q_{4内燃机械}'''=Q_0\sum P80\%\times 40\%=3\times 900\times 0.8\times 0.4=864\ m^3/min$$

式中　Q_0——柴油机单位功率所需风量指标,取 3 m^3/kW

$\sum P$——同时在洞内作业的柴油机额定功率总和,取 900 kW。

5)最大通风量确定

根据通风量计算,最大通风量为以上四种风量计算最大者。

$$Q_{max}=\max\{Q_{1平导}''',Q_2''',Q_{3台阶}''',Q_{4内燃机械}'''\}=864\ m^3/min$$

6)高原地区施工通风设计应考虑海拔高度对通风阻力、风量、风压的影响。

$$Q_{高}'''=760/P_{高}\times Q=1\ 357\ m^3/min$$

式中　$P_{高}$——高山地区大气压力,海拔 3 600 处 Hg 柱高 484 mm;

Q——正常条件下算的风量,$Q_{max}=Q$。

(5)通风机要求计算风量

正洞:$Q_{高}=1\ 847\ m^3/min$

3 号横通道辅助正洞:$Q_{高}'=1\ 847\ m^3/min$

4 号横通道辅助正洞:$Q_{高}''=1\ 847\ m^3/min$

平导：$Q_{高}'''=1\ 357\ m^3/min$

则通风机要求提供风量：

$$Q_{供}=Q_{max}(1+\eta \cdot L/100)\cdot \gamma$$

式中　$Q_{供}$——通风机要求提供风量；

η——管道百米漏风率，取 1.3%；

L——独头掘进通风管路最长距离；

γ——加风量备用系数，正洞、平导取 1.05，辅助正洞取 1.1。

正洞：$Q_{供}'''=2\ 373\ m^3/min$

3 号横通道辅助正洞：$Q_{供}'=2\ 064\ m^3/min$

4 号横通道辅助正洞：$Q_{供}''=2\ 631\ m^3/min$

平导：$Q_{供}'''=1\ 769\ m^3/min$

由以上计算结果可知：正洞需要 2×110 kW 轴流风机 1 台；3 号横通道辅助正洞、4 号横通道辅助正洞各需要 2×132 kW 轴流风机 1 台；平导需要 2×110 kW 轴流风机 1 台。由于平导、4 号横通道所需管路过长，可以在 4 号横通道后方平导右侧加设一座接力风室，然后分别各用 2×110 kW 轴流风机 1 台对其平导和辅助正洞供风。

4. 通风方式的选择

不同通风方案优缺点见表 9-4。

表 9-4　通风方式优缺点比较

通风方式	优　点	缺　点
压入式	能很快地排除工作面的污浊空气，拆装简单	污浊空气流经全洞
吸出式	工作面净化较快，洞内空气较好	风机移动频繁，噪声大，管道漏风可造成循环污染
混合式	洞内空气好，净化快	噪声大，受空间限制

经过通风方式优劣分析比较和各掌子面所需通风量精心计算，祁连山隧道进口工正洞及平导决定采巷港式的通风方式，此类方案的总体设计如下：

在 1 号斜井与正洞交叉口 DK336+650 线路左侧安装 2×110 kW 轴流风机 1 台，安装直径 $\phi=1.6$ m 软风管将新鲜空气输至正洞掌子面，为保证洞外新鲜空气吸入洞内，在此处轴流风机后方 10 m 线路左右侧各安装 1 台 75 kW 射流风机。

为保证新鲜空气进入平导，在平导 PDK337+225 处线路左右侧各安装 75 kW 射流风机各 1 台。在 2 号横通道后方 10 m 平导拱部安装 2×132 kW 轴流风机 2 台和 2×110 kW 轴流风机 1 台，软风管均采用直径 $\phi=1.5$ m。左侧 1 台 2×132 kW 轴流风机将新鲜空气引入 3 号横通道辅助正洞出口端掌子面，另 1 台 2×132 kW 轴流风机和 1 台 2×110 kW 轴流风机将新鲜空气引入 4 号横通道后方平导右侧的接力风室。然后在接力风室内安装 2×110 kW 轴流风机 2 台，风管仍采用直径 $\phi=1.5$ m 的软风管，其中 1 台轴流将新鲜空气引入 4 号横通道辅助正洞出口端掌子面，另 1 台轴流风机将新鲜空气引入平导前方掌子面。

为保证将污浊空气顺利排出洞外，而不在洞内滞留、循环，在 1 号、2 号、3 号、4 号横通道内左右侧安装 75 kW 射流风机各 2 台，其中 1 号、2 号横道道风向朝向正洞，3 号、4 号横通道风向朝向平导。为加强吸入、排除污浊空气力度，1 号、3 号、4 号横通道内的射流风机应靠近正洞侧，2 号横通道内的射流风机应靠近平导侧。辅助正洞及平导内污浊空气进入正洞与原正洞污浊空气汇合后经左导洞、1 号斜井井身排出洞外。为加强污浊空气从斜井排除，在 1 号斜井洞口、左导洞与斜井交汇处后方井身内各安装 75 kW 射流风机 2 台，在斜井与正洞交叉口处后方井身处施作分隔封闭墙。

5. 通风系统设备、材料配置

隧道施工通风设备、材料见表 9-5。

表 9-5　祁连山隧道进口工区通风设备及材料布置

名称	型号	功率(kW)	风量(m^3/min)	风压(Pa)	轴向力(N)	使用位置	数量	产地
轴流风机	SDF(C)-NO12.5	110×2	2 385	5 355		正洞、平导	4 台	新乡
轴流风机	3SZ-140	132×2	2 691	6 042		平导	2 台	运城
射流风机	SDS-I-12.5	75	3 000		1 460	单线正洞	14 台	运城
PVC 双抗软风管	ϕ1.5 m					平导、正洞	5 335 m	洛阳
	ϕ1.6 m					正洞	1 720 m	洛阳

第四节　洞内空气质量测试分析

一、主要试验测试仪器和方法

1. 风速测试

采用 AVM-03/AVM-01 型风速温度仪(泰仪电子工业股份有限公司)进行风管及洞内风速测试。该仪器为便携式，重量仅为 310 g(含电池)，可以测量风速和空气温度，液晶显示。风速测量范围为 0.0～45.0 m/s，精确度 3% 或 0.1。温度测量范围为 0～60 ℃，精确度±0.8 ℃。

测量通风管口风速时，由功能键选择风速测量功能，手持风扇置于出风口中心位置，使风从后向前吹，待显示值稳定后，就是所测风速。

2. 温湿度测试

采用 CENTER 314 型数码温湿度仪(台湾群特科技股份有限公司)进行空气温湿度测试。该仪器是一种具有温度、湿度测量功能的掌上型电表，具有记忆功能，最多可记录 16 000 组测量数据。温度测量范围为－20～60 ℃，安装“K”型热电偶温度测量棒后测量范围可达－200～1 370 ℃。湿度测量范围为 0%～100%。

使用时，打开电源即可进行实时测量，显示屏上同时显示温度和湿度值，按下“REC”键，它会按照设定的时间间隔进行测量，再按一次“REC”键就会停止记录，完成一组测试。在隧道内测试时，可以用它测量洞内不同位置的环境温度和湿度。

3. 一氧化碳测试

采用 AIM-450 型(美国 IST 公司)一氧化碳检测报警仪测试洞内 CO 含量。该仪器专用于检测空气中的一氧化碳含量，数值显示。当浓度高于报警值后，蜂鸣器会发出警报。仪器的测量范围为 0～900 ppm。

按下电源开关“ON”即可进行测量，按下“OFF”并持续 3 s 即可关机。

4. 粉尘测试

采用 LD-1 型激光粉尘仪(日本柴田科学器械株式会社)该仪器以激光粉尘仪以激光二极

管为光源，采用前向光散射原理设计的新型快速测尘仪，用于对空气中粉尘浓度的检测。测量范围为0.01～100 mg/m^3，4位液晶显示。标准采样时间为1 min，最短采样时间为6 s，可手动设定，重量为1.6 kg。

测量时，首先将旋钮转到“MEASURE”位置，打开空气采气口盖子，然后按“START”键开始测量，待到计数器的工作状态指示箭头消失，表示测量完毕，此值即为相对质量浓度CPM读数。

5. 通风系统工作参数测试

选用OXEN2000F型风机及机组效率测试仪进行通风系统工作参数测试和风管沿程的风速和风压测试。该仪器可用于电平衡测试、电动机经济运行测试、风机及机组效率测试。

常规电参数测量方法：连接电压和电流测试传感器，打开电源开关，仪表自动进入三相测量状态，分别按下电压、电流、有功功率、无功功率、频率、功率因数功能键后，即可显示出相应的状态，按下“打印”键，打印出全部测量参数。

电动机经济运行分析测试：首先输入电动机的额定参数和极数，按下“电机分析”按钮，即可对测量数据进行分析和打印。测量时，对于稳定负载，测试时间不得少于15 min，取平均值；对于变动负载，视稳定负载和变动负载的不同情况确定平均时间设定范围，最小2 min，最大99 min。打印数据包括电动机的输入电压和电流、功率因数、电动机输入功率、输出功率、效率、负载率、综合效率等，并直接分析打印出被测电动机的运行状态。

风机及机组效率测量方法：采用分步测量的方法，即首先测量风机参数，再测量电动机的输入参数及风机、机组效率。

测量风机时，先将托管与仪器连好，再将选择开关置于“风机”位，打开电源开关。按下“风机测量”键，输入环境温度、空气密度、风管截面形状、测量点等参数；将必托管分别置于不同测点上进行测量；测完后，仪表自动求得各点的平均值，并打印出全压、静压、动压、风速、风量、风机输出功率等参数。

二、风火山隧道洞内空气质量测试分析

1. STDK-100型高原隧道专用通风/空调一体化机组性能测试

2001年1月初和3月初，风火山隧道进、出口通风/空调一体化机组安装就绪并投入使用。安装测试后由天津风机厂技术人员进行了现场测试，风机和空调系统工作参数达到了设计指标，见表9-6。该机组在使用阶段洞内温度测试结果见表9-7所示。

表9-6　SDTK-100高原隧道专用空调机组性能参数

型　号		SDTK-100
风机段	风量(m^3/min)	900/600
	风压(Pa)	1 100/480(空气密度ρ=1.2 kg/m^3条件下)
	风机转速(r/min)	1 480/970
	风机功率(kW)	24/8.5
加热段	加热量(kW)	485
	换热面积(m^2)	89.2
	加热器台数	2
	蒸汽压力(温度)	0.1 MPa(120 ℃)

续上表

型　号	SDTK-100
进风段	配进口过滤网
外型尺寸(长×宽×高)	4 150 mm×2 160 mm×2 200 mm
重量	2 442 kg

表 9-7 风火山隧道进出口洞内外环境月平均温度比较

位置	项目	时间	2002 年度			
			1.1～1.31	2.1～2.28	3.1～3.31	4.1～4.30
进口	洞外温度	4:00			−16.71	−11.13
		8:00			−12.45	−6.80
		12:00			−6.77	1.73
		16:00			−3.24	5.55
		20:00			−9.92	−2.25
	洞内掌子面	4:00			−3.21	1.23
		8:00			−2.57	1.56
		12:00			−1.08	2.81
		16:00			−0.29	3.71
		20:00			−1.03	3.13
出口	洞外温度	2:00	−24.13	−19.57	−17.37	−9.83
		8:00	−24.52	−18.61	−18.94	−10.87
		14:00	−13.84	−8.64	−6.48	1.97
		20:00	−18.06	−12.50	−10.52	−1.73
	洞内掌子面	4:00	−1.94	−2.93	−0.65	2.00
		12:00	−3.45	−1.39	1.16	3.38
		20:00	−3.01	−1.30	1.48	3.31

由表 9-5 可知，风火山隧道虽然洞外环境极低，但由于使用了空调机组，有控制地向洞内供热，洞内施工环境温度控制的效果明显，2002 年 3 月和 4 月份进口洞外最低月平均温度为－12.45 ℃和－6.80 ℃，1 月～4 月份出口洞外最低月平均温度分别为－24.52 ℃、－18.61 ℃、－18.94 ℃和－10.87℃。进口隧道开挖尺度约 160 m、出口隧道开挖进尺约143 m，3 月～4 月份进口隧道掌子面月平均温度为－3.21 ℃～3.13 ℃，1 月～4 月份出口隧道掌子面月平均温度为－3.45 ℃～3.38 ℃，保证了洞内混凝土作业的顺利进行。

2. 2DT65-10 型通风系统工作参数测试

风火山隧道进口的 2DT65-10 型风机工作参数测试，所用仪器为 OXEN2000F 风机及机组效率测试仪。通风机工作参数测试断面取在距风机出口 15 m 的风管上。测试数据见表 9-8。

表 9-8　通风机电机运行参数测试数据表

地点：风火山隧道进口 时间：5 月 9 日下午 19 时 洞外环境：t=1 ℃　　φ=54.7% 工况：低速挡运行		
测试项目	测试数据	备注
频率	50.056 Hz	风管直径 1.2 m
交流相电压	U_1=227.23 V U_2=249.14 V U_3=228.08 V	
三相平均线电压	407.04 V	
交流电流	I_1=21.224 A I_2=23.291 A I_3=26.086 A	
有功功率	P_1=4.046 kW P_2=5.080 kW P_3=5.008 kW	
三相总有功功率	P_4=14.134 kW	
无功功率	Q_1=2.647 kvar Q_2=2.804 kvar Q_3=3.212 kvar	
三相总无功功率	Q_4=8.664 kvar	
功率因数	$\cos\varphi_1$=0.836 $\cos\varphi_2$=0.875 $\cos\varphi_3$=0.841	
三相平均功率因数	$\cos\varphi_4$=0.851	
新风机组新风机组电能利用率(效率)	(3.369 9÷14.134)×100%=23.84%	机组电能利用率(效率)=(风机输出功率÷电动机输入功率)%
测试人：	计算：	审核：

3. 洞内粉尘和有害气体测试

采用如前所述的 AVM-03/AV17-01 型风速计，CENTER314 型数码温湿度计，AIM-450 型一氧化碳检测报警仪和 LD-1 型激光粉尘仪对洞内空气质量进行了系统监测。

在风火山隧道进口、出口进行有通风出渣工况和爆破后 50 min 的空气质量测试；测试结果各项指标基本满足规定的要求。

三、祁连山隧道洞内空气质量测试分析

根据高原独特的气候与环境给铁路施工带来了一系列的难题，祁连山隧道开工伊始，随即

组织相关科研单位对相关隧道洞内空气质量进行了系统的测试与分析，其中共对 13 个隧道断面进行了通风参数测试，共对 27 处工点进行了缺氧程度及有毒有害气体数据测试和 7 处工点 5 道工序仅进行粉尘浓度测试。

1. 通风参数测试

(1)测量共对 13 个断面进行了通风参数测量，获得了 105 组点风速、温度、相对湿度和气压值，其中：

1)平均气温 18.6 ℃，平均相对湿度 83.7%，平均气压为 66.3 kPa；

2)平均风速为 0.143 m/s，平均风量为 1 287 m^3/min；

(2)与国标及相关规程的相符性

1)隧道内气温适宜，符合规程不得高于 28 ℃的规定要求；

2)湿度偏高，高于适宜湿度 65%的上限，对人体生理较为不利；

3)气压较低，仅为海平面标准气压值的 65.4%，为低压缺氧环境；

4)风速合格率为 48.6%，实际供风量不足，平均风量仅为所需风量的 23.6%；

2. 缺氧程度及有毒有害气体测试

(1)经过测量组对祁连山隧道内氧气及有毒有害气体浓度进行的测量分析，主要结果如下：

1)O_2 浓度范围 13.6%～14.2%，平均含量为 13.87%；

2)CO_2 浓度范围 1 252～5 828 ppm，平均浓度为 1 937 ppm；

3)NO_2 浓度范围 0～7 ppm，平均浓度为 2.04 ppm；

4)SO_2 浓度范围 0～1.1 ppm，平均浓度为 0.32 ppm；

5)CO 浓度范围 90～680 ppm，平均浓度为 185 ppm。

(2)与国标及相关规程的相符性：

1)根据《铁路隧道施工规范》(TB 10240—2002)以及《高速铁路隧道工程施工技术指南》(铁建设 2010—241)规定，空气中氧气含量，按体积计不得小于 20%，祁连山隧道内属严重缺氧环境；

2)国标《工作场所有害因素职业接触限值：化学有害因素》(GBZ 2.1—2007)规定 CO_2 时间加权平均容许浓度为 5 001 ppm，短时间接触容许浓度为 10 097 ppm(此标准同样适合高原环境)，祁连山隧道施工过程中 CO_2 浓度未超标；

3)NO_2 时间加权平均容许浓度为 1.33～1.6 ppm，短时间接触容许浓度为 3.16～3.8 ppm(经修正，适用于高原施工环境)，祁连山隧道施工过程中 NO_2 浓度超标，其中排险和喷浆工序最为严重；

4)SO_2 时间加权平均容许浓度为 0.96～1.15 ppm，短时间接触容许浓度为 1.91～2.29 ppm(经修正，适合高原施工环境)，祁连山隧道施工过程中 SO_2 浓度未超标；

5)CO 最高容许浓度为 18.98 ppm(经修正，适合高原施工环境)，隧道施工过程中 CO 浓度严重超标，四种工序过程 CO 浓度均超出国标规定，钻爆和出渣工序最为严重，应重点治理。

3. 粉尘浓度测试

(1)本次测量对象为全尘和呼吸性粉尘，在隧道内 7 个地点对 5 个主要工序进行了测量，共得 31 个粉尘采样滤膜，29 组有效数据。其中：

1)隧道内全尘浓度范围为 21～338 mg/m^3,平均浓度为 82 mg/m^3;

2)呼吸性粉尘浓度范围为 7～65 mg/m^3,平均浓度为 27 mg/m^3。

(2)与国标及相关规程的相符性

1)国标中规定粉尘允许浓度为每立方米含有10%以上的游离二氧化硅的粉尘不得大于2 mg,3 000 m海拔以上的高原隧道粉尘含量允许浓度换算后为每立方米不大于1.4 mg。

2)按全尘浓度计算,祁连山隧道内平均粉尘浓度超标58倍,属于严重超标。

4. 对空气质量超标现场所采取的处理办法

(1)根据通风参数测量数据,现场立即对通风系统进行优化改造,合理选用风机和风筒,增加供风量,加强个体防护,并考虑增氧通风的可能性,保证通风系统的有效运行及施工人员的舒适和安全。

(2)为提高施工环境的含氧量,降低施工人员肺通量和有毒有害气体的毒性,项目采取了专项增氧技术,增氧主要采取了制氧、氧吧和携带氧等办法;同时强化了通风措施,不仅可增加氧含量,还有利于有毒有害气体的稀释;此外,还加强了个体防护,采取佩戴防毒面具等措施,可有效减少施工人员对有毒有害气体的接触。

(3)为降低隧道内的粉尘含量,现场加强了除尘措施。主要方法为通风系统优化,增强通风除尘效果;运用湿式作业法防尘,利用掌子面洒水、湿式钻孔、湿式喷射混凝土和水封爆破进行减尘;加强施工人员个体防尘,施工工人要佩戴防尘口罩、防尘面罩、防尘帽等。

根据上述处理办法,祁连山隧道洞内空气质量明显改善,经复验达到国家行业标准。

第五节 高原施工人员健康保证技术

一、体力劳动强度分级

1. 劳动时间率

通过记录调查对象工作、休息的时间,进行各工种劳动时间归类,计算各工种的劳动时间率,如遇生产不正常或发生事故时不作正式记录,另选正常生产日,重新测定记录。通过对祁连山隧道各工种施工人员的现场调查,得出各工种施工人员的劳动时间和在劳动期间休息时间的结果,并利用劳动时间率公式进行计算,见式(9-15),可得出祁连山隧道各工种施工人员劳动时间率,见表9-9。

$$T=\frac{\text{工作日内纯劳动时间}}{\text{工作日总时间}}\times 100\%=\frac{\sum(\text{各单项劳动占用时间})}{\text{工作日总时间}}\times 100\% \tag{9-15}$$

表9-9 祁连山隧道各工种施工人员劳动时间率

工种	劳动时间(min)	休息时间(min)	劳动时间率 T(%)
开挖	480	90	81.25
挖掘司机	480	90	81.25
开挖电工	480	90	81.25
衬砌	480	90	81.25
喷浆	480	120	75.00

续上表

工种	劳动时间(min)	休息时间(min)	劳动时间率 T(%)
喷浆电工	480	120	75.00
爆破	480	100	79.16
抽水工	480	100	79.16

2. 平均能量代谢率

人体在单位时间内的产热量，称为能量代谢率。研究表明，年龄、性别相同的正常人，无论身材高大或是瘦小，其单位时间内每平方米体表面积的产热量很接近，因此常以单位体表面积的产热量作为衡量能量代谢率的标准，其单位为千卡每小时每平方米，kcal/(h・m^2)。

按工种分别测试受试者的肺通气量，每位施工人员分别测定 3 次(每次 3 min)，取平均数记录，得到每位受测者的肺通气量。根据测定的肺通气量，按表 9-10 的内容进行调查，根据能量代谢率可求出劳动时的能量代谢率，按式(9-16)和式(9-17)进行计算，分别乘以相应的时间，除以工作日总时间，即可得出各工种施工人员工作日平均能量代谢率。

表 9-10　能量代谢率测定表

姓名：	年龄：______岁	工龄：______年
工种：	动作项目：	
身高：______厘米	体重：______公斤	体表面积：______米^2
采气时间：______分______秒		
采气量	气量计的初读数：______升	
	气量计的终读数：______升	
	采气量(终读数减去初读数)：______升	
通气时气温：______℃；气压：______ kpa		
标准状态下干燥气体换算系数：______(气体体积换算)		
标准状态下气体体积(采气量乘换算系数)：______升		
每分钟气体体积：标准状态气体体积/采气时间＝______升/分		
换算单位体表面积气体体积＝ 每分钟气体体积/体表面积＝______ L・(min・m^2)$^{-1}$		
能量代谢率：______ kcal・(h・m^2)$^{-1}$		
调查人签名：	时间：______年______月______日	

(1)每分钟通气量为 3.0～7.3 L 时采用公式(9-16)：

$$\log M = 0.094\ 5x - 0.537\ 94 \tag{9-16}$$

(2)每分钟通气量为 8.0～30.9 L 时采用公式(9-17)：

$$\log(13.26 - M) = 1.164\ 80.012\ 5x \tag{9-17}$$

(3)每分钟通气量为 7.3～8.0 L 时采用式(9-16)和式(9-17)的平均值

式中　M——能量代谢率，kcal/(h・m^2)；

x——为单位体表面积气体体积，L/(min・m^2)。

3. 体力劳动强度分级

根据施工人员能量代谢率，根据式(9-18)进行体力劳动强度指数计算，并参考《体力劳动强度分级》(GB 3869—83)(GB 3869—1997)以及《铁道行业体力劳动强度分级》(TB/T 2607—2006)规定的体力劳动强度分级，见表 9-11，可得出祁连山隧道各工种施工人员的体力劳动强度指数和分级。

$$I=3T+7M(1+K) \tag{9-18}$$

式中 T——劳动时间率，%；

M——能量代谢率，kcal/(min·m^2)；

K——修正系数，根据《铁道行业体力劳动强度分级》(TB/T 2607—2006)规定，海拔为 3 000～4 000 m 时，$K=0.56$；海拔大于 4 000 m 时，$K=0.72$。

表 9-11 体力劳动强度分级

体力劳动强度级别	体力劳动强度指数	体力劳动强度级别	体力劳动强度指数
Ⅰ	≤15	Ⅱ	15～20
Ⅲ	20～25	Ⅳ	≥25

二、高原地区人体技机能测试

(1)祁连山隧道施工人员身体机能测试中，主要对隧道施工人员的心率、血氧饱和度和脉搏、肺通气量四个指标进行了测量，选择 5 个工种 21 人作为本次调查研究的测量对象，其中开挖工 8 人、抽水工 2 人、喷浆工 3 人、衬砌工 1 人、爆破工 7 人。其中：

1)所有受试人员在工作时和休息时的平均心率分别为 94.62 bpm 和 83.05 bpm；

2)所有受试人员在工作时和休息时的平均血氧饱和度分别为 90.1%和 93.86%；

3)所有受试人员在工作时和休息时的平均脉搏参数分别为 98.76 bpm 和 89.86 bpm；

4)所有受试人员在工作时和休息时的平均肺通量分别为 25.4 L/min 和 21.71 L/min，其中在休息时的平均肺通量是平原地区(海拔 10 m)20～39 岁人体静息时平均肺通量的 2.48 倍。

(2)21 名受测试人员体劳动强度分析

1)劳动强度为Ⅱ级的有 5 人，包括管理值班人员 3 人，爆破电工 1 人，开挖电工 1 人，占测试人数的 23.81%；

2)劳动强度为Ⅲ级的有 13 人，包括开瓦工 4 人，喷浆工 2 人，爆破工 5 人，抽水工 2 人，占测试人数的 61.9%；

3)劳动强度为Ⅳ级有 3 人，包括开挖工 1 人，喷浆工 1 人，衬砌工 1 人，占测试人数的 14.29%。

4)在 21 名受测试施工人员中Ⅲ级和Ⅳ级体力劳动强度的总人数为 16 人，占测试人数的 76.19%，说明祁连山隧道施工人员绝大多数处于重或很重的体力劳动。

三、高原环境下的人体机能保障措施

为适应高原环境，保障人体机能健康，通常情况下，可采取高原习服、施工增氧及相关防护措施。

1. 高原习服

初登高原者，由于低氧而通过外周化学感受器（主要为颈动脉体），间接刺激呼吸中枢引起早期通气增加，肌体可吸入更多的氧气以进行代偿。此过程即人体对高原低氧的适应过程，约需 1～3 个月可逐渐过渡到稳定适应，称为高原习服。

（1）高原习服的影响因素

高原环境对肌体的主要影响因素是缺氧，且缺氧的程度随着海拔升高而加剧。在高原停留一定时间是肌体习服高原低氧环境所必需的，停留时间越长，习服程度越好。因而，习服程度受居住地海拔高度和习服时间的影响，影响高原习服的因素还包括：

1）气候：高原气候恶劣，特别是寒冷使外周血管收缩，肌体耗氧量增加，诱发或加重高原病，降低肌体的习服能力，注意防寒保暖能增强肌体对高原的习服能力。

2）肌体状况：在同一个海拔高度时，凡能加重心、肺负荷或增大肌体耗氧量的因素，均可降低肌体对高原的习服能力，反之则可促进肌体对高原的习服。心、肺等重要器官有疾病的人不宜进驻高原。

3）精神心理因素：初入高原者，由于对高原环境特点不了解，加上自然条件的直接影响，产生的紧张、恐惧情绪常可促进高原病的发生，因此加强进驻高原前的宣传教育非常重要。

4）体育锻炼：体育锻炼能改善和提高肌体各器官的功能状态，增强肌体对高原的习服能力。

5）登高速度：进驻高原的速度越快，越易发生急性高原病。条件许可时，宜缓慢登高。

6）劳动强度：平原人在高原的劳动能力均有不同程度下降，劳动强度过大常可诱发高原病。因此，驻高原地区人员的适应锻炼应循序渐进，持之以恒，注意劳逸结合，在高原上的劳动量及劳动时间应适当控制，并应延长睡眠时间。

7）营养状况：营养状况对高原习服有重要影响，在高原上应以高糖、高蛋白、低脂肪饮食为主，适当补充多种维生素。

8）个体差异：肌体对高原的习服能力存在明显的个体差异，一般来讲，年龄在 18～40 岁间最能适应高原环境，对高原的低压、缺氧、高原环境最具耐受力，而 25～32 岁这个年龄段抗低氧能力是最强的，处在这个年龄段的最佳状态。另外，体重、身高、体质、爱好、驻地、心脏指数（小于 1 万单位）、神经类型（抑制型好）都有影响，有病史的不合格。

9）其他环境因素的影响：植被茂密的地方有利于习服，缺氧环境下肌体产生自由基增多，加速衰老，不利于习服。

影响群体高原习服的因素及位序依次为自然因素、劳动保护、卫生保障、后勤保障、心理因素，且各因素之间成高度负相关关系。实践证明，这些因素是高原开发建设群体高原习服中最为关键的因素，符合客观实际。

（2）高原习服的有利方法

在现阶段，加强祁连山隧道施工人员高原习服主要由以下几个方法：

1）阶梯习服：阶梯习服是指施工人员在进入祁连山隧道施工前，不是一次性抵达施工地点，而是阶梯状层级上升，即平原人先在较低海拔的高原上居留一定时期，使肌体对较低海拔的高原有一定的习服之后，再上到中等高度地区并停留一段时间，最后到达祁连山隧道进行施工。

选择一个海拔适合、卫生及后勤保障好的地区作为习服地点，西宁作为青海省的省会，海拔为 2 260 m，交通便利，可以作为习服的第一站。在此对工人进行技能培训，并利用课外时间进行有针对性的体育锻炼，这是高原习服最有效的方法，时间可以看情况而定。

2)高原习服培训。对进入隧道施工的各个工种需要进行技能上的培训、安全知识教育和高原习服相关的知识培训，让他们选择有利于高原习服的生活习惯，并保持正常的心态。

3)高原富氧室。研究表明，高原富氧室可以有效地改善人体的睡眠质量，加强白天的精神状态，提高工作效率。通过高原富氧室的建立，在短期内能迅速有效地解除疲劳，改善和增强人体和人脑的工作能力。建立富氧室对高原地区施工人员的重要脏器具有显著的保护作用，尤其是对高海拔地区施工前作有效和充分的体力、脑力的应激准备，以及工作和活动后的体力和脑力快速恢复，有着非常简便和可靠的实用价值。

2. 增氧措施

缺氧问题是高原施工建设的一大难题，在高原隧道建设过程中，此问题尤为突出。高原缺氧严重影响工作人员的健康和工效，如何解决缺氧问题，为施工人员提供安全舒适的工作环境，保证他们的健康安全，提高工作效率，具有重要意义。对此，可在隧道施工中采用增氧技术。而通常的制氧技术方法有深冷法、变压吸附法和膜分离法，选择时应根据实际情况。

3. 高原施工人员保障措施

结合祁连山隧道施工人员身体机能测量结果，应加强对施工人员的保障，切实维护好施工人员健康权益，可以从以下几方面采取措施：

(1)上场前体检和经常体检结合。严格预选施工人员，所有隧道施工人员在入场前必须进行常规的全面体格检查，严禁患有器质性心血管病或肺部疾患者进入高原隧道参与施工。施工过程中，定期和不定期检查，发现问题，随时下山治疗，防止高原病和后遗症的发生。

(2)控制劳动强度。针对山上体力消耗大、劳动生产率降低等特点，施工作业尽量采用以机械代人工的方式。同时，改平原隧道施工的“三班制”作业为“四班制”，每班控制 6 h，同时根据不同季节，增减劳动力。

(3)改善生活环境，预防高原感冒流行病的发生。改善生活环境，为预防高原感冒流行病的发生，配备防寒服装；购买墨镜，防止强紫外线对人眼睛的伤害，营房的修建避风朝阳，日常行政生活管理要跟上，划分卫生区域，定期清理垃圾，保证人员居住区卫生清洁，经常进行生活区消毒工作，以防止传染病流行。

(4)饮食卫生与营养。缺氧条件下的有氧代谢以糖为主，这是肌体在缺氧条件下节约用氧进行产能的一种有效的代偿适应方式，因此祁连山隧道施工人员在高原上应该以多食高糖、高蛋白、低脂肪的食物为主，适当多饮水，多食新鲜蔬菜和水果，每日还需补充一定量的多种维生素。祁连山隧道山高路远，远离都市、远离人类聚居区，生活极不方便，为保障职工的身体健康和营养所需，必须建立过一套完整的后勤保障体系，特别是蔬菜的及时供应和常用维生素的补给。

(5)搞好后勤医疗保障。山上设立卫生室，每个施工队配备卫生员，密切观察施工人员的身体状况，建立个人健康档案，储备必需的药品、氧气袋和常用医疗器材，做到一般病现场能够治疗，其他病症及时转移到后方医院医治，保障施工人员的数量和战斗力。

第十章　结论与展望

第一节　结　　论

一、克服了高原高寒极端环境和多项不良地质问题，成功建设了青藏高原长大铁路隧道

1. 风火山隧道全长 1 338 m、轨面海拔高度 4 905 m 及多年冻土

青藏铁路格拉段(格尔木—拉萨)修建是我国西部大开发的伟大之举，在世界屋脊上修建铁路也是我国乃至世界铁路史上历史性的挑战，对人类极限生存、工作能力和现代铁路建设技术是一个极大的考验，格拉段全长 1 100 km，平均海拔 4 600 m 以上。其中，有 550 km 位于多年冻土区，海拔在 4 800 m 以上，跨越唐古拉、昆仑山两大山脉，铁路全线的两个高峰点也在这两大山脉之巅，即：最高点唐古拉山 5 072 m，第二高点风火山(属昆仑山脉)5 010 m。风火山隧道全长 1 338 m，位于青藏高原腹地昆仑山与唐古拉山之间，线路行走于风火山低山丘陵区，自然坡度平缓，一般为 10°～15°，山顶海拔高度 5 075 m，轨面海拔高度 4 905 m，属高原丘陵地貌、自然条件恶劣。隧道全部穿越青藏高原多年冻土、冻岩，冻土深度 100～150 m，地温 −2～−4 ℃，属低温稳定多年冻土区，冻土上限 1.5～2 m(冻土上限：暖季地表冻融层融化的最大深度)。出露地层主要为第四系全新统坡、残积地层(地表层 3～4 m 及洞口坡积处为松散角砾石夹粉黏土)及第三系砂岩与泥岩互层，其中泥岩占 60%～70%。洞口及浅埋段为饱冰、富冰冻土，裂隙冰发育，局部含冰量高达 50%以上，整个冻土、冻岩是由裂隙冰与岩土冻结形成的稳定体。

2. 祁连山隧道全长 9 490 m、最高海拔为 4 345 m、穿越 F6、F7 大断层、最大涌水量达 105 123 m^3/d

兰新高铁素有“钢铁丝绸之路”的美誉，是国家“八纵八横”铁路网主骨架之一的陆桥通道的主要部分，也是目前世界上海拔最高、一次性建成最长的高速铁路。线路全长 1 776 km，自兰州西站，经乐都进入青海既有西宁站、然后折向北经大通县进入门源盆地后，以隧道群穿越祁连山脉，进入甘肃省民乐县、张掖、酒泉、后至新疆哈密，终点至乌鲁木齐站，建成后从兰州到新疆由原 16 h 缩短至 9 h。线路以隧道群穿越高寒、高海拔的祁连山山脉，依次包括 6 座隧道：大梁隧道、祁连山隧道、小平羌隧道、大平羌隧道、金瑶岭隧道和元山隧道，隧道群总长34.743 km。

祁连山隧道全长 9 490 m，为高铁双线铁路隧道，开挖断面达 160 m^2。祁连山隧道位于青海省门源回族自治县及甘肃省民乐县，工点区域为祁连山中高山区，平均海拔为 3 500～4 345 m，最高海拔为 4 345 m，隧址区山高坡陡，洞身地表起伏较大。隧道穿越地层主要为砂岩、板岩及灰岩，以及 F6、F7 大断层，宽度达 100～150 m，物质主要为断层角砾、富水，存在突水、突泥风险，施工工点存在季节性冻土，土壤最大冻结深度 230 cm，最大涌水量达105 123 m^3/d。

3. 大梁隧道全长 6 550 m、最高海拔为 4 430 m、高地应力薄层板岩隧道施工大变形

大梁隧道全长 6 550 m，为高铁双线铁路隧道，开挖断面达 170 m^2。大梁隧道位于青海省门源回族自治县，地处祁连山中高山区，平均海拔 3 600～4 200 m，最高海拔为 4 430 m，轨面最高海拔 3 607.40 m，为全线最高点，洞身地表起伏较大，最大埋深达 780m。隧道穿越奥陶系中统砂岩、灰岩、板岩、泥岩及二叠系砂岩，地质构造复杂，新构造运动强烈，且经历了多次构造变形，褶皱、断裂发育，岩层挤压明显，实测地应力为极高地应力；洞身穿越 1 条区域断裂构造 F5 以及一处向斜构造，在断层裂隙带及岩层接触面地下水丰富，设计最大涌水量45 860 m^3/d。

二、形成了高海拔、高寒区、多年冻土保护技术

在人类工程史上，加拿大、俄罗斯等国积累了一些冻土带隧道的施工经验，但均在低海拔地带进行。对于高海拔、高寒区、冻土等恶劣条件下冻土隧道施工通风和环境控制技术，至今仍无先例。

1. 确定了隧道内施工环境气温控制方法和控制值

针对高海拔、高寒区的气候环境以及冻土围岩的特性，应减少施工对冻土原始地温场的扰动，确保隧道混凝土结构质量并维持人员、设备的正常作业。洞内环境气温的控制是关键环节之一。铁道部颁发的《青藏铁路多年冻土区施工暂行规范》对冻土隧道施工要求洞内主要工作面环境温度宜为－5～5 ℃。结合该隧道的具体情况，提出以 0 ℃为系统的控制目标，通过不断调节送风温度和风量来实现对隧道洞内沿程环境气温全面控制。这样既有利于保护围岩冻土，又无须寒季工程施工中的混凝土保温模板及局部火炉或蒸汽蓄热和加热措施。

2. 建立了高海拔、高寒区、冻土隧道洞内施工环境温度场的理论模型，掌握了隧道施工环境温度场分布规律

(1)为实现隧道施工工作面的气温为 0 ℃左右，压入式供热风筒末端所需的风温值：导坑施工时为 1 ℃左右，正洞全断面施工时为 0 ℃左右。

(2)隧道掘进长度为 200 m、400 m 和 600 m 时，压入式供热风筒始端的风温应分别为 6 ℃、13 ℃和 25 ℃。

(3)除洞口较短距离外，隧道内沿程回风流风温实测值在－5～3 ℃之间。

3. 建立了冻土隧道围岩温度场理论模型，掌握了冻土围岩温度场分布规律

冻土隧道施工中，随着隧道开挖、初次衬砌和二次衬砌等作业的进行，产生的施工热量及洞内外空气的热交换，将影响冻土围岩地温场。这种地温场的变化破坏了冻土地层的热力学平衡，使其冻土的热物理力学性能发生改变，其中包括冻土的融沉性、冻土回冻过程的膨胀性以及隧道的稳定性等工程力学性能。因此，保护冻土、减少施工对冻土原始地温场的扰动，是冻土隧道施工的重要控制因素之一。

(1)当洞内气温分别为 2.37 ℃、4.32 ℃和 10 ℃时，毛洞状态 30 d 后围岩融化圈深度分别为 1.42 m、1.99 m 和 3.0 m。因此，冻土隧道施工中，洞内气温是影响冻土围岩融化圈深度的重要指标。

(2)当隧道开挖后，冻土围岩的暴露时间越长，对围岩融化圈深度的影响越大。洞内月平均气温为 2.37 ℃，围岩原始地温为－2 ℃，围岩暴露时间分别为 1 d 和 30 d 时，其融化圈深度分别为 0.12 m 和 1.42 m，其原始地温影响圈深度分别为 1.5 m 和 7.0 m。因此，冻土隧道施

工中,应尽可能地缩短围岩暴露时间。

(3)初次衬砌混凝土施工中混凝土水化热对冻土围岩地温场的扰动最大,其次是洞内气温和衬砌混凝土施作时机(或围岩暴露时间)的影响。衬砌混凝土水化热的影响主要集中在前30 d;隧道开挖后及时初次衬砌和30 d后再初次衬砌时,初次衬砌30 d后围岩融化圈深度分别为3.11 m和3.88 m,其地温场影响圈深度分别为3.53 m和4.79 m。因初次衬砌与围岩间无隔热保温层,初次衬砌又在开挖施工扰动温度场下再次对冻土温度场扰动,因此,应使用低水化热水泥、控制混凝土入模温度和及早施作初次衬砌混凝土支护。

(4)冻土隧道初次衬砌和二次衬砌之间设置了5 cm厚聚氨酯泡沫保温、隔热层,在二次衬砌混凝土施作后5 d,保温层内外侧温度分别为38.66 ℃和8.93 ℃,达到了约30 ℃的最大温差。因此,隔热保温层起到了良好的保温、隔热作用。

(5)因隔热、保温层的作用,二次衬砌混凝土施工对冻土围岩地温场的再扰动相对较小。围岩暴露7 d后经初次衬砌的扰动地温场,初次衬砌后7 d、30 d及90 d再施作二次衬砌,二次衬砌后30 d围岩的融化圈深度分别为4.42 m、4.51 m和5.22 m。因此,工序安排允许时,尽早施作二次衬砌前的隔热保温层和二次衬砌,使冻土隧道的衬砌整体结构尽早形成,并具有较好的凝固环境及稳定的围岩条件。

4. 长期、系统的环境监测,为类似工程和后续相关研究提供了宝贵的数据资料

(1)隧道洞口洞外气温历时一年的实测,积累了隧道场区来之不易的气温资料。

(2)洞内气温和岩温的长期系统监测,验证了高海拔、高寒区、冻土隧道洞内环境控制理论模型和控制系统的正确性,也为施工生产提供了决策依据。

三、成功研制和应用了高海拔、高寒区、冻土隧道通风与供热一体化系统,实现了隧道洞内沿程环境气温的全面控制

结合隧道施工通风,将洞外寒冷空气加热升温后经风筒送入洞内掌子面,再经各施工断面返回洞外,风筒送风流和隧道内的回风流形成洞内循环供热系统。利用在洞外和洞内沿程各点的温度传感器信号,通过调节蒸汽锅炉的蒸汽温度、供汽量以及通风机的送风量,实现对洞内环境温度的自动控制或人工控制。

1. 成功研制出STDK-100型高海拔、高寒区、冻土隧道通风/空调一体化机组

该机组供暖空调加热量为485 kW,使用蒸汽压力0.1 MPa(120 ℃),采用全自动实时控制系统。该机组在海拔4 905 m,自然环境温度为−32 ℃条件下,将风火山隧道洞内施工环境温度控制在−5～3 ℃之间,保证了隧道施工各种作业正常进行、确保人员安全与健康以及支护、衬砌结构质量,机器、电器适应高原、高寒条件,连续进行2 800 h无故障。

2. 成功地研制出高原专用隧道施工风机

为实现集通风、空调、热环境控制为一体的通风模式,论证并提出高原隧道通风设计标准、通风系统和设备选型配套的设计原则及方法。

(1)研制的GYF-S-100型高原专用隧道风机采用以多目标优化理论为指导,以数学模型为基础,以机械CAD为基本手段的现代设计方法进行风机设计,改变了传统相似理论的模化设计方法,使设计和试制周期更短,费用更省,产品的性能更能与设计参数吻合。

(2)采用一台双速电机(YDT200L-4/6),在使用过程中通过控制电机的不同速度,使机组中风机有二个不同的高效工况点,以适应施工的不同工序,其中高速用于隧道炮烟排放,低速

用于隧道爆破外的其他作业及隧道保温，从而达到节能降耗的目的，风机电耗在高速时 11.1 kW，低速时 8.5 kW。

(3)风机具有效率高、噪音低、变风量、变全压的优越特性。

在显著地降低噪音的条件下，风机最高效率为 86%，国内风机一般为 70%～80%，国外风机最高效率为 84%。GYF-S-100 型风机的功率曲线平坦，高速挡变化在 20～21.6 kW 之间，几乎属于恒功率特性，这种特性在目前国内外的各种轴流式通风机中是少有的，它能够充分利用原动机的功率输出，减少电能的浪费。

四、分析掌握了寒区铁路隧道洞内空气温度场和围岩温度场规律

1. 隧道寒区划分建议及保温排水技术研究

(1)开展了 156 座寒区隧道冻害资料调研，将隧道寒区划分为高纬度地区和高海拔地区，并以最冷月平均气温和冻结深度作为寒区隧道亚区的划分依据，将寒区进一步划分为 5 个亚区，分别探讨了不同亚区的隧道保温排水技术，为解决寒区隧道冻害问题提供一种思路。

(2)依据冻害调研资料，得到了不同分区设防长度与最冷月平均气温之间的关系曲线，并采用等效厚度换算法，推导了保温层厚度的计算方法，为寒区隧道保温设计工作提供参考。

(3)寒区长大隧道结构防寒不应仅在洞口段，若环境气温低、围岩初始地温低、列车运行速度大或每日运行列车对数多，长大隧道需要全隧道防寒。

(4)保温层法最佳适用范围为最冷月平均气温为－5～－15 ℃的地区；最冷月平均气温在－15 ℃以下地区，建议对洞内环境气温低于－15 ℃的区段采取其他主动保温措施。

(5)建议保温水沟、中心深埋水沟和防寒泄水洞以洞内二次衬砌表面温度 0 ℃为设防终点。

(6)隧道冻害防治原则是“施工质量是基础，排水是核心，保温是关键，三者必须有机结合”即在保证施工质量前提下，采用完善的保温排水系统。

2. 寒区隧道洞内空气和围岩温度场分布规律

(1)隧道洞内空气温度基本为抛物线型分布，由于受到自然风的影响，洞内空气温度最高点向隧道出口处偏移，随着风速的增大，洞内空气温度最高点向隧道出口处偏移量增大；在洞外气温为－20 ℃和围岩地温为 5 ℃的情况下，由于受到自然风的影响，隧道洞内空气温度基本为负温；其他条件不变时，自然风速每增加 1 m/s，相同位置处洞内空气温度平均下降 1.4 ℃，隧道进口的空气温度曲线向出口方向偏移 133 m，隧道出口的空气温度曲线向进口方向偏移 48 m。

(2)随着洞外气温的降低，相同位置处洞内空气温度逐渐下降，且下降的速度越来越小；在不考虑自然风影响下，洞内空气温度基本为对称的抛物线型分布；其他条件不变时，洞外气温每降低 5 ℃，相同位置处洞内空气温度平均下降 1.68 ℃。

(3)随着围岩地温的升高，相同位置处洞内空气温度逐渐上升，洞内外温差逐渐变大；其他条件不变时，围岩温度每升高 5 ℃，相同位置处洞内空气温度平均上升 2.9 ℃。

(4)在洞外气温为－20 ℃和围岩地温为 5 ℃的情况下，由于受到自然风的影响，二次衬砌后负温距洞口的距离不断增大，当自然风速为 1 m/s 时，负温距进口距离约为 950 m，负温距出口距离约为 480 m，负温距进口和出口偏差 470 m；当自然风速为 2 m/s 时，负温距进口距离约为 1 150 m，负温距出口距离约为 600 m，负温距进口和出口偏差 550 m；当自然风速为

3 m/s时，负温距进口距离约为 1 300 m，负温距出口距离约为 800 m，负温距进口和出口偏差 500 m；当自然风速为 4 m/s 时，负温距进口距离约为 1 600 m，负温距出口距离约为 1 000 m，负温距进口和出口偏差 600 m；由于受到自然风的影响，二次衬砌后负温距进口和出口距离平均偏差 530 m；其他条件不变，自然风速每增加 1 m/s，二次衬砌后负温距进口距离平均增加 217 m，负温距出口距离平均增加 173 m。

(5)在围岩地温为 5 ℃的情况下，由于受到洞外气温的影响，二次衬砌后负温距洞口的距离不断增大，当洞外气温为－10 ℃时，负温距进口和出口距离约为 600 m；当洞外气温为－15 ℃时，负温距进口和出口距离约为 850 m；当洞外气温为－20 ℃时，负温距进口和出口距离约为 1 050 m；其他条件不变，洞外气温每降低 5 ℃，二次衬砌后负温距进口和出口距离平均增加 225 m。

(6)在洞外气温为－15 ℃的情况下，当围岩地温为 5 ℃时，负温距进口和出口距离约为 550 m；当围岩地温为 10 ℃时，负温距进口和出口距离约为 450 m；当围岩地温为 15 ℃时，负温距进口和出口距离约为 200 m。围岩地温每升高 5 ℃，二次衬砌后负温距进口和出口距离平均减少 175 m。

五、祁连山隧道碎屑流形成机理及隧道稳定性控制技术

(1)碎屑体是一种蕴藏于断层破碎带间封闭腔体中的角砾碎屑和水的混合物，隧道穿越该碎屑体时，若施工方法不当，极易造成碎屑体突涌，引发工程灾害，施工安全风险巨大。形成碎屑流突涌流变需同时具备以下三种因素：足够量级的物质组成即破碎碎屑岩石、黏土等破碎松散体；充分的水源补给和诱发因素；存在满足自身泄压排放的突涌通道。

(2)依据祁连山隧道实际开挖过程中揭示的碎屑体突涌事件，应用工程地质和岩体力学理论和原理，通过现场勘察、监控量测和理论数值分析，首次提出了大断面隧道穿越碎屑流稳定性成套控制方法，即：加强超前预报、掌子面封堵、超前高位泄水、强超前支护、强初期支护。

六、大梁隧道高地应力薄层板岩隧道大变形控制技术

(1)经测试，大梁隧道薄层板岩地段大变形地段的应力场为高地应力和极高地应力，水平构造应力起主导作用，水平主应力方向与隧道大角度相交，对隧道结构的稳定非常不利。大梁隧道创新性采取”格栅＋套拱”联合支护体系，实施了扩大拱脚、加强纵向连接及钢筋混凝土二次衬砌依据现场监控量测结果择机施作的一系列措施，形成抵御部分变形压力的作用，形成控制隧道大变形的综合支护体系。

(2)大梁隧道发生大变形的特征为前期变形速率发展快，累积变形量大，变形持续时间长，支护结构破坏严重。依据所提出的大变形四级分级标准：严重大变形、中等大变形、轻微变形和无变形，大梁隧道薄层板岩地段大变形为高地应力挤压型大变形。依据围岩量测的统计分析，大梁高地应力板岩隧道的拱部预留变形量可以取 500 mm，边墙预留变形量可以取 270 mm。

(3)在高地应力软岩隧道支护中，型钢钢架对沉降及水平位移的约束作用较强，尤其在支护设立初期，其变形控制较好。格栅钢架属于柔性支护体系，其初期在支护设立 7 d 后拱顶变形累计最大值达 350 mm，支护形变明显且发展迅速，能较好地释放高地应力条件下围岩应力和变形，其结构内力及形变将急剧增加且不能收敛。格栅钢架支护设立 7 d 后增设工字钢套

拱，以作为后期抵抗变形的刚性支护，其变形时态曲线呈现明显的收敛趋势，稳定后最大变形值为 446 mm。断面围岩-初期支护间接触压力实测最大值 190 kPa 位于拱顶处，满足 Q235 钢材的抗拉、抗压的极限强度要求，"格栅＋套拱"联合支护体系有效地控制了变形，保证了隧道结构安全。而现场实测和数值模拟分析均表明，系统锚杆对大梁薄层板岩高地应力隧道的加固作用不明显。

七、高原隧道排水防寒技术

（1）祁连山隧道和大梁隧道采取以泄水洞为主，辅以保温防寒水沟、保温中心水沟和伴热电缆采暖式水沟的综合排水方案，保证了开通后隧道的排水畅通，消除了运营期间的冻害及安全隐患。

（2）针对越岭段隧道洞口工程地质及水文地质条件，结合兰新铁路隧道大跨度的特点，提出了"初期支护＋一次衬砌＋防水板＋保温层＋防水板＋二次衬砌"的复合型防冻胀结构及保温层，采用初喷混凝土＋模筑混凝土 30 cm＋防水板＋保温层 5 cm＋防水板＋二次衬砌的结构形式。通过现场试验研究，总结提出"胶粘＋钢架支顶法"施工工艺，解决了高铁大断面隧道双层保温衬砌的施工质量缺陷。

（3）对于祁连山隧道出现的突水涌泥灾害，首次提出了"正面封堵、侧面迂回、高位截排"的处理思路。通过宜设置在区域地下水补给径流方向下游的迂回导洞，降低施工风险；通过设置在区域地下水补给径流方向上游的高位泄水洞，提前排掉大部分水量，降低溃口的处理难度，为其他作业面施工创造条件。利用迂回导洞开辟形成的新工作面，形成两端夹击处理的局面。工程实践证明，"两端夹击、排水降压、帷幕注浆加固、管棚支护"措施是处理突水涌泥的有效方法。

八、形成了高原隧道制氧、供氧系统技术

隧道工地海拔近 5 000 m，空气稀薄、缺氧严重，空气中的含氧量仅为内地（海平面）的 50%，被称为"生命禁区"，隧道施工人员集中、工人劳动强度大。洞口制氧、供氧是贯彻"以人为本"、保障施工人员身体健康的重要举措。

从高原空气稀薄、制氧效率低，现场无动力电源以及设备系统的高原可靠性差等具体特点和问题出发，提出了吸附式制氧、隧道氧吧和便携呼吸器相结合的制氧与供氧系统方案。

（1）本系统覆盖近万人，使每位隧道施工人员呼吸到 90%以上的医用氧，健康和安全有了保障，工作效率大大提高。

（2）本系统能够适应高原环境，变压吸附法，能耗低（0.4～0.5 kW · h/m^3）；氧气浓度适中（93%），投资小，技术成熟，操作方便。

（3）每套系统制氧量大于 18 m^3/h（93%浓度的医用氧），满足各洞口的施工需要。

（4）系统采用自动控制和 100 m^3 储气罐，杜绝了氧气放散，氧气利用率高，能耗省。

（5）通风、供暖、制氧和供氧系统测试试验，检验了产品质量，保障了系统正常运转。

九、高原隧道施工机械保障技术

1. 成功地解决了大功率内燃机的高原适应性问题

青藏线格～拉段海拔近 5 000 m，气压低、空气稀薄，含氧量约为平原地区的 50%，内燃机

工作条件恶化、发动机功率下降,绝缘密封件功能降低。针对高原恶劣环境、大功率发动机和供电要求,研究大功率内燃发动机在近 5 000 m 高海拔地区的适应性和功率保持技术,采用增大发动机排量,增装涡轮增压器,供油角提前,调整进气管与空气滤清器、排气管与消声器和散热水箱,使用低温燃油等措施,使重型机械和发电机组的有效功率高达 68%～72%,满足了高原工程施工要求。

2. 合理设备选型与配套,实现了高度机械化施工作业,经受了施工实践检验

高海拔、高寒区恶劣气候环境和冻土地质环境,高度机械化施工作业是青藏铁路建设的前提。研究提出"适应高原、保护冻土"机械化施工设备选型配套原则和青藏铁路主体工程施工设备配套新模式,即大型化高原型、常用设备和高原专用设备的综合配套,并提出了路基工程、隧道工程、桥梁基础工程主要设备配套建议方案,供各施工单位参考采用。施工实践证明,设备选型与配套科学、先进、经济、安全。

3. 完善的设备管理和安全保证体系,保证了高海拔、高寒区施工机械的正常运转和安全使用

近 5 000 m 海拔、−30 ℃以下低温及多雷电的恶劣环境,有效地设备防寒、防冻和低温启动技术,低温油料使用与管理技术,安全用电与雷电保护技术,完善的配件储备和设备维修保养技术,保证了高海拔、高寒区施工机械的正常运转和安全使用。

第二节　展　　望

一、高原、高寒、冻土隧道施工经验不足

近 5 000 m 高原的工程实践很少,世界上更无高原、高寒、冻土隧道施工经验,理论及认识相对贫乏。本研究也不例外,存在着诸多理论、认识和实践上的不足。

今后,应加强冻土围岩特性、洞内空气流场及温度场理论、冻土相变、应力与温度耦合场等理论问题的深入研究;加强已建风火山冻土隧道、高原高寒及不良地质条件下的祁连山隧道与大梁隧道各项工程措施效果的观察与实测,不断提高认识,为西部大开发战略提供更有实用价值的研究成果。

二、寒区隧道洞内温度场理论需进一步深入

寒区隧道洞内温度场不仅与洞外环境温度有关,还与隧道围岩原始地温及列车行成速度与频度有关,应结合实际地质资料及寒区隧道所在位置气象资料,根据流、固耦合传热计算模型,系统深入的研究不同隧道长度、不同自然风速、不同洞外气温、不同围岩温度、不同高铁运行速度、不同高铁运行频率组合工况下的隧道纵向冻结长度变化规律,为寒区高速铁路隧道纵向铺设保温层长度提供准确数据。

参 考 文 献

[1] Wangsheng Pei,Wenbing Yu,Shuangyang Li et al. A new method to model the thermal conductivity of soil-rock media in cold regions:An example from permafrost regions tunnel [J]. Cold Regions Science and Technology,2013,9(5):11-18.

[2] Martin Gude,Dietrich Barsch. Assessment of geomorphic hazards in connection with permafrost occurrence in the Zugspitze area(Bavarian Alps,Germany)[J]Geomorphology,2005,6(6)85-93.

[3] Kecun Zhang,Jianjun Qu,Qingjie Han et al. Wind energy environments and aeolian sand characteristics along the Qinghai-Tibet Railway,China [J]. Sedimentary Geology,2012,91-96.

[4] Matthew S. Lachiet,Daniel E. Lawson,Alison R. Sloat. Revised C dating of ice wedge growth in interior Alaska (USA) to MIS 2 raveals cold paleoclimate and carbon recycling in ancient permafrost errain[J]. Quaternary Research,2012,7(8):217-225.

[5] Roger LeB. Hooke,Carrie E. Jennings. On the formation of the tunnel valleys of the southern Laurentide ice sheet [J] Quaternary Science Reviews,2006,2(5):1364-1372.

[6] 徐敩祖,王家澄,张立新．冻土物理学[M]. 北京:科学出版社,2001.

[7] 江亦元．高原多年冻土隧道施工技术及工艺试验研究[D]. 长沙:中南大学,2005.

[8] 朱永全,贾晓云,张雪雁．高海拔、高寒区、冻土隧道洞内施工环境控制技术[J]. 岩土力学,2006,12(27):2177-2180.

[9] 谭贤君．高海拔寒区隧道冻胀机理及其保温技术研究[D]. 武汉:中国科学院武汉岩土力学研究所,2010.

[10] 张文达．寒区铁路隧道冻害机理及整治技术研究[D]. 北京:中国铁道科学研究院,2015.

[11] 陈建勋．公路隧道冻害防治技术[J]. 长安大学学报(自然科学版),2006,26(4):68-70.

[12] 罗彦斌．隧道冻害发生机理及其防治措施的研究[D]. 西安:长安大学,2007.

[13] 宋鹤．严寒地区铁路隧道温度场变化规律及冻害防治技术研究[硕士学位论文] [D]. 石家庄:石家庄铁道大学,2015.

[14] M. T. Bray,H. M. French and Y. Shur. Further Cryostratigraphic Observations in the CRREL Permafrost Tunnel,Fox,Alaska [J]. Permafrost and Periglac. Process,2006,1(7):233-243.

[15] Daniel Fortier,Michel Allard and Yuri Shur. Observation of Rapid Drapid Drainage System Development by Thermal Erosion of Ice Wedges on Bylot Island,Canadian Arctic Archipelago[J]. Permafrost and Periglac. Process,2007,1(8):229-243.

[16] Melanie St-Jean,BernardLauriol,Ian D. Clark et al. Investigation of Ice-Wedge Infilling Proc-esses using Stable Oxygen and Hydrogen Isotopes,Crystallography and Occluded Gases(O_2,N_2,Ar)[J]. Permafrost and Periglac. Process,2011,2(2):49-64.

[17] 谢红强,何川．鹧鸪山高寒隧道区域温度场试验研究及反演分析[J]. 现代隧道技术,2004,s1:360-363.

[18] 赖远明,吴紫汪,张淑娟．寒区隧道保温效果的现场观测研究[J]. 铁道学报,2003,25(1):81-86.

[19] 徐光苗．寒区岩体低温、冻融损伤力学特性及多场耦合研究[D]. 武汉:中国科学院武汉岩土力学研究所,2006.

[20] 李述训,程国栋．冻融土中的温度-渗流运输问题[M]. 兰州:兰州大学出版社,1995:103-104.

[21] 高焱,朱永全,辛浩．寒区长大隧道温度实测与仿真[J]. 北京交通大学学报,2017,(01):49-55.
[22] 高焱,朱永全,赵东平,耿纪莹．列车活塞风影响下寒区隧道温度场的变化规律[J]. 西安建筑科技大学学报(自然科学版),2017,(01):118-124.
[23] 刘卫东．"一带一路"战略的科学内涵与科学问题[J]. 地理科学进展,2015,34(5):538-544
[24] 李宁,程国栋,徐敦祖．冻土力学的研究进展与思考[J]力学进展,2001,31(1):95-102.
[25] NICOLSKY D J,ROMANOVSKY V E,PANTELEEV G G. Estimation of soil thermal properties using in-situ temperature measurements in the active layer and permafrost[J].Cold Regions Science and Technology,2009,55(1):120-129.
[26] Sjeggedal,N. Barton,et. Norwegian tunnelling method[J]. Tunnels & Tunnelling. 27,1995,Vol. 6,32-34.
[27] Nils I. Johansen, Scott L. Huang, Nolan B. Anghenbaugh. Alaska's CRREL permafrost tunnel[J]. Tunnelling and Underground Space Technology,1988,3(1):19-24.
[28] 黄波,吴江敏．运营隧道状态的综合评判[J]. 世界隧道,2000,(01):58-60.
[29] 吴紫汪,赖远明,藏恩穆,等．寒区隧道工程[M]. 北京:海洋出版社,2002:58-61.
[30] 关宝树．隧道工程设计要点集[M]. 北京:人民交通出版社,2003:15-18.
[31] 佘健,何川．隧道二次衬砌病害通用处治方法研究[J]. 中国铁道科学,2005,(01):26-31.
[32] 罗彦斌,陈建勋,王梦恕．隧道冻害等级的划分[J]. 北京工业大学学报,2010,36(4):458-462.
[33] 罗彦斌,陈建勋,王梦恕,等．基于事件树理论的既有隧道冻害等级划分体系[J]. 长安大学学报,2011,31(6):60-65.
[34] 孙兵．寒区隧道冻害等级及其设防等级研究[J]. 铁道标准设计,2012,4(26):88-92.
[35] 赖远明,吴紫汪,朱元林,等．寒区隧道温度场和渗流场耦合问题的非线性分析[J]. 中国科学(D辑),1999,29(增刊1):21-26.
[36] 何春雄,吴紫汪,朱林楠．祁连山区大坂山隧道围岩的冻融状况分析[J]. 冰川冻土,2000,,22(2):113~120.
[37] 赖远明,喻文兵,吴紫汪,等．寒区圆形截面隧道温度场的解析解[J]. 冰川冻土,2001,23(2):126-130.
[38] 张学富,苏新民,赖远明,等．寒区隧道三维温度场非线性分析[J]. 土木工程学报,2004,37(2):47-53.
[39] 张耀,何树生,李靖波．寒区有隔热层的圆形隧道温度场解析解[J]. 冰川冻土,2009,31(1):114~118
[40] 张国柱,夏才初,殷卓．寒区隧道轴向及径向温度分布理论解[J]. 同济大学学报(自然科学版),2010,(08):1117-1122.
[41] 夏才初,张国柱,肖素光．考虑衬砌和隔热层的寒区隧道温度场解析解[J]. 岩石力学与工程学报,2010,(09):1767-1773.
[42] 张国柱,夏才初,孙猛,等．寒区隧道地源热泵型供热系统取热段温度场解析[J]. 岩石力学与工程学报,2012,(S2):3795-3802.
[43] 谭贤君,陈卫忠,于洪丹等．考虑通风影响的寒区隧道围岩温度场及防寒保温材料敷设长度研究[J]. 岩土力学与工程学报,2013,32(7):1400-1409.
[44] 张先军,林传年,张俊兵．昆仑山隧道围岩冻融状况数值分析[J]. 岩石力学与工程学报,2003,(S2):2643-2646.
[45] 张学富,苏新民,赖远明,等．昆仑山多年冻土隧道施工温度影响分析[J]. 冰川冻土,2003,25(6):621-627.
[46] 李现者,贾晓云,朱永全．高海拔高寒区冻土隧道施工洞内环境温度场数值模拟[J]. 石家庄铁道学院学报,2004(12):22-25.
[47] 晏启祥,何川,曾东洋．寒区隧道温度场及保温隔热层研究[J]. 四川大学学报(工程科学版),2005,(03):24-27.
[48] 贾晓云,李文江,朱永全．高原冻岩隧道施工中融化圈深度对围岩稳定性的影响分析[J]. 岩石力学与工

程学报,2005,(S2):5693-5697.

[49] 张学富,王成,喻文兵,等. 风火山隧道空气与围岩对流换热和围岩热传导耦合问题的三维非线性分析[J]. 岩土工程学报,2005,27(12):1414-1420.

[50] 张学富,喻文兵,刘志强. 寒区隧道渗流场和温度场耦合问题的三维非线性分析[J]. 岩土工程学报,2006,28(9):1095-1100.

[51] 宁翠萍. 寒区长大公路隧道温度场特性研究[D]. 西安建筑科技大学,2012.

[52] 郑阳,王道远,朱永全. 寒区运营隧道温度场数值模拟[J]. 公路工程,2014,(01):40-43.

[53] 乜凤鸣. 寒冻地区铁路隧道气温状态[J]. 冰川冻土,1988,10(4):450-453.

[54] 刘志春,李文江,朱永全,等. 青藏铁路风火山隧道洞内外温度实测与分析[J]. 隧道/地下工程,2004(11):56-58.

[55] 谢红强. 鹧鸪山高寒隧道区域温度场试验研究及反演分析[A]. 中国土木工程学会、中国土木工程学会隧道及地下工程分会. 中国土木工程学会第十一届、隧道及地下工程分会第十三届年会论文集[C]. 中国土木工程学会、中国土木工程学会隧道及地下工程分会,2004:4.

[56] 赖金星,谢永利,李群善. 青沙山隧道地温场测试与分析[J]. 中国铁道科学,2007,28(5):78-82.

[57] 陈建勋,罗彦斌. 寒冷地区隧道温度场的变化规律[J]. 交通运输学报,2008,8(2):44-48.

[58] 仇文革,孙兵. 寒区破碎岩体隧道冻胀力室内对比试验研究[J]. 冰川冻土,2010,32(3):557-561.

[59] 渠孟飞,谢强,胡熠,等. 寒区隧道衬砌冻胀力室内模型试验研究[J]. 岩石力学与工程学报,2015,(09):1894-1900.

[60] 张玉伟,谢永利,李又云,等. 寒区隧道合理保温型式及保温效果试验[J]. 铁道科学与工程学报,2016,13(8):1569-1577.

[61] PHILIP J R, DEVERIES D A. MOISTURES D A. Moisture movement in porous material under temperature gradient[J]. Transactions of American Geophysical Union,1957,38(2):222-232.

[62] PENNER E. The mechanism of frost heaving in soils[J]. Highway Research Board Bulletin,1959,225(1):1-13.

[63] NilsJ. Johansen, ScottL. Huang, Nolan B. Anghenbaugh. Alaska's CRREL Permafrost tunnel[J]. Tu-nnelling and Underground Space Technology,1963,3(1):19-24.

[64] BONACINA C., COMINI C. and FASANO A., et al. Numerical solution of phase-change problems[J]. Heat Mass Transfer,1973,16(6):1852-1882.

[65] Harlan R L. Analysis of coupled heat-fluid transport in partial frozen soil[J]. Water Resources Research,1973,9(5):1314-1323.

[66] BONACINAC, COMiniG, FASANOA, et al. Numerical solution of phase change problems[J]. International Journal of Heat Mass Transfer,1973,16(6):1825-1832.

[67] HARLAN RL. Analysis of coupled heat-fluid transport in partially frozen soil[J]. Water Resources Research,1973,9(5):1314-1323.

[68] COMINI C., GUIDICE S. DEL and LEWIS R. W., et al. Finite element solution of nonlinear heat conduction problems with special reference to phase change[J]. Int. J. for Numerical Methods in Engineering,1974,8(6):613-624.

[69] COMINI G, GUIDICE S D, LEWIS R W, et al. Finite element solution of nonlinear heat conduction problems with special refence to phase change[J]. Internation Journal for Numerical Methods in Engineering,1974,8(3):613-624.

[70] MILLER R D. Frost heaving in non-coloidal softs[C]//Proceedings of the Third Int. Conf. Permafrost. Edmonton, Alberta:[s. n.],1978:707-713.

[71] KONRAD J M, MORGENSTER N R. The segregation potentinal of a freezing soil[J]. Canadian

Geotechnical,1981,18(4):482-491.

[72] MATSUOKA N. Mechanisms of rock breakdown by frost action: an experimental approach[J]. Cold Regions Science and Technology,1990,17(3):253-270.

[73] HANDA Y P,ZAKRZEWSKI M,FAIRBRIDGE C. Effect of restricted geometries on the structure and thermodynamic properties of ice[J]. Physics and Chemistry,1992,96(21):8594-8599.

[74] KOZLOWSKI T. A comprehensive method of determining the soil unfrozen water curves 1:application of the term of convolution[J]. Cold Regions Science and Technology,2003,36(1):71-79.

[75] KOZLOWSKI T. Some factors affecting supercooling and the equilibrium freezing point in soil-water systems[J]. Cold Regions Science and Technology,2009,59(1):25-33.

[76] NAKANO Y. Quasi-steady problems in freezing soils: IV. Analysis of the steady growth of an ice layer [J]. Cold Regions Science and Technology,1994,23(1):1-17.

[77] KRARTIM,KREIDER J F. Analytical model for heat transfer in an underground air tunnel[J]. Energy Conversion and Management,1995,37(10):1561-1574.

[78] NEAUPANE K M, YAMABE T, YOSHINAKA R. Simulation of a fully coupled thermo-hydro-mechanical system in freezing and thawing rock[J]. International Journal of Rock Mechanicsand Mining Science,1999,36(5):563-580.

[79] NEAUPANE K M,YAMABE T. A fully coupled thermo-hydro-mechanical nonlinear model for a frozen medium[J]. Computers and Geotechnics,2001,28(8):613-637.

[80] LI N,CHEN B,CHEN F X. The coupled heat-moisture-mechanic model of the frozen soil[J]. Cold Regions Science and Technology,2000,31(3):199-205.

[81] 李宁,陈波,陈飞熊. 寒区复合路基温度场、水分场、应力场三场耦合分析[J]. 土木工程学报,2003,36(10):66-71.

[82] MUTLUTUK M,ALTINDAG R,TURK G. A decay function model for the integrity loss of rock when subjected to recurrent cycles of freezing-thawing and heating-cooling[J]. International Journal of Rock Mechanics and Mining Sciences,2004,41(2):237-244.

[83] CHEN T C,YEUNG M R,MORI N. Effect of water saturation on deterioration of welded tuff due to freeze-thaw action[J]. Cold Regions Science and Technology,2004,38(2):127-136.

[84] PARK C, SYNN J H, SHIN D S. Experimental study on thethernal characteristics of rock at low temperatures[J]. International Journal of Rock Mechanics and Mining Sciences, 2004, 41 (Supp. 1): 81-86.

[85] MOTTAGHY D,RATH V. Latent heat effects in subsurface heat transport modelling and th-eir impact on palaeo temperature reconstructions[J]. Geophsical Journal International,2006,164(1):236-245.

[86] TAKUMI K,TAKASHI M,KOUICHI F. An esti-mation of inner temperatures at cold region tunnel for heat insulator design[C]//Proceed-ings of Structral Engineering Symposium. [S.-l.]: [s. n.], 2008: 32-38.

[87] Yigit F. Approximate analytical solution of a two-dimensional heat conduction problem wi-th phase-change on a sinusoidalmold[J]. App-lied Thermal Engineering, 2008, 28(10): 1-196-1205, doi: 10.1016/j. applthermaleng. 20-07. 08. 001.

[88] LIN,CHEN F X,XUB,et al. Theoretical modeling framework for an unsaturated freezing soil[J]. Cold Regions Science and Technology,2008,54(1):19-35.

[89] BRONFENBRENER L. The modelling of the freezing process in fine-grained porous media: Application to the frost heave estimation[J]. Cold Regions Science and Technology,2009,56(2):120-134.

[90] MICHALOWSKI R. A constitutive model of saturated soils for frost heave simulations[J]. Cold Regions

Science and Technology,2010,22(1):47-63.

[91] MICHALOWSKI R L,ZHU. Frost heave modelling using porosity rate function[J]. Interational Journal for Numerical and Analytical Methods in Geomechanics,2006,30(8):703-722.

[92] 邓刚．高海拔寒区隧道防冻害设计问题[D]. 西南交通大学,2012.

[93] Skjeggedal,N. Barton,et. Norwegian tunnelling method[J]. tunnels & Tunnelling. 27,1995,Vol. 6,32-34.

[94] 杨新安,黄宏伟．隧道病害与防治[M]. 上海:同济大学出版社,2003.

[95] 晏懿波．寒区隧道抗防冻机理及防治措施研究[D]. 西南交通大学,2013.

[96] 袁超,李树忱,李术才等．寒区老旧隧道病害特征及治理方法研究[J]. 岩石力学与工程学报,2011,30(s1):3354-3361.

[97] 叶秀玺．寒区隧道冻害防治技术研究[D]. 西安:长安大学,2010.

[98] 宋莉．寒区隧道混凝土抗防冻施工技术[D]. 成都:西南交通大学,2011.

[99] 吴应明．高海拔多年冻土隧道施工技术[J]. 铁道标准设计,2003,(3):5-8.

[100] 江亦元．昆仑山隧道施工技术[J]. 中国铁道科学,2003,(3):39-41.

[101] 田俊峰,杨更社,刘慧．寒区岩石隧道冻害机理及防治研究[J]. 地下空间与工程学报,2007,(S2):1484-1489.

[102] 周小涵,曾艳华,杨宗贤,杨昌贤,方伟．高纬度寒区浅埋隧道的温度场及防寒抗冻探讨[J]. 冰川冻土,2016,(01):121-128.

[103] 吉哲．寒冷地区隧道冻害预防与处治技术研究[D]. 长安大学,2012.

[104] 姚伟．寒区隧道冻害形成机理与防治对策研究[D]. 重庆交通大学,2011.

[105] 王勇．寒冷地区公路隧道病害处治技术研究[D]. 长安大学,2009.

[106] 张亚兴．嘎隆拉隧道抗防冻及防排水技术的研究[D]. 重庆交通大学,2009.

[107] 陈金玉．寒区隧道保温防冻技术研究[D]. 长安大学,2007.

[108] 孙文昊．寒区特长公路隧道抗防冻对策研究[D]. 西南交通大学,2005.

[109] 方梁正．公路隧道渗漏与冻害防治研究[D]. 长安大学,2001.

[110] 董玉辉．高海拔寒区高速铁路隧道施工及抗防冻技术研究[D]. 西南交通大学,2014.

[111] 金龑．吉图珲高铁东兴隧道冻害防治技术研究[D]. 哈尔滨工业大学,2014.

[112] 陈建勋．隧道冻害防治技术的研究 [D]. 长安:长安大学,2004.

[113] 汤国璋．多年冻土隧道开挖稳定性及其渗漏水特征分析[D]. 中南大学,2005.

[114] 王余富．寒区公路隧道温度场特征研究 [D]. 长安大学,2006.

[115] 王星华,江亦元,汤国璋等．高原多年冻土隧道工程研究 [M]. 北京:中国铁道出版社,2007.

[116] 吴楚钢．新疆天山地区高速公路隧道防冻技术研究 [D]. 重庆交通大学,2010.

[117] 铁路隧道设计规范:TB 10003-2005[S]. 北京:中国铁道出版社, 2005.

[118] 陈建勋,罗彦斌．寒冷地区隧道防冻隔温层厚度计算方法[J]. 交通运输工程学报,2007,7(2):76-79.

[119] 铁路隧道防排水技术规范:TB 10119-2000[S]. 北京:中国铁道出版社, 2000.

[120] 朱春生．天山富水隧道防水保温技术研究 [D]. 长安大学,2014.

[121] 许鹏．寒冷地区隧道温度场分布及变化规律研究 [D]. 长安大学,2012.

[122] 钟星灿,龚延风,童艳．公路隧道自然风模型实验相似性研究[J]. 暖通空调,2008,8(5):13-19

[123] Chen S L,Ke M T,Sung P S,et al. Analysis of cool storage for air conditioning[J]. Int J of Energy Research,1992,16(6):553-563.

[124] 方磊．长大公路隧道通风物理模型试验研究 [D]. 长安大学,2005.

[125] 任锐．公路隧道复杂通风方式物模试验的适应性研究及其工程应用 [D]. 长安大学,2011.

[126] 徐有恒,穆晟．基础流体实验[M]. 上海:复旦大学出版社,1990.

[127] 高品贤,余南阳,雷波．隧道空气压力波潜水槽拖动模型试验的实时检测[J]. 铁道学报,2000,22(3):

43-46.
[128] 王英学,骆建军,李伦贵,等．高速列车模型试验装置及相似特征分析[J]．西南交通大学学报,2004,39(01):20-24.
[129] 田红旗．中国列车空气动力学研究进展[J]．交通运输工程学报,2006,6(1):1-9.
[130] 奥齐西克 M N. 热传导[M]．俞昌铭译．北京:高等教育出版社,1984.
[131] 王维,王丽慧．新建地铁隧道内活塞风温度变化理论分析[J]．地下空间与工程学报,2014,10(4):962-967.
[132] 卢炜．寒冷地区高速铁路隧道内温度场变化特性及其影响[J]．铁道建筑,2014(9):67-70.
[133] 沈翔．地下铁道活塞风特性的研究[硕士学位论文][D]．同济大学,2004:17-20.
[134] 王树刚,江亿,朱颖心．北京地铁列车活塞风的实测与分析[J]．暖通空调,1998,28(5):47-49.
[135] TB 10068-2010,铁路隧道运营通风设计规范[S]．北京:中国铁道出版社,2010.
[136] 龙垚．寒区长大隧道温度场的三维分析及保温措施研究 [D]．兰州交通大学,2013:96-97.
[137] 查显顺．铁路车站大门空气幕阻隔特性数值模拟研究 [D]．西南交通大学,2009: 50-56.
[138] GB 50010-2002,混凝土结构设计规范[S]．北京:中国建筑工业出版社,2002.
[139] 黄靓,王蓥,鲁懿虬．对称配筋钢筋混凝土小偏心受压构件简化计算方法[J]．工程力学,2013,30(12):107-114.
[140] 蓝宗建,丁大钧．钢筋混凝土受弯构件裂缝宽度的计算[J]．南京工学院学报,1985,6(2):64-72.
[141] 高洪波．钢筋混凝土轴心受拉构件裂缝宽度简化计算[J]．信阳师范学院学报(自然科学版),1995,8(3):276-280.
[142] 王鑫,孟少平,熊俊．预应力偏心受拉构件裂缝控制方法的探讨[J]．工业建筑,2009,39(12):18-24.
[143] 张德华,王梦恕,谭忠盛,孔恒,崔隽．风火山隧道围岩冻胀对初次衬砌结构体系的影响[J]．岩土工程学报,2003,05:571-573.
[144] 赖远明,吴紫汪,朱元林,令锋,朱林楠．寒区隧道冻胀力的粘弹性解析解[J]．铁道学报,1999,06:70-74.
[145] 邓刚,王建宇,郑金龙．寒区隧道衬砌压力的约束冻胀模型．中国公路学报, 2013;23(1): 80-85.
[146] 王建宇,胡元芳．隧道衬砌衬砌压力问题研究[J]．冰川冻土,2004,01:112-119.
[147] 刘彦伟,程远平,李国富．高性能注浆材料研究与围岩改性试验[J]．采矿与安全工程学报,2012,06:821-826.
[148] 张世海,刘叔军,欧进萍等．基于二维隶属函数的场地模糊分类及其应用[J]．岩土工程学报,2005,27(8):912-918.
[149] 霍润科,李宁,马英军．工程岩体值选取的模糊—关联分析[J]．岩石力学与工程,2004,23(9):1481-1485.
[150] 刘环宇,王思敬,曾钱帮等．基于模糊神经网络兖州矿区立井井筒非采动破裂的判别[J]．岩土工程学报,2005,27(10):1237-1241.
[151] 谭晓慧．边坡稳定分析的模糊概率法[J]．合肥工业大学学报,2001,24(3):442-427.
[152] 李鑫．公路隧道渗漏水病害监测及评价体系研究[D]．西南交通大学,2014.
[153] 周国恩．基于 ANP 与模糊理论的寒区隧道冻害风险评估与管理研究[J]．现代隧道技术,2013,50(1):60-66.
[154] 周小涵,曾艳华,范磊．基于正交试验的寒区隧道温度场影响因素敏感度研究[J]．湖南大学学报,2016,43(11):154-160.

后　　记

中铁二十局集团有限公司不忘初心，牢记“建精品工程，创优秀团队”的企业使命，响应国家“走出去”的战略，完成了国内外多项重大工程项目，也遇到了很多难题，如国外陌生政治环境、社会环境和经济环境等，国内高原、高寒和富水富砂等极端地质条件。问题的解决是以无数人艰辛、智慧和汗水为代价，更是宝贵的经验和财富。

至此，中铁二十局集团有限公司为进一步提升自身整体施工技术和工程管理水平，由董事长、党委书记邓勇（教授级高工）总策划，科技开发部组织对近几年施工的国内外重难点工程的施工与管理进行了系统总结，组织编撰该系列图书，旨在总结经验、铭记历史、启迪未来。本书《高原寒区隧道建设技术》即为该系列图书之一。

在组织策划出版过程中，涉及时间和地域跨度大，不同工程项目和科研组织，协作组织难度大，不能尽善尽美。但通过该系列图书组织、编写与出版，提高了团队协作和创作能力，技术与管理经验得到沉淀，有助于集团的发展。最后，希望该系列图书的出版，能为正在建设和即将建设的、国内和国外的铁路项目提供参考和借鉴。